# Themenhefte

SCHWERPUNKTPROGRAMM **UMWELT**
SCHWEIZ. NATIONALFONDS ZUR FÖRDERUNG DER WISSENSCHAFTLICHEN FORSCHUNG
PROGRAMME PRIORITAIRE **ENVIRONNEMENT**
FONDS NATIONAL SUISSE DE LA RECHERCHE SCIENTIFIQUE
PRIORITY PROGRAMME **ENVIRONMENT**
SWISS NATIONAL SCIENCE FOUNDATION

# Natur als Kulturprodukt

**Kulturökologie
und Umweltethik**

D.J. Krieger

C.J. Jäggi

Springer Basel AG

Autoren

David J. Krieger
Christian J. Jäggi
Institut für Kommunikationsforschung
Bahnhofstrasse 8
CH-6045 Meggen

Die Deutsche Bibliothek - CIP-Einheitsaufnahme

**Krieger, David J.:**
Natur als Kulturprodukt : Kulturökologie und Umweltethik / D. J. Krieger ;
C. J: Jäggi.
  (Themenhefte SPP Umwelt)
  ISBN 978-3-7643-5488-6     ISBN 978-3-0348-7771-8 (eBook)
  DOI 10.1007/978-3-0348-7771-8

NE: Jäggi, Christian J.:



ISBN 978-3-7643-5488-6

9 8 7 6 5 4 3 2 1

# Inhaltsverzeichnis

**Der Bezug des Menschen zur Natur in verschiedenen Religionen**

# Einführung

Der vorliegende Band ist aus dem dreijährigen Forschungsprojekt "Interreligiöse Umweltethik" des Instituts für Kommunikationsforschung heraus entstanden, das vom Schweizerischen Nationalfonds finanziert wurde und im Rahmen des Schwerpunktprogramms Umwelt lief.

Das Buch setzt sich aus drei Teilen zusammen:
Im ersten Teil wird der Zusammenhang zwischen Natur und Kultur reflektiert. Ausgehend von der Tatsache, dass Umweltforschung schon längst nicht mehr ausschliessliche Fragestellung oder gar Eigentum der Naturwissenschaften ist, werden Natur und Kultur als soziales System aufgefasst. Umweltfragen, ihre Thematisierung oder Ignorierung sind Ausdruck gesellschaftlicher Kommunikation, bzw. der Art, wie eine Gesellschaft organisiert ist. Dabei wird versucht, Prinzipien einer (geisteswissenschaftlichen) Kulturökologie als Beitrag zur aktuellen Umwelt- und Ökologiediskussion zu skizzieren. Zentral im ersten Teil dieses Bandes ist die Frage nach einer "ökologischen" Kultur. Damit ist nicht eine Kultur gemeint, die an ihre natürliche Umwelt "angepasst" ist oder wird, sondern die Organisation gesellschaftlicher Kommunikation, die in sich genügend Komplexität, aber auch Flexibilität aufweist, um die Informationen, welche die Naturwissenschaften ständig liefern, politisch, wirtschaftlich, rechtlich usw. umzusetzen.

Dabei nimmt die Frage nach einem gesamtgesellschaftlichen Wertekonsens, d.h. die Frage nach "Religion" im breitesten Sinn, eine zentrale Stellung ein. Denn bevor in einer globalen Weltgesellschaft alle Nationen kooperativ die ökologische Krise lösen können, müssen einander die verschiedenen Völker und Kulturen zunächst auf der weltanschaulichen Ebene verstehen oder zumindest respektieren. Anderenfalls werden sich rein technisch-pragmatische oder organisatorische Lösungsvorschläge - auch wenn sie noch so gut gemeint sind - auf die Dauer nicht durchsetzen. Deshalb wird im zweiten Teil diese breite Sichtweise eingeengt. Dabei konzentriert sich der Blick auf Religionen als Übermittler gesellschaftlicher Werte und Normen, welche entscheidend und oft über lange Zeit bestimmen, wie das gesellschaftliche Zusammenleben - und damit auch das Verhalten zu Natur und Umwelt - strukturiert und organisiert ist. Es wird zuerst der Zusammenhang von Religion und Ökologie hinterfragt. Zentrales Thema ist dabei die Frage nach den Möglichkeiten und Grenzen einer interreligiösen Umweltethik, welche einerseits auf traditionellen Werten und Normen von Religionen basiert, anderseits aber auch alltagsrelevant wird.

In Bezug auf die allgemeine Verbindung zwischen Religion und Ökologie wird davon ausgegangen, dass die Funktion von *religiösem* Diskurs in der gesellschaftlichen Kommunikation darin besteht, einen *weltanschaulichen Wertekonsens* zu schaffen. Wenn es zutrifft, dass Religion oder ein weltanschaulicher Wertekonsens nicht nur eine Möglichkeitsbedingung kooperativen Handelns, sondern auch eine Begrenzung desselben ist - denn jede Religion erschliesst zwar eine bestimmte Weltanschauung, aber sie schliesst dadurch auch andere mögliche Naturbezüge des Menschen aus -, wird die Gesellschaft (oder die betreffende Gruppe) umso flexibler und schneller auf Umweltprobleme reagieren können, je umfassender und differenzierter der religiöse oder weltanschauliche Wertekonsens dieser Gesellschaft (oder dieser Gruppe ist). Aufgrund dieser Einsicht setzt sich das Buch zum Ziel, Grundtypen der Beziehung des Menschen zur Natur in verschiedenen, globalpolitisch mehr oder weniger relevanten Religionen zu beschreiben. Dieser Bezug wird im Hinduismus-Buddhismus, im Christentum, im Islam, im Baha'itum, in ausgewählten Stammesreligionen, in der New Age-Bewegung sowie - ansatzweise - im westlichen Humanismus mit Blick auf die jeweiligen *Grundwerte* der entsprechenden Denk-Tradition diskutiert. Daraufhin werden Möglichkeiten ihrer gegenseitigen Ergänzung und Synthese geprüft. Als Ergebnis dieser Untersuchungen stehen unter anderem folgende Grundwerte im Zentrum: 1) Autonomie oder Selbstbestimmung des Menschen, 2) Integrität der Lebensgemeinschaft, 3) Verbundenheit des Menschen mit der Natur, 4) Respekt vor dem Gesetz oder dem Willen "Gottes" und 5) das Sich-Einfügen in eine harmonische Weltordnung. Diesen Grundwerten entsprechen weitgehend die heute massgebenden umweltethischen Argumentationsstrategien: 1) anthropozentrische Umweltethik, 2) biozentrische Umweltethik, 3) Holismus, 4) theozentrische Umweltethik und 5) physiozentrische Umweltethik.

Trotz der Säkularisierung in vielen Ländern der Erde, vor allem in den hochindustrialisierten Ländern Europas und Nordamerikas, spielen die traditionellen Religionen bei der Organisation des

Alltags immer noch eine entscheidende Rolle. Revitalisierungstendenzen in fast allen grossen Religionen, aber auch verkürzte Rückgriffe auf religiöse oder quasi-religiöse Inhalte durch fundamentalistische Bewegungen weisen darauf hin, dass einerseits die Werte und Normen der Religionen nach wie vor lebendig sind, anderseits nicht selten ein weltanschauliches Vakuum besteht, das ursprünglich von den Religionen gefüllt worden war. Dazu kommt, dass die "Quasi-Religion" Säkularismus heute in den Augen einer wachsenden Zahl von Menschen kaum mehr grundlegende Antworten auf die drängenden Probleme unseres Planeten zu geben scheint.

Deshalb wird im zweiten Teil dieses Bandes auch der Frage nachgegangen, ob es einen gemeinsamen Handlungsrahmen im Sinne von überreligiösen Normen für das Umweltverhalten im Alltag geben kann. Dabei stellt sich die Frage, ob und wie weit religiöse Vorstellungen über die Natur explizit in einer solchen Umweltethik enthalten sein müssen. Am Beispiel der Internationalen Bevölkerungskonferenz der UNO, ICPD, die 1994 in Kairo stattfand, wird dabei untersucht, inwieweit religiöse Grundpositionen in der internationalen Politik überhaupt zum Tragen kommen und welche Auswirkungen religiöse Vorstellungen und Inhalte auf die jeweiligen Umwelt-Positionen haben. Im besonderen interessieren dabei religionsspezifische und religions-übergreifende Positionen und Ansätze.

Im dritten Teil werden einige Religionen und religiöse Bewegungen oder religiöse Kontexte hinsichtlich ihres Verständnisses von Natur/Umwelt näher analysiert. Im Vordergrund steht dabei der jeweilige Bezug zwischen Gott, Mensch und Natur im Hinduismus, im Islam, in einzelnen Stammesreligionen Afrikas und Nordamerikas, in der aus dem Islam heraus entstandenen Baha'i-Religion sowie in der jungen New Age-Bewegung.

Der Inhalt dieses Bandes kreist immer um die Frage nach einem spezifisch kultur- oder noch präziser *kommunikationstheoretischen* Zugang zur Ökologie. Denn die ökologische Problematik verlangt geradezu - wie kaum eine andere Fragestellung - Reflexion über system- und disziplinübergreifende Zusammenhänge. Sie zwingt Wissenschaftlerinnen und Techniker, über den eigenen, begrenzten Standpunkt hinauszugehen. Sie verlangt von Politikerinnen und Wirtschafts-managern, auch sich selbst und das Gesellschaftssystem, zu dem sie gehören, unter die Lupe zu nehmen. Auch die kulturelle Umwelt der Natur muss in die ökologische Forschung einbezogen werden - genauso wie die natürliche Umwelt der Kultur. Daraus ergibt sich die Notwendigkeit einer die Naturwissenschaften ergänzenden geisteswissenschaftlichen Ökologie. Die Informationen und Erkenntnisse, die uns die zunehmende Erforschung ökologischer Zusammenhänge in Geologie, Biologie, Zoologie usw. liefern, sind kulturelle Produkte. Solche Informationen und Erkenntnisse fliessen unter den verschiedensten Bedingungen in die gesellschaftliche Kommunikation ein und werden darin entsprechend den Strukturen des kulturellen Systems verarbeitet. So wichtig es ist zu wissen, worin die konkreten Umweltprobleme bestehen, so wenig können diese Informationen in das öffentliche Problembewusstsein eindringen und zu kooperativen Lösungen führen, wenn gesellschaftliche Kommunikation selber *unökologisch* strukturiert ist, d.h. wenn Hindernisse die Kommunikation und Verständigung zwischen den verschiedenen gesellschaftlichen Subsystemen, wie Wissenschaft, Politik, Wirtschaft, Recht, Erziehung usw. blockieren.

Zum Abbau dieser Hindernisse möchte der vorliegende Band einen Beitrag leisten.


David J. Krieger/Christian J. Jäggi
August 1996

*Gedanken zu einer Kulturökologie*

# 1. Was ist Kulturökologie?[1]

## 1.1 Zur konstruktivistischen Ökologie

Seit Anfang der Geschichte war die Beziehung zwischen Mensch und Natur zweideutig und spannungsgeladen. Denn der Mensch ist ein Geschöpf der Natur und zugleich Schöpfer und Träger eines ihr fremden, wenn nicht entgegengesetzten Prinzips, nämlich der Kultur. Im Laufe der Epochen hat man den Unterschied zwischen Natur und Kultur verschieden verstanden und erlebt. In der Antike war es der Unterschied zwischen *physis* und *techné*, d.h. zwischen denjenigen Dingen, die von sich aus entstehen und denjenigen, die von Menschenhand gemacht werden. Die Natur war das Prinzip, das jedes Ding zu dem machte, was es war. Techné dagegen machte die Dinge zu etwas anderem und hinderte somit ihre natürliche Entstehung. Der Baum wurde gefällt, damit man daraus einen Wagen, ein Haus oder einen Stuhl machen konnte. Mit Techné war somit der Natur gegenüber immer ein Moment der Gewalt (*bia*) verbunden.

Diese zwiespältige Einstellung der Natur gegenüber änderte sich nicht im christlichen Mittelalter. Da war es die Beziehung zwischen Schöpfer und Geschöpf, welche den Unterschied zwischen Natur und Kultur bestimmte. Obwohl Gott nach der christlichen Lehre die Natur ursprünglich als etwas Gutes geschaffen hatte, kam durch die Sünde des Teufels und der Menschheit das Böse in die Welt. Nicht nur die Menschheit, sondern die ganze Schöpfung stand unter dem Gericht Gottes, d.h. unter Strafe und Zucht bis zum Tag, an dem diese Welt und die Herrschaft des Bösen endgültig überwunden und eine neue Schöpfung, ein neuer Himmel und eine neue Erde geschaffen wurden. Wenn der Mensch das Heil erreichen wollte, müssten die äussere Natur und auch die innere Natur der eigenen Körperlichkeit und Sinnlichkeit streng gezähmt und unter die Kontrolle des Geistes, d.h. der Kultur, gebracht werden.

---

[1] Autor dieses Kapitels ist David J. Krieger

In der Epoche der europäischen Aufklärung und der neu entdeckten, exakten Naturwissenschaften hat man zwischen einem Reich der Notwendigkeit und einem Reich der Freiheit unterschieden. Die Natur zeigte sich dem mathematischen Blick als strengen Gesetzen unterworfen und damit jeder Freiheit und Geistigkeit enthoben. Sie war eine grosse, geistlose Maschine; wie eine Uhr, die - einmal konstruiert und in Gang gesetzt - in fixen Bahnen immer weiter läuft.

Heute ist die starre Mechanik der klassischen Physik durch eine offene, dynamische und prozesshafte Auffassung der Natur ersetzt worden. Trotzdem spricht man z.B. in der heutigen Systemtheorie vom Unterschied zwischen mechanistisch-biologisch organisierten Systemen einerseits und semiotisch organisierten Sinnsystemen andererseits (vgl. Krieger 1996). Nach dieser Auffassung ist Kultur ein Sinnsystem, d.h. eine komplexere und höhere Ebene emergenter Ordnung als natürliche Systeme. Kultur ist zwar auf Grund von mechanistischen und biologischen Systemen entstanden, aber nicht auf diese materielle und organische Umwelt reduzierbar. Kultur kann nicht von der Natur abgeleitet werden. So bleibt Kultur etwas der Natur Fremdes; etwas, das mit der Entwicklung moderner Technologien zudem die Fähigkeit besitzt, die Natur zu transformieren. Denn jede höhere Ebene emergenter Ordnung integriert die darunter liegenden Ebenen in sich. So wie Organismen auf der biologischen Ebene chemische und mechanische Systeme in sich reorganisieren und benutzen, kann die semiotische Organisation des kulturellen Sinnsystems mechanische und organische Systeme in sich aufnehmen und für ihre eigenen Zwecke reorganisieren. Dies ist der Grund, warum eine technologische Herrschaft über die Natur überhaupt möglich ist; warum Kultur ständig neue und "unnatürliche" Dinge hervorbringen und in die natürliche Umwelt freisetzen kann.

Zusammenfassend lässt sich sagen: In fast allen Epochen und Weltanschauungen der westlichen Tradition wurde der Kultur eine gewisse Höherstellung gegenüber der Natur zugeschrieben. Wir können diese Auffassung der Beziehung zwischen Natur und Kultur *idealistisch* nennen, sofern mit Idealismus gemeint ist, dass das geistige, formgebende Prinzip hierarchisch höher als die Materie bewertet wird. Aus der Macht der Kultur über die Natur, wie sie sich in der wachsenden Herrschaft der Technik zeigt, ist die heutige Umweltkrise entstanden. Und im Lichte der ökologischen Probleme unserer modernen Industriegesellschaft sind wir heute herausgefordert, die Beziehung zwischen Natur und Kultur neu zu durchdenken.

Angesichts der Umweltkrise also liegt es auf der Hand, auf die Traditionen zurückzugreifen, welche die hierarchische Beziehung zwischen Natur und Kultur umdrehten und der Natur den Vorrang gegeben hatten: die verschiedenen Formen des Materialismus. Für den Materialismus ist der Geist, und somit alle Produkte des Geistes, d.h. Kultur, etwas, das aus der Materie und dem Leben hervorgegangen ist und demnach keine Eigenständigkeit ihnen gegenüber besitzt. Kultur ist somit ein Naturprodukt wie sonst irgendeine Pflanzen- oder Tierart.

Diese Weltanschauungen enthalten die Überzeugung - die sie, nebenbei bemerkt, mit der sonst idealistischen Romantik teilen -, dass die Natur einen Massstab und ein Modell für Kultur darstellt. Kultur soll sich an der Natur orientieren um zu wissen, was recht und gut ist. Die Natur birgt in sich eine Ordnung, wie sie z.B. im regelmässigen Ablauf der Jahreszeiten, im Lebenszyklus der Pflanzen und Tiere, und in den Bewegungen der Himmelskörper sichtbar wird. In der Natur scheint alles den Eindruck zu vermitteln, dass es aufeinander abgestimmt und für den Zweck des Zusammenlebens geschaffen wurde. Es gibt nach dieser Sicht nichts Unpassendes in der Natur. Alles hat seinen Platz und seine Funktion im Gefüge des Ganzen. Nur der Mensch scheint sich mit seinen Werkzeugen, Fabriken und Städten, - d.h. mit seiner Kultur - nicht an diese Ordnung zu halten. Kultur ist also unnatürlich und folglich destruktiv, sofern sie sich von der Natur verselbständigt und eigene, unnatürliche Wege geht.

Die Hoffnung, eine Lösung der Umweltkrise in solchen materialistischen oder romantischen Naturauffassungen zu finden, wurde wegen der unausweichlichen Tatsache enttäuscht, dass es sich bei solchen Naturauffassungen auch nur um Interpretationen der Natur handelt. Gleich wie man die Natur versteht, hat man es zuerst und vor allem mit einer *Interpretation* der Natur zu tun und nicht mit der Natur an sich, oder der Natur, wie sie ist, ohne irgendwelches menschliches Hinzutun. Die angeblich inhärente und selbsteigene Naturordnung, die manche ÖkologInnen vergeblich suchen, entpuppt sich als Projektion menschlicher Wünsche und Sehnsüchte. Erkenntnis - auch Naturerkenntnis - ist nämlich auch etwas vom Menschen Gemachtes. Wissen ist ein Kulturprodukt, auch das Wissen über die Natur. Der Materialismus ist also auch eine kulturell vermittelte Interpretation der Natur und nicht ein unmittelbares Spiegelbild einer vermuteten Natur pur. Wie die Natur ist, ihr An-Sich-Sein, ihre unberührte Ordnung, ist immer eine Frage der kulturellen Auslegung. Es gibt, mit anderen Worten, keinen unmittelbaren Zugang zur Natur. Wir müssen immer den Umweg über die Kultur nehmen, sogar wenn wir meinen, dadurch etwas erreicht zu haben, das wir nicht für Kultur halten.

Diese Einsicht ist nicht neu. Schon vor mehr als zweitausend Jahren hat der Skeptiker Pyrrhon die Ansicht vertreten, der Mensch könne die Wirklichkeit nie erkennen, wie sie ist, denn um die Wirklichkeit zu erkennen, muss man das, was man wahrnimmt, mit der Wirklichkeit vergleichen, und dies sei unmöglich, da man nur wieder Wahrgenommenes vor sich hätte und nicht eine unwahrgenommene Wirklichkeit. Wahrnehmung lässt sich also nur mit Wahrnehmung vergleichen; Erkenntnis nur mit Erkenntnis. Aus dem Bereich unseres Erkennens kommen wir nicht hinaus, um sehen zu können, ob sich unsere Erkenntnis mit einer Wirklichkeit, die ausserhalb von ihr liegt, deckt oder nicht.

Dieser Gedanke wurde in der Neuzeit vom Philosophen Immanuel Kant aufgenommen und zur Grundlage seiner *Kritik der Reinen Vernunft* gemacht. Nach Kant liefert uns die Sinneswahrnehmung nur eine undifferenzierte Mannigfaltigkeit von Eindrücken, die erst dann zu Erkenntnis werden, wenn der Verstand ihnen Form gibt. Der Verstand - also der Geist - bearbeitet das, was die Sinneswahrnehmung uns wie Rohstoff gibt, um daraus Erkenntnis zu produzieren. Wahrnehmung ist eine *Konstruktion* des erkennenden Subjekts. Wir machen also nicht einfach die Augen auf und schauen passiv zu wie die Natur ist, sondern wir produzieren aktiv die Welt, die wir erkennen. Erkennen ist Tun! (vgl. Maturana/Varela 1987).

Diese Auffassung ist heute unter dem Namen Konstruktivismus bekannt (vgl. Schmidt 1987, von Foerster 1992). Konstruktivistische Ideen wurden von der heutigen Neurophysiologie insofern bestätigt, als gezeigt wurde, wie das Nervensystem und somit Kognition reizunspezifisch codiert ist (vgl. Maturana 1985, von Foerster 1993). D.h. die Welt, die wir wahrnehmen, wird nicht im Nervensystem abgebildet oder wiedergespiegelt, sondern weil alle Nervenimpulse gleich strukturiert sind, egal aus welchen Sinnesorganen sie kommen (Sicht, Gehör, Geschmack etc.), muss die Vielfalt der wahrnehmbaren Welt auf die konstruktive Tätigkeit des Gehirns zurückgeführt werden.

Was haben nun diese erkenntnistheoretischen Überlegungen mit Ökologie zu tun? Was bedeutet die konstruktivistische Sicht für die konkreten Umweltprobleme, mit denen wir tagtäglich konfrontiert werden? Ändert sich etwas in bezug auf Energieverbrauch, auf Luft-, Boden- und Wasserverschmutzung, auf die zunehmende Reduktion der Artenvielfalt?

Dieser Ausflug in die Philosophie und Erkenntnistheorie soll bei der Aufgabe helfen, das Problem der antagonistischen Beziehung zwischen Natur und Kultur zu lösen. Es sollte dabei nämlich klar werden, dass eine neue Auffassung dieser Beziehung - eine Auffassung, die den alten Konflikt zwischen Natur und Kultur überwindet - nicht irgendeine Naturordnung als vorgegebener Massstab für eine ökologische Kultur voraussetzen kann. Es sollte klar werden, dass die unübersehbare und scheinbar unlösbare Ökokrise allein durch eine Intensivierung naturwissenschaftlicher Untersuchungen und Umweltverträglichkeitsstudien - so nötig diese auch sein mögen - nicht gelöst werden kann. Die Irrwege der Kultur lassen sich nicht dadurch korrigieren, dass von der Natur ein Rezept geholt wird. Denn die Natur ist selbst - so lehrt uns der Konstruktivismus - ein Kulturprodukt. Und wenn die Natur ein kulturelles Produkt ist, dann liegt die Lösung der ökologischen Krise nicht darin, eine Naturordnung ausserhalb von Kultur als Massstab unkritisch anzusetzen, sondern viel eher in der Frage: Wie kann die menschliche Gesellschaft, d.h. wie kann die Kultur eine natürliche Umwelt konstruieren, ohne sie dabei (gleichzeitig) zu zerstören? Mit anderen Worten: Wenn die Ökokrise uns mehr zu lehren hat, als nur, dass wir kompostieren, recyclieren und Naturschutzgebiete errichten sollten, dann ist es vielleicht so, dass wir die bis heute unkontrollierten und unverstandenen Mechanismen der kulturellen Naturkonstruktion analysieren, verstehen und unter Kontrolle bringen müssen. Der Konstruktivismus zeigt uns, dass die Natur nicht etwas ist, das ausserhalb von Kultur liegt, etwa idealistisch gedacht als Rohstoff, der auf eine kulturelle und geistige Bearbeitung wartet oder materialistisch gedacht als notwendig sich entfaltendes Prinzip, dem wir zwangsmässig unterworfen sind. Die alten Dualismen und Gegensätze helfen uns angesichts der heutigen Ökokrise nicht weiter, da beide - Materialismus und Idealismus - das eine Prinzip gegen das andere ausspielen und somit den ganzen Interaktionszusammenhang zwischen Natur und Kultur ausblenden. Vielmehr scheint es nötig, die alten materialistischen oder idealistischen Weltbilder hinter uns zu lassen, und ein neues ganzheitliches oder *ökologisches* Denken zu entwickeln (vgl. Krieger 1996b).

Wenn von einem *neuen* ökologischen Denken die Rede ist, dann in Abgrenzung gegen eine ältere Ökologie, die sich hauptsächlich als Naturwissenschaft versteht. Die Ökologie begann zwar als ein Zweig der Biologie, nämlich als derjenige Zweig, der sich mit den Beziehungen zwischen einem Organismus und seiner Umwelt befasste. In einer ersten Entwicklungsphase untersuchte die Ökologie organische und anorganische Stoffwechselprozesse. Das Objekt der Untersuchung war immer ein relativ kleiner Ausschnitt aus der Natur; z.B. die Interaktionen zwischen einem bestimmten Lebewesen und seiner näheren Umwelt oder die Interaktionen zwischen verschiedenen Lebewesen innerhalb eines begrenzten Lebensraumes, eines Biotops. Es stellte sich aber rasch heraus, dass sich die Umwelt eines Lebewesens nicht ohne weiteres eingrenzen lässt. Die Eigenschaften und die Qualität von Luft, Boden und Wasser, globale Klimaänderungen,  Strahlen durch das Ozonloch hindurch und vieles mehr, beeinflussen jedes kleine Biotop auf der Erde und müssten somit in die Analyse miteinbezogen werden. Das Objekt der ökologischen Untersuchung dehnte sich somit rasch auf den ganzen Planeten aus, wie z.B. in der Gaia-Hypothese von James Lovelock (1979), wo der ganze Planet Erde als Ökosystem betrachtet wird.

Die zweite Entwicklungsphase in der Ökologie - also das, was ich eine neue Ökologie nenne - beginnt in dem Moment, als der Organismus, den wir untersuchen, der Mensch wird; d.h. in dem Moment, als klar wurde, dass ökologische Probleme nicht Probleme der Natur sind - nicht einmal der planetarischen Natur - sondern Probleme, die durch menschliche Einwirkung auf die Natur hervorgerufen werden und somit nur durch eine Analyse menschlicher Lebensformen verstanden werden können. Somit wird Ökologie zur Geisteswissenschaft. Das Problem liegt nicht in der Natur, sondern in der Kultur. Es entsteht eine Human- oder Kulturökologie, die den Blick nicht auf die Natur richtet, sondern auf die Kultur. Umweltprobleme sind nicht nur Probleme der Natur, sondern vor allem Probleme der Kultur (vgl. Glaeser/Teherani-Krönner 1992).[2]

Das "Biotop", das durch eine so definierte Kulturökologie untersucht wird, umfasst nicht mehr nur die Interaktionen von Lebewesen mit ihrer natürlichen Umgebung, sondern die naturkonstruktiven Interaktionen von Menschen untereinander. Jede geisteswissenschaftliche Disziplin

---

[2]  Vgl.Glaeser 1992:61: "Im Gegensatz zur Ökologie, die sich als Naturwissenschaft mit den Beziehungen der Organismen zur belebten und unbelebten Umwelt befasst, bezieht Kulturökologie den Menschen ein und betrachtet die besondere Ausgestaltung der Mensch-Natur-Beziehungen als Folge kultureller Leistungen. Natur wird demnach thematisiert, doch nicht die vom Menschen unberührte, die 'intakte' Natur, sondern die vom Menschen gestaltete, veränderte, kurz: die 'kulturierte' Natur. Das Thema ist Einheit von Natur und Kultur, und zwar in der Kultur."

bekommt somit eine ökologische Aufgabe. Soziologie, Psychologie, Geschichte, Rechtswissenschaft, Ökonomie, Religionswissenschaft usw.; alle sind in einer Kulturökologie inbegriffen. Dies bedeutet, dass die Lösung der Ökologiekrise nicht nur in weiteren und tieferen Kenntnissen der Biosphäre liegt, sondern in der Entwicklung einer weiteren und flexibleren Sensibilität und Responsivität der Gesellschaft auf die Informationen und Veränderungen, die von den Naturwissenschaften, der Technologie und der Industrie her kommen.[3]

Es gibt schon heute viele gute Ansätze in den Geisteswissenschaften zur Lösung von Umweltproblemen. Aber auch in den Geisteswissenschaften läuft man Gefahr, in die alten Gegensätze zurückzufallen und zu meinen, Umweltprobleme lassen sich lösen, wenn der Mensch sich nur genügend an die Natur anpasst. Aus konstruktivistischer Sicht kann eine geisteswissenschaftliche Ökologie nicht darin bestehen, zu fragen, wie der Mensch sich am besten kulturell an seine natürliche Umwelt *anpasst*. Denn nach konstruktivistischer Auffassung *existiert* die Natur nicht ausserhalb von Kultur. Kultur kann sich nicht an die Natur anpassen, wie ein Organismus an seine Umwelt. Das naturwissenschaftlich-biologische Modell greift zu kurz, um die Komplexität des ökologischen Problems zu fassen. Denn gerade darin liegt der Unterschied zwischen biologischen Systemen und kulturellen Sinnsystemen, dass die Natur nicht Umwelt für ein Sinnsystem sein kann (vgl. Krieger 1996a). Organismen *haben* eine Umwelt. Die Kultur *ist* ihre eigene Umwelt. Wenn in der Kulturökologie von Anpassung die Rede sein soll, dann höchstens im Sinne einer Anpassung der Kultur an sich selber.

Die Kulturökologie muss von einer anderen Fragestellung ausgehen als die naturwissenschaftliche Ökologie. Sie muss nämlich fragen: Wie kann eine Kultur, die keine äussere Umwelt hat oder erkennen kann, *intern* so organisiert werden, dass sie "überlebensfähig" bleibt? Spezifischer: Wie können die verschiedenen gesellschaftlichen Subsysteme, wie Politik, Recht, Wissenschaft, Wirtschaft usw. so aufeinander abgestimmt werden, dass sie - gleich was passiert - weiter funktionieren können? Die entscheidende Frage für eine kulturwissenschaftliche Ökologie lautet also: Wie kann die Gesellschaft als Ganzes und wie können die gesellschaftlichen

---

[3]  Vgl. Glaeser 1992:65: "Das Gemeinsame der Globalkultur liegt in der industrialisierten Verwertung von Natur mit Hilfe von Wissenschaft und Technik. Globalkultur ist Industriekultur. Diese kann zur Sackgasse kultureller Evolution werden, wenn sie ihre eigenen Variationsmöglichkeiten und damit kulturellen Wandel untergräbt."

Subsysteme, die nachhaltiges Handeln regeln, d.h. Subsysteme, wie Religion, Moral, Recht, Politik, Wirtschaft, Erziehung usw. auf Umweltprobleme adäquat reagieren?

Frau wird sich fragen, was nun in dieser Formulierung das Wort "Überleben" bedeuten soll. Überleben für eine Gesellschaft und eine Kultur heisst - genau wie für einen Organismus - sich selbst weiterhin produzieren und reproduzieren zu können. Nur kann man für eine Kultur die Bedingungen des Lebens nicht an der Umwelt ablesen, da diese Umwelt nach konstruktivistischer Auffassung von der Kultur selber produziert und nur als Information innerhalb eines gesellschaftlichen Subsystems zugänglich wird. Man weiss, dass ein Organismus nur unter gewissen Umweltbedingungen leben kann. Sinkt z.B. der Sauerstoffgehalt in einem See unter ein bestimmtes Niveau, werden Fische nicht mehr dort leben können. Die Fische können sich nicht wehren. Eine technologisch hochentwickelte Kultur dagegen kann solche Umweltselektoren aktiv beeinflussen und zum Teil "ausschalten". Wir können z.B. den See "beatmen" oder die Fische anderswo züchten. Eine Kultur bleibt also nicht lebens- und überlebensfähig, indem sie sich an der Natur anpasst, sondern indem sie die Natur "richtig" konstruiert.

Richtige Naturkonstruktion bedeutet aber nicht - wie es zunächst aus diesem Beispiel hervorgehen mag -, dass jeder Aspekt der Umwelt beliebig beeinflusst und gestaltet wird. Denn nach welchen Kriterien, nach welchem Massstab soll die Natur gestaltet werden? Die technologische Fähigkeit allein, Umweltselektoren auszuschalten, verursacht - wie wir wissen - ebensoviele Probleme wie sie löst. Ganz im Gegenteil: aus kulturökologischer Sicht heisst "richtige" Naturkonstruktion, dass die Gesellschaft sich intern so organisiert, dass sie offen bleibt für die *Konstruktion alternativer Umwelten*. Denn kulturelles Leben ist nichts anderes als eine *weltkonstruierende Tätigkeit*. Wird diese laufende und ständig sich ändernde Weltkonstruktion durch irgendwelche Hindernisse blockiert, erschwert oder verstellt, dann wird die Reproduzierbarkeit und die Lebensfähigkeit eines kulturellen Systems reduziert und geschwächt. Aus kulturökologischer Sicht ist es also nicht wichtig, was die Welt "ist", sondern wie schnell und differenziert sie sich ändern kann.

Menschliches Handeln bringt automatisch Veränderungen hervor, worauf weiteres Handeln reagieren muss. Innovationen z.B. in Technologie und Wirtschaft verursachen Änderungen in der Natur, worauf dann Politik, Recht, Erziehung und Religion/Moral möglichst schnell und differenziert reagieren müssen. Aus kulturökologischer Sicht sind menschliche Eingriffe in die Natur und ihre Wirkungen nicht als blosse Naturtatsachen zu verstehen, sondern als *Informationen*, die in verschiedenen gesellschaftlichen Systemen, vor allem Wissenschaft/Technik und Wirtschaft, produziert werden und dann in anderen gesellschaftlichen Systemen, wie Recht, Politik, Erziehung und Religion verarbeitet werden müssen. Dass es ein Ozonloch gibt, wird zunächst also nicht als eine Naturtatsache, sondern als eine Information betrachtet, die im Wissenschaftssystem produziert wird. Die Aufgabe der naturwissenschaftlichen Ökologie besteht darin, solche Informationen zu produzieren. Die entscheidende Frage für die Kulturökologie aber lautet: Wie werden solche Informationen in die Gesellschaft als Ganzes verarbeitet? Versuchen wir z.B. auf die technologischen und wirtschaftlichen Strukturen der heutigen Weltgesellschaft mit Rechtsauffassungen, moralischen Vorstellungen und politischen Mechanismen des letzten Jahrhunderts zu reagieren, werden globale ökologische Probleme kaum zu bewältigen sein. Für die Kulturökologie ändert sich also die Leitfrage ökologischer Forschung von der naturwissenschaftlichen Frage nach der Anpassung eines Organismus an seine Umwelt zur geisteswissenschaftlichen Frage nach *der Offenheit und Transformierbarkeit der Gesellschaft selbst.*

Eine neue Ökologie lässt die alte nicht einfach hinter sich. Die naturwissenschaftliche Ökologie bleibt auch im Rahmen kulturökologischer Forschung sehr wichtig. Wir sind auf chemische, biologische, geologische und andere naturwissenschaftliche Untersuchungen angewiesen, um wissen zu können, dass es z.B ein Ozonloch gibt und was die Folgen sein werden, falls wir nichts unternehmen. Wir sind auf Umweltverträglichkeitsstudien angewiesen, um wissen zu können, was die Folgen einer Überbauung auf die umgebende Flora und Fauna sein werden. Aber mit dieser Information ist die ökologische Krise nicht überwunden, sondern erst richtig aufgebrochen. Denn über alle naturwissenschaftlichen Erkenntnisse hinaus kommt es darauf an, was mit solchen Informationen angefangen werden kann, wie darauf reagiert wird, ob überhaupt die Fähigkeit vorhanden ist, Handlungsalternativen zu finden und sie kooperativ zu verwirklichen. Diese Fragen sind nicht durch naturwissenschaftliche Untersuchungen beantwortbar. Sie sind politische, wirtschaftliche, juristische, erzieherische, d.h. kulturelle Probleme, die nur durch eine Kulturökologie zu verstehen und zu lösen sind.

Natur- und geisteswissenschaftliche Ökologie schliessen einander nicht aus, das eine löst das andere nicht ab; viel eher ergänzen sie einander und sollten demnach enger zusammenarbeiten. In diesem Sinne wäre es besser, von zwei Ebenen ökologischer Forschung zu sprechen, als von einer alten und einer neuen Ökologie.

Die Idee einer konstruktivistischen Kulturökologie wäre vielleicht plausibler, wenn man bedenkt, dass wir schon heute - und in Zukunft noch viel mehr - in einer von Menschen gemachten Wirklichkeit leben. Schon heute leben wir weitgehend in einer "virtuellen Realität". Das menschliche Biotop ist schon derart technologisch überformt und kulturell gestaltet, dass eine "hands off"-Einstellung oder eine "Rückkehr zur Natur" im Sinne eines neuen Primitivismus noch katastrophalere Folgen hätte als das blinde und sorglose Weitermachen wie bisher. Wenn man bedenkt, dass der Mensch der Zukunft höchstwahrscheinlich ein Cyborg sein wird, dessen physisches und psychisches Leben derart von der Technologie abhängt, dass Mensch und Maschine in vieler Hinsicht kaum noch unterscheidbar werden, dann ist die Frage: "In welcher Welt wollen und sollen wir leben?" weder müssig noch unrealistisch.

Frühere Epochen haben die Antwort auf diese Frage Gott oder dem Schicksal überlassen. In der Zukunft werden sich allem Anschein nach der Entscheidungsraum und die weltkonstruierende Kompetenz des Menschen derart erweitern, dass - ob gewollt oder nicht - die Menschheit die Verantwortung übernehmen muss für Bereiche, die bisher Gott oder dem Zufall überlassen wurden. Dies sieht man schon heute in den Entscheidungen, mit denen wir durch die Fortschritte der medizinischen Technologie konfrontiert sind: Ob z.B. eine hirntote Frau monatelang künstlich am Leben erhalten werden sollte, bis das Kind, das in ihr noch lebt, geboren wird, ob menschliche Organe durch Organe von Tieren ersetzt werden sollten. Vielleicht können wir uns einen Menschen vorstellen mit den Nieren eines Schweins oder dem Herzen eines Affen, aber wie steht es mit einem bio-elektronisch synthetisierten Hirn? Dazu kommt das ganze Potential der Gentechnologie. Welche genetischen Manipulationen sollten erlaubt werden? Welche nicht? Und noch viele Fragen mehr.

Vielleicht können wir an dieser Stelle das alte Bild des Auszuges aus Ägypten zur Hand nehmen, um den heutigen historischen Moment besser zu verstehen. Die Menschheit wandert aus aus dem alten Land der Natur und des Schicksals und kolonisiert ein neues Land, eine neue von

Menschenhand gemachte Welt. Wir stellen unser Zelt nunmehr im Cyberspace auf und machen uns in der virtuellen Realität sesshaft. Und wenn wir einmal den Jordan überquert haben, gibt es keine Rückkehr, denn die alte Natur existiert nurmehr in der Erinnerung. Schon heute wird die Natur zunehmend ästhetisiert und musealisiert. Sie existiert praktisch nur noch in künstlich hergestellten Natur-Parks und sogenannten Schutzgebieten. Nur schon die Idee, dass die Menschen die Natur schützen müssen, bedeutet, dass es die Natur nicht mehr gibt. Man mag diesen Entwicklungen mit Horror entgegenblicken und dem Tod oder wenigstens dem Abdanken des alten Schöpfergottes nachtrauern, dies ändert aber nichts daran, dass die zunehmende technologische Herrschaft über die Natur eine entsprechende Zunahme an moralischer Verantwortung und kultureller Weisheit verlangt.

Ein erster Schritt in diese Richtung wäre vielleicht, sich bewusst zu werden, dass alles, was wir heute unter dem Titel "Ökologiekrise" erleben, eine tiefere Bedeutung hat. Die Ökokrise besteht nicht nur aus verschiedenen Umweltproblemen, wie Luft-, Wasser- und Bodenverschmutzung, der Reduktion der Artenvielfalt, globalen Klimaänderungen usw. Dies sind zwar gravierende Probleme, aber doch nur Symptome eines viel tieferliegenden Problems. Die wirkliche Ökokrise besteht in der fehlenden Ganzheitlichkeit unseres Denkens und Handelns, d.h. in der uralten Tendenz jeder Kultur, die Natur als das Andere und das Fremde zu betrachten und sie somit auszugrenzen und einen Ort der verantwortungslosen Verfügung und der unkontrollierten Machtausübung zu schaffen. Sobald klar wird, dass wir nur uns selber sein können, indem wir das Fremde werden, wird es unsinnig, die menschliche Selbstverwirklichung und Autonomie gegen die Natur auszuspielen. Menschliche Interessen sind zugleich die Interessen der Natur, und der Mensch kann sich selbst nur in Kooperation mit der Natur verwirklichen.

Diese Ideen, vor allem der Ruf nach Ganzheitlichkeit und Holismus sind nicht neu im ökologischen Diskurs, aber sie bleiben oft auf der Ebene eines moralischen Appells an uns als Individuen. Jede und jeder sollte sich besinnen und den Lebensstil ändern; z.B. weniger Autofahren, mehr Kompostieren, den Energieverbrauch im Haushalt reduzieren usw. So wichtig eine solche individuelle Umorientierung und "grass roots"-Aussteigen sein mögen, ist die heutige international vernetzte Weltgesellschaft derart komplex und autonom geworden, dass wenig Freiraum für individuelle Initiative vorhanden ist. Wir sind als Individuen von den globalen und fast unvorstellbar komplexen Umweltproblemen schlechthin überfordert. Änderungen auf der systemischen, gesamtgesellschaftlichen Ebene sind nötig, damit moralische Forderungen auf der individuellen Ebene gehört und umgesetzt werden können. Die Aufgabe einer Kulturökologie liegt darin, ein *gesamtgesellschaftliches* Aussteigen und Umorientieren zu ermöglichen.

## 1.2    Was ist Kultur?

Wird Kultur zum Gegenstand ökologischer Forschung, dann verlagert sich der Blick weg von den naturhaften Umweltproblemen, wie Luft-, Wasser- und Bodenverschmutzung, Klimaveränderungen, Reduktion der Artenvielfalt usw. auf diejenigen spezifisch kulturellen Faktoren, die nachhaltiges Handeln in Bezug auf die natürliche Umwelt normieren, beeinflussen, steuern, motivieren und bedingen. Was sind diese spezifisch kulturellen Bedingungen des nachhaltigen Handelns? Kultur lässt sich als die Gesamtheit der Kommunikationsformen, d.h. der Medien, Diskursbereiche und Themen, die einem Individuum oder einer Gruppe jeweils zur Verfügung stehen, definieren (vgl. Krieger 1996a). Kultur ist somit 1) ein Aggregat von Elementen, die je für sich analysiert werden können, 2) eine systemische Ganzheit, welche die Elemente und ihre Interdependenzen bestimmt und schliesslich 3) etwas, das von Sinn konstituiert ist, d.h. etwas, das eine semiotische Organisation aufweist (vgl. Schmidt 1994). Medien sind z.B. Schrift, Sprache und Bild. Diskursbereiche sind z.B. Religion, Moral, Politik, Recht usw., d.h. das, was üblicherweise als gesellschaftliche Subsysteme betrachtet wird (vgl. Luhmann 1984). Und Themen sind die Informationen, die in den verschiedenen Diskursbereichen verschiedentlich produziert und vermittelt werden, z.B. die Umweltproblematik, die mittels Sprache und Bilder in den verschiedenen Diskursbereichen von Religion, Moral, Politik, Recht und Wissenschaft kulturell, d.h. kommunikativ, verarbeitet wird.

Diese Auffassung von Kultur lässt sich folgendermassen darstellen:

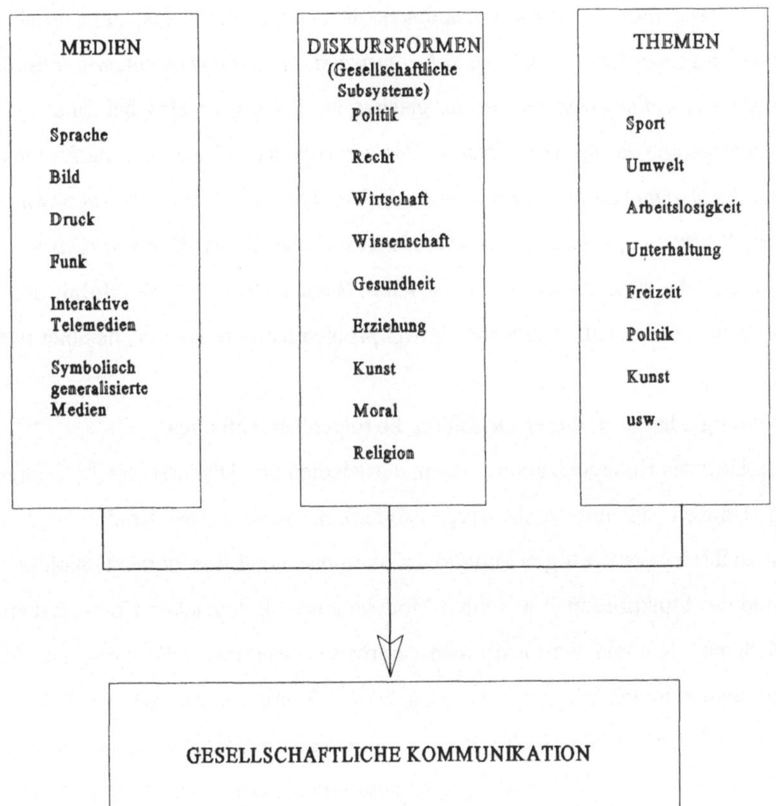


Wenn Kultur als eine Gesamtheit von Kommunikationsformen betrachtet wird, dann muss die Ausgangsfrage nach der Art und Weise, in der die Gesellschaft adäquat auf Umweltprobleme reagieren kann, dementsprechend umformuliert werden, und zwar in die Frage: *Was ist ökologischer Kommunikation in den verschiedenen Medien und Diskursbereichen?*[4] Unter "ökologische Kommunikation" dürfen wir nicht primär eine bestimmte Information verstehen, z.B. Kommunikation über das Thema "Umwelt", sondern *die Fähigkeit der übrigen gesellschaftlichen Subsysteme auf Informationen und Veränderungen, die einem Subsystem entstehen, angemessen*

---

[4]  Zur "ökologischen Kommunikation" vgl. Luhmann 1986.

*zu reagieren.* Angemessene Reaktionsfähigkeit drückt sich darin aus, dass gesellschaftliches Handeln von einem *möglichst sensiblen Problembewusstsein und von einem möglichst breiten und differenzierten Handlungsrepertoire* aus geleitet wird. Es geht also bei einer kulturwissenschaftlichen Ökologie darum, *vom Thema "Umweltproblematik" geleitet, die Kommunikationsformen, d.h. Medien und Diskursbereiche historisch und funktionell zu untersuchen mit dem Ziel, Hindernisse, Blockierungen und Engpässe in der gesellschaftlichen Kommunikation zu beheben.* So könnten z.B. die Wissenschafts-, Wirtschafts-, Rechts-, Erziehungs-, Moral- und Religionssysteme aufeinander und auf spezifische Umweltprobleme differenzierter, flexibler und schneller reagieren.

Kulturökologie hat nach dieser Definition die folgenden Aufgaben:

1) Die verschiedenen Kommunikationsformen, d.h. Medien und Diskursbereiche, sollten von dem Thema "Umwelt" aus untersucht werden. Wie funktionieren diese Kommunikationsformen? Was ist an ihren gegenwärtigen Funktionen ökologisch und was ist nicht-ökologisch?

2) Aufgrund der Funktionsanalyse sollten Modelle einer ökologischen Kommunikation für die verschiedenen Kommunikationsformen erarbeitet werden, z.B. was ist ökologische Kommunikation in den Bereichen Religion, Moral, Politik, Wirtschaft usw.?

3) Die verschiedenen Modelle ökologischer Kommunikation sollten miteinander in Verbindung gebracht und koordiniert werden, um gesamtkulturelle Kommunikationsstrategien zu entwickeln.

4) Die koordinierten Kommunikationsstrategien sollten in kulturell wirksame Programme umgesetzt werden.

5) Die Wirksamkeit der Umsetzung sollte kontrolliert und die Ergebnisse sollten in einer Rückkopplungsschleife als Korrektur wieder in die Forschung eingeführt werden.


Im zweiten und dritten Teil dieses Buches wird der Versuch unternommen, dieses Programm für den kulturellen Bereich der Religion zu konkretisieren.

# 2. Ökologisches Wissen
# Gegenstand und Methode konstruktivistischer Kulturforschung[5]

## 2.1 Was das ökologische Auge sieht[6]

Die Ökologie ist eine neue Disziplin, deren wissenschaftstheoretischer Status noch nicht geklärt ist. Es steht bis heute nicht fest, und mit wachsendem Problembewusstsein wird es zunehmend fragwürdig, ob die Ökologie eine deskriptive oder normative Wissenschaft ist. Liefert Ökologie wertneutrale Beschreibungen natürlicher Abläufe und Prozesse, oder sagt sie nicht nur, wie Interaktionszusammenhänge und Kreisläufe sich verhalten, sondern auch, wie sie sich verhalten *sollten*. Auch ist der eigentliche Gegenstandsbereich ökologischer Forschung bis heute ungewiss. Haben wir es zu tun nur mit der Natur - d.h. mit der Natur pur, die gleichsam ausserhalb der Stadtmauern beginnt - oder haben wir es auch mit Kultur zu tun, d.h. mit der Art und Weise, wie Menschen mit Natur umgehen? Oder noch umfassender: haben wir es in der Ökologie nicht vielmehr mit den Interaktionen zwischen Natur und Kultur in einem viel grösseren Bereich zu tun, wie z.B. dem ganzen Universum samt allen seinen physischen, biologischen, sozialen und geistigen Dimensionen?

Wenn nun eine Wissenschaft durch ihre Methode und durch ihren Gegenstandsbereich weitgehend definiert ist, so z.B. die Naturwissenschaften durch einen objektivierenden und wertneutralen Zugang zur Natur verstanden als ein Bereich von konstanten Gesetzmässigkeiten, dann lässt sich fragen: Was ist der Gegenstand und die Methode der Ökologie, d.h. was ist *das*

---

[5]    Autor dieses Kapitels ist David J. Krieger

[6]    Teil 2.1 beinhaltet die gekürzte und überarbeitete Fassung eines Artikels, der in Lesch 1996 veröffentlicht worden ist.

ökologische Problem? Womit hat Ökologie eigentlich zu tun? Und wie gewinnt die Ökologie Zugang zu ihrem eigentlichen Forschungsbereich?

Wenden wir uns zuerst dem Problem des eigentlichen Gegenstandsbereiches ökologischer Forschung zu. Aus der Bestimmung des Gegenstandes der Ökologie werden wir Schlüsse ziehen betreffend Ökologie als "konstruktivistische" Kulturforschung.

Sind es die Verschmutzung von Boden, Luft und Wasser; die Reduktion der Artenvielfalt; die Klimaänderungen und ihre Auswirkungen auf Flora und Fauna, welche den Gegenstand ökologischer Forschung ausmachen? Dies sind zweifellos wichtige Problemgebiete, mit denen sich eine naturwissenschaftliche, vor allem biologische Ökologie befasst. Aber ist dies alles? Liegt das ökologische Problem nur in der Natur? Oder ist es nicht viel eher ein kulturelles Problem? Sind nicht die Störungen in natürlichen Prozessen und Kreisläufen auf Störungen in den Strukturen, Produktionsweisen, Institutionen und Lebensformen bestimmter menschlicher Gesellschaften zurückzuführen? Muss die Ökologie nicht deswegen viel eher eine Sozialwissenschaft als eine Naturwissenschaft sein? In der Tat haben die Ansätze einer Humanökologie oder Kulturökologie in letzter Zeit zugenommen, was dafür spricht, dass die üblichen naturwissenschaftlichen Problemstellungen zu kurz greifen[7].

Aber müssen wir nicht sogar noch weiter gehen und fragen, ob das eigentliche ökologische Problem nicht viel eher in den weltanschaulichen und spirituellen Grundhaltungen der Menschen liegt, d.h. ob der Grund, warum die Strukturen, Produktionsweisen und Institutionen bestimmter Gesellschaften *unökologisch* sind, darin liegt, dass der Mensch in seinem Verhalten sich selbst und dem Transzendenten, dem Sinngebenden, dem Heiligen gegenüber grundsätzlich gestört ist? Das ökologische Problem wäre demnach weder ein natürliches noch ein soziales, sondern ein religiöses Problem; weniger ein Problem für die Naturwissenschaften oder für die Sozialwissenschaften, sondern für die Theologie.

---

[7]  Vgl. Glaeser 1992:61: "Im Gegensatz zur Ökologie, die sich als Naturwissenschaft mit den Beziehungen der Organismen zur belebten und unbelebten Umwelt befasst, bezieht Kulturökologie den Menschen ein und betrachtet die besondere Ausgestaltung der Mensch-Natur-Beziehungen als Folge kultureller Leistungen. Natur wird demnach thematisiert, doch nicht die vom Menschen unberührte, die 'intakte' Natur, sondern die vom Menschen gestaltete, veränderte, kurz: die 'kulturierte' Natur. Das Thema ist Einheit von Natur und Kultur, und zwar in der Kultur."

Diese Reihenfolge ökologischer Problemstellungen hat nicht nur systematische Gründe - worauf ich gleich zurückkommen werde -, sondern auch historische. Denn das Problembewusstsein der Ökologie hat sich von den ersten Feststellungen gestörter natürlicher Prozesse entwickelt, über die Frage nach der Ursache dieser Störungen in gestörten sozialen, wirtschaftlichen und politischen Prozessen, bis hin zur Frage nach der Ursache dieser sozialen Probleme in gestörten psycho-spirituellen "Prozessen", wie dies z.B. in der Deep-Ecology Bewegung und in verschiedenen "holistischen" Ansätzen thematisiert wird[8].

Darin liegt nicht nur eine inhaltliche Erweiterung des Gegenstandsbereichs der Ökologie von Natur auf Kultur und von Kultur auf "Geist", sondern - und dies liegt in der inneren Logik oder man könnte fast sagen "Dialektik" der ökologischen Fragestellung überhaupt - es liegt darin eine strukturelle "Unentschiedenheit" oder "Indifferenz" in bezug auf den Gegenstand ökologischer Forschung. Denn die Ökologie befasst sich mit *grossen Zusammenhängen*, mit *Gesamtsystemen*. Um das Ganze in den Blick zu bekommen, muss man von den Unterschieden absehen. Vor allem muss man von der traditionellen Unterscheidung zwischen Subjekt und Objekt der Forschung absehen. Diese Indifferenz ist, meine ich, *das eigentliche Problem* der Ökologie. Sie ist der Grund, warum die Ökologie das traditionelle Selbstverständnis der Wissenschaft und die übliche Aufteilung wissenschaftlicher Disziplinen unterläuft und uns somit vor die Aufgabe stellt, anders zu denken und zu handeln.

Um nun diese Idee plausibel zu machen, möchte ich an die ursprüngliche Intention der Ökologie erinnern. Nach der grundlegenden Definition von Ernst Haeckel untersucht Ökologie die Gesamtheit der Beziehungen eines Organismus zu seiner organischen und anorganischen Umwelt[9]. Gegenstand der Untersuchung ist also *die Einheit einer Unterscheidung*, nämlich die Einheit der Unterscheidung zwischen System und Umwelt. Weder das System noch die Umwelt allein werden untersucht, sondern ihre Interaktionen und Interdependenzen werden als Gesamtsystem betrachtet.

Da nun jedes System eine Umwelt braucht, wogegen es sich abgrenzt (vgl. Luhmann 1984, Krieger 1996a) - und auch das Ökosystem (sofern es überhaupt ein System ist) hat seine Umwelt

---

[8]   Vgl. Devall und Sessions 1985 für einen Überblick über die Deep Ecology-Bewegung.

[9]   Zitiert nach Bayertz, "Ökologie als Medizin der Umwelt?, in: Bayertz (1988).

-, erweitert sich der ökologische Blick unaufhaltsam auf immer grössere Zusammenhänge. Wenn wir z.B. von einem kleinen Biotop im Hinterhof reden, dann bildet dieses ein Ökosystem in Abgrenzung zu der umgebenden Flora und Fauna im Quartier, die als Umwelt des Biotops fungieren. Wird das ganze Quartier als Ökosystem betrachtet, dann bildet sich *dieses* System in Abgrenzung zur noch umfassenderen Umwelt der Stadt. Schliesslich weitet sich der ökologische Blick auf den ganzen Planeten Erde aus - wie die Gaia-Hypothese behauptet. Man könnte versuchen, und eigentlich müsste man dies nach der inneren Dialektik der ökologischen Fragestellung tun, noch weiter zu gehen und unser Sonnensystem oder das ganze Universum in den ökologischen Blick zu fassen.

Wie die Systemtheorie uns lehrt, gibt es Systeme nur im *Unterschied* zu Umwelten[10]. Für jedes System ist die System/Umwelt-Differenz konstitutiv, d.h. am Anfang steht die Unterscheidung. Differenztheoretisch betrachtet können wir nicht hinter diese anfänglichen Unterscheidungen zurückgehen, denn die Einheit einer Unterscheidung ist nur über eine weitere Unterscheidung zugänglich und wahrnehmbar. Dies nennt man in der Systemtheorie das Beobachterproblem (vgl. Krieger 1996a). Um etwas beobachten, identifizieren, wahrnehmen zu können, muss man es von allem, was es *nicht* ist, und vor allem von sich selbst als dem Beobachter, unterscheiden.

Treibt uns die ökologische Fragestellung vom kleinen Biotop im Hinterhof bis zum ganzen Universum, dann lässt sich das Universum selbst als Ökosystem nur in den Blick bekommen aufgrund einer noch grundlegenderen Unterscheidung; nämlich aufgrund der Unterscheidung zwischen Natur und Kultur. Die Natur oder der ganze Kosmos wird in dem Moment *als* begrenztes Ganzes, d.h. *als* System sichtbar und somit zugänglich für eine Naturwissenschaft, als sie von Kultur unterschieden wird. Erst nachdem die Natur entpersonalisiert, die Kräfte des Windes, des Wassers und der verschiedenen Pflanzen und Tiere aus der Gemeinschaft der Geister verbannt worden waren, konnte eine eigenständige, nicht mehr mit Magie vermischte Sicht der Natur entstehen. Dies ist die grosse Leistung der modernen Naturwissenschaften. Sie haben das

---

[10] So z.B. Luhmann 1984:35: "Als Ausgangspunkt jeder systemtheoretischen Analyse hat, darüber besteht heute wohl fachlicher Konsens, die *Differenz von System und Umwelt* zu dienen. Systeme sind nicht nur gelegentlich und nicht nur adaptiv, sie sind strukturell an ihrer Umwelt orientiert und könnten ohne Umwelt nicht bestehen. Sie konstituieren und sie erhalten sich durch Erzeugung und Erhaltung einer Differenz zur Umwelt, und sie benutzen ihre Grenzen zur Regulierung dieser Differenz."

System der Natur als Gegenstandsbereich einer exakten Wissenschaft mittels einer Unterscheidung "konstruiert".

Umgekehrt lässt sich Kultur nur im Unterschied zur Natur als begrenztes Ganzes, d.h. als System begreifen. In der philosophischen Tradition des Westens wurde diese grundlegende Unterscheidung mit dem Hinweis auf Urheberschaft markiert. Kultur ist das von Menschen Hervorgebrachte, wobei Natur (*physis*) das ist, was von sich selbst her entsteht. Wenn die Menschen, wie Vico sagte, nur das erkennen können, was sie selber gemacht haben, dann wird Wissenschaft auf einer bestimmten Ebene der Reflexion zur Geisteswissenschaft. Nur gegen die Folie eines ausdifferenzierten Bereiches der Natur wird Gesellschaft und Kultur als ein Bereich für sich wahrnehmbar. Erst dann wird es möglich, Kultur oder Zivilisation mit Natur zu vergleichen und entweder positiv als Fortschritt oder negativ als Degeneration zu werten.

Fragen wir nun *ökologisch* nach der Einheit der Unterscheidung zwischen Natur und Kultur dann müssen wir feststellen, dass das Gesamtsystem von Natur und Kultur weder etwas bloss Natürliches noch etwas bloss Kulturelles ist. Der Gegenstand der Ökologie fällt somit aus dem Blick sowohl der Naturwissenschaft wie auch der Sozialwissenschaften. Er ist der "blinde Fleck" im Beobachten von Natur *und* im Beobachten von Kultur. Wer die Natur im Unterschied zur Kultur beobachtet - wie dies für die Naturwissenschaften typisch ist - der sieht den eigentlichen Gegenstand ökologischer Forschung nicht. Und umgekehrt wer die Kultur im Unterschied zur Natur beobachtet - wie dies für die Sozialwissenschaften typisch ist - der bekommt das Ganze auch nicht in den Blick. Nennen wir das Ganze, worum es hier geht, "Welt". Die Welt ist nicht nur das Universum der Astrophysik und Kosmologie. Denn die Welt enthält auch kulturelle Dinge wie Werte und Gefühle, Phantasie und Kunst. Ist die Welt etwas Natürliches oder etwas Kulturelles? Auf der einen Seite der Unterscheidung haben wir den Materialismus, der behauptet, alles sei aus Materie evolviert worden - heute spricht man von Selbstorganisation und Emergenz (vgl. Maturana/Varela 1987 und Krohn/Küppers 1992) - und auf der anderen Seite steht der Idealismus, der behauptet, dass alles aus dem Geist entstanden ist. Jede dieser Positionen beansprucht, *alles* erklären zu können, und jede ist blind für die Argumente und Ansichten der anderen.

Die Systemtheorie also lehrt uns, dass jedes Beobachten nicht nur Wissen, sondern auch Unwissen produziert, d.h. einen blinden Fleck, der nur von einem anderen Beobachter, der andere

Unterscheidungen anwendet, beobachtet werden kann. Aufgrund der vorherigen Überlegungen können wir sagen, die "Welt" ist der blinde Fleck, der die Unterscheidung zwischen Natur und Kultur produziert. Sie ist weder aus der Sicht des Materialismus noch aus der Sicht des Idealismus, weder aus der Sicht der Naturwissenschaften noch aus der Sicht der Geisteswissenschaften wahrnehmbar. Sie lässt sich nur unter Anwendung einer grundlegend anderen Unterscheidung beobachten.

Fragen wir nun nach der Welt als Ganzes, dann werden wir vermutlich nach etwas suchen müssen, das *weder* vom Menschen gemacht worden ist *noch* aus sich selbst entsteht. Was ist dies? Die traditionelle Antwort darauf lautete: Das, was von Gott hervorgebracht wurde. Die Welt als Ganzes kriegen wir in den Blick - wenigstens in der westlichen, christlichen Tradition - nur über die Unterscheidung zwischen Schöpfer und Schöpfung. Die Welt ist geschaffenes Sein *(ens creatum)* im Unterschied zum ungeschaffenen Sein *(ens increatum)*, d.h. zu Gott. Mit dieser Unterscheidung ändert sich auch der Standpunkt des Beobachters. Er wird theologisch. Dass der theologische Standpunkt nicht unbedeutend ist in der Ökologie, beweist die religiös-weltanschauliche Motivation von vielen Forschern und Aktivisten. Zudem ist eine gewisse Resakralisierung der Natur in den Verlautbarungen vieler ökologischer Bewegungen spürbar. Dies soll aber nicht heissen, dass der theologische Beobachter einen privilegierten Standpunkt innehat, der vor Beobachterrelativismus gefeit wäre. Auch der theologische Beobachter, der die Unterscheidung zwischen Gott und Welt anwendet, produziert einen blinden Fleck. Was ist der blinde Fleck der Theologie?

Wenn man ökologisch nach der Einheit der Unterscheidung zwischen Gott und Welt fragt, nach dem umfassenden System, in dem sie zusammenhängen und einander gegenseitig bedingen, dann ist die Antwort, meine ich, der Mensch, d.h. etwas, das nicht im Blickfeld des theologischen Beobachters steht. Denn der Mensch ist zugleich göttlich und weltlich, weder Engel noch Tier. Der Mensch ist der blinde Fleck in der Wahrnehmung des theologischen Auges. Deswegen konnte der Mensch erst richtig ins Blickfeld rücken, nachdem die Theologie verdrängt wurde, d.h. mit der Erschliessung eines von der Theologie unabhängigen Beobachterstandpunkts zu Beginn der europäischen Neuzeit. Dies war der Humanismus.

Der humanistische Beobachter bekommt den Menschen dadurch in den Blick, dass der Mensch von der Welt unterschieden wird. Der Mensch ist nicht ein blosses Tier. Der Mensch steht über der Natur. Er verfügt über sie als Rohstoff für die Verwirklichung seiner Selbstbestimmung. An die Stelle Gottes tritt somit der Mensch. Dies weist darauf hin, dass der blinde Fleck des Humanismus Gott ist. D.h. für den Humanismus ist die Einheit der Unterscheidung zwischen Mensch und Welt Gott, der ja eben nicht mehr wahrnehmbar ist, wie dies die Rede von der Flucht der Götter, dem Schweigen Gottes und dem Verschwinden von Religion in modernen, säkularen Gesellschaften beweist.

Was aber hat dies alles mit Ökologie zu tun? Die Ökologie - so mein Vorschlag - ist *jene Art von Denken, das ständig nach der Einheit der Differenz fragt und somit über jede Grenze hinaus getrieben wird.* Wenn das ökologische Problem die Einheit der Differenz ist, dann kann das ökologische Denken sich nicht zufrieden geben mit dem einem oder mit dem anderen der verschiedenen Standpunkte innerhalb einer binär codierten Struktur oder innerhalb dessen, was der Strukturalismus eine "symbolische Ordnung" nennt. Was das ökologische Auge sieht - also der eigentliche Gegenstand ökologischer Forschung - ist weder etwas Natürliches, noch etwas Kulturelles oder etwas Geistiges. Das eigentliche Problem der Ökologie ist die Einheit der Differenz zwischen Natur, Kultur und Geist; d.h. *die Art und Weise wie wir die Unterschiede anwenden, die unser Wissen und Handeln bestimmen.*

Da jede Unterscheidung einen "blinden Fleck" erzeugt, der verhindert, dass das Ganze als System wahrgenommen werden kann, bleiben die umfassenden Zusammenhänge verborgen und unzugänglich. Wo immer wir ansetzen, um das Problem in den Griff zu bekommen, ob bei der Natur, z.B. bei naturwissenschaftlichen Umweltverträglichkeitsanalysen, oder beim Menschen, z.B. bei den politischen und rechtlichen Bedingungen solcher Analysen und deren wirtschaftlichen Folgen, oder beim Geistigen, z.B. bei kulturgeschichtlichen Analysen der religiösen, ideologischen und weltanschaulichen Hintergründe der Umweltkrise, verfehlen wir das Ziel einer ganzheitlichen Erkenntnis.

Bedeutet dies, dass Erkenntnis - wenigstens menschliche Erkenntnis -, grundsätzlich *unökologisch* ist? Sind die tiefen Unterschiede zwischen den in unserer Kultur institutionalisierten Wissensformen - Naturwissenschaft, Sozialwissenschaft und Theologie -, der tiefverwurzelte

Konflikt zwischen Erkenntnis und Handeln, und schliesslich das Aufeinanderprallen oder Aneinandervorbeigehen der autonom gewordenen gesellschaftlichen Subsysteme, wie Politik, Wirtschaft, Wissenschaft und Recht, ein Ergebnis der blinden Flecken, die dem menschlichen Erkennen inhärent sind? Ist die Ökologie somit ein Chiffre für die Unmöglichkeit vollkommener Ordnung und endgültiger Wahrheit? Ist das ökologische Auge unheilbar blind? Heisst dies, dass das ökologische Problem nicht gelöst werden kann, und dass wir damit leben lernen müssen?

Gibt frau trotz der Tatsache, dass diese Fragen offen gelassen werden müssen, die Ökologie nicht auf und versucht man trotz Beobachterproblem das Ganze in den Blick zu bekommen, d.h. Gott, Welt oder Mensch "absolut" zu denken, unabhängig von ihren Gegensätzen, dann produzieren wir nur Paradoxien. Absolute Symbole können nicht durch ihre Gegensätze definiert werden, da sie diese in sich enthalten[11]. Denkt man z.B. *Gott* absolut, dann ist er zugleich göttlich und weltlich, transzendent und immanent, zugleich gut und böse - wie dies das Theodizeeproblem zeigt: Wie kann ein allmächtiger und allgütiger Gott das Böse in der Welt erlauben? Entweder ist Gott allmächtig und dann auch selbst böse und somit nicht wirklich Gott, oder er ist zwar gut, aber dafür nicht allmächtig, und somit ebenfalls auch nicht wirklich Gott.

Denkt man nun *Welt* absolut, z.B. als das Sein, dann muss das Sein auch das Nichts in sich haben, denn auch das Nichts "ist" irgendwie, was sich an seinen negativen Wirkungen, wie Vergänglichkeit, Unwissenheit, Wahnsinn und Tod, zeigt.

Denkt man den *Menschen* absolut, dann befinden wir uns in den bekannten Aporien des Humanismus: Der Mensch ist zugleich frei und unfrei, zugleich vernünftig und irrational, zugleich Schöpfer und Geschöpf.

Absolute Symbole sind von ihrem Wesen her paradox und in sich widersprüchlich. Man erkennt ein absolutes Symbol gerade daran, dass es selbstwidersprechend ist und somit das Weiterdenken blockiert, d.h. das Denken wird auf sich selbst zurückgeworfen und muss seine eigene Kontingenz denken, nämlich, dass das Denken vielleicht aufhört und im Wahnsinn verschwindet. Absolute Symbole sind Grenzen, die wir nicht überqueren können, da sie keine andere Seite, keinen

---

[11] Vgl. Krieger 1996a für eine ausführliche Diskussion der Semantik der Entparadoxierung.

Gegensatz haben. Vor solchen Grenzen kommen das Denken und Handeln zu einem Ende, denn alles weitere wäre nicht mehr ein Teil der Welt, die durch diese Grenze erschlossen wird.

Damit wir weiterdenken können, werden absolute Symbole in binäre Gegensätze unterschieden oder *entparadoxiert*. Wenn wir das absolute Symbol "Welt" entparadoxieren und in Natur und Kultur aufteilen, dann können wir uns von einer Seite zur anderen bewegen; Kultur ist an Natur anschliessbar und umgekehrt, das vom Menschen Hervorgebrachte bezieht sich auf das, was aus sich selbst entsteht. Die Welt selbst aber können wir nicht erreichen, denn wir sind schon immer drin, gleich auf welcher Seite wir stehen. Wie Wittgenstein sagte, müssten wir, um die Welt in den Blick zu bekommen, ausserhalb der Welt stehen, was unmöglich ist - d.h. die Grenzen meiner Sprache sind die Genzen meiner Welt.

Wie kommen wir weiter? Vielleicht können wir aus dem Nachteil einen Vorteil machen. Der Beobachter*relativismus* - denn jede grundlegende Unterscheidung ist so gut wie jede andere - gibt den Blick frei für die *gemeinsamen Strukturen* solcher Grenzen. Wir können fragen: *Was sind die allgemeinen Bedingungen von Grenzsetzungen, welche die Bereiche von Natur, Kultur, Gott und Mensch erschliessen? Woher kommen solche Grenzsetzungen und wie lassen sie sich transformieren?* Dies wäre selber eine kreative Transformation der ökologischen Fragestellung. Anstatt nach der Einheit der Differenz zu fragen, könnte die Ökologie die Art und Weise wie Unterschiede gehandhabt werden, untersuchen. Dies wäre zwar nicht, was wir normalerweise unter "Ökologie" verstehen. Es würde nicht wie Ökologie aussehen. Aber es wäre vielleicht der ursprünglichen Intention ökologischer Forschung und zugleich der Aufgabe eines ganzheitlichen Denkens in der heutigen, globalen Gesellschaft angemessener.

## 2.2   Konstruktivistische Kulturforschung

Die Theorie autopoietischer (d.h. selbst-erzeugender), selbstreferentieller Systeme, die in letzter Zeit vor allem von Niklas Luhmann für die Soziologie fruchtbar gemacht wurde (vgl. Luhmann 1984), bietet die Möglichkeit an, Kultur *kommunikationstheoretisch* zu analysieren, d.h. die allgemeinen Bedingungen des Unterscheidens und Beobachtens und der Handhabung von Unterscheidungen als *Bedingungen der Kommunikation* zu verstehen.

Innerhalb einer allgemeinen Systemtheorie lassen sich drei Ebenen emergenter Ordnung unterscheiden (vgl. Krieger 1996a). Systeme sind entweder Maschinen, Organismen oder Sinnsysteme (d.h. menschliche Gesellschaften oder Kulturen). Jede Systemebene unterliegt einem anderen, umfassenderen und komplexeren Organisationsprinzip, d.h. einer "Codierung". Maschinen sind demnach mechanisch codiert, Organismen sind genetisch codiert und Sinnsysteme sind *semiotisch* codiert. Wenn wir jetzt - gegen Luhmann - davon ausgehen, dass es keinen Sinn ohne semiotische Codierung gibt, dann können wir Luhmanns Unterscheidung zwischen psychischen und sozialen Systemen übergehen und unsere Aufmerksamkeit darauf richten, dass alle Operationen eines Sinnsystems, d.h. alle sinnvollen Unterscheidungen, *Kommunikationen* sind. Denn es gibt keine semiotische Organisation ohne Kommunikation (vgl. Wittgensteins Kritik einer "Privatsprache"). Semiotische Codierung seligiert, relationiert und steuert die Einführung und Handhabung von Unterschieden als Kommunikationen und nicht als irgendwelche rein innerliche psychische Ereignisse. Sinnsysteme, d.h. menschliche Gesellschaften und Kulturen sind demnach immer Kommunikationssysteme, und weil Kommunikation nicht rein privat möglich ist, sind Sinnsysteme immer soziale Systeme.

Dieser Tatsache trägt Luhmann insofern Rechnung als er Gesellschaft als Kommunikations-system versteht. Gesellschaft nach Luhmann besteht nicht aus Menschen, sondern aus Kommunikationen. Das System von Kommunikationen ist *autopoietisch*, indem es sich selbst (re)produziert und es ist *selbstreferentiell*, indem es sich mittels einer Sinngrenze von der Umwelt abschliesst und somit Systemoperationen rekursiv auf Systemoperationen bezieht. Das System kommuniziert also nicht mit der Umwelt, sondern nur mit sich selbst. Kommunikationen entstehen nur aus Kommunikationen und sie beziehen sich nur auf andere Kommunikationen. Das System ist somit *operationell* und *informationell* gegenüber der Umwelt *geschlossen*.

Jedes System entsteht durch die Abgrenzung von einer Umwelt. Jedes System ist somit durch eine System/Umwelt-Differenz konstituiert. Gesellschaft entsteht durch die Artikulation eines semiotischen Codes, der das Gesamtsystem als Sinnsystem von der Umwelt abgrenzt. Diesen Code dürfen wir *primären Code* nennen, nicht nur weil semiotische Codierung umfassender und komplexer ist als mechanische oder genetische Codierung, sondern vor allem weil es sich um die Konstruktion des Sinnsystems als Ganzes und nicht um die Konstruktion eines gesellschaftlichen Subsystems handelt.[12] Die Strukturen eines primären Codes sind demnach die allgemeinsten Bedingungen der Möglichkeit von Kommunikation und somit auch die Bedingungen der Handhabung von Unterschieden. Die Theorie autopoietischer, selbstreferentieller Sinnsysteme ergänzt durch eine Theorie der Bedingungen von Kommunikation liefert somit die Möglichkeit, das Problem ökologischen Wissens, das Ganze irgendwie in den Blick zu bekommen, durch den Umweg über die Formen des Unterscheidens zu lösen. Denn grundlegende Unterscheidungen, wie diejenige zwischen Natur und Kultur, zwischen Gott und Welt werden durch die Artikulation eines primären Codes gemacht. Es handelt sich bei der Artikulation eines primären Codes um die Formen, in denen sich ein Kommunikationssystem konstruiert. Diese lassen sich *semantisch* wie auch *pragmatisch* analysieren.

### 2.2.1   Semantische Analyse der Artikulation des primären Codes

Betrachten wir zunächst die *semantische* Artikulation des primären Codes. Auf der Ebene von Sinnsystemen bedeutet autopoietische Selbstreferentialität nicht nur, dass Systemoperationen an Systemoperationen angeschlossen werden, sondern vor allem, dass das System sich selber "erkennt", d.h. sich auf sich selbst als Ganzes durch eine Selbstbeschreibung oder "Identität" bezieht. Um sich von seiner Umwelt abzugrenzen muss ein Sinnsystem sich selbst identifizieren können. Dies erfolgt über die Wiederholung der System/Umwelt-Differenz innerhalb des Systems. Es entsteht zugleich eine Selbst- und eine Fremdreferenz. Dazu gehört die "Konstruktion" eines Weltbildes oder eines Sinnhorizontes, in dem das System als Ganzes modelliert wird. Die verschiedenen Kulturen, Völker, Nationen und Epochen haben inhaltlich verschiedene Weltbilder hervorgebracht. Alle diese Weltbilder aber weisen gewisse formale Ähnlichkeiten auf. Die formale

---

[12]   Zum Konzept des primären Codes vgl. Krieger 1993a  (Kapitel 3 unten); 1996a.

Semantik eines Weltbildes lässt sich als Artikulation einer dreifachen Symbolik aufgrund von Prozessen der Enttautologisierung und der Entparadoxierung analysieren.

Da pure Selbstreferenz tautologisch ist und somit keine weiteren Anschlussoperationen erlaubt, sondern nur die sterile Wiederholung der ursprünglichen Bestimmung: A ist A, muss der primäre Code zuerst *enttautologisiert* werden. Enttautologisierung aber wird mit dem Preis der Paradoxie erkauft, denn die nicht-tautologische Bestimmung, A ist Nicht-A, kann nur als Paradoxon formuliert werden. Um weitere Differenzierung zu ermöglichen, muss der Code folglich *entparadoxiert* werden. Die *formale Semantik der Enttautologisierung und Entparadoxierung* erfolgt über die Artikulation einer dreifachen Symbolik: Die *Symbolik des Absoluten*, die *Symbolik des Möglichen* und die *Symbolik des Ausgeschlossenen*.

Zur Symbolik des Absoluten: Um ein Kommunikationssystem zu konstruieren, muss der primäre Code eine Art äusserster Grenze gegenüber einer uncodierten und demnach chaotischen und unverständlichen Umwelt ziehen. Der primäre Code ist allumfassende Sinngrenze. Der Code grenzt ein geordnetes System von einer ungeordneten Umwelt ab. Dies hat zur Folge, dass der Code semantisch aus absoluten Symbolen besteht. Absolute Symbole sind in einem spezifischen Sinne unvermeidlich paradox, denn sie können nicht durch ihre Gegensätze definiert werden (vgl. Luhmann 1988:27-29,42). Solche Begriffe oder Symbole enthalten ihre eigene Negation *(coincidentia oppositorum!)* in sich. Um einige Beispiele aus verschiedenen Weltbildern anzugeben: Das Sein wäre nicht absolut, wenn es das Nichts nicht irgendwie in sich hätte. Gott wäre nicht absolut, wenn der Teufel nicht auch von ihm wäre. Die Materie des westlichen Materialismus wäre nicht absolut, wenn sie nicht Geist aus sich herausevolvieren lassen könnte. Das autonome, rationale Subjekt des modernen Humanismus wäre nicht absolut, wenn es nicht sich selbst dem Gesetz unterwerfen würde und wenn es als Erkenntissubjekt das Objekt, das ihm grenzt, nicht selbst setzen würde. Freiheit wäre nicht etwas Absolutes, wenn sie sich nicht selber begrenzen und sich dem Gesetz unterwerfen würde.[13]

---

[13]  An einem anderen Ort spricht Luhmann (1977:33) von "Chiffrierung": "Was als spezifische Sinnform des Religiösen, als Numinoses oder Heiliges beschrieben worden ist, lässt sich dann als Resultat eines Prozesses der *Chiffrierung* begreifen, der Unbestimmbares in Bestimmtes oder doch Bestimmbares transformiert. Chiffren sind nicht einfach Symbole... Sie haben ihren Sinn überhaupt nicht in der Relation zu etwas anderem, sondern sind es selbst. Sie konstituieren Wissen, indem sie das Bestimmte an den Platz des Unbestimmten setzen und dieses dadurch

Paradoxien blockieren Kommunikationen. Das Denken wird angehalten und kann nicht weiter. Das absolute Symbol zieht sich in das Unaussprechliche, das Geheimnis zurück. Um Anschluss-operationen im Sinnsystem zu ermöglichen, müssen die Paradoxien entparadoxiert werden. Die Entparadoxierung erfolgt über die Artikulation einer Symbolik des Möglichen und einer Symbolik des Ausgeschlossenen. Das eine Symbol, das beide Seiten in sich schliesst, wird gleichsam auseinandergenommen und in zwei Richtungen entfaltet. Die eine Richtung artikuliert alles, was in irgendeiner Art und Weise als positiv beurteilt wird, wobei die andere Richtung das Negative enthält.

Zur Symbolik des Möglichen: In irgendeiner Art und Weise symbolisiert jeder primäre Code die Entstehung und Verfassung der Welt, die Bestimmung der menschlichen Existenz, die Deutung des Todes, die grundlegenden Strukturen der Gemeinschaftsordnung und die massgebenden Formen in denen Geburt, Arbeit, Geschlechtsleben, künstlerischer Ausdruck und schliesslich "Erlösung" erfahren werden. Dies ist die positive Seite des absoluten Symbols, die als *Symbolik des Möglichen* bezeichnet werden darf, da sie alles benennt, was ist und sein soll.

Zur Symbolik des Ausgeschlossenen: Gleichursprünglich zieht der primäre Code eine Grenze zwischen Positivem und Negativem und artikuliert symbolisch nicht nur das, was wahrhaft ist, sein kann und sein soll, sondern auch das, was für das Leben und die Weltordnung bedrohlich ist, was also ausgeschlossen werden muss und als verwerflich und abscheulich betrachtet wird. Der Code bestimmt also nicht nur, was zur Welt gehört und gehören kann, sondern ebenso notwendig auch, was nicht zur Welt gehören darf. Selbstreferenz lässt sich nur durch Fremdreferenz bestimmen. Wir wissen was das Gute ist, weil wir das Böse auch kennen. Wir wissen was der Mensch ist und sein soll, weil wir wissen, was unmenschlich, irrational, barbarisch und abnormal ist. Diese letzte ist die negative Seite des absoluten Symbols oder die *Symbolik des Ausgeschlossenen.*

Jeder primäre Code konstruiert seine Selbstreferenz formal semantisch aus dieser dreifachen Symbolik. Absolute Symbole und ihre positive und negative Auslegungen stellen den jeweils

---

verdecken. Was durch sie verdeckt wird, bleibt Leerhorizont; es hat keine Realität, nicht einmal negierbare Realität, aber es wird miterlebt als das, was kontingente Form notwendig macht. Dieses Miterleben wird als Bindung (religio) erfahrbar; es präsentiert die Unvermeidlichkeit reduktiver Bestimmung, die sich als Unvermeidlichkeit an religiös chiffriertem Sinn selbst anzeigt."

geltenden Sinnhorizont einer "Welt" dar, d.h. Selbst- und Fremdreferenz eines Kommunikationssystems. Jedes Weltbild enthält somit absolute Symbole, die in eine Symbolik des Möglichen und eine Symbolik des Ausgeschlossenen enttautologisiert und entparadoxiert werden.

Diese dreifache Symbolik enthält das, was üblicherweise als Religion betrachtet wird. *Religion lässt sich somit als die Selbstreferenz eines primären Codes eines Kommunikationssystems definieren.*[14] Religion ist die Form, in der ein primärer Code sich selbst modellhaft abbildet und so die Selbstreferenz, d.h. die Identität der Kommunikationsgemeinschaft *konstruiert.* Wir wissen, was eine Botschaft, eine Mitteilung, eine Handlung bedeutet, und wir können daran andere Mitteilungen und Handlungen anschliessen, weil wir wissen, wer wir sind, d.h. in welcher Welt wir leben. Ohne dass eine Sinngrenze, d.h. ein lebensweltlicher Sinnhorizont durch die Artikulation der Selbstreferenz des primären Codes erschlossen ist, gibt es keine gemeinsam akzeptierten Kriterien von Wahrheit, Richtigkeit und Wahrhaftigkeit, welche vorausgesetzt werden müssen, bevor kommunikative Handlungen überhaupt als solche anerkannt und vollzogen werden können (vgl. Habermas 1981). Die Funktion von Religion besteht darin, einen lebensweltlichen Sinnhorizont zu erschliessen und somit kommunikative Handlungen zu ermöglichen. Die *Überkomplexität* einer chaotischen und sinnlosen "Umwelt" wird durch semiotische Codierung, d.h. durch die *Selektion* von absoluten Symbolen, die *Relationierung* von Gegensätzen und die *Steuerung* von kommunikativen Handlungen *reduziert.* Daraus entsteht ein Kommunikationssystem.

Hiermit ist nicht einfach die geläufige Definition von Religion als "Kontingenzbewältigung" übernommen, denn wenn man den *kommunikativen Vollzug,* d.h. die *pragmatische Artikulation* des Codes betrachtet, zeigt es sich, dass Religion ebensosehr als Kontingenzsteigerung definiert werden kann.[15] Die integrierende Funktion von Religion muss also nicht die *transformative* Funktion ausschliessen. Integration und Transformation sind beide Funktionen des primären

---

[14]  Für eine Analyse der Semantik der Entparadoxierung in bezug auf die Religion Indiens vgl. Krieger 1994 (Kapitel 8 unten).

[15]  Zur kontingenzsteigernden Funktion von Religion vgl. Spaemann 1985:19: "Religion...ist Enttrivialisierung, Steigerung der Kontingenzerfahrung, Aktivierung des Staunens, sogar mit Bezug auf das Selbstverständliche; nicht die Wegerklärung des Wunders, sondern die Weckung des Sinnes für das 'Wunderbare', für das 'Geheimnis'".

Codes. Allerdings lässt sich diese Behauptung erst aufgrund der pragmatischen Analyse der Artikulation des Codes rechtfertigen.


### 2.2.2   Pragmatische Analyse der Artikulation des primären Codes

Aus kommunikationstheoretischer Sicht ist Religion nicht ein besonderer Diskurs, etwa theologisch oder klerikal, sondern eine *Ebene von Kommunikation*.[16] Zu sagen, Religion sei eine Ebene von Kommunikation, bezieht sich auf die Formen, Strukturen und Bedingungen von Kommunikation und nicht auf den Inhalt oder die Botschaft. Religiös sind nicht bestimmte kulturelle Informationen, d.h. besondere Botschaften, Symbole, Mythen, Gegenstände, Orte, Gebäude, Personen, Handlungen usw., sondern religiös ist eine bestimmte Art und Weise, in der alle diese Dinge in unserer Welt, verstanden als Kommunikationssystem, *kommuniziert* werden.

Nach Wittgensteins pragmatischer Semantik lässt sich Sinn als regelgeleitetes Handeln oder "Sprachspiel" verstehen. Dies impliziert, wie Wittgenstein in bezug auf die Möglichkeit einer "Privatsprache" zeigte, dass kommunikatives Handeln *gleichzeitig auf drei aufeinander bezogenen Diskursebenen* operiert. Erstens gibt es die Ebene der Sprechakte, aus denen das jeweilige Sprachspiel besteht. Das sind die verschiedenen "Spielzüge", die *innerhalb* eines gegebenen Sprachspiels "erlaubt" sind. Zweitens gibt es die Ebene der Regeln, der "tiefen Grammatik" oder der Kriterien der Gültigkeit, welche das Spiel, d.h. die möglichen "Spielzüge" - systemtheoretisch die Alternativen oder die bestimmte Kontingenz -, *umgrenzen*, definieren und konstituieren. Und drittens gibt es eine noch höhere Ebene, auf welcher der Diskurs sich vergleichend und korrigierend *zwischen* Sprachspielen oder Systemgrenzen bewegt, denn, wie Wittgenstein gegen die

---

[16]   Dies im Gegensatz zu soziologischen Tendenzen, Religion von institutionellen Gebilden oder bestimmten Inhalten her zu begreifen. Vgl. z.B. die systemtheoretischen Auffassungen von Religion als Teilsystem. Für Luhmann z.B. (vgl. 1977:50) ist Religion gerade nicht der primäre Code des Gesamtsystems: "Funktionale Differenzierung besagt, dass eine Funktion, die im *Gesamtsystem* zu erfüllen ist, in einem eigens dafür ausdifferenzierten *Teilsystem* einen Orientierungsprimat erhält. *Für das Gesamtsystem* [Hervorhebung DK] ist die Einzelfunktion nur eine unter anderen." Wo steht man, muss man sich fragen, wenn man vom Gesamtsystem aus die Teilsysteme betrachtet, um sie gegeneinander zu relativieren? Antwort: Bei der soziologischen Theorie, die sich dann explizit oder implizit verabsolutiert und sich zur massgebenden Auslegung des primären Codes erhebt.

Idee einer Privatsprache geltend gemacht hat, ohne die Möglichkeit der Korrektur von aussen ist das richtig, was jeweils für richtig gehalten wird und damit verfällt jedes Sprachspiel der Regellosigkeit und somit der Sinnlosigkeit.[17]

Dass jemand jemandem etwas sagt, ist also ein mehrschichtiger Akt. Es bedeutet zuerst, dass eine Behauptung, ein Geltungsanspruch gemacht wird in bezug auf die "Welt". Das ist die erste Ebene des Diskurses, die wir nach Habermas *argumentativen* Diskurs nennen können (vgl. Habermas 1981). Zweitens werden in jeder Kommunikation die Kriterien der Gültigkeit oder die Regeln des "Sprachspiels" explizit oder - wie es meistens der Fall ist - implizit "gesetzt" oder "dargestellt". Das Setzen solcher Gültigkeitskriterien, welche den "lebensweltlichen Sinnhorizont", den primären Code einer Kommunikationsgemeinschaft ausmacht, kann man als das Setzen einer "Welt" oder die Kontingenzreduktionsleistung des primären Codes betrachten. Die Artikulation des primären Codes muss nämlich auch als Kommunikation stattfinden. Dies ist die Aufgabe der zweiten Diskursebene. Da es auf dieser zweiten Ebene darum geht, den Horizont oder die Grenzen der möglichen Bezugswelt abzustecken, können wir von einem *Grenzdiskurs* reden.

Drittens kann Kommunikation im eigentlichen Sinne des Wortes nur dann stattfinden, wenn die auf der zweiten Ebene gesetzte oder dargestellte "Welt" nicht absolut und ausschliesslich gesetzt wird, sondern auf einer höheren Diskursebene offen für Korrektur von aussen bleibt. Die Offenheit einer über alle Codes und Kriterien hinausgehenden Solidarität mit dem Anderen macht die dritte Diskursebene aus. Auf dieser Ebene können wir von einem *Erschliessungsdiskurs* reden. Es ist diejenige Ebene eines Sprechaktes, welche eine "unbegrenzte Kommunikationsgemeinschaft" (vgl. K.-O. Apel 1976:359-435) ermöglicht. Wird der primäre Code nicht zugleich auf dieser dritten Diskursebene kommuniziert, dann wird die Selbstreferenz, das Weltbild, die Religion des Systems ideologisch. Das System wird sich apologetisch und imperialistisch gegen jede Transformation wehren; es wird sich zunehmend tautologisieren und in die Sinnlosigkeit einer Privatsprache hinabgleiten.

---

[17]  Zu Wittgensteins Kritik einer Privatsprache vgl. *Philosophische Untersuchungen*, Nr. 234ff. Für die Analyse der drei Diskursebenen vgl. Krieger 1991a, b; 1993b, 1996.

Also ergeben sich aus der pragmatischen Analyse der Artikulation des primären Codes drei sinnkonstituierende Diskursebenen, die natürlich nicht alle zugleich thematisch sind, nämlich argumentativer Diskurs, Grenzdiskurs und Erschliessungsdiskurs.

Jede Diskursebene ist von bestimmten *pragmatischen Bedingungen* konstituiert. Kommunikation ist kommunikatives *Handeln* und die allgemeinen, formalen Strukturen des handlungsmässigen Vollzuges von Kommunikation machen die pragmatischen Bedingungen von Kommunikation aus. Die pragmatischen Bedingungen von argumentativem Diskurs sind:

1. Das Erheben von Gültigkeitsansprüchen in bezug auf gemeinsam akzeptierte Kriterien, nämlich Kriterien von Wirklichkeit, Richtigkeit und Authentizität.

2. Das Anwenden von Verifikationsprozeduren, um die erhobenen Gültigkeitsansprüche zu prüfen.

3. Das Einnehmen einer Haltung hypothetischer Distanz oder einer Einstellung von Desidentifizierung gegenüber dem Inhalt der Aussagen, denn Aussagen sind nicht von vornherein als absolut wahr betrachtet, sondern als entweder wahr oder falsch, je nachdem, was die Verifikation ergibt.

4. Progressives Lernen mit Zukunftsorientierung.

5. Das Streben nach universellem Konsens als methodologisches Postulat.

Entsprechend diesen fünf pragmatischen Bedingungen von argumentativem Diskurs gibt es fünf pragmatische Bedingungen des Grenzdiskurses:

1. Keine Gültigkeitsansprüche werden erhoben, sondern eine absolute Wahrheit wird verkündigt. Es wird nicht argumentiert, sondern proklamiert und zwar in der Symbolik des Absoluten, des Ausgeschlossenen und des Möglichen.

2. Es werden keine Verifikationsprozeduren angewendet, sondern Bekehrung, Einweihung und Sozialisation wird erfahren.

3. Kommunikation wird vollzogen nicht in einer Einstellung von hypothetischer Distanz, sondern durch unmittelbare Repräsentation oder "rituelle Darstellung" von dem, was mitgeteilt wird.

4. Es geht nicht um ein progressives Lernen mit Zukunftsorientierung, sondern um ein bewahrendes Lernen mittels narrativer Wiederholung mit temporaler Orientierung nach der Vergangenheit.

5. Kein ideeller Konsens wird angestrebt, sondern eine ausschliessende/einschliessende Umgrenzung oder Grenzsetzung. Es handelt sich also nicht um methodologischen Universalismus, sondern um apologetischen Universalismus oder "Mission".

Auf der dritten Ebene des Erschliessungsdiskurses gibt es dementsprechend auch fünf pragmatische Bedingungen:

1. "Dialog" hat Vorrang vor Argumentation und auch vor Verkündigung, d.h. das Andere wird anerkannt.

2. Transformation ersetzt sowohl die Verifikationsprozeduren des argumentativen Diskurses wie auch die Bekehrung oder Einweihung des Grenzdiskurses.

3. Statt einer Einstellung hypothetischer Distanz oder einer unmittelbaren Bezeugung durch rituelle Darstellung wird Kommunikation als "Spiel" vollzogen.

4. Die temporale Orientierung richtet sich weder nach der Zukunft noch nach der Vergangenheit, sondern nach der Gegenwart.

5. Die methodologisch postulierte Universalität eines letzten Konsensus und die ebenso ideelle Universalität einer apologetischen Mission werden eingebettet in der nicht mehr kontrafaktischen, sondern realen Universalität einer allumfassenden Solidarität.

Alle drei Ebenen sind zusammen sinnkonstitutiv für jede kommunikative Handlung. Auch wenn nur implizit und unthematisch, müssen kommunikative Handlungen auf allen drei Ebenen vollzogen werden, wenn das, was "gesagt" wird, überhaupt sinnvoll sein soll. Dies hat zur Folge, dass in jeder noch so banalen Alltagskommunikation ein ganzes Weltbild immer, auch wenn unthematisch, mitgeteilt wird. Als autopoietisches, selbstreferentielles System verlangt das Kommunikationssystem, dass kommunikative Handlungen sich auf das System beziehen. Der primäre Code reproduziert sich in jeder kommunikativen Handlung. Jede Kommunikation reduziert somit Umweltkomplexität. Da Kommunikation aber ebenso sehr auf der Ebene des

Erschliessungsdiskurses vollzogen werden muss, öffnet jede Kommunikation das ganze System zur Transformation. Jeder Zug in einem Sprachspiel kann das ganze Spiel in Frage stellen, andere Regeln vorschlagen und versuchen, diese durchzusetzen, oder neue und andere absolute Symbole zu offenbaren.


### 2.2.3   Die Funktion von Religion


Die Definition von Religion als die Selbstreferenz des primären Codes eines Kommunikationssystems und die semantischen und pragmatischen Analysen der Artikulation eines solchen primären Codes erlauben folgende Bestimmung der Funktion von Religion in der gesellschaftlichen Kommunikation. Die Funktion von Religion besteht darin, *gesamtgesellschaftliche* Kommunikation zu ermöglichen. Darin sind integrative wie auch transformative Funktionen enthalten. Ohne Weltbild keine Welt. Nur ist es heute nicht mehr möglich, das Weltbild einer multikulturellen, globalen Weltgesellschaft an Hand von bestimmten Inhalten, wie z.B. dem Glauben an übernatürliche Wesen oder der Anerkennung einer Offenbarung irgendwelcher Art, zu identifizieren. Die traditionellen religiösen Inhalte sind derart diffus, verdrängt, verstellt, von säkulären und fremdreligösen Inhalten überlagert und mit neuen Inhalten durchmischt, dass postmoderne Kultur- und Gesellschaftstheorien oft die Meinung vertreten, Religion und somit gesamtgesellschaftliche Kommunikation gebe es gar nicht mehr. Funktionale Differenzierung oder das, was Weber die Rationalisierung der Gesellschaft nannte, führt dazu, der Gesamtgesellschaft jede kommunikativ vollziehbare Selbstreferenz zu entziehen. Wir wissen also nicht mehr, in welcher Welt wir leben oder wer "wir" sind. Gerade die Tatsache, dass sich heute diese Frage angesichts der Ökokrise akut aufdrängt, beweist, dass die religiöse Funktion nicht einfach verschwunden ist. Religion tut sich kund gerade durch ihre scheinbare Abwesenheit.

Aufgrund von funktionaler Differenzierung wird Religion oft bloss als ein Subsystem unter anderen gesehen. Sie verliert damit ihre Funktion, gesamtgesellschaftliche Identität und Selbstreferenz herzustellen. Ohne Selbstreferenz aber desintegriert sich das Sinnsystem. Pluralistische Selbstreferenz, d.h. eine Vielzahl von Identitäten bzw. Religionen (Stichwort:

Multikulturalität, Multireligiösität) ist keine Lösung, sondern eine andere Formulierung des Problems. Jedes autonome Subsystem tendiert somit dazu, "religiös" zu werden. Die vielen Kulturen und Religionen bilden viele religiöse Subsysteme der umfassenden Weltgesellschaft, büssen aber gleichzeitig ihre spezifisch religiöse Funktion ein. Die religiöse Funktion, einen primären Code für die entstehende Weltgesellschaft zu erschliessen, wird verdrängt und auf säkulare Ideologien (vgl. Weltethos, Menschenrechte) übertragen.

Legt man dagegen eine kommunikationstheoretische Analyse der Artikulation des primären Codes der Bestimmung der religiösen Funktion - d.h. nochmals der integrierenden Funktion - zugrunde, wird der Blick frei, Religion unabhängig von irgendwelchen traditionellen Inhalten, d.h. über die üblichen Gegensätze von Glauben/Wissen, Transzendenz/Immanenz, heilig/profan usw. hinaus zu verstehen. Empirische Forschungen, die immer noch von solchen Inhalten ausgehen und weitgehend von der Frage geleitet werden: Gibt es Religion und wer hat sie? erhalten durch eine kommunikationstheoretische Definition von Religion eine fruchtbarere Fragestellung. Anstatt zu fragen: Wer glaubt noch an Gott? könnten empirische Untersuchungen von den formal semantischen und formal pragmatischen Strukturen des primären Codes ausgehen und fragen: Welche Inhalte erfüllen die Bedingungen eines primären Codes für die betreffende(n) Person(en)? Welche Inhalte im Diskurs der betreffenden Kommunikationsgemeinschaft sind als absolute Symbole (bzw. Symbole des Möglichen oder des Ausgeschlossenen) zu bezeichnen? Welche Inhalte werden durch die Pragmatik des Grenzdiskurses kommuniziert? Solche Forschung hätte nicht nur die Aufgabe, den Inhalt von Religion in der heutigen Welt zu entdecken, sondern darüber hinaus eine konstruktivistische Kulturforschung zu betreiben.

*Die Bedeutung von Religion in der Kulturökologie*

# 3. Ökologie und Religion[18]

## 3.1 Einführung

In den letzten Jahrzehnten hat das wachsende Bewusstsein der weltweiten ökologischen Krise eine Fülle von Forschungsansätzen in der Religionswissenschaft und der Theologie angeregt.[19] Der Ausgangspunkt dieser Forschung ist die Einsicht, dass Menschen ihre Handlungen nach Zielen ausrichten und über geeignete Mittel innerhalb einer bestimmten Auffassung von der Welt im Ganzen urteilen, d.h. innerhalb eines bestimmten lebensweltlichen Sinnhorizontes oder Weltbildes. Der menschliche Umgang mit der Natur ist also nicht instinktmässig gegeben, sondern hängt von Situationsdefinitionen ab, die kulturell bestimmt sind. Unter den kulturellen Bedingungen menschlichen Handelns sind es die Handlungsorientierungen, Werte und Normen, die in eine umfassende Sicht der Welt eingebettet sind, welche die "religiöse" Dimension der Beziehung zwischen Mensch und Natur ausmachen.

Religion ist natürlich nicht der einzige Faktor, der berücksichtigt werden muss, um ein adäquates Verständnis unweltgerechten Denkens und Handelns zu erarbeiten. Es kommen neben anderen weltanschaulichen Faktoren ästhetischer und philosophischer Art auch die Bedürfnisse, Zwänge und Möglichkeiten dazu, welche die gesellschaftlichen Subsysteme wie Wirtschaft, Politik, Erziehung, Wissenschaft und Recht bedingen. Trotzdem sind es kulturelle Informationen im Sinne von höchsten und allgemeinsten Werten, Normen, sinngebenden Idealen und Handlungsorientierungen, die die *ethischen Grundlagen* menschlichen Umgangs mit der Natur ausmachen. Wenn wir also von den ethischen Grundlagen eines umweltgerechten Denkens und Handelns sprechen, dann gehört die Erforschung von religiösen Weltdeutungen notwendigerweise dazu.

---

[18]  Autor dieses Kapitels ist David J. Krieger

[19]  Vgl. Literaturangaben unten.

Da wir heute in einer multikulturellen Situation leben und weil heute viele Umweltprobleme "global" im Sinne sowohl von länderübergreifend, als auch von allumfassend sind, sind Lösungen nur im kooperativen Handeln auf interkultureller Ebene zu suchen. Grundorientierungen, Werte und Normen, die die Beziehung zwischen Mensch und Natur regeln, müssen demnach, wenn sie global anwendbar sein sollen, *interreligiöse und interkulturelle Gültigkeit* beanspruchen können. Deswegen ist die Frage nach einem möglichen Konsensus betreffend Umweltethik in den verschiedenen Kulturen und Religionen von entscheidender Bedeutung.

Die Aufgabe einer *religiösen Umweltethik* liegt darin, auf der religiösen Ebene sowohl deskriptive als auch normative Inhalte betreffend der Beziehung des Menschen zur Natur zu erfassen und zu begründen. In einer multikulturellen und multireligiösen Situation, die für unsere globale "Weltgesellschaft" typisch ist, bedeutet dies, dass frau über die Grenzen der einzelnen Religionen hinweg, eine *interreligiöse* Umweltethik anstrebt. Zweifellos stellt diese Aufgabe die ForscherInnen vor schwierige methodologische Fragen. Wie gewinnt man Zugang zur spezifisch religiösen Dimension kultureller Information? Welche Forschungsmethoden erschliessen den relevanten Objektbereich? Auf welchen erkenntnistheoretischen Grundlagen sind die angewendeten Methoden begründet? Da allgemein in den verstehenden Geisteswissenschaften und besonders im Bereich der Religionswissenschaft Ansprüche auf Objektivität, Allgemeingültigkeit, Verbindlichkeit und Anwendbarkeit von Ergebnissen kontrovers sind, ist es unentbehrlich, einem solchen Forschungsziel methodologische Überlegungen vorauszuschicken.

## 3.2　Methodologie

Das ambitiöse Programm einer "Einheitswissenschaft", die sich zum Ziel setzte, die Voraussetzungen und Methoden der Naturwissenschaften auf die Bereiche von Kultur, d.h. Religion, Gesellschaft, Politik, Wirtschaft, Sprache und Psyche anzuwenden, hat sich in den meisten Fällen als undurchführbar erwiesen. Der Bereich der Kultur lässt sich nicht auf den Bereich der Natur reduzieren und mit den Methoden naturwissenschaftlichen Forschens erklären. Dies ist ein heute feststehendes Ergebnis der langdauernden "Erklären-Verstehen-Kontroverse".[20] Heute steht fest, dass der Gegenstandsbereich der Geisteswissenschaften, den wir zunächst ganz allgemein als "Kultur" bezeichnen, eine ihm spezifische Methodologie verlangt. Noch mehr: Die Aufgabe einer erkenntnistheoretischen Grundlegung der Natur- wie auch Geisteswissenschaften verlangt einen allgemeinen Theorierahmen, innerhalb dessen die Abgrenzung von Kultur gegenüber Natur bestimmt werden kann, also einen Theorierahmen, der beide Erkenntnisbereiche einschliesst.

Allgemeine erkenntnistheoretische Grundlagen der Wissenschaften werden nicht mehr in einer unkritischen ontologischen Bestimmung von Natur oder Kultur gesucht. Auch nicht in der reduktionistischen Voraussetzung der Allgemeingültigkeit einer bestimmten Forschungsmethode, sei sie hypothetisch-deduktiv oder hermeneutisch. Stattdessen werden heute die verschiedenen Gegenstandsbereiche wissenschaftlicher Forschung auf ihre im Erkenntnisprozess selber angelegten Konstitutionsbedingungen untersucht.

Theorien, die auf der notwendigen Allgemeinheitsstufe stehen, um diese Aufgabe zu erfüllen, müssen *universell* sein. Die Universalität einer Theorie misst sich aber daran, wieweit die Theorie *selbstreferentiell* ist, d.h. sich selber erklären kann, denn ohne Selbstreferentialität muss eine Theorie ihren Anspruch, *alles* erklären zu können, einbüssen, da sie sich selber aus dem Theorierahmen ausschliesst.[21] Das klassische Beispiel eines unbegründeten Universalitäts-anspruches dieser Art lieferte in der Wissenschaftstheorie unseres Jahrhunderts der Positivismus, der ja in seinen empirischen wie auch logischen Formen die Bedingungen von Sinn und Wahrheit der Alltagssprache, in der sie sich selber formulieren müsste, nicht erklären konnte. Selbstreferenz bedeutet also, dass sich eine Theorie auf die eigenen Möglichkeitsbedingungen zurückbesinnt. Solche Theorien sind notwendigerweise "transzendental", da sie sich, nach der klassischen

---

[20]  Zum Überblick vgl. K.-O. Apel 1979; J. Habermas 1982.

[21]  Vgl. die Bemerkungen Luhmanns zum Thema einer "Universaltheorie" oder "Supertheorie" in Luhmann 1984:9: "Theorien mit Universalitätsanspruch sind leicht daran zu erkennen, dass sie selbst als ihr eigener Gegenstand vorkommen (denn wenn sie das ausschliessen wollten, würden sie auf Universalität verzichten müssen)."

Definition von Kant, nicht bloss mit den Gegenständen, sondern auch mit unserer Erkenntnisart von Gegenständen beschäftigen.[22]

Sobald eine Theorie sich selber erklären muss, um ihren Anspruch zu begründen, die Grundlagen für die verschiedenen Wissenschaften liefern zu können, wird klar, dass die Konstitution der Gegenstandsbereiche spezifischer Wissenschaften *innerhalb* der allumfassenden Gegenstandskonstitution der Theorie selber vorgenommen werden muss. Dies ist eine Umformulierung von Kants "Kopernikanischer Wende" in der Erkenntnistheorie, wonach sich die Gegenstände der Erkenntnis nach dem Erkenntnisvermögen richten müssen und nicht umgekehrt. Heute ist es aber nicht mehr das transzendentale Subjekt, wonach sich die Gegenstände der Erfahrung zu richten haben, sondern die durch die "Supertheorie" erfasste "symbolische Ordnung", innerhalb derer jeder Gegenstandsbereich erschlossen wird. Wir haben heute auf der Ebene der erkenntnistheoretischen Grundlagen nicht mehr eine Methodenpolemik und auch nicht einen Methodenpluralismus, sondern eine *Methodenhierarchie*. Natur z.B. ist ein Bereich, der sich erst innerhalb des Bereichs Kultur, wo die Theorie selber entsteht, konstituiert. "Natur" ist selber ein Kulturprodukt, oder genauer, kulturelle Information. *Die Erschliessung der Natur als Gegenstandsbereich eines spezifischen Wissens und Handelns ist kulturell bedingt.* Deswegen können wir verschiedene Naturauffassungen und verschiedene Paradigmen von Naturwissenschaft in den verschiedenen Kulturen und zu verschiedenen Zeiten feststellen. Deswegen kann es auch eine Wissenschaftsgeschichte geben, die die Paradigmenwechsel innerhalb einer Kultur erforscht.[23] Und schliesslich ist es die Einsicht in die kulturellen - und damit auch "religiösen" - Konstitutionsbedingungen von Natur, die es uns erlaubt, in dem für das vorliegende Forschungsprojekt spezifischen Sinn nach den ethischen Grundlagen umweltgerechten Handelns zu fragen.

Dass die Universaltheorie selber zum Gegenstandsbereich Kultur gehört und somit die Konstitutionsbedingungen kultureller Einheiten als ihre eigene reflektiert - statt dass sie sich entweder idealistisch in einem übergeschichtlichen, unbedingten, transzendentalen Subjekt oder

---

[22]  Demnach ist die Tanszendentalpragmatik von K.-O. Apel (vgl. Apel 1976), die wir im Unterschied zur Systemtheorie als "Kommunikationstheorie" bezeichnen können, auch im Sinne Luhmanns als "Universaltheorie" zu betrachten.

[23]  Vgl. die von Th. Kuhn durchgeführten und inspirierten Studien.

positivistisch im Bezug auf eine ausserkulturelle, d.h. physikalische oder biologische Instanz begründet - ist eine Folge der "linguistischen Wende" in der Wissenschaftstheorie.[24] Wittgensteins Kritik einer realistischen Semantik z.B. zeigte, dass weder die reine Vernunft noch eine aussersprachliche, objektive Wirklichkeit den Sinn der Sprache begründen können.[25] Erkennen ist linguistisch bedingt. Was gedacht werden kann, kann auch gesagt werden. Umgekehrt kann auch nicht gedacht werden, was nicht gesagt werden kann. "Die Grenzen meiner Sprache bedeuten die Grenzen meiner Welt" sagte Wittgenstein.[26] Die Sprache als "empirisches Apriori" tritt an die Stelle des transzendentalen Subjekts traditioneller Erkenntnistheorie einerseits und holt andererseits die Natur als aussersprachliche Instanz positivistischer Begründung in sich hinein. Anorganische und organische Bereiche der Wirklichkeit sind primär durch den kulturellen oder semiotischen Code erschlossen und nicht durch physikalische (Naturgesetze) oder genetische Codes. In seiner Begründung einer "verstehenden" Kulturwissenschaft fasste der englische Philosoph Peter Winch die linguistische Wende Wittgensteins folgendermassen zusammen: Es ist nicht die Wirklichkeit, welche der Sprache Sinn gibt, sondern was wirklich ist, zeigt sich im Sinn, den die Sprache hat.[27] In der Folge der linguistischen Wende hat die Erforschung der Strukturen und Bedingungen der Sprache als Medium der Verständigung (Hermeneutik), als Zeichen (Semiotik), als System (Systemtheorie) und als Sprechhandlung (Kommunikationstheorie) die subjektphilosophischen und positivistischen Voraussetzungen traditioneller Wissenschaftstheorie ersetzt.

Diese neue Situation in der Erkenntnistheorie ändert grundsätzlich den theoretischen Rahmen, innerhalb dessen die Frage nach umweltgerechtem Handeln und Denken auf der Ebene von ethischen Grundlagen gestellt werden kann. Vor allem markiert die linguistische Wende die Grenzen einer bestimmten Auffassung oder einer Sichtweise der Umweltproblematik und

---

[24]  Das Wort stammt von Richard Rorty 1964.

[25]  Vgl. *Philosophische Untersuchungen*, in: Wittgenstein 1984a.

[26]  Vgl. *Tractatus logico-philosophicus* 5.6., in: Wittgenstein 1984a.

[27]  Vgl. Winch 1974. Wenn der semiotische Code nicht primär wäre, dann könnte es nichts Unnatürliches geben. Künstliche Elemente, Stoffe, Dinge und Lebewesen entstehen aufgrund von Möglichkeiten eines kulturellen Codes, der immer eine höhere Komplexität und Variabilität aufweist als physikalische oder genetische Codes. Nur Kultur kann Natur und Leben auf unnatürlicher Weise variieren.

Forschungsprogrammen, die gestützt darauf durchgeführt wurden. Ob explizit oder implizit: Hinter den meisten Versuchen, die Umweltproblematik zu formulieren und Lösungen zu entwickeln, steht eine bestimmte Sichtweise, welche die Bereiche von Kultur und Natur und den Bereich menschlichen Handelns gerade *nicht* als systemische Einheit begreift. Im Folgenden wird 1) diese alte aber immer noch einflussreiche Sichtweise kurz dargestellt, 2) auf die einschlägige Kritik dieser Sichtweise durch die Semiotik, die Hermeneutik, die Systemtheorie und die Kommunikationstheorie hingewiesen, 3) auf Grund dieser Kritik ein neues Modell - das Modell eines "primären Codes" - entwickelt, 4) auf Grund des Modells von einem primären Code die Problematik von umweltgerechtem Handeln und Denken als Problem für die Religionswissenschaft formuliert, und schliesslich 5) eine methodologisch adäquate Fundierung der Religionswissenschaft in der Kommunikationstheorie skizziert. Ein weiterer Abschnitt stellt die Grundbegriffe und die Arbeitshypothese einer interreligiösen Umweltethik kurz dar.


### 3.2.1 Mensch - Sprache - Welt


Hinter den meisten Versuchen, das Problem umweltgerechten Handelns zu formulieren und Lösungen zu entwickeln, steht ein Modell von Mensch, Sprache und Natur, in dem diese drei Grössen als völlig *unabhängig* voneinander konzipiert sind. Der Mensch benutzt die Sprache, (wobei "Sprache" nicht nur Worte und Sätze beinhaltet, sondern all das, was mit Sinn ausgestattet ist, seien es Zeichen, Gebärden, Dinge, Gebäude, Werkzeuge usw.), um sich die Natur anzueignen, zu bearbeiten und umzuformen. Der ganze Bereich der Kultur wird gleichsam als "Werkzeug" betrachtet, mit dem der Mensch die Natur für seine Zwecke transformiert. Der Mensch steht der Natur *mittels* Sprache/Kultur *instrumentell* gegenüber.

Entstehen Unordnung, Störungen oder Diskontinuitäten in diesem Prozess der Naturaneignung, gibt es auf Grund dieses Modells verschiedene Lösungsansätze:

1. Es wird angenommen, dass die Ursache der Unordnung in der *Natur* liegt. Die Natur steht dem Menschen, seinem Leben und seinen Zielen indifferent oder sogar feindselig gegenüber. Nötige Rohstoffe sind knapp, es gibt von der Natur her nicht genug für alle. Aufgrund dieser

Auffassung wird die Lösung in Programmen ökonomischer Entwicklung gesucht. Wissenschaft und Technologie (Kultur) müssen gefördert und eingesetzt werden, damit die Menschen die Natur begreifen, in den Griff bekommen, kontrollieren, den Widerstand der Natur überwinden, die Natur unterwerfen und sie den Bedürfnissen der Menschen anpassen können. Das Ziel ist die Deckung der Grundbedürfnisse der Menschen und Gerechtigkeit in der Verteilung der Güter. Ökologische Werte kommen der Natur nur aufgrund menschlicher Bedürfnisse zu. Wenn die Natur geschützt, geschont oder bewahrt werden soll, dann nur, weil sie in einer bestimmten Hinsicht menschlichen Interessen dient. Wir können hier von einer *anthropozentrischen* Ökologie sprechen.

2) Es wird angenommen, dass die Natur nicht das Problem ist, d.h. die Natur ist in Ordnung, wie sie ist. Die Ursache der Unordnung liegt bei der *Kultur*. Kultur verdirbt den Menschen und verführt ihn zum Missbrauch der Natur. Die Lösung besteht also darin, dass die Kultur durch Anpassung an die Natur korrigiert wird, vor allem dadurch, dass unkontrollierte und unverantwortliche Entwicklungen in Wissenschaft, Technologie und Wirtschaft durch politische und rechtliche Massnahmen gebändigt werden. Dies ist das Programm der Konservierung der Natur um ihretwillen. Die natürliche Ordnung und nicht die wirtschaftliche, politische oder soziale Ordnung bildet den Massstab menschlicher Handlungen. Die Natur hat einen Eigenwert unabhängig von menschlichen Interessen. Hier können wir von einer *physiozentrischen* Ökologie sprechen.

3) Es wird schliesslich angenommen, dass die Quelle der Unordnung bei den *Menschen* liegt. Es sind menschliche Sündhaftigkeit, Rücksichtslosigkeit, Egoismus, Leidenschaften und Schwächen, die ihn dazu verleiten, die Natur zu zerstören. Die Lösung besteht darin, die Menschen zur Umkehr, d.h. zur "Bekehrung" zu bringen durch religiös motivierte Erziehung, Bildung oder sogar politische und soziale Massnahmen. Der Wert der Natur kommt von ihrem unmittelbaren Bezug zu Gott her. Nicht menschliche Interessen und Fähigkeiten und auch nicht der Eigenwert der Natur sind hier massgebend, sondern die Heiligkeit der Natur. Dies ist das Programm einer *theozentrischen* oder spirituellen Ökologie.[28]

---

[28]  Vgl. zu dieser Dreiteilung der gegenwärtigen Tendenzen in der ökologischen Diskussion die Aufsätze in Engel und Engel 1990; Birnbacher 1980, 1991; Bayertz 1988.

Man kann das ökologische Problem formell als eine Dysfunktion zwischen Organismus oder System und Umwelt verstehen. Dementsprechend wird die Lösung in der Anpassung des Systems an die Umwelt gesucht. Lösungsprogramme orientieren sich also *nicht* am Bezugssystem, sondern an der jeweils relevanten Umwelt. Dies muss betont werden, denn das Alltagsverständnis des ökologischen Problems sieht die Dinge gerade umgekehrt. Im Alltagsverständnis wird vom "Ökosystem" geredet, wobei das System *und* seine Umwelt zusammen als "System" begriffen werden. Da ein System aber nur in Abgrenzung gegen eine Umwelt ein System sein kann, ist die Rede von einem Ökosystem, das die Umwelt irgendwie *in* sich hat, irreführend. Wenn wir aber an den Bestimmungen der Systemtheorie festhalten, wonach ein System durch eine System/Umwelt-Differenz konstituiert wird, dann hängt alles davon ab, was jeweils als Referenzsystem gewählt wird. Denn erst aufgrund einer Systemdefinition wird es möglich, Lösungen aus einer bestimmten Umweltordnung abzulesen.

Das oben beschriebene Modell erlaubt drei wählbare Bezugssysteme, wobei die damit verbundenen ökologischen Lösungsprogramme sich an den entsprechenden Umwelten orientieren. Dem ersten, anthropozentrischen Ansatz liegt die Auffassung zugrunde, dass die Natur dem Menschen gerecht gestaltet werden sollte. Die Natur ist nach dieser Auffassung das Bezugssystem und das bedeutet, dass der Mensch im anthropozentrischen Ansatz paradoxerweise gleichsam als "Umwelt" für die Natur fungiert. Weil das Lösungsprogramm an der Umwelt - und nicht am Bezugssystem! - orientiert ist, steht der Mensch im "Zentrum". Der Mensch ist also nicht das Bezugssystem, sondern die normative Umwelt. Dementsprechend sollen Wissenschaft und Technologie vorangetrieben, unterstützt und mehr Vertrauen geschenkt werden, damit die Natur besser an den Menschen, an seine Bedürfnisse und Fähigkeiten angepasst werden kann. Ökologische Werte sollen in utilitaristische Kosten-Nutzen-Analysen eingeführt werden, um auf menschliche Interessen abgestimmt zu werden. Im zweiten, physiozentrischen Ansatz ist es Kultur, die als Bezugssystem fungiert. Die Natur ist jetzt die massgebende "Umwelt". Die Formen der Produktion und Organisation, Wissenschaft und Technologie sollen unter Kontrolle gebracht und der Natur angeglichen werden.[29] Und schliesslich im dritten, theozentrischen Lösungsansatz ist der Mensch das Referenzsystem und somit ist es das Transzendente, das die normative Umwelt ausmacht. Der Mensch soll dem Bereich des geoffenbarten Wissens über die heilige Weltordnung angepasst werden. Der Mensch soll nach der heiligen Tradition handeln, die als Massstab der wahren Naturordnung und auch Gesellschaftsordnung funktioniert.

Freilich handelt es sich hier jeweils um verschiedene Konzepte von "Umwelt", gemäss derer gehandelt werden soll. Einmal bildet die ausserkulturelle Natur den umweltlichen Massstab, das Kriterium von ethischen Forderungen, ein anderes Mal hat die Kultur oder der Mensch diese Funktion. Wie auch immer, die Voraussetzung ist durchwegs dieselbe, dass es nämlich überhaupt einen Massstab, ein objektives, systemexternes Kriterium gibt, wonach die Umweltproblematik formuliert werden kann und wonach sich ethische Forderungen richten können.

Weil der Massstab für solche Forderungen die Funktion einer aussersystemischen Instanz hat, können wir ihn, was immer er ist, "Umwelt" nennen, auch wenn es sich nicht um Natur im engeren Sinne des Wortes handelt. "Umweltgerechtes Handeln" ist also eine Problematik oder eine Fragestellung, die einen solchen Massstab notwendig voraussetzt. Ohne Umwelt, nach der wir gerecht handeln könnten, wäre kein ethisches Programm, keine Umweltethik denkbar. Als Massstab in diesem Sinne dient eine bestimmte Auffassung von Natur, Mensch oder Kultur, die von vornherein die Möglichkeiten bestimmt, die die verschiedenen ethischen Programme in Form von Handlungsanweisungen, Situationsdefinitionen, Zielvorstellungen, Werten und Normen konkret beinhalten. Die jeweils bestimmende "Umwelt" bestimmt und umgrenzt die konkreten Möglichkeiten, nach denen man "umweltgerecht" handeln kann. Als aussersystemischer Massstab ermöglicht sie, dass es auf der Ebene von Handlungsanweisungen überhaupt ein umweltgerechtes Handeln geben kann.

---

[29]   Die Alternativen 1 und 2 werden oft unter den Schlagworten "Freiheit" und "Natur" abgehandelt. Vgl. hierzu Goulet 1990:43-44: "Those who stress the integrity of nature have formulated an ethic whose highest values are conservation of resources, the preservation of species, and the need to protect nature from human depredations. Those who stress human freedom have framed an ethic whose primary values are justice (which takes the form of an active assault upon human poverty, branded as the worst form of pollution) and the need to 'develop' latent or potential resources into their actualized state. ... A 'nature' emphasis locates development and the elimination of human misery below biological conservation and resource replenishment in the hierarchy of values, while a 'freedom' orientation places development and the active conquest of justice in resource allocation above environmental protection or the preservation of endangered species."

### 3.2.2   Zur Kritik am Modell von Mensch - Sprache - Welt

Von verschiedenen Seiten ist in der erkenntnistheoretischen Basisdiskussion die Idee eines systemexternen Kriteriums für Wahrheit und Gerechtigkeit in Frage gestellt worden. Wie oben schon erwähnt, haben die Sprachanalytik, aber auch die Semiotik, die Hermeneutik, die Systemtheorie und die Kommunikationstheorie je auf ihre eigene Art und Weise das Modell von Mensch, Sprache und Welt als drei unabhängige Grössen hinterfragt. Es scheint als ob frau unter drei sich widersprechenden und einander ausschliessenden Ansätzen wählen muss: Entweder steht der Mensch mittels kultureller Errungenschaften der Natur instrumentell gegenüber, oder der Natur muss ein unantastbarer Eigenwert gegenüber allen menschlichen Bedürfnissen und Interessen zugestanden werden, oder die Heiligkeit der Natur soll anerkannt werden. Obwohl es schwierig ist, von der dem gesunden Menschenverstand geläufigen Vorstellung abzukommen, dass Mensch, Sprache und Natur drei unabhängige Grössen sind, zeigt die in Sackgassen geratene Umweltdiskussion, dass ein Neudenken nötig ist. Sprache, d.h. die ganze symbolische Ordnung, in der alle menschlichen Interaktionen eingebettet sind, hat möglicherweise nicht bloss eine Vermittlungs- oder Mitteilungsfunktion zwischen Mensch und (Um)Welt, sondern viel eher eine Erschliessungsfunktion, wodurch die Welt und der Mensch überhaupt erst in Erscheinung treten. Wenn Mensch, Sprache und Welt nicht drei unabhängige Grössen sind, dann kann man die Frage nach umweltgerechtem Handeln und Denken in einer ganz anderen Art und Weise stellen. Was für Folgen dies für den ökologischen Diskurs haben könnte, wird im folgenden gezeigt.


### 3.2.2.1    Semiotik

Von der Seite der *Semiotik*, d.h. der Wissenschaft der Zeichen, hat Saussure die Unabhängigkeit von Welt und Sprache in Frage gestellt, indem er das Zeichen als untrennbare Einheit von Signifikant und Signifikat definierte.[30] Die Bedeutung oder der Sinn des Zeichens kommt also nicht

---

[30]   F. de Saussure 1967:78ff.

- wie üblicherweise angenommen - von seinem Bezug (Referenz) zu den Dingen - was zu der immer noch weit verbreiteten Annahme führte, dass die Sprache gleichsam ein Abbild der objektiv vorgegebenen Welt wäre -,[31] sondern von den Relationen der Zeichen untereinander, d.h. vom *Code*. Denn das, was ein Zeichen definiert - sofern es nicht mehr als der Schatten eines Dinges verstanden wird -, sind nur seine Unterschiede von und Beziehungen zu anderen Zeichen. Erst die differentiellen Relationen der Zeichen untereinander geben nach Saussure unserem sonst gestaltlosen und unbestimmten psychischen Erlebnisfluss eine Struktur, ein semantisches System, innerhalb dessen die Ordnung der Dinge erst zugänglich wird.

Es ist sogar irreführend, von Signifikant und Signifikat als unabhängigen Grössen zu sprechen. Erst indem ein Signifkant einem Signifikat zugeordnet wird, entsteht im strengen Sinne ein Zeichen, d.h eine Sinneinheit. Etwas wird "als" etwas wahrgenommen und zugleich benannt. Der erste Mensch, der einen Stein vom Boden hob und ihn *als* "Waffe" benützte und ihn auch so benannte, hat ihn damit zugleich gegenüber allen Steinen und allem, was als "Nicht-Waffe" gebraucht werden könnte, abgegrenzt und definiert. Durch die Unterscheidung und Bezeichnung wird der Stein und damit der ganze Bereich der Natur in eine semantische Landschaft verwandelt, d.h. in ein differentielles System von Zeichen, das wir eine Sprache nennen, eingeführt. Denn die Zuordnung von Signifikant zum Signifikat geschieht über die Festlegung der Beziehungen von Zeichen zu Zeichen, z.B. von "Waffen" gegenüber "Werkzeugen" gegenüber "Baumaterial" gegenüber "nutzlosen Dingen" usw., bis durch einen Prozess der "unbegrenzten Semiose" (Peirce) ein allumfassendes semantisches Feld erschlossen wird. "Eine kulturelle Einheit 'existiert' und wird insoweit erkannt, als es eine andere gibt, die in Opposition zu ihr steht".[32] Die Festlegung dieser Beziehungen und die Erschliessung des semantischen Feldes geschieht über den *Code*. Der Code

---

[31]  Diese "realistische Semantik" gipfelte in Wittgensteins Frühwerk, *Trakatus logico-philosophicus*. Vgl. Wittgenstein 1984a.

[32]  Eco 1987:108. Siehe auch 109: "Es geht...nicht um 'Vorstellungen', 'Begriffe', psychische Entitäten, nicht einmal um Referenten als Gegenstände; *es handelt sich hier um Werte, die ausschliesslich aus dem System stammen*." Vgl. dazu auch Saussure 1967:144: "Ein sprachliches System ist eine Reihe von Verschiedenheiten des Lautlichen, die verbunden sind mit einer Reihe von Verschiedenheiten der Vorstellungen; aber diese In-Beziehung-Setzen einer gewissen Zahl von lautlichen Zeichen mit der entsprechenden Anzahl von Abschnitten in der Masse des Denkens erzeugt ein System von Werten. Nur dieses System stellt die im Innern jedes Zeichens zwischen den lautlichen und psychischen Elementen bestehende Verbindung her."

bestimmt nicht nur, dass dies Ding da z.B. "Stein" heisst, sondern auch, dass ein Stein "etwas zum Schleudern", "zum Bauen", "zum Wegwerfen" und nicht etwas "zum Essen", "zum Heiraten" usw. ist:

> "Wenn man eine relevante Einheit als relevant und als Einheit anerkennt, dann bedeutet das, dass man sie schon in bezug auf einen Code gesehen hat - und folglich schon als sinnerfüllt."[33]

Der Code besteht aus einer Relation von Relationen oder einem Geflecht von Bezügen. Nach Peirce, der den Begriff "Semiotik" geprägt hat, bestehen Zeichen aus Relationen von drei Beziehungen: Zeichen-Bezeichnetes, Zeichen-Zeichen, Zeichen-Zeichenbenutzer. Jede Beziehung wird durch die anderen vermittelt.[34] Wenn der Code nicht rein syntaktisch, d.h. strukturell verkürzt wird,[35] beinhaltet er *alle* diese drei Beziehungsformen. Diese Beziehungen konstituieren *zusammen* den *Sinn* des Zeichens. Es gibt kein Zeichen, also keine Sinneinheit ausserhalb des Codes. Kein "Ding" existiert ausserhalb des Codes. Kein Ding ist als nicht Codiertes denkbar. Die Natur "an sich" existiert nicht:

> "Sagt man, der Ausdruck /Abendstern/ denotiere ein bestimmtes grosses physisches Objekt in Kugelform, das sich viele Millionen Kilometer von der Erde entfernt durch den Weltraum bewegt ..., so sollte man eigentlich sagen, der betreffende Ausdruck denotiere 'eine bestimmte' korrespondierende *kulturelle Einheit*, auf die der Sprecher sich bezieht und die er in der beschriebenen Weise von der Kultur, in der er lebt, übernommen hat, ohne jemals den wirklichen Referenten erfahren zu haben. ... Oder, anders ausgedrückt, ... für uns wurden und werden Dinge nur gewusst mittels kultureller Einheiten, die das Universum der Kommunikation *anstelle der Dinge* in Umlauf gebracht hat."[36]

---

[33]  Eco 1972:162.

[34]  Zu Peirce vgl. K.-O. Apel 1975.

[35]  Wie dies der Fall ist bei der strukturellen Semantik von Saussure, Jakobsen, Greimas, Lyons und anderen.

[36]  Eco 1987:98.

Der Code konstituiert somit 1) eine semantische Artikulation oder Klassifikation des ontologischen Feldes, d.h. den Bereich des Seins, 2) eine syntaktische Strukturierung dieses Feldes - oft binär -,[37] d.h. den Bereich des "Logos", und 3) pragmatische Formen des kommunikativen Handelns, nach denen der Code handlungsmässig verwirklicht und eine Kommunikationsgemeinschaft gestiftet wird. Der Code "sagt" was wir wissen können und wie wir handeln müssen, um menschliche Gemeinschaft, d.h. Intersubjektivität überhaupt aufrecht erhalten zu können.[38] In einer semiotisch verstandenen "Welt" bildet, kantianisch gesprochen, der vollständige Code die Bedingung sowohl der Möglichkeit von Erfahrung als auch der Gegenstände der Erfahrung.

Wenn das, was das Zeichen bestimmt, nicht die durch irgendeine in der Natur angelegte Zuordnung zu einem Ding ist, sondern aus den Differenzen besteht, die Positionen und Oppositionen unter den Zeichen artikulieren, d.h. wenn die Beziehung Zeichen-Bezeichnetes durch die Beziehung Zeichen-Zeichen vermittelt wird, dann bleibt das Zeichen Teil des Kommunikationssystems intern. Wer einmal das Wörterbuch aufmacht, kommt nie wieder heraus, denn das eine Wort wird durch andere Wörter definiert, die selber durch andere Wörter definiert werden usw.[39] Zeichen verweisen also eigentlich nicht auf Dinge, sondern auf andere Zeichen, mit denen sie in differentiellen Relationen stehen. In diesem Sinn argumentiert Derrida, dass es kein absolutes Signifikat (Referent) gibt, keinen objektiv gegebenen Grund oder Ursprung des Sinnes.[40] Die natürliche Umwelt ist also ein Teil der symbolischen Ordnung, d.h. der Kultur und nicht einer ihr gegenüberstehenden reinen Natur. *Natur ist immer codierte Natur.* Umwelt kann nicht ausserhalb von Kultur stehen und somit als Massstab ihres ordnungsgemässen Funktionierens dienen.

---

[37] Wie dies der Strukturalismus gezeigt hat.

[38] Es sei noch einmal angemerkt, dass der Sinn eines Zeichens erst durch den vollständigen Code, in dem nicht nur die syntaktischen Zeichenbezüge, sondern auch die pragmatischen Anwendungsregeln vereinigt sind, konstituiert wird. Diese Einsicht trennt die Kommunikationstheorie von der Semiotik. Für die Kommunikationstheorie sind die Basiseinheiten linguistischen Sinnes kommunikative Handlungen und nicht Zeichen-Funktionen.

[39] Natürlich macht man das Buch irgendwann zu und wendet sich dringenderen Aufgaben. Dies aber geschieht nicht, weil wir den Sinn der Wörter verstehen, sondern weil wir sie nicht zu verstehen *brauchen*. Hier melden sich die *pragmatischen* Bedingungen von Sinn und Kommunikation.

[40] Vgl. Derrida 1983.

Die Konstitution von Natur - aber auch, wie wir sehen werden, Mensch und Sprache -, geschieht über die jeweilig geltenden Codes. Diese lassen sich synchronisch wie auch diachronisch untersuchen. Dies ist die eigentliche Aufgabe semiotischer Forschung in den Geisteswissenschaften.[41] Die religiösen, ästhetischen, politischen, wirtschaftlichen und ethischen Codes, die im Laufe der Entwicklung einer Gesellschaft entstehen, transformieren und verschwinden, werden von der Semiotik beschrieben und analysiert. Wichtig ist, dass semiotische Forschung sich nicht bloss auf sprachliche Erzeugnisse im engeren Sinne des Wortes begrenzt. Weil das Zeichen wesentlich durch den Code konstituiert ist, wird die Idee des Zeichens nicht bloss auf Sprache als gesprochenes oder geschriebenes Wort begrenzt, sondern bezieht sich auf alles, was sich codieren lässt, d.h. alles wird in einem gewissen Sinne zur "Sprache", unter anderem Gebärden, Kleider, Gegenstände, Kunstwerke (wie z.B. Architektur, Musik, Malerei und Literatur), aber auch Träume, Handlungen, wissenschaftliche Theorien, Verwandtschaftssysteme, Tauschformen usw.[42]

### 3.2.2.2    *Hermeneutik*

Der Universalitätsanspruch des semiotischen Codebegriffs lässt sich von Seiten der philosophischen *Hermeneutik* nicht nur bestätigen. Vielmehr werden die strukturalistischen Tendenzen der Semiotik durch die Hermeneutik dahingehend korrigiert, dass der Bereich menschlichen Handelns in den welterschliessenden Code ausdrücklich eingefügt wird. Heidegger hat die Funktion des Codes aus der Sicht seiner existentiellen Phänomenologie als "das Phänomen der Welt" beschrieben.[43] Er spricht von einer "Bewandtnisganzheit". Die "Welt", die durch den Code (Heidegger spricht nicht vom "Code", sondern vom "Seinsverständnis") erschlossen wird, ist nicht eine blosse Sammlung der vorhandenen Dinge, wie in einem riesigen Sack. Vielmehr ist

---

[41]   Vgl. das Forschungsprogramm von Claude Lévi-Strauss, Roland Barthes, Julia Kristeva, Jacques Lacan und anderen.

[42]   Zum Universalitätsanspruch der Semiotik vgl. Eco 1987:54: "In der Kultur kann jede Entität zum semiotischen Phänomen werden. Die Gesetze der Signifikation sind die Gesetze der Kultur. Aus diesem Grund erlaubt die Kultur, insofern sie ein System von Signifikationssystemen darstellt, einen beständigen Prozess kommunikativen Austausches. *Kultur kann völlig unter einem semiotischen Gesichtspunkt untersucht werden.*"

[43]   Vgl. Heidegger 1977.

die Welt ein geordnetes Ganzes, in dem es nicht nur Naturdinge gibt, sondern auch Bereiche, wie den der persönlichen, psychischen Innerlichkeit und der sozialen zwischenmenschlichen Beziehungen (Mitsein) und dazu noch den Bereich des Übermenschlichen.

Wichtig an diesem Gedanken ist die Idee, dass das Sein der Dinge und auch die Menschen nicht substanzhaft, sondern als durch sinnhafte Relationen und Beziehungen konstituiert gedacht wird. Die Ordnung der Dinge besteht aus differentiellen Verweisungen. Der Stein, z.B. ist nicht ein bloss vorhandenes Ding verstanden als Träger von gewissen Eigenschaften, sondern in seiner ursprünglichen Erscheinung ist er "Zeug", d.h. der Stein erscheint als "Hammer" in der ihm eigentümlichen Verweisung auf das, *wozu* er dient, nämlich das Hämmern. Das Hämmern seinerseits ist "da" in der ihm eigenen Verweisung auf das Bauen. Das Bauen seinerseits in allen seiner Formen "ist" nur in den Verweisungen auf das Wohnen, und das Wohnen schlussendlich besteht in der Verweisung auf das letzte Worumwillen des Daseins selbst. Denn, so Heidegger, der Mensch existiert als die Frage nach sich selber, als das Wesen, in dessen Existenz es um sich selber geht.

Die verschiedenen Verweisungen, worin die Dinge zuerst in Erscheinung treten, sind nicht blosse Deutungen, die der Mensch den vorhandenen Naturdingen anhaftet. Es gibt nicht zuerst den Bereich der Dinge und dann kommt der Mensch vorbei und bekleidet die Dinge mit einer mehr oder weniger subjektiven Deutung. Im Gegenteil, die "Interpretation" - Heidegger spricht vom "hermeneutischen 'als'" - ist ontologisch originär und konstitutiv für das Sein des Seienden - den Menschen inbegriffen -, denn kein Seiendes zeigt sich primär als weltlos bloss vorhanden, d.h. als "Substanz" behaftet mit Eigenschaften. Der Mensch existiert nicht "vor" oder "ausserhalb" der Welt. Das "Seinsverständnis" ist gleichursprünglich "In-der-Welt-sein". Seiendes (sei es im Bereich der Natur, der psychischen Innerlichkeit, der Gemeinschaft oder was immer) ist das, was es ist, nur *in* der "Bewandtnisganzheit" der Welt. So kommt es, dass die Hermeneutik, ähnlich wie die Semiotik, sagen kann, dass es nicht der Mensch ist, sondern die Sprache, die spricht. Was die Hermeneutik vom Struktualismus dennoch grundsätzlich unterscheidet, ist die Berücksichtigung, wenn nicht Betonung des menschlichen Handelns. Das Seinsverständnis, wodurch die Welt erschlossen wird, geschieht für Heidegger als Projekt der Selbstverwirklichung des Daseins. Das letzte Worumwillen, das als Konvergenzpunkt aller Bewandtnisse und Relationen dient, innerhalb derer die Dinge zuallererst erscheinen, ist die eigene Existenz des Daseins. Nicht eine von allen pragmatischen Bezügen abstrahierte syntaktische Struktur, eine rein logische Kombinatorik, sondern ein *pragmatischer Handlungsvollzug* liegt dem welterschliessenden Code zugrunde. Hier wird also nicht nur die Unabhängigkeit der Natur gegenüber dem Zeichen, sondern auch die Unabhängigkeit des Menschen gegenüber Natur und Sprache in Frage gestellt.


### 3.2.2.3        *Sprachphilosophie*

Wenn es keine uncodierte Natur gibt, und wenn der welterschliessende Code nicht unabhängig von dem pragmatischen Vollzug menschlicher Existenz ist, dann zeigt die *Sprachanalytik* und *die Kommunikationstheorie*, dass das Projekt existentieller Selbstverwirklichung nur innerhalb einer Kommunikationsgemeinschaft möglich ist. In seiner Sprachspiel-Philosophie führte Wittgenstein den sinngebenden, welterschliessenden Code - was er die "logische Form der Sprache" nannte - auf konkrete intersubjektive Interaktionen, d.h. auf "Lebensformen" zurück: "Das Hinzunehmende, Gegebene - könnte man sagen - seien *Lebensformen*."[44] Im berühmten Beispiel vom Schachspiel[45] zeigte Wittgenstein, dass man einem Zeichen zwar durch hinweisende Erklärung, d.h. durch Zuordnung zu einem Ding, eine Bedeutung geben kann, aber nur wenn das grundlegende Konzept, z.B. "Spiel" *schon* bekannt ist. Wenn man schon weiss, was ein Spiel ist, und was es bedeutet zu spielen, kann man auf das Schachbrett zeigen und das Wort "König" dadurch erklären, dass man sagt, "Dies ist der König; der kann so und so ziehen", usw. Hat man aber die Begriffe nicht, dann nützen hinweisende Zuordnungen von Wort und Ding nichts. Frau zeigt z.B. auf eine Gruppe von Menschen und sagt: "Das ist ein Spiel". Auf was hat man gezeigt? Auf die Bewegungen der Menschen? Vielleicht stehen sie still - und das ist gerade der Punkt - oder vielleicht ist es ihre Kleidung oder die Laute, die sie von sich geben. Wie weiss man denn, was *das Spiel* ist, wenn man es nicht schon weiss? Und wie kann man es "schon" wissen vor allen konventionellen

---

[44]   Vgl. *Philosophische Untersuchungen*, in: Wittgenstein 1984a:572.

[45]   Ebda., Paragraph 31ff.

Zeichenbestimmungen, die ja immer voraussetzen, dass der Mensch ausserhalb der Sprache steht, und dass die Sprache von einer vorgegebenen Welt (realistische Semantik) abgebildet wird?

In vielen Argumenten und Beispielen beweist Wittgenstein, dass die Bedeutung von Grundbegriffen nur durch Teilnahme an einer Praxis erlernt werden kann. Man nimmt die Person bei der Hand und führt sie in die Praxis ein. Man macht es ihr vor, sie macht es nach. Verstehen entsteht also durch Teilnahme an einer Lebensform. Ein Wort oder einen Satz verstehen heisst - wie Wittgenstein sagt - eine Technik beherrschen.[46] Denn nach dem Sprachspielmodell ist das Sprechen ein *regelgeleitetes Handeln*. Wenn das Verstehen der Regeln der Sprache nur mittels einer rein kognitiven Interpretation möglich wäre, dann wäre - wie Wittgenstein sagt - der Regel zu folgen glauben dasselbe wie der Regel folgen. Und wenn dies so wäre, dann wäre das richtig, was immer ich für richtig hielte; und dies würde nur bedeuten, dass es weder richtig noch falsch gäbe und somit auch kein regelgeleitetes Handeln, d.h. überhaupt keine Sprache:

"Unser Paradox war dies: Eine Regel könnte keine Handlungsweise bestimmen, da jede Handlungsweise mit der Regel in Übereinstimmung zu bringen sei. Die Antwort war: Ist jede mit der Regel in Übereinstimmung zu bringen, dann auch zum Widerspruch. Daher gäbe es hier weder Übereinstimmung noch Widerspruch. Dass da ein Missverständnis ist, zeigt sich schon darin, dass wir in diesem Gedankengang Deutung hinter Deutung setzen; als beruhige uns eine jede wenigstens für einen Augenblick, bis wir an eine Deutung denken, die wieder hinter dieser liegt. Dadurch zeigen wir nämlich, dass es eine Auffassung einer Regel gibt, die *nicht* eine *Deutung* ist; sondern sich, von Fall zu Fall der Anwendung, in dem äussert, was wir "der Regel folgen", und was wir "ihr entgegenhandeln" nennen. ... Darum ist 'der Regel folgen' eine Praxis. Und der Regel zu folgen *glauben* ist nicht: der Regel folgen. Und darum kann man nicht der Regel 'privatim' folgen, weil sonst der Regel zu folgen glauben dasselbe wäre, wie der Regel folgen."[47]

---

[46]  Ebda.:199.

[47]  Vgl. *Philosophische Untersuchungen*, (Wittgenstein 1984a) Nrs. 201-202.

Also nicht der Referenzbezug zu den Dingen und auch nicht die abstrakten Relationen der Zeichen untereinander, sondern ihr *Gebrauch* ist massgebend sinnkonstitutiv. Dies bedeutet, dass Sinn, wie Wittgenstein sagte, nie "privat", sondern allein durch die Möglichkeit *intersubjektiver Korrigierbarkeit,* d.h. durch *Kommunikation* konstituiert wird. Der erste Mensch, der den Stein als "Hammer" benutzt, tritt damit in ein kommunikativ und sozial konstituiertes Handeln ein, nämlich in ein Handlungsschema, das durch bestimmte Regeln geleitet ist.[48] Dieses Handeln ist ein Sprachspiel, d.h. es ist kommunikativ konstituiert, weil das "Hämmern" nur möglich ist, wenn es gelernt werden kann, und es kann erst gelernt werden, wenn es einen richtigen und einen unrichtigen Umgang mit Hämmern gibt. Dass es einen richtigen Umgang mit Hämmern gibt, wird nur durch intersubjektive Korrigierbarkeit gewährleistet. Der Hammer, der Stein, der Baum, die Werte, die auf einem Messgerät registriert werden: Keines von diesen Dingen sagt uns von sich aus, was es ist und wie es gebraucht werden soll. Dies sagen uns andere Sprecher aufgrund der nicht hintergehbaren, pragmatischen Lebensformen, in denen diese Dinge ihren Platz haben. Wittgensteins *pragmatische Semantik* ergänzt die syntaktisch betonte Zeichendefinition von Saussure und auch die Phänomenologie Heideggers durch die Dimension der Kommunikation. Die pragmatische Dimension des semiotischen Codes besteht aus Regeln des kommunikativen Handelns.[49]

Wie schon Peirce gesehen hat, wird ein Zeichen durch eine untrennbare dreistellige Relation von Relationen konstituiert. Der Code beinhaltet nicht nur eine syntaktische oder semantische Kombinatorik, sondern ebenso sinnkonstitutive Handlungsregeln oder "pragmatische Bedingun-

---

[48]  Zur sozialen Konstruktion von Sinn vgl. Wittgenstein, *Philosophische Untersuchungen,* nr. 199: "Ist, was wir 'einer Regel folgen' nennen, etwas, was nur *ein* Mensch, nur *einmal* im Leben, tun könnte? ... Es kann nicht ein einziges Mal nur ein Mensch einer Regel gefolgt sein. Es kann nicht ein einziges Mal nur eine Mitteilung gemacht, ein Befehl gegeben, oder verstanden worden sein, etc. - Einer Regel folgen, eine Mitteilung machen, einen Befehl geben, eine Schachpartie spielen sind *Gepflogenheiten* (Gebräuche, Institutionen)."

[49]  Die Folgen dieser Auffassung für die Wissenschaftstheorie hat vor allem K.-O. Apel (1976a,b) ausgearbeitet. Wie Apel gezeigt hat, bedurfen sogar die Basis- oder Protokollsätze experimenteller Induktionsverfahren kommunikative Interpretation, um "objektiv" zu sein. Induktion oder progressives Lernen durch Versuch und Irrtum und negative Rückkoppelung muss gelernt und intersubjektiv kontrolliert werden. Information und Wissen werden nicht direkt von der Um- oder Aussenwelt abgewonnen, sondern durch kommunikative Handlungsschemen und pragmatische Regeln materieller und formeller Art vermittelt. Wissenschaft, wie Sprache, ist nicht möglich "privatim".

gen".[50] Der Bereich des menschlichen Handelns ist ein Teil des Codes ebenso wie die Welt der Dinge. Die Sprache, die welterschliessend spricht, ist, wie die Hermeneutik auf ihrer Weise gezeigt hat, nicht dem Menschen etwas Äusserliches. Sprache ist wesentlich durch Formen kommunikativen Handelns konstituiert. Auf dieser Einsicht ist das Programm einer Transzendentalpragmatik von K.-O. Apel und einer Universal- oder Formalpragmatik von J. Habermas begründet.[51] Die Sprache ist nicht ein Instrument der Kommunikation und der Naturbeherrschung, sondern die notwendigerweise kommunikative Form des pragmatischen Vollzugs menschlicher Existenz selbst, wie auch der jeweiligen Naturerschlossenheit.

### 3.2.2.4     *Systemtheorie*

Wenn wir uns nun einem anderen Theorieansatz zuwenden, nämlich der *systemtheoretischen* Grundlagenforschung (vgl. Krieger 1996a), dann sehen wir, wie die vorherigen Überlegungen in eine besonders für die Umweltproblematik relevante Form gebracht werden können. Nach Auffassung der Systemtheorie artikuliert der Code die Ergebnisse einer bestimmten *Reduktion von Komplexität*. Mittels des Codes wird die "Entropie" einer Informationsquelle überwunden und "Ordnung" in einer bestimmten Art und Weise gestiftet:

> "Strukturbildung ist immer Beschränkung der Freiheit der Kombination von Elementen. Solche Beschränkungen können nur durch Systembildung gewonnen werden. Systembildung erfordert, auf welcher Ebene auch immer, die Ausgrenzung einer nicht zum System gehörigen Umwelt. ... Die Umwelt eines Systems ist alles, was durch das System ausgegrenzt wird, also nicht zu ihm gehört."[52]

---

[50]   Für eine Diskussion der *pragmatischen Bedingungen* von Sinn und Kommunikation vgl. Krieger 1991a, 1991b, 1993, 1994, 1996.

[51]   Vgl. K.-O. Apel 1976a, 1976b; und J. Habermas 1981.

[52]   Vgl. Luhmann 1977:13.

Der Code bildet somit eine *System/Umwelt-Differenz*, die die Komplexität der Umwelt dadurch reduziert, dass eine geringere Menge von Elementen in eine bestimmte "Zusammenstellung" (vgl. griechisch *to systema*) oder Ordnung untereinander gebracht werden. Diese Struktur oder Organisation ist konstitutiv für Systemidentität und systeminterne Prozesse. Da alles als irgendwie Zusammengesetztes betrachtet werden kann, lassen sich nicht nur anorganische und biologische Gebilde als Systeme analysieren, sondern auch psychische und soziale Phänomene. Auf der Ebene von psychosozialen Gebilden haben wir es mit *Sinnsystemen* zu tun. Nach Luhmann sind Sinnsysteme *autopoietisch* und *selbstreferentiell*.[53] "Autopoiesis" bezieht sich auf die Fähigkeit des Systems, seine eigenen Elemente, Strukturen und Operationen zu produzieren. Das System ist "selbstreferentiell", wenn es seine eigenen Elemente auf Grund eines Selbstbezuges reproduziert: "Was immer das System tut, es bezieht sich auf sich selbst und ist *nur durch Selbstkontakt umweltempfindlich*."[54] Dies ist die "operative Geschlossenheit" des Systems.[55]

Selbstreferenz definiert die Identität des Systems. Da menschliche Gesellschaften Sinnsysteme sind, bestehen sie "nicht aus einer Ansammlung von Menschen, sondern aus dem Prozessieren von Kommunikationen".[56] Sie reproduzieren demnach nicht Menschen, sondern kommunikative Handlungen gemäss dem Code, der sich selber modellhaft innerhalb des Systems abbildet:

---

[53] Vgl. Luhmann 1984:25: "Die Theorie selbstreferentieller Systeme behauptet, dass eine Ausdifferenzierung von Systemen nur durch Selbstreferenz zustandekommen kann, das heisst dadurch, dass die Systeme in der Konstitution ihrer Elemente und ihrer elementaren Operationen auf sich selbst (sei es auf Elemente desselben Systems, sei es auf Operationen desselben Systems, sei es auf die Einheit desselben Systems) Bezug nehmen. Systeme müssen, um dies zu ermöglichen, eine Beschreibung ihres Selbst erzeugen und benutzen; sie müssen mindestens die Differenz von System und Umwelt systemintern als Orientierung und als Prinzip der Erzeugung von Informationen verwenden können." Inwiefern es einen Sinn hat, von Selbstreferenz zu sprechen, wenn es um Systeme geht, die durch physikalische oder genetische Codes konstituiert werden, bleibt m.E. fragwürdig.

[54] Vgl. Luhmann 1977:23.

[55] Vgl. Willke 1991:42: "Weiter hilft hier der Gedanke, dass Grenzen, indem sie definieren was ausgeschlossen wird, zugleich die Bedingungen definieren, unter denen das Eingeschlossene auf sich selbst verwiesen ist. Diese Selbstverweisung oder Selbstreferenz lässt sich dann unter dem Schutz einer geeigneten Grenze ihrerseits soweit steigern, dass das, was innerhalb eines bestimmten, abgegrenzten Bereiches passiert, in seinen konstitutiven Momenten auf Selbstreferenz beruht. Dadurch entsteht die Möglichkeit der *operativen Geschlossenheit* eines Systems..."

[56] Ebda.:45.

"Eine Selbstbeschreibung ist gewissermassen der Kern einer Identität, ein inneres Modell oder Eigenmodell des Systems im System, welches nicht auf möglichst umfassende Abbildung gerichtet ist, sondern auf eine adäquate Fassung der operativen Grundstruktur."[57]

Im allgemeinen kann die Funktion des Systems als die Erhaltung seiner Autopoiese in bezug auf seine Selbstreferenz betrachtet werden. Die Umwelt ist damit zwar eine Quelle von Perturbationen oder Störungen, worauf das System nach seiner eigenen Organisation operational und informational geschlossen reagiert, aber nicht eine Quelle von Informationen, denn ausserhalb des Systems ist nur unbestimmte Kontingenz. Dies hat zur Folge, dass insofern die Umwelt zum Feld bestimmter kontingenter Alternativen reduziert wird, *diese* Umwelt vom System her *konstruiert* und nur als Systeminternes zugänglich ist:

"Für jedes System wird daher Umwelt, obwohl sie 'alles andere' einschliesst, nur als kontingente Selektion relevant. Um seiner Umwelt Selektivität entziehen zu können, muss das System ein Raster verwenden, das es in die Umwelt hineindefiniert... ... Umwelt kann ... schliesslich erscheinen oder gar verstanden werden nur als wohlpräparierte Harmonie, die vorgängige Selektionen voraussetzt. ... Auch in der Lebenswelt des Menschen erscheint daher Umwelt immer nur als vortypisierte 'Realität' innerhalb von Horizonten, die zu überschreiten normalerweise kein Anlass besteht."[58]

Erst nach der Codierung von Komplexität, d.h. der durch den Code geleisteten Reduktion von unbestimmter zu bestimmter Kontingenz, kann das System die Umwelt als *Sinnhorizont*, d.h. als Feld systemkompatibler Handlungsalternativen und Möglichkeiten auffassen und somit auf Umweltimpulse selbstreferentiell reagieren. Den Stein als "Hammer" oder "Waffe" oder bloss als "Naturding" zu betrachten, hebt ihn hervor und identifiziert ihn gegen einen Hintegrund, einen

---

[57]  Ebda.:135: "...die Selbstbeschreibung eines Sozialsystems [ist] eine semantische Figur, in welcher in reduzierter und simplifizierter Form die Spezifität des Systems ausgedrückt ist. Die Reduktion und Vereinfachung ist erforderlich, weil eine Operation des Systems sich nicht auf das reale System insgesamt beziehen kann; denn dann gehörte diese Operation ihrerseits zum System, müsste sich also zugleich selbst auf sich beziehen, und so weiter in einem unendlichen Regress."

[58]  Vgl. Luhmann 1977:16.

Horizont von Anschlussmöglichkeiten und voraussehbarer Kontingenz. Dieses ganze Geflecht von Verweisungen nannte Heidegger eine Bewandtnisganzheit und in der an die Phänomenologie anschliessenden Diskussion spricht man von einem "lebensweltlichen Sinnhorizont".

Da der Horizont nicht hintergehbar ist - man kann ja nur *in* der Welt sein und nicht irgendwie ausserhalb -, gehören Menschen und natürliche Prozesse zur internalisierten oder subsystemischen Umwelt des gesellschaftlichen Gesamtsystems. Dies bedeutet, dass die massgebenden Bestimmungen und Möglichkeiten des Menschseins und auch der Natur durch den vorgegebenen Raster des Codes *innersystemisch* als Sinneinheiten konstruiert werden. Wie für die Semiotik und die Hermeneutik gibt es nach systemtheoretischer Auffassung den Menschen oder die Natur "an sich" nicht. Negative Rückkoppelung, Störungen, Perturbationen von der Umwelt her sind nur für das System wahrnehmbar insofern sie codiert und somit zu relevanten Informationen werden. Der umfassendste Code bildet also ein nicht hintergehbares System, das von der Umwelt "an sich" konstitutiv abgegrenzt wird.[59]

Aus dieser kurzen Diskussion der Semiotik, Hermeneutik, Sprachanalytik und Systemtheorie halten wir zusammenfassend fest, dass das Zeichen sich in einem dreistelligen Beziehungsgeflecht von Zeichen zu Bezeichnetem (Semantik), von Zeichen zu Zeichen (Syntax) und von Zeichenbenutzer zu Zeichenbenutzer (Pragmatik) konstituiert, welches die Bereiche der Natur und menschlicher Handlungen in den Bereich der symbolischen Ordnung, welche "Kultur" genannt werden kann, einfügt. Die gesamte Regelung dieser Beziehungen lässt sich als *primärer Code* betrachten. Gemäss des dreistelligen Beziehungsgeflechtes besteht der primäre Code gleichursprünglich aus Zuordnungsbestimmungen 1) für die Zeichen in bezug auf Bezeichnetes, 2) für die Zeichen untereinander und 3) für die Zeichen in Gebrauch. Hermeneutik, Systemtheorie und Kommunikationstheorie haben das in der Semiotik und Linguistik übliche indifferente Nebeneinander dieser Zugänge korrigiert, insofern dass der Code vor allem von der Pragmatik her verstanden werden muss. Die drei Zuordnungsregeln erfüllen nur dann eine sinnstiftende Funktion, wenn sie - letzten Endes - ein autopoietisches, selbstreferentielles System von kommunikativen Handlungen konstituieren.

---

[59]	Vgl. Willke 1991:43: "In der Tiefenstruktur ihrer Selbststeuerung sind [autopoietische Systeme DK] geschlossene Systeme, also gänzlich unabhängig und unbeeinflussbar von ihrer Umwelt."

### 3.2.3   Das Modell des primären Codes

An die Stelle des Modells von Mensch, Sprache und Welt als drei unabhängigen Grössen, die nur extern und instrumentell miteinander verbunden sind, tritt somit das Modell eines *primären Codes*, der ein Kommunikationssystem konstituiert, innerhalb dessen Mensch, Sprache und Welt überhaupt erst erscheinen und zueinander in eine bestimmte Relation treten.[60]

Der primäre Code ist allumfassend. Um ein Kommunikationssystem zu stiften, muss der Code eine Art äusserster Grenze gegenüber einer uncodierten und demnach chaotischen und unverständlichen Umwelt ziehen. Der primäre Code grenzt ein geordnetes System von einer ungeordneten Umwelt ab. Dies bedeutet, dass die Symbole eines primären Codes in einem spezifischen Sinne nicht hintergehbar sind, denn im Unterschied zu möglichen Subcodes enthalten sie ein Maximum an Information. Information steht in umgekehrter Proportion zur Wahrscheinlichkeit oder Redundanz, d.h. Austauschbarkeit. An der Grenze zwischen Ordnung und Unordnung, Sinn und Unsinn ist jedes Symbol völlig überraschend, unaustauschbar und unwahrscheinlich. Grundlegende religiöse Symbole wie das Kreuz im Christentum oder der Tao in China können nicht durch andere "gleichbedeutende" Symbole oder Begriffe und auch nicht durch ihre Gegensätze definiert werden. Dass die Symbole des primären Codes einzigartig sind, drückt sich unter anderem darin aus, dass "vor" ihnen und "ausserhalb" ihrer es nur das Nichts "gibt".[61]

---

[60]   Es wäre naheliegend den Idealismusvorwurf gegen dieses Modell zu erheben. Dies würde aber am wesentlichen theoretischen Fortschritt der oben erwähnten Ansätze vorbeigehen. Denn die Gegensätze von Subjekt-Objekt, Freiheit-Determinismus, Idealismus-Materialismus sind nicht echte Gegensätze, wo der eine sich durch Abgrenzung gegen das andere definieren lässt. Dies zeigt sich daran, dass man das Subjekt auch als Objekt verstehen muss (Reflexion!), dass man sich die Freiheit nicht ohne Gesetze vorstellen kann usw. Aus systemtheoretischer und kommunikationstheoretischer Sicht, haben wir es hier mit Bestandteilen der neuzeitlichen abendländischen "Symbolik des Absoluten" zu tun, d.h., wie wir unten noch sehen werden, mit einer Symbolik, deren Begriffe notwendig paradox sind. Deswegen bleibt es immer möglich zu versuchen, das eine in das andere aufgehen zu lassen, wie das Bewusstsein in die Materie, oder umgekehrt. Das Modell des primären Codes ist also weder idealistisch noch materialistisch, sondern die Formulierung der Bedingungen solcher Denkstrategien.

[61]   Dies ist nicht nur der Grund warum die Übersetzung religiöser Texte besondere hermeneutische Probleme aufwirft - wie übersetzen wir das chinesische Wort "Tao"? - sondern es ist auch ein Thema der Philosophie und Logik. Heidegger z.B. betont in Anlehnung an Leibniz, das einzig wirklich überraschende, unwahrscheinliche und denkwürdige Ereignis sei, dass es überhaupt etwas gibt statt nichts. Und nach Luhmann (1988:27-29,42) enthält der primäre Code notwendigerweise paradoxe Begriffe, da sie aus Symbolen besteht, die nicht durch ihre

Die Rede von einem "primären" Code und von höchsten und letzten Symbolen, die die Welt in Heideggers Sinne erschliessen, rechtfertigt sich, wenn es klar wird, dass jenseits dieser Symbole nur das "Nichts", die Sinnlosigkeit und die Unmöglichkeit des nicht-Kommunizierbaren, nicht-Benennbaren, nicht-Codierten liegt. Diese Abgrenzungsfunktion gegenüber dem "Nichts" wird in der Symbolik jedes primären Codes - und dies ist eine formalpragmatische wie auch systemtheoretische Bedingung eines primären Codes - selber thematisch. Die Selbstreferenz des primären Codes wird in einer dreifachen Symbolik artikuliert: Die Symbolik des Absoluten, die Symbolik des Ausgeschlossenen und die Symbolik des Möglichen.

Die Symbolik des Möglichen artikuliert die Symbole, die in irgendeiner Art und Weise die Entstehung der Welt, ihre grundlegenden Strukturen, die massgebenden Formen der menschlichen Existenz, den Sinn des Lebens und des Todes, die Gemeinschaftsordnung und die Normen, welche Geburt, Arbeit, Geschlechtsleben, künstlerischer Ausdruck und schliesslich "Erlösung" bestimmen.

Zusammen mit der Artikulation einer Symbolik des Möglichen zieht der primäre Code eine Grenze zwischen Sein und Nichtsein. Es entsteht eine Symbolik des Ausgeschlossenen, die symbolisch das, was dem Leben und der Weltordnung bedrohlich ist, was also ausgeschlossen werden muss und als verwerflich und abscheulich betrachtet wird, artikuliert. Der primäre Code bestimmt somit nicht nur, was zur Welt gehört und gehören kann, sondern ebenso notwendig auch was nicht zur Welt gehören darf.

Der Code schliesst ein und er schliesst aus. Diese "selegierende Funktion" des primären Codes ist gerade konstitutiv für seine systemstiftende Wirkung. Innerhalb des Codes sind es nicht nur der

---

Gegensätze definiert werden können. Solche Begriffe oder Symbole enthalten ihre eigene Negation (coincidentia oppositorum!). Das Sein ist nicht absolut, wenn es das Nichts nicht irgendwie in sich hat. So ist Gott nicht absolut, wenn der Teufel nicht auch von ihm wäre, die Materie ist nicht absolut, wenn sie nicht Geist aus sich herausevolvieren kann, das Subjekt ist nicht absolut, wenn es nicht den Gegenstand setzt usw. An einem anderen Ort spricht Luhmann (1977:33) von "Chiffrierung": "Was als spezifische Sinnform des Religiösen, als Numinoses oder Heiliges beschrieben worden ist, lässt sich dann als Resultat eines Prozesses der *Chiffrierung* begreifen, der Unbestimmbares in Bestimmtes oder doch Bestimmbares transformiert. Chiffren sind nicht einfach Symbole... Sie haben ihren Sinn überhaupt nicht in der Relation zu etwas anderem, sondern sind es selbst. Sie konstituieren Wissen, indem sie das Bestimmte an den Platz des Unbestimmten setzen und dieses dadurch verdecken. Was durch sie verdeckt wird, bleibt Leerhorizont; es hat keine Realität, nicht einmal negierbare Realität, aber es wird miterlebt als das, was kontingente Form notwendig macht. Dieses Miterleben wird als Bindung (religio) erfahrbar; es präsentiert die Unvermeidlichkeit reduktiver Bestimmung, die sich als Unvermeidlichkeit an religiös chiffriertem Sinn selbst anzeigt."

Mensch und die Natur, die in einer bestimmten Art und Weise als möglich oder unmöglich codiert sind, sondern, weil der Code wesentlich selbstreferentiell ist, wird der Code selber in einer bestimmten Art und Weise symbolisiert. Dies ist die *Symbolik des Absoluten*. Als Weltgrenze ist der Code auch Seinsgrenze. Der primäre Code ist der Punkt, an dem sich der Übergang vom Nichts ins Sein, vom Chaos in die Ordnung ereignet. Demnach codiert der primäre Code sich selber durch die Symbolik der Schöpfung und des Schöpfers, d.h. als "Gott" oder das Absolute, das Transzendente und das alles Bestimmende. *"Religion" lässt sich als die Selbstreferenz des primären Codes definieren.*[62] Wenn es so ist, dass die Sprache spricht, dann spricht die Sprache von sich selber als von "Gott", vom Absoluten. Zur Religion, d.h. zur Symbolik des Absoluten, die ja allumfassend sein muss, gehören dann auch die Bestimmungen des Menschen und der Natur. Der Code ordnet Mensch und Welt sich zu, d.h. zu "Gott" und erschliesst somit gleichzeitig Mensch und Natur in bezug auf die Selbstreferenz des Systems.[63]

Auf Grund des Modells von einem primären Code lässt sich die Frage nach umweltgerechtem Handeln und Denken anders stellen, als wenn wir es mit drei unabhängigen Grössen oder drei nicht-systemisch vereinten Instanzen zu tun haben. Es fällt auf, dass im Modell des primären Codes der systemunabhängige Massstab, nämlich die Umwelt, in einer besonderen Art und Weise problematisch wird. Wie kann das System sich der Umwelt anpassen, sich von der Umwelt

---

[62]  Hiermit ist nicht die geläufige Definition von Religion als "Kontingenzbewältigung" fraglos übernommen, denn wenn man den *kommunikativen Vollzug* dieser Selbstreferenz betrachtet, zeigt es sich, dass Religion ebensosehr als Kontingenzsteigerung definiert werden kann. Zur kontingenzsteigernden Funktion von Religion vgl. Robert Spaemann 1985:19: "Religion...ist Enttrivialisierung, Steigerung der Kontingenzerfahrung, Aktivierung des Staunens, sogar mit Bezug auf das Selbstverständliche; nicht die Wegerklärung des Wunders, sondern die Weckung des Sinnes für das 'Wunderbare', für das 'Geheimnis'". Bei Spaemann aber bleibt diese Feststellung unbegründet. Wie wir unten sehen werden, kann man aus kommunikationstheoretischer Sicht zwischen Grenzdiskurs und Erschliessungsdiskurs unterscheiden. Die kontingenzreduzierende Funktion von Religion leitet sich von den pragmatischen Bedingungen des Grenzdiskurses ab, wobei die kontingenzsteigernde Funktion in der Kommunikationspragmatik des Erschliessungsdiskurses begründet ist.

[63]  Wie wir unten sehen werden, gibt das Modell des primären Codes den Leitfaden her, an Hand dessen Religion als *eine bestimmte Konstellation von Gott, Welt und Mensch* analysiert werden kann. Es kommt auch hinzu, dass die Idee der Selbstreferenz des primären Codes der Rede von "Weltbildern" eine präzise Bedeutung gibt. Denn der Code bezieht sich auf sich selbst, indem er sich auf ein Abbild der Welt, d.h. ein Modell des Ganzen bezieht. Hierin liegt auch die Möglichkeit von Ideologie eingeschlossen. Weltbilder sind Welt-"Deutungen". Sie können sich verabsolutieren und sich von der transformativen Verbindung mit ihrem Grund (Umwelt) distanzieren. Wie Wittgenstein (*Philosophische Untersuchungen*, Paragraph 155) sagt: "Ein *Bild* hielt uns gefangen. Und heraus konnten wir nicht, denn es lag in unserer Sprache, und sie schien es uns nur unerbittlich zu wiederholen."

korrigieren lassen, ethische Forderungen aus der vorgegebenen Ordnung der Umwelt ableiten, wenn die Umwelt, sofern sie überhaupt dem Nichts und dem Chaos entzogen ist, nicht system-extern ist, sondern nur systemintern bestimmt und allein systemintern zugänglich wird? Für Luhmann ist dies die Frage nach der Möglichkeit von *ökologischer Kommunikation* überhaupt.[64]

Der primäre Code funktioniert als konstitutive Grenze eines autopoietischen, selbstreferentiellen Kommunikationssystems, das seine Selbst-Reproduktion nur dadurch verwirklichen kann, dass es sich ausschliesslich auf sich selber und nicht auf die Umwelt bezieht. Kommunikative Handlungen produzieren weiter kommunikative Handlungen in bezug auf den systemkonstitutiven Code. Der primäre Code begründet systeminterne Kommunikation im Hinblick auf einen lebensweltlichen Sinnhorizont bestehend aus Kriterien von Wahrheit, Richtigkeit und Wahrhaftigkeit,[65] verbietet aber dabei Kommunikation mit der als ausgeschlossen codierten Umwelt. Luhmanns düstere Hypothese lautet, dass es keine ökologische Kommunikation, d.h. Informationsaustausch zwischen System und Umwelt geben kann.

Luhmann formuliert diesen Gedanken nur in bezug auf gesellschaftliche Subsysteme wie das Wirtschaftssystem, das politische System, das Rechtssystem, das Wissenschaftssystem und auf das Erziehungssystem. Man kann aber einwenden, dass die verschiedenen gesellschaftlichen Subsysteme gegeneinander doch kommunikativ offen sind, da sie alle durch die Metasprache des primären Codes miteinander verbunden sind.[66] Gäbe es keinen alle Subsysteme umfassenden primären Code, dann würde die funktionelle Differenzierung *der*(!) Gesellschaft zugleich deren

---

[64]  Vgl. Luhmann 1986. Hiermit deckt sich Luhmann's Systemtheorie mit dem "radikalen Konstruktivismus" von Glasersfelds (vgl. von Glasersfeld, 1987). Wie von Glasersfeld betont, bedeutet der Begriff der "Anpassung" in der Evolutionstheorie überhaput nicht, dass der Organismus sich der Umwelt anpasst, um mit ihr "übereinzustimmen", sondern nur, dass der Organismus in einer bestimmten Umwelt "Viabilität" aufrecht erhalten kann. Was immer der Organismus von der Umwelt "weiss", ist keine Information über die Umwelt, wie sie "an sich "ist, sondern ein viables Konstrukt angefertigt vom Organismus in kommunikativer, d.h. operationeller und informationeller Geschlossenheit von der Umwelt. Deswegen ist Kommunikation im Sinne vom Informationsaustausch mit der Umwelt nicht möglich. Die Frage nach der Möglichkeit ökologischer Kommunikation aber stellt sich in aporetischer Weise erst auf der Ebene des primären Codes und nicht auf der Ebene der gesellschaftlichen Subsysteme.

[65]  Vgl. die Kriterien von Geltungsansprüchen, wonach Habermas (1981) Sprechhandlungen klassifiziert.

[66]  Es ist bezeichnend für die zweideutige Funktion der Luhmannschen Systemtheorie (ist die Theorie in ihrem Universalitätsanspruch selber religiös?), dass sie gerade den theoretisch erforderten Zugang zum primären Code dadurch blockiert, dass sie - gemäss dem Programm westlichen Säkularismus - Religion zum gesellschaftlichen Subsystem reduziert.

tödliche Fragmentierung bedeuten. Es hätte keinen Sinn, d.h. es wäre logisch undenkbar, eine Theorie der Gesellschaft aufzustellen, wie Luhmann dies tut, da es diese nicht geben könnte. Dies mag der Fall sein.[67] Theoretisch aber ist ein solcher Pessimismus auf der Ebene der gesellschaftlichen Subsysteme weder logisch noch empirisch belegt.[68] In bezug auf den primären Code aber bleibt der systemtheoretisch verankerte Zweifel an der Möglichkeit von ökologischer Kommunikation bestehen. Denn auf dieser Ebene wird die systemkonstitutive Ausschliessung der Umwelt radikal vollzogen und nicht durch irgendwelche höheren Instanzen vermittelt.[69]

Innerhalb des gesamten Gesellschaftssystems, d.h. *unterhalb* der Ebene des primären Codes stellt sich das Problem des umweltgerechten Handelns und Denkens tatsächlich im Rahmen des Modells von Mensch, Sprache und Welt als unabhängigen Grössen, d.h. als Problem von Kommunikation zwischen Subsystemen der einen Gesellschaft. Diejenige "Umwelt" aber, worauf Luhmann mit seiner radikalen Fragestellung nach der Möglichkeit von ökologischer Kommunikation überhaupt hinweist, nämlich die Umwelt, die der primäre Code in seiner systemkonstituierenden Funktion notwendigerweise ausschliesst, diese Umwelt kommt auf der Ebene der Subsysteme gar nicht ins Blickfeld. Dadurch wird *die Frage nach umweltgerechtem Handeln verkürzt und zurückgeworfen auf die Frage nach den gegebenen Strukturen und möglichen Alternativen, die das System jeweils als identitätskompatibel schon codiert hat.* Das hier vorgeschlagene Modell des primären Codes erlaubt es uns, dieser Verkürzung der Umweltproblematik zu entgehen und *zwischen zwei verschiedenen Umwelten* zu unterscheiden. Daraus lässt sich die Umweltproblematik umfassender formulieren. Aufgrund des Modells des primären Codes können wir folgende Unterscheidung einführen:

---

[67]  Wie es die bekannte soziologische These von der Entzauberung der Welt, dem Verlust an Orientierung, dem Verschwinden von umfassenden Werten und Normen behauptet. Aus einer gewissen Perspektive lässt sich die Behauptung, dass die verschiedenen Kulturen und Ethnien in eine weltgesellschaftliche Nivillierung auf Kapitalismus und Konsumismus aufgelöst werden, zum neuen Weltethos hochstilisieren.

[68]  Auf den gleichen von Husserl und A. Schütz übernommenen phänomenologischen Grundlagen, auf die Luhmann für seine Sinntheorie rekurriert, argumentiert J. Habermas für einen alle gesellschaftliche Kommunikation umfassenden "lebensweltlichen Sinnhorizont" (vgl. Habermas 1981). Dies wäre der primäre Code der Weltgesellschaft.

[69]  Dies wird von Habermas übersehen, wenn er - wie Apel auch - die westliche Form von Rationalität verabsolutiert.

1. *Umwelt-1* ist die *originäre und ursprüngliche Umwelt*, die das System ausgegrenzt hat, um sich als System zu konstituieren. Diese Umwelt ist die unbestimmte Kontingenz, die durch den primären Code zu einer systeminternen Umwelt, d.h. zur bestimmten Kontingenz reduziert wird.

2. *Umwelt-2* ist die *systeminterne Umwelt*, oder die mögliche Alternative, die das System annehmen kann, ohne seine Identität, d.h. seine Selbstreferenz, zu verlieren. Ethische Forderungen, *dieser* Umwelt gerecht zu werden, ändern die Inhalte der dreifachen Symbolik des primären Codes und die grundsätzlichen Bestimmungen des Menschen, der Natur und des Gottes, welche den primären Code ausmachen, nicht.

Die Leistung des primären Codes besteht darin, Umwelt-1 in Umwelt-2 zu transformieren. Dies bringt notwendigerweise die Verdrängung, Ausblendung, Unterdrückung und Verdeckung von Umwelt-1 als möglicher Korrekturinstanz für das Gesamtsystem mit sich.[70] Die Verdrängung und Ausblendung von Umwelt-1 wird im primären Code selber eigens codiert, nämlich als die Bestimmung dessen, was ausgeschlossen, verwerflich, abnormal, anarchisch, chaotisch, sündhaft, barbarisch oder unmöglich ist. Die Symbolik des Ausgeschlossenen spielt eine bedeutende Rolle in jedem ideologischen oder interkulturellen Konflikt und - weil die Codierung auf der Ebene des primären Codes nicht nur kognitiv, sondern auch affektiv und handlungsmässig ist - impliziert die Symbolik des Ausgeschlossenen eine besondere Pragmatik. Diese Art von *kommunikativem Handeln* können wir *apologetischen Universalismus* nennen.[71]

Nach Berger und Luckmann ist die besondere Kommunikationspragmatik des primären Codes auf die biologischen und psychologischen Bedürfnisse der Menschen, Interaktionsformen, Rollen und Institutionen zu legitimieren, zurückzuführen.[72] Denn eine Gesellschaft kann nur existieren, wenn die Handlungen der Individuen miteinander koordiniert werden können. Dies verlangt, dass individuelle Handlungen nach dem Modell der "doppelten Kontingenz" zu gemeinsam akzeptierten

---

[70]  Systemtheoretisch spricht man von "operationeller Geschlossenheit".

[71]  Vgl. die ausführliche Diskussion zu diesem Begriff in Krieger 1991a:18-28.

[72]  Vgl. Berger und Luckmann 1969.

und gegenseitig erwarteten Verhaltensmustern kristallisieren. Gemeinsam anerkannte Situationsdefinitionen müssen aber in eine ganzheitliche Weltsicht, in ein "symbolisches Universum" integriert werden, damit das Individuum eine Antwort auf die Fragen "Wer bin ich?" und "Was soll ich tun?" erhalten kann. Wie Berger und Luckmann sagen:

"... die symbolische Sinnwelt sieht eine umfassende Integration aller isolierten institutionellen Prozesse vor. Die Gesellschaft als ganze hat nun Sinn. Institutionen und Rollen werden durch ihren Ort in einer umfassend sinnhaften Welt legitimiert."[73]

Weltauffassungen, die von der normalen Sinnwelt oder von dem primären Code einer Gesellschaft abweichen, stellen eine Existenzbedrohung für die Gruppe dar. Um die eigene Existenz abzusichern, muss eine Gruppe demnach Techniken entwickeln, die ihr erlauben, alles, was neu und fremd ist, in die eigene Struktur zu integrieren. Die Kommunikationspragmatik des *apologetischen Universalismus* erfüllt diese für jede Gesellschaft notwendige Funktion der Verteidigung und Durchsetzung ihrer normativen Gesamtauffassung der Wirklichkeit.

Kommunikative Handlungen, die diese Funktion erfüllen, artikulieren die Beziehungen zwischen Selbst und Anderen derart, dass das Existenzrecht des Anderen von vorneherein bestritten wird. Es wird zuerst das Recht des Anderen auf eigene Wahrheit *neutralisiert*, zweitens werden jedwelche Wahrheiten, die der andere hat, *enteignet*, und schliesslich drittens werden diese in die eigene Position *integriert*. "Neutralisierung," "Enteignung" und "Integration" sind grenzziehende Techniken der Einschliessung und Ausschliessung. Abweichende Diskurse werden entweder "therapeutisch" eingeholt oder, wie Berger und Luckmann es sagen, "nihiliert". Therapie in diesem Sinne "bedient sich einer theoretischen Konzeption, um zu sichern, dass wirkliche oder potentielle Abweicher bei der institutionalisierten Wirklichkeitsbestimmung bleiben"[74], währenddem "Nihilierung" das Denken braucht, "um alles, was ausserhalb dieser Sinnwelt steht, mindestens theoretisch zu liquidieren"[75]. Berger/Luckmann schreiben dazu:

---

[73]  Ebda.:111.

[74]  Ebda.:121

[75]  Ebda.:123.

"Mit der Nihilierung entsteht ... der Ehrgeiz, alle abweichenden Wirklichkeitsbestimmungen mit Begriffen aus der eigenen Sinnwelt angehen zu können. ... Die abweichenden Auffassungen werden nicht nur mit einem negativen Status versehen, sondern es wird im einzelnen theoretisch mit ihnen gerungen. Das Endziel dieses Vorgehens ist, sie der eigenen Sinnwelt *einzuverleiben* und so endgültig zu liquidieren. Deshalb müssen sie in Begriffe 'übersetzt' werden, die von der eigenen Sinnwelt abgeleitet sind. Ihre Nihilierung der bedrohten Sinnwelt wird auf diese Weise listig in eine Bestätigung umgemünzt. Unterstellt wird dabei immer, der Leugner wisse nicht wirklich, was er sagt. Seine Behauptungen bekämen erst Sinn, wenn sie in 'richtige' übersetzt würden, das heisst in solche der von ihm geleugneten Sinnwelt."[76]

Von den verschiedenen gesellschaftlichen Subsystemen aus gesehen beinhaltet die Pragmatik des apologetischen Universalismus alle Massnahmen, die ergriffen werden, um politische Anarchie, moralische Verwerflichkeit, soziale Abnormalität, psychischen Wahnsinn, kulturelle Barbarei, physischen Tod, logisch Unmögliches und ontologische Nichtigkeit zu therapieren oder nihilieren. Es muss betont werden, dass diese ganze Symbolik des Ausgeschlossenen nicht die Codierung von Umwelt-1 als solches ist, sondern die Codierung ihrer Ausschliessung. Was die Umwelt-1 an sich sein mag, wird als Frage von vorneherein blockiert. Die Symbolik des Absoluten, wodurch der Code sich selber als "göttlich" codiert, wird notwendigerweise durch die Symbolik des Ausgeschlossenen samt ihrer eigentümlichen Pragmatik des apologetischen Universalismus begleitet und bedingt.

Es ist wichtig festzuhalten, dass es die Umwelt-1 ist, die den ontologischen Möglichkeitsgrund für das System als Ganzes bildet und nicht die Umwelt-2. Aber vom System selber gesehen bewirkt die Symbolik des Ausgeschlossenen, dass Umwelt-1 keine Möglichkeiten oder Alternativen für das System hergeben kann. Die absolute Kontingenz der Umwelt-1 kann nur die mögliche Unmöglichkeit des Systems, seinen potentiellen Untergang, seine Zerstörung und seinen Tod markieren. Dagegen bietet Umwelt-2 bestimmte Alternativen an, die innerhalb des Systems angenommen werden können, ohne dass das System damit seine Autopoiese und seine Identität

---

[76]  Ebda.:123-24.

aufgeben oder transformieren muss. Diese Möglichkeiten werden dann zu Situationsdefinitionen und Zielvorstellungen in ethischen Programmen anthropozentrischer, physiozentrischer oder theozentrischer Art. Wir sollen dieses und jenes tun oder lassen, wobei automatisch zur Bedingung gemacht wird, dass das "Wir" vorher wie nachher das Gleiche bleibt. Der innersystemischen Umwelt-2 können "wir" also gerecht werden, ohne dass wir uns auf die ursprüngliche und systemkonstitutive Umwelt-1 überhaupt beziehen müssen.

Die Verkürzung und Begrenzung der Umweltproblematik auf systeminterne Alternativen hat gravierende Folgen. Erstens wird die Umwelt-1 mit allen Mitteln des apologetischen Universalismus daran gehindert, einen systemtransformierenden und korrigierenden Input zu machen. Mögliche systemtransformierende Informationen werden überhaupt nicht in den Blick kommen können. Zweitens werden Situationsdefinitionen, Handlungsanweisungen, ethische Zielsetzungen und alternative Lösungen innerhalb von Grenzen gehalten, die es verbieten, das Problem auf der Ebene zu lösen, wo es sich ursprünglich stellt. Denn das Problem umweltgerechten Denkens und Handelns stellt sich vom Modell des primären Codes aus gesehen ebenso notwendig auf der Ebene des Gesamtsystems wie auf der Ebene der gesellschaftlichen Subsysteme.

Wenn es nun ökologische Kommunikation und umweltgerechtes Handeln und Denken in bezug auf Umwelt-1 geben soll, d.h. wenn die Umweltproblematik überhaupt radikal und potentiell *systemtransformierend* gestellt werden darf, dann weil es möglich wird, Umwelt-1 als Bezugspunkt möglicher Kommunikation zu konzipieren. Ausserhalb der "Welt" liegt nicht das blosse "Nichts" - wie uns die jeweilige Symbolik des Ausgeschlossenen zu verstehen gibt -, sondern andere "Welten", d.h. *andere primäre Codes*, andere Kulturen, andere Religionen, andere Weltbilder oder andere mögliche Systemordnungen. Auf der Ebene des primären Codes wird also *die Frage nach ökologischer Kommunikation zur Frage nach interreligiöser oder interkultureller Kommunikation.*[77] Dies bedeutet, dass auf der Ebene des primären Codes umweltgerechtes

---

[77] Aus systemtheoretischen wie auch kommunikationspragmatischen Gründen wird das ontologisch gedachte "Nichts" zum Verweis auf das Andere. Es gibt kein System ohne Umwelt, wie es keinen Code geben kann ohne Informationsquelle. Dieser "Grund" des Systems wird kommunikationspragmatisch als "andere Rationalität" oder anderer primärer Code gedacht, denn ohne mögliche Korrektur von aussen wird jeder Code zur sinnlosen Privatsprache. Vgl. zur Problematik interkultureller Hermeneutik die grundlegende Arbeit von R. Pannikar. Dazu auch Krieger 1986a, 1991 und Jäggi 1986, 1987, 1988.

Handeln und Erkennen *ganzheitliches* Handeln und Erkennen in dem Sinne ist, dass der radikal Andere nicht apologetisch ausgeschlossen, nicht neutralisiert, enteignet und nihilierend integriert wird. Man könnte aus dieser Sicht sogar von einer "Kultur-" oder "Religionsökologie" sprechen.[78]

Es ist nicht irrelevant, die Umweltproblematik in dieser Weise und auf dieser Ebene zu formulieren, denn die ethische Diskussion über konkrete Handlungsanweisungen auf der Ebene der gesellschaftlichen Subsysteme wird oft durch den engen Spielraum für systeminterne Alternativen unnötigerweise eingeengt. Die gegenseitige Ergänzung und Korrektur der primären Codes kann den Raum für Alternativen auf der Ebene von Umwelt-2 zu neuen, vorher undenkbaren Möglichkeiten hin eröffnen. Aus einem ganzheitlichen Denken und Handeln im Sinne von interkultureller Kommunikation ergibt sich ein viel breiterer Spielraum für Alternativen auf der Ebene der gesellschaftlichen Subsysteme. Was vorhin als ausgeschlossen, unmöglich, undenkbar oder anarchisch betrachtet wurde, kann durch interkulturelle Kommunikation als neue Lebensmöglichkeit codiert werden. Es wird möglich, über alternative Wirtschaftsformen, Rechtssysteme, Erziehungsmethoden usw. zu diskutieren.[79]


### 3.2.4 *Umweltproblematik und Religionswissenschaft*

Es stehen eine Fülle von geisteswissenschaftlichen Theorien und Methodologien zur Verfügung, um den Bereich von Kultur und Religion zu erschliessen und Weltbildanalyse im Sinne einer

---

[78]  "Ökologie" wird oft mit Holismus und Ganzheitlichkeit definiert. Vgl. z.B. Goulet 1990:43: "...in its Greek etymology, 'ecology' designates the science of the larger household, the total environment in which living organisms exist. Indeed, whenever it is faithful to its origins and inner spirit, ecology is holistic: it looks to the whole picture and the totality of relations."

[79]  Vgl. die Forderung, die Goulet (1990:42) an eine durch Umweltethik informierten Politik und demnach auch Ethik stellt: "...the role of development politics is one of creating new frontiers of possibility and not that of merely manipulating resources (wealth, power, information, and influence) within given parameters of possibility previously defined in some static form." Und weiter 39: "The difference lies between a view of politics as the art of the possible (manipulating possibilities within given parameters) and that of politics as the art of creating new possibilities (altering the parameters themselves)." Ethik lässt sich demnach nicht als blosse Begründung von Handlungsanweisungen in bezug auf gegebene Kriterien umschreiben, sondern als Erschliessung von Kriterien selber. Auf das Problem Ethik kommen wir weiter unten zurück.

"Kultur-" oder "Religionsökologie" durchzuführen. Ethnologie, Soziologie, Psychologie, Kulturgeschichte, Philosophie und Theologie, geschweige denn einflussreiche Ansätze aus Wirtschaftswissenschaft und Linguistik, alle hätten ein gewisses Recht darauf, den theoretischen Rahmen abzugeben, innerhalb dessen eine interkulturelle Umweltethik erforscht werden könnte.

Tatsächlich setzt sich die allgemeine Religionswissenschaft weitgehend aus einer Vielzahl dieser Disziplinen zusammen. Es herrscht in der wissenschaftlichen Erfassung von Religion ein derartiger Methodenpluralismus, dass der Wahl eines Theorierahmens und einer Methodologie unvermeidlich ein Schein von Willkürlichkeit verliehen wird. Methodologischer Dezisionismus und Fachrelativismus in bezug auf die Basistheorie wirkt sich dann in einer negativen Weise auf die Objektivität, die Allgemeingültigkeit und die Verbindlichkeit der Forschungsergebnisse aus. Es entsteht die Gefahr eines Reduktionismus, der die Eigenart des Forschungsobjektes völlig aus dem Blick zu verlieren droht. Schon vor Jahren warnte Mircea Eliade vor dieser methodologischen Verkürzung in der Religionswissenschaft und plädierte für eine spezifisch für die Religionswissenschaft geeignete Methodologie.

Frau kann sagen, dass eine Wissenschaft nur so gut wie ihre Methode ist. Denn mit Hilfe der Methode wird Erkenntnis über einen bestimmten Gegenstand oder einen besonderen Bereich von Gegenständen gewonnen. Ohne zu übertreiben darf man sagen, dass es die Methode ist, die die Phänomene schafft, wie es Brillen sind, die uns ermöglichen, die Welt in einer gewissen Art und Weise zu sehen. In diesem Zusammenhang zitierte Eliade oft den bekannten französischen Mathematiker und Physiker Henri Poincaré, der einmal sagte: "Darf ein Naturforscher, der den Elefanten immer nur unter dem Mikroskop studiert hat, glauben, dieses Lebewesen hinreichend zu kennen?" Dazu kommentiert Eliade:

"Das Mikroskop offenbart die Struktur und den Mechanismus der Zellen - eine Struktur und einen Mechanismus, die allen mehrzelligen Lebewesen gemeinsam sind. Der Elefant ist ohne Zweifel ein mehrzelliges Lebewesen, aber ist er nichts weiter als das?"[80]

---

[80]  Eliade 1986:13.

Wenn man den Elefanten nicht nur durch das Mikroskop, sondern mit den natürlichen Augen beobachten würde, dann wäre es möglich, ihn auch als zoologisches Phänomen zu kennen.

"Genau so [schliesst Eliade] wird ein religiöses Phänomen sich nur dann als solches offenbaren, wenn es in seiner eigenen Modalität erfasst, wenn es also unter religiösen Massstäben betrachtet wird."[81]

Nach Eliade liegt die Aufgabe einer methodologisch adäquaten Religionswissenschaft also darin, das Religiöse zu *verstehen* als das, was es ist, nämlich, als *Religiöses*. Mit anderen Worten: Das Religiöse muss *religiös* verstanden werden.[82] Mit dieser methodologischen Forderung wehrt er sich gegen alle sogenannten *reduktionistischen* Methoden und Theorien, d.h. diejenigen Theorien, die Religion nicht religiös, sondern z.B. psychologisch, soziologisch, ökonomisch, linguistisch usw. verstehen wollen. Solche Theorien versuchen laut Eliade immer, das Religiöse auf etwas Anderes als Religion, d.h. auf etwas Nicht-Religiöses zu reduzieren. Nicht aufgrund einer Glaubenshaltung oder einer Neigung zur Theologie, sondern aufgrund erkenntnistheoretischer und methodologischer Überlegungen besteht also Eliade auf der Einzigartigkeit und der besonderen Verfassung des religiösen Phänomens:

"... ein religiöses Phänomen (wird) sich nur dann als solches offenbaren, wenn es also unter religiösen Massstäben betrachtet wird. Ein solches Phänomen mittels der Physiologie, der Psychologie, der Soziologie, der Wirtschaftswissenschaft, der Sprachwissenschaft, der Kunst usw. einzukreisen, heisst, es leugnen. Heisst, sich gerade das entkommen zu lassen, was an ihm einzigartig und unzurückführbar ist - nennen wir es den sakralen Charakter."[83]

---

[81]  Ebda.

[82]  Vgl. ein ähnliches Argument für die Philosophie in Spaemann 1985:24: "Religionsphilosophie kann dann, wenn sie ihren Gegenstand nicht verfehlen soll, nur 'religiöse Philosophie' sein ..."

[83]  Vgl. Eliade 1986:13.

Will man also eine säkulare Apologetik vermeiden, dann kann es nicht darum gehen, religiöse Phänomene, wie Mythen und Riten gleichsam als "Symptome" für etwas anderes zu deuten, indem man die Ursachen mythischen Denkens und Redens in etwas Nicht-Religiösem sucht.

Es ist wichtig zu wissen, dass alle diese Tendenzen in der Religionswissenschaft Ergebnisse der besonderen historischen Entwicklung und der Position dieser Disziplin im Rahmen des ideologischen Kampfes zwischen Christentum und Säkularismus in der westlichen Kultur sind.[84] Diese Auseinandersetzung begann schon in den ersten Jahrhunderten nach Christus und dauert bis heute an. Sie ist typisch für die westliche, europäische Kultur. Wir Abendländer sind fast alle aufgrund dieses gigantischen Kampfes der Weltanschauungen irgendwie "schizophren". Wir sind zugleich religiös und säkular. Wir gehen am Sonntag in die Kirche und während der Woche tun und denken wir so, als ob es das Göttliche gar nicht gäbe, oder wenigstens keinen Einfluss auf unser Leben habe.

Wir können hier nicht der Geschichte dieser schicksalshaften, ideologischen Auseinandersetzung nachgehen. Trotzdem ist es wichtig zu wissen, dass die Religionswissenschaft eine besondere Rolle in diesem Kampf gespielt hat und heute noch spielt. Denn es ist die Religionswissenschaft, die auf der Seite des Säkularismus den Kampf gegen das Christentum und gegen die Kirche seit Mitte des letzten Jahrhunderts entscheidend geführt hat. Man muss nur an die Wirkung der historisch-kritischen Erforschung der Bibel und des frühen Christentums, an die Entdeckung anderer Hochreligionen usw. denken, um sehen zu können, wie die christliche Theologie in die Defensive geraten ist und sich auf diesem Terrain zu verteidigen sucht. So können wir z.B. die enorme Bedeutung der Exegese heute und die verschiedenen immer wiederkehrenden Versuche, Theologie als Wissenschaft zu legitimieren, erklären.

In dieser Situation lassen sich die verschiedenen Theorien über Religion, die von den säkularen Wissenschaften wie Psychologie, Soziologie, Ökonomie, Linguistik usw. entwickelt worden sind, besser verstehen. Sie haben alle eines gemeinsam. Sie versuchen das Religiöse auf das Nicht-Religiöse, z.B. auf historische Gegebenheiten (Historismus, Evolutionismus), psychologische Bedürfnisse (Freud und Jung), auf soziologische oder biologische Strukturen und Imperative

---

[84] Zu dieser Entwicklung vgl. Krieger 1986a.

(Strukturalismus, Funktionalismus, Systemtheorie), auf ökonomische Bedingungen (Marxismus), auf falsches Denken oder eine Verhexung der Sprache (linguistischer Positivismus) oder schliesslich auf ästhetische Bedürfnisse *zu reduzieren*.

Es wäre zweifellos interessant und auch nützlich, auf alle diese reduktionistischen Auffassungen von Religion im Detail einzugehen. Dies würde uns aber zu weit von unserer Aufgabe entfernen, eine geeignete Methodologie und einen Theorierahmen für eine durch die Religionswissenschaft erarbeitete interreligiöse Umweltethik zu finden.

Hat sich die Religionswissenschaft einmal von einseitigen methodologischen Ansätzen befreit, dann ist der Weg frei, um Mythen und Symbole in ihrer eigenen und vollen Bedeutung zu verstehen, d.h. in ihrer Funktion als primärer Code, durch die sie *welterschliessend und gemeinschaftsstiftend* wirken. Wenn das Religiöse auf seiner eigenen Ebene und mit Methoden angegangen werden muss, die seiner spezifischen Natur als primärem Code gerecht werden, dann kann sich die Religionswissenschaft nicht mit Methoden zufrieden geben, die von der "Wahrheit" und von der erschliessenden und bestimmenden Kraft religiöser Symbole abstrahieren. Es ist der Verdienst Eliades, diesen entscheidenden methodologischen Schritt in der Religionswissenschaft vollzogen zu haben.

Nur ist es so, dass diese Forderung bis heute noch *nicht* in der Methodologie des Faches aufgenommen und verarbeitet worden ist. Denn sie stellt die ganze Idee einer *Wissenschaft* von Religion in Frage. Wenn es heisst, man könne das Religiöse nur dann verstehen, *wenn das Verstehen selber religiös ist*, d.h. wenn sich die Interpretation selber auf der Ebene des primären Codes bewegt, dann ist dieses Verstehen nach der Auffassung einer gewissen Wissenschaftstheorie nicht mehr "objektiv". Es ist ein Teil des Objektes selber geworden und steht demnach dem Objekt nicht mehr distanziert, indifferent und wertneutral gegenüber. In der Tat hört Religion in dem Moment, wo sie religiös verstanden wird, auf, ein "Gegenstand" im eigentlichen Sinne des Wortes zu sein, denn sie ist nicht mehr etwas von uns Entferntes und Gegenüberstehendes. Wir haben nicht mehr ein Wissen *über* etwas, sondern der Wissende ist vom Gewussten selbst konstituiert. Wir sprechen nicht mehr über Religion, sondern *aus der Religion heraus*, d.h. wir reden als "religiöse" Menschen.

Wer *aus* der Religion heraus oder, wie wir auch sagen können, *für* die Religion spricht, statt über sie, der ist nach üblicher Auffassung nicht mehr ein Wissenschafter, sondern in einem gewissen Sinn ein Theologe. Und bekanntlich ist die Theologie, in ihrer Verpflichtung zu *einer* Religion konfessionell und ausschliesslich. Theologie ist immer *entweder* christlich *oder* bhuddistisch *oder* islamisch *oder* hinduistisch *oder* jüdisch, aber nie religiös im allgemeinen. Scheinbar ist der Horizont - wenn nicht der Anspruch - der Theologie nicht universell, sondern begrenzt auf die jeweilige Tradition. Dagegen ist Wissenschaft wesentlich bestimmt von ihrem Allgemeinheits- und Universalhorizont. Was ist denn wissenschaftliche Wahrheit, wenn nicht objektives Wissen und was ist objektives Wissen, wenn nicht allgemeingültiges und universelles Wissen? Dies bedeutet, dass wir, wenn nicht *alle* religiösen Phänomene mit den gleichen Massstäben gemessen werden, nicht mehr eine Wissenschaft von Religion haben, sondern eben eine Theologie, die zwar die Eigenart des Religiösen anerkennt, dafür aber willkürlich nur einen Teil der Gesamtheit aller religiösen Phänomene für wahr hält und alle anderen aus konfessionellen Gründen ablehnt.

Es scheint, als ob die methodologische Forderung, Religion religiös zu verstehen, sich selber widerspricht und in einem auswegslosen Dilemma endet. Entweder wird Religion religiös verstanden, was aber zur Theologie führt und demnach zu einer Ablehnung einiger religiöser Phänomene. Das heisst so viel wie der Verzicht auf die Allgemeingültigkeit des wissenschaftlichen Anspruches, "Religion" als solche und im allgemeinen zu verstehen. Oder man versteht Religion nicht nach religiösen Massstäben und produziert ein objektives Wissen über etwas, was schlussendlich nicht im eigentlichen Sinne des Wortes "Religion" sein kann, sondern etwas Nicht-Religiöses, wie z.B. Gesellschaft, Psyche, Sprache, Wirtschaft, usw.[85]

---

[85] Das gleiche Problem wiederholt sich im normativen Bereich zwischen theologischer Ethik einerseits und einer säkularen Vernunftethik andererseits. Vgl. Pieper 1991:110-111: "Der Anspruch der Theologie, moralisches Handeln religiös zu begründen, macht somit eine ethische Begründung solchen Handelns nicht überflüssig, sondern fordert sie geradezu, da moralisches Handeln prinzipiell jedem Menschen abverlangt wird, ganz gleich ob er Christ, Mohammedaner oder Atheist ist. Daher muss die Verbindlichkeit moralischen Handelns grundsätzlich jedem Menschen ohne Rückgriff auf Religion einsichtig gemacht werden können - wobei jedoch unbestritten ist, dass diese Einsicht religiös vertieft werden kann." Diese Formulierung streift das eigentliche Problem nur, nämlich, dass das Unbedingte, worauf die Allgemeingültigkeit vernunftethischer Begründung basiert, zur Symbolik des Absoluten gehört und demnach selbst religiös ist. Erst wenn der säkulare Humanismus die eigene religiöse Natur anerkennt, kann das Problem adäquat formuliert werden.

An diesem Dilemma scheitert gegenwärtig jeder methodologische Fortschritt im Fach Religionswissenschaft. Eine mögliche Lösung wäre zu behaupten, dass Theologie nicht notwendigerweise konfessionell und ausschliesslich sein muss, dass eine Theologie möglich ist, die *allen* religiösen Phänomenen gerecht werden und somit auch dem Allgemeingültigkeits- und Universalitätskriterium von Wissenschaft genügen würde. Diese wäre aber nicht mehr eine christliche oder islamische Theologie usw., sondern eine *Theologie der Religionen* oder - wie wir auch sagen könnten - ein holistischer, ganzheitlicher und demnach *ökologischer* Umgang mit Religion. Es handelt sich also um eine Theologie des interreligiösen Dialogs und der interkulturellen Kommunikation, die als "Religionsökologie" bezeichnet werden könnte.

Religionsökologie als interreligiöse Kommunikation ist also nicht die Untersuchung des Einflusses von Religion auf Umweltverhalten in konkreten Situationen. Ob z.B. der Hinduismus aufgrund des Ideals von Gewaltlosigkeit einen schonenderen Umgang mit Tieren entwickelt hat als im christlichen Abendland, wo der Mensch den Auftrag von Gott erhalten hat, sich die Tiere Untertan zu machen, ist eine rein deskriptive Fragestellung auf innersystemischer Ebene. Sie hat nichts mit Ethik zu tun. Religionsökologie in diesem Sinn ist auch nicht zu verwechseln mit der üblichen theologischen Ethik, bei der es darum geht, gewisse Normen durch Rekurs auf Offenbarungsinhalte zu begründen. Denn auf interkultureller Ebene wird dies zumeist im Rahmen des bekannten apologetischen Versuches einer Religion vollzogen, die anderen Religionen aus den eigenen Symbolen und Lehren heraus zu verstehen. Dies ist nur wieder eine Form von konfessioneller Theologie, die man heute *Inklusivismus* nennt. Der Inklusivist versucht, alle Religionen in die eigene miteinzubeziehen auf Grund einer Deutung dieser Religionen durch die eigenen Symbole und Doktrinen. Das asiatische Ideal von *ahimsa* wird vom christlichen Gedanken der Nächstenliebe aus gedeutet, ohne dass das Verständnis von Nächstenliebe durch das indische Verständis von *ahimsa* überhaupt beeinflusst, in Frage gestellt oder erweitert würde.

Dass eine solche Beeinflussung und In-Frage-Stellung geschieht, ist aber genau das, was die Forderung, Religion religiös zu verstehen, bedeutet; dass wir nämlich unsere letzten Überzeugungen, unseren "Glauben" und damit unsere ganze Existenz durch die Begegnung mit dem Anderen affizieren und transformieren lassen. Systemtheoretisch betrachtet geht es um ökologische Kommunikation in bezug auf Umwelt-1. Solche Kommunikation oder Verständigung erfordert eine Methodologie, die - wie Eliade sie empfiehlt - *hermeneutisch* genannt werden kann, denn das Verstehen religiöser Phänomene ist eine existentielle Interpretation im Sinne von Heideggers "Seinsverständnis". Religiöse Symbole und Mythen beanspruchen von ihrer Natur als Selbstcodierung des primären Codes her, die ganze Welt und die menschliche Existenz zu bestimmen. Wer sich nicht auf diesen Anspruch einlässt, versteht das religiöse Phänomen nicht. Wer es dagegen tut, der setzt sich existentiell aufs Spiel und kann sich nicht dem religiösen "Objekt" gegenüber distanziert und wertneutral verhalten. Um es mit den Worten der Bibel zu sagen: Wer Gott sieht, stirbt. Hoffentlich wird man nicht durch religionswissenschaftliche Forschung sterben müssen. Vielleicht wird man transformiert, aber auf keinen Fall wird man unberührt von der Begegnung mit den primären Codes, die das Religiöse ausmachen, weggehen können; vorausgesetzt natürlich, man versteht Religion religiös.

Methodologisch gesehen heisst dies nicht, dass keine empirische Forschung mehr nötig ist. Im Gegenteil will man den Bezug des Menschen zur Natur in den Religionen untersuchen, dann muss das Material wie üblich aus ethnographischen und historischen Studien und von den Quellentexten selbst genommen werden. Aufgrund dieser traditionsinternen Analysen werden in der vorliegenden Studie in einem zweiten Schritt Grundmodelle der Gott-Welt-Mensch Konstellation, die konstitutiv für einen primären Code ist, ausgearbeitet. In einem dritten Schritt werden Materialien von verschiedenen Kulturen und Epochen miteinander verglichen. Es wird dabei versucht, die "tiefe Bedeutung" dieser Formen und Strukturen - dieser Grundmodelle - zu interpretieren und miteinander in Verbindung zu setzen. Für eine methodologisch adäquate Religionswissenschaft, welche den Theorierahmen für eine interreligiöse Umweltethik liefern soll, ist es nicht genug, bloss Material zu sammeln und Vergleiche anzustellen, vielmehr muss auch der Versuch unternommen werden, die primären Codes auf ihrer eigenen Ebene zu verstehen. Sonst ist die eigentliche Aufgabe der Religionswissenschaft in bezug auf das Forschungsziel einer interreligiösen und interkulturellen Umweltethik nicht erfüllt.

### 3.2.5 Kommunikationstheoretische Grundlagen einer religionsökologischen Religions- wissenschaft

Die methodologische Diskussion im Fach Religionswissenschaft ist heute weitgehend blockiert mangels eines Theorierahmens für eine Religionswissenschaft als Religionstheologie. Die Begründungen auf seiten der Theologie und der Religionswissenschaft sind ideologisch suspekt und theoretisch unüberzeugend. Deswegen ist es - wie anfangs erwähnt - angebracht, auf eine fächerübergreifende Universaltheorie zurückzugreifen, um das Problem einer methodologisch adäquaten Religionswissenschaft zu lösen. Wegen Berücksichtigung der Dimension des Zeichengebrauchs - d.h. der pragmatischen Dimension des primären Codes - bietet die *Kommunikationstheorie* für diesen Zweck Vorteile im Vergleich mit semiotischen und systemtheoretischen Ansätzen.[86] Wir gehen also davon aus, dass wir in der Kommunikationstheorie einen theoretischen Rahmen finden, um die scheinbar entgegengesetzten Forderungen von Wissenschaft (d.h. die Forderung nach Objektivität, Universalität und Allgemeingültigkeit) und Theologie (d.h. die Forderung nach der Glaubensverpflichtung einer Offenbarung gegenüber) zu erfüllen.

Aus kommunikationstheoretischer Sicht ist Religion nicht ein besonderer Diskurs - etwa theologisch oder klerikal -, sondern eine Ebene von Kommunikation, die - wenn nicht immer ausdrücklich so doch implizit - in allem, was wir sagen, denken und tun mitschwingt und mit dabei sein muss, wenn das, was wir sagen, denken und tun überhaupt einen Sinn haben soll.[87] Zu sagen,

---

[86] Zum Eigenstatus der hier vorgelegten Theorie ist Folgendes anzumerken: Die Frage, ob und wie eine Theorie universell sein kann, ist nicht zu trennen von der Frage, ob und wie das Universelle theoretisch kommunizierbar ist. Die Theorie muss demnach den Sinn von "Theorie" selber derart bestimmen, dass die universelle Theorie zugleich die theoretische Universalität ist. Dies bedeutet nichts anderes als *den jeweils geltenden primären Code hermeneutisch zu explizieren, d.h. den Code zur expliziten Selbstreferenz zu bringen.* Das Problem ist nicht, wie Heidegger (1977:153) sagte, "aus dem Zirkel heraus-, sondern in ihn nach der rechten Weise hineinzukommen." Die Frage nach "der rechten Weise hineinzukommen" begründet den Bezug der Kommunikationstheorie zur Ethik. Denn "Seiendes, dem es als In-der-Welt-sein um sein Sein selbst geht, hat eine ontologische Zirkelstruktur", die zugleich normativ ist. Dasein *soll* sich selbst nicht verfehlen. Dies ist die Grundlage jeder "hermeneutischen Ethik".

[87] Dies im Gegensatz zu soziologischen Tendenzen, Religion von institutionellen Gebilden her zu begreifen. Vgl. z.B. die systemtheoretischen Auffassungen von Religion als Teilsystem. Für Luhmann z.B. (vgl. 1977:50) ist Religion gerade nicht der primäre Code des Gesamtsystems: "Funktionale Differenzierung besagt, dass eine Funktion, die im *Gesamtsystem* zu erfüllen ist, in einem eigens dafür ausdifferenzierten *Teilsystem* einen Orientierungsprimat erhält.

Religion sei eine Ebene von Kommunikation, bezieht sich auf die Formen, Strukturen und Bedingungen von Kommunikation und nicht auf den Inhalt oder die Botschaft. Religiös sind nicht bestimmte kulturelle Informationen, d.h. besondere Botschaften, Symbole, Mythen, Gegenstände, Orte, Gebäude, Personen, Handlungen usw., sondern religiös ist eine bestimmte Art und Weise, in der alle diese Dinge in unserer Welt - verstanden als Kommunikationssystem - *kommuniziert* werden.

Alles kann religiös sein, und die Religionswissenschaft zeigt, dass irgendwann und irgendwo praktisch alles irgendwie einmal religiös gewesen ist. Dass die Menschen nie ohne Religion gewesen sind, und dass alles entweder religiös war oder religiös werden kann, bezeugt, dass wir es in der Religionswissenschaft nicht mit substantiell fassbaren Dingen zu tun haben, sondern mit *Sinneinheiten*, die nur in Kommunikationssystemen funktionell existieren. Das macht sie nicht unreal oder unbedeutend. Im Gegenteil: Der Mensch ist ein Wesen, das nur im Bereich von Sinn existieren kann. Ausserhalb von Sinn ist eben Wahnsinn und Tod. Religion als primärer Code ist sinnkonstitutiv und somit eine wesentliche Bedingung menschlicher Existenz. Sinn aber wird aus kommunikationstheoretischer Sicht durch die Bedingungen von Kommunikation, in der er entsteht und eingebettet ist, konstituiert.

Kommunikationstheorie ist eine Sinntheorie. Als solche beinhaltet und begründet sie Wahrheitstheorie, Seinstheorie und Werttheorie oder Ethik. Erkenntnistheorie, Ontologie und Werttheorie sind auf Grundbegriffen wie Wahrheit, Wirklichkeit und Richtigkeit begründet, die zunächst Sinn haben müssen, bevor sie als Geltungskriterien dienen können. Sinn ist ein umfassenderer Begriff als Wahrheit, Wirklichkeit oder Richtigkeit, denn Sinn ist nicht binär oder zweiwertig codierbar - währenddem es das Falsche, das Unwirkliche und das Unrichtige gibt, hat das Unsinnige einen Sonderstatus. Sinn ist nicht ein Kriterium, sondern die Bedingung von Kriterien. Das runde Viereck z.B. ist weder wahr noch falsch, weder seiend noch unwirklich, weil es selbstwidersprechend oder sinnlos und demnach überhaupt nicht denkbar ist. Indem wir jetzt

---

*Für das Gesamtsystem* [Betonung DK] ist die Einzelfunktion nur eine unter anderen." Wo steht man, muss man sich fragen, wenn man vom Gesamtsystem aus die Teilsysteme betrachtet, um sie gegeneinander zu relativieren? Antwort: Bei der soziologischen Theorie, die sich dann explizit oder implizit verabsolutiert und sich zur massgebenden Auslegung des primären Codes erhebt.

davon reden, geben wir ihm keinen Sinn und wir machen es nicht zum Seienden irgendwelcher Art, wir stossen viel eher an die Grenzen des Sinnes und bekommen diese Grenzen durch die Paradoxie der Rede über das Unaussprechbare zu spüren. Natürlich bedeutet dies nicht, dass in gewissen Bereichen wie in Kunst und Poesie, von solchen "undenkbaren" Dingen nicht die "Rede" sein darf. Im Gegenteil, wir können überall gegen die Grenzen von Sinn stossen und auch Interessantes und Aufschlussreiches daraus machen. Aber wir können nicht auf die andere Seite gelangen. Wichtig für unsere methodologischen Überlegungen ist der Hinweis darauf, dass eine Sinntheorie eine gewisse Letztgültigkeit beanspruchen kann, die noch tiefer und weiter reicht als eine Erkenntnistheorie (sofern sie sich nach der Unterscheidung wahr/falsch richtet), als eine Ontologie (Heidegger z.B. formulierte seine Ontologie als die Frage nach dem *Sinn* von Sein) oder sogar als eine funktionale Systemtheorie.[88]

Wir haben schon in einem früheren Kapitel (vgl. 2.2.2 oben) auf die sinnkonstitutiven, pragmatischen Bedingungen von Kommunikation hingewiesen. Dort wurde argumentiert, dass jede kommunikative Handlung auf drei Diskursebenen konstituiert wird: argumentativer Diskurs, Grenzdiskurs und Erschliessungsdiskurs. Alle drei Ebenen sind zusammen sinnkonstitutiv für jede kommunikative Handlung. Auch wenn nur implizit und unthematisch, müssen kommunikative Handlungen auf allen drei Ebenen vollzogen werden, wenn das, was "gesagt" wird, überhaupt sinnvoll sein soll. Auf der 1. Ebene ist Wissenschaft beheimatet. Religion oder die kommunikative Artikulation des primären Codes ist auf der 2. Ebene zu Hause. Und auf der 3. Ebene werden interreligiöse und interkulturelle Kommunikation ermöglicht. Dies bedeutet, dass eine Wissenschaft, die nicht zugleich auf einer höheren Ebene der Kommunikationspragmatik religiös und auf einer noch höheren Ebene offen für transformative Impulse ist, von Sinnlosigkeit bedroht ist. Diese Überlegungen geben einen Rahmen her,

---

[88] Sinn ist Selbstzweck! Dies zeigt, warum der kommunikationstheoretische Ansatz Vorteile gegenüber der Systemtheorie mit sich bringt. Denn eine kommunikationstheoretische Begründung von Religionswissenschaft und eine von der Kommunikationstheorie her abgeleitete Definition von Religion ordnet den Sinnbegriff nicht dem Funktionsbegriff unter. Sinn ist nicht eine Funktion, sondern Funktionen müssen zuerst sinnvoll sein, um überhaupt zu existieren. Wenn Religion gemäss dem Modell des primären Codes als Sinnhorizont oder Weltbild oder Grundorientierung usw. verstanden wird, dann ist dies nicht notwendigerweise als Funktionalismus zu verstehen. Vielmehr hat das, was eine Funktion hat, zuerst und vor allem einen Sinn.

1) um Religionswissenschaft als Theologie der Religionen, d.h. die Möglichkeit ökologischer
   Kommunikation auf der Ebene der primären Codes zu begründen,
2) um zu erklären, warum Wissenschaftstheorie und Fundamentaltheologie diese Begründungs-
   funktion nicht erfüllen können,
3) um die Definition oder Kategorisierung von Religion, die Grundbegriffe einer Weltbildanalyse
   zu explizieren.

Zu 1: Wir können die Möglichkeit einer Theologie der Religionen darin begründen, dass der offene Horizont der 3. Ebene sinnkonstitutiv ist für den Diskurs auf der 1. und der 2. Ebene. Wissenschaft ist in Religion eingebettet und Religion in einen universellen, offenen Horizont der möglichen interreligiösen Kommunikation. Hiermit sind die Forderungen eines religiösen Verstehens von Religion erfüllt, denn die Anwendung von religiöser Pragmatik auf Religion als solche ist nur möglich von der 3. Ebene eines offenen Horizonts und von der Möglichkeit einer Kommunikation zwischen primären Codes oder mythischen Grenzen her. Sobald alle religiösen Phänomene durch die Pragmatik des Grenzdiskurses kommuniziert werden sollen, sprengt dies die Grenzen des Grenzdiskurses und die Kommunikation verlagert sich automatisch auf die 3. Ebene. Sonst könnte nur eine Religion in der Kommunikation erscheinen, und es gäbe nur eine apologetische "Theologie" auf der Ebene von Weltbildbeschreibung. Ökologische Kommunikation auf der Ebene der primären Codes wäre - wie Luhmann als Konsequenz seines system-theoretischen Ansatzes behaupten muss - tatsächlich unmöglich.

Zu 2: Wissenschaftstheorie und Fundamentaltheologie sind auf ihren respektiven Diskursebenen lokalisiert und dadurch in ihrer Reichweite und Begründungsmöglichkeit klar bestimmt. Dies zeigt sich in den folgenden Überlegungen.

Aus kommunikationstheoretischer Sicht ist die Wissenschaftstheorie die Methodologie von Wahrheitsfindung auf einer bestimmten Ebene von Diskurs, nämlich, auf der Ebene *des argumentativen Diskurses*. Dies bedeutet:

a) Es geht in der Wissenschaftstheorie um die systematische und methodisch explizite Suche nach
   *Wahrheit* und nicht um die Bedingungen der Möglichkeit von *Sinn*, d.h. die Explikation des

primären Codes. Wissenschaftstheorie ist eine Methodik der Wahrheitsfindung und nicht eine Sinntheorie. Sie sagt nicht, wie man überhaupt sinnvolle Aussagen machen kann, sondern wie bestimmte Aussagen - die schon als sinnvoll betrachtet werden, weil sie innerhalb einer von dem primären Code schon erschlossenen Welt gemacht werden - auf ihre Wahrheit oder Falschheit hin geprüft werden können.

b) Es geht in der Wissenschaftstheorie nicht um eine Suche nach den alltäglichen, informellen und unsystematischen Formen von Verifikation, nämlich die Formen von Verifikation, der sich unsere Alltagssprache und unsere alltäglichen Interaktionen bedienen. Wissenschaftstheorie erarbeitet eine systematisierte und von der Alltagsprache her abgeleitete Form von argumentativem Diskurs. Deswegen gibt es verschiedene Wissenschaften, denn in der alltäglichen Argumentation werden verschiedene Kriterien von Wahrheit angewendet, z.B. gibt es Naturwissenschaften, die den Kriterien objektiver Wirklichkeit entsprechen, aber auch normative Wissenschaften, die den Kriterien der Richtigkeit menschlicher Interaktionen entsprechen, wie z.B. Rechtswissenschaft, Ethik usw., und schliesslich gibt es auch Wissenschaften mit subjektiven Authentizitätsansprüchen, wie z.B. Psychologie, Ästhetik, Literaturwissenschaft usw. Alle diese Wissenschaften haben ihre eigenen Verifikationsprozeduren. Das Gemeinsame unter allen Wissenschaften aber sind die pragmatischen Bedingungen von Argumentation überhaupt. Wenn Aussagen nicht auf dieser Ebene des Diskurses gemacht werden, dann sind sie nicht als wissenschaftliche Aussagen fassbar und dies, weil sie nicht den *Sinn* eines Argumentes haben. Aussagen, die nicht den spezifischen Sinn eines Argumentes haben, müssen deswegen nicht sinnlos sein, wie die Wissenschaftstheorie - vor allem die analytisch-positivistische Schule - behauptet. Sie haben ihren spezifischen Sinn eher auf einer anderen Ebene des Diskurses.


Im allgemeinen kann gesagt werden: In bezug auf den Inhalt gibt es nichts, das nicht Inhalt einer argumentativen Aussage sein kann. Auch über Religion kann frau argumentativ reden. Nur sind dann diese Aussagen entweder reduktionistisch - da Religion zum Gegenstand gemacht und Verifikationsprozeduren unterworfen wird - oder sie sind innerhalb einer Theologie gemacht worden, wo die Glaubensinhalte schon feststehen und als Kriterien von Wahrheit dienen.

Theologie kann man ja auch argumentativ betreiben und somit als Wissenschaft auffassen, aber nur, wenn die Kriterien theologischer Wahrheit - z.B. Glaube an einen Gott, Glaube, dass Gott sich geoffenbart hat und dass diese Offenbarung dem Menschen zugänglich und verständlich ist, usw. -, schon bestehen und von allen Mitgliedern einer Kommunikationsgemeinschaft als gültig anerkannt werden. Ist dies nicht der Fall, dann ist Theologie nicht mehr als Wissenschaft möglich, sondern nur noch als Apologetik, Verkündigung und Mission.

Die Fundamentaltheologie ihrerseits verfährt apologetisch. Sie artikuliert sich als Grenzdiskurs, d.h. als Verkündigung - bis alle ihre Prinzipien die geforderte Anerkennung gefunden haben. Und dann kann sie zweitens als Methodologie der Wahrheitsfindung innerhalb des Horizonts, der ihre Prinzipien eröffnet haben, funktionieren. Erst nachdem alle Mitglieder einer Kommunikationsgemeinschaft die Prinzipien angenommen haben - und sich somit erst zur Kommunikationsgemeinschaft zusammengefunden haben -, kann innerhalb der Gemeinschaft darüber argumentiert werden, welche Methoden der Exegese, der Systematik, der Liturgik usw. geeignet sind, theologische Wahrheit zu sichern und zu tradieren. Erst dann wird es möglich, Theologie als Wissenschaft, d.h. als argumentativen Diskurs zu betreiben.

Wenn aber die Prinzipien - die Hauptsätze des Glaubens - nicht von allen anerkannt sind, dann kann Theologie nicht als Wissenschaft betrieben werden. In einer solchen Situation können alle Argumente, so schlüssig und einwandfrei sie sein mögen, nichts helfen. Bekanntlich haben Argumente für die Existenz Gottes selten jemanden dazu bewegt, gläubig zu werden. Wenn man aber im Grunde schon gläubig ist, d.h. sich die konstitutive Symbolik des jeweiligen primären Codes angeeignet hat, dann können solche Argumente als sinnvoll und überzeugend erscheinen. Damit jemand gläubig wird, muss der Glaube als solcher *verkündet* werden. Dies ist nicht eine Eigenart der Theologie, sondern eine Bedingung von Kommunikation auf der zweiten Diskursebene, d.h. auf der Ebene der Kriterien oder des primären Codes. In diesem Zusammenhang ist ein Zitat von Wittgenstein aufschlussreich:

"Ist es falsch, dass ich mich in meinem Handeln nach dem Satze der Physik richte? Soll ich sagen, ich habe keinen guten Grund dazu? Ist [es] nicht eben das, was wir einen 'guten Grund' nennen?

Angenommen, wir träfen Leute, die das nicht als triftigen Grund betrachteten. Nun, wie stellen wir uns das vor? Sie befragen statt des Physikers etwa ein Orakel. (Und wir halten sie darum für primitiv.) Ist es falsch, dass sie ein Orakel befragen und sich nach ihm richten? - Wenn wir dies "falsch" nennen, gehen wir nicht schon von unserm Sprachspiel aus und *bekämpfen* das ihre?

Und haben wir recht oder unrecht darin, dass wir's bekämpfen? Man wird freilich unser Vorgehen mit allerlei Schlagworten (slogans) aufstützen.

Wo sich wirklich zwei Prinzipien treffen, die sich nicht miteinander aussöhnen könnten, da erklärt jeder den Andern für einen Narren und Ketzer.

Ich sagte, ich würde den Andern 'bekämpfen', - aber würde ich ihm denn nicht *Gründe* geben? Doch; aber wie weit reichen die? Am Ende der Gründe steht die *Überredung*. (Denke daran, was geschieht, wenn Missionare die Eingeborenen bekehren.)"[89]

Natürlich ist nicht jeder Versuch, jemanden zu überreden, eine Theologie, aber jede apologetische Theologie ist eine Überredung, d.h. ein Versuch, den Gegner zu "bekehren". Dies zeigt aus kommunikationstheoretischer Sicht, dass wir es hier mit einer anderen Ebene von Diskurs zu tun haben. Wenn die Prinzipien, die Kriterien von Wirklichkeit, Wert und Authentizität selber in Frage stehen, dann wird nicht mehr argumentiert, sondern es wird proklamiert. Und wenn Fundamental-theologie nicht blosse Wissenschaftstheorie ist oder ihr angeglichen wird (wie z.B. Pannenberg dies tut)[90], dann würde ihre Aufgabe darin bestehen, die Methoden der Wahrheitsfindung auf der zweiten Ebene von Diskurs auszuarbeiten, d.h. auf der Ebene, wo die Kriterien für Argumentation zuallererst *gesetzt* werden. Dies ist eine *höhere* Diskursebene, weil die Kriterien zuerst gesetzt werden müssen, *bevor* Argumentation überhaupt sinnvoll sein kann. Die Setzung von Kriterien ist also eine Bedingung der Möglichkeit für argumentativen Diskurs.

Falls das, was das Religiöse ausmacht, *wesentlich* mit den Kriterien von Wirklichkeit, Wert und Authentizität zu tun hat - wie Eliade dies zeigt und wie wir es mit dem Begriff eines primären

---

[89]    Vgl. Wittgenstein 1984b:Nr. 608-612.

[90]    Vgl. Pannenberg 1973.

Codes angedeutet haben -, dann ist ersichtlich, warum es keine Wissenschaft im normalen Sinne des Wortes von Religion geben kann, oder zumindest, warum die Wissenschaftstheorie die methodologische Forderung von "Religionswissenschaft" im Sinn von Eliade, nämlich Religion religiös zu verstehen, nicht begründen kann. Denn Religion kann aus kommunikationspragmatischen Gründen gar nicht auf der Ebene des argumentativen Diskurses zur Sprache gebracht werden. Im Gegenteil, sie wird immer als schon gegeben vorausgesetzt, bevor Argumentation beginnen kann. Das, worüber wir argumentativ diskutieren können, ist nicht Religion, und das, worüber wir nicht argumentieren können, wird deswegen nicht verschwiegen, sondern viel eher proklamiert.

Gegenüber dem Begründungsanspruch von *Fundamentaltheologie* müssen wir also feststellen, dass sie zwar beschreiben kann, wie man auf der Ebene eines Grenzdiskurses zur Wahrheit kommt, aber sie kann nicht darüber hinaus gehen und somit einen Horizont eröffnen, in dem *alle religiösen Phänomene gleichwertig sind*. Wie für die Wissenschaftstheorie, wo es nicht um die Bedingungen von Sinn geht, sondern um die Methode von Wahrheitssicherung, bleibt die Fundamentaltheologie in der Tragweite ihres Begründungsanspruches durch die sinnkonstitutiven pragmatischen Bedingungen des Grenzdiskurses selbst begrenzt. D.h. insofern Fundamentaltheologie nicht explizit durch die kommunikationstheoretischen Bedingungen der Möglichkeit von Grenzdiskurs begründet ist, wirken die inhaltlichen Grenzen der jeweiligen Tradition als bestimmend. Denn es gehört zur Pragmatik des Grenzdiskurses - des primären Codes - dass er eine systemkonstitutive und demnach ausschliessende Grenze um die Kommunikationsgemeinschaft zieht. Gemäss der Symbolik des Ausgeschlossenen ist das, was ausserhalb der Grenze liegt, nicht eine andere mögliche Wirklichkeit und Lebensweise, sondern Teufelswerk, Heidentum, Chaos, Wahnsinn, Barbarei und Tod. Wenn also Religion in ihrer ganzen phänomenalen Fülle in den Blick kommen soll, dann können wir nicht auf der Ebene von Verkündigung, Mission, Bekehrung, ritueller Darstellung, bewahrendem Lernen und apologetischem Universalismus bleiben. Wir müssen die Möglichkeit, Religion religiös zu verstehen, auf einer noch höheren Diskursebene begründen.

Mit diesen kurzen Erläuterungen wurde ansatzweise zu zeigen versucht, warum Wissenschaftstheorie und Fundamentaltheologie die methodologische Forderung, Religion religiös zu verstehen - d.h. die Forderung einer ökologischen Kommunikation auf der Ebene des primären

Codes - nicht begründen können. Es wurde dabei auch klar, wie die Kommunikationstheorie dazu beitragen kann, eine geeignete Methodologie zu begründen, um eine interreligiöse Umweltethik zu erforschen.

Religion religiös verstehen heisst, sie weder wissenschaftlich reduktionistisch noch konfessionell theologisch zu verstehen, sondern - wenn es so genannt werden darf - "religionsökologisch" oder - wie Eliade es sagen würde - "religionshermeneutisch". D.h. die Forderung Eliades wird verständlich, insofern es verständlich wird wie und warum beide - wissenschaftlicher wie auch theologischer Diskurs - nur sinnvoll sind, wenn sie ihren Sinn in einem höheren Diskurs begründen, nämlich, in einem ganzheitlichen Erschliessungsdiskurs, der prinzipiell anderen primären Codes zugänglich ist. Eine adäquate religionswissenschaftliche und religionstheologische Methode wird von der 3. Diskursebene aus sprechen. Von dieser Ebene aus lässt sich Religion unter den pragmatischen Bedingungen von Grenzdiskurs analysieren, ohne dabei Religion auf etwas Nichtreligiöses zu reduzieren, denn die Ebene des Grenzdiskurses wird kommunikations- theoretisch als sinnkonstitutiv für alle Kommunikation überhaupt angesehen und nicht als etwas, wovon wir uns in irgenwelcher Art distanzieren könnten, während die 2. Ebene selber nur dann sinnvoll ist, wenn sie in den offenen Horizont der 3. Ebene aufgenommen wird.


## 3.3    Grundbegriffe


Die oben erläuterte Kommunikationstheorie stellt den Rahmen dar, innerhalb dessen nicht nur die Methodologie einer interreligiösen Umweltethik als Religionsökologie adäquat gedacht werden kann, sondern sie ermöglicht es uns, die für eine Weltbildanalyse notwendigen Grundbegriffe abzuleiten. Die Definition oder Kategorisierung von Religion - wie übrigens auch andere Kulturerzeugnisse wie Wissenschaft, Weisheit, Kunst, Mystik usw. wird auf eine gesicherte Basis gestellt, nämlich auf die Basis der pragmatischen Bedingungen, die für sie - kommunikations- theoretisch betrachtet - sinnkonstitutiv sind. Die Wesensbestimmung von Religion, die pragmatisch-semantische Struktur von Weltbildern, wird nicht willkürlich aus der Luft gegriffen oder auf eine Grundlage gestellt, die nur auf subsystemischer Ebene relevant ist und demnach nichts mit Religion als primärem Code zu tun hat.


### 3.3.1 Die pragmatische Struktur des primären Codes

Aus der Sicht der Kommunikationstheorie gehört Religion zu einer bestimmten Diskursebene, nämlich des Grenzdiskurses. Das "Wesen" von Religion - das, was das Religiöse als solches ausmacht - ist aus der Sicht der Kommunikationstheorie durch die pragmatischen Bedingungen von Grenzdiskurs bestimmt. Die fünf pragmatischen Bedingungen von Grenzdiskurs sind:

1. Keine Gültigkeitsansprüche werden erhoben, sondern eine absolute Wahrheit wird verkündigt. Es wird nicht argumentiert, sondern proklamiert und zwar in der Symbolik des Absoluten, des Ausgeschlossenen und des Möglichen.

2. Es werden keine Verifikationsprozeduren angewendet, sondern Bekehrung, Einweihung und Sozialisation erfahren.

3. Kommunikation wird vollzogen nicht in einer Einstellung von hypothetischer Distanz, sondern durch unmittelbare Repräsentation oder rituelle Darstellung von dem, was mitgeteilt wird.

4. Es geht nicht um ein progressives Lernen mit Zukunftsorientierung, sondern um ein bewahrendes Lernen mittels narrativer Wiederholung mit temporaler Orientierung nach der Vergangenheit.

5. Kein ideeller Konsens wird angestrebt, sondern eine ausschliessende/einschliessende Umgrenzung oder Grenzsetzung. Also kein methodologischer Universalismus, sondern ein apologetischer Universalismus oder Mission.

Diese Bezüge lassen sich in der folgenden graphischen Darstellung der pragmatischen Struktur eines Weltbildes oder des primären Codes zusammenfassen:

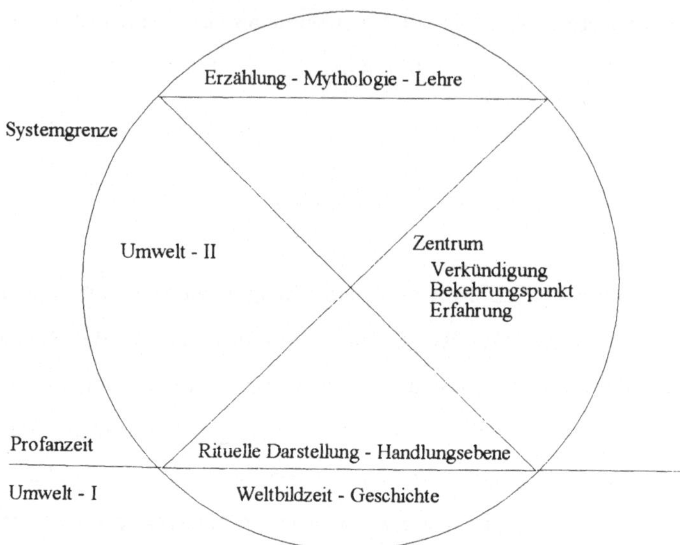


### 3.3.2   *Mythos, rituelle Darstellung, Spiritualität*

Als Ausgangspunkt für die Analyse eines primären Codes oder Weltbildes, die menschliches Verhalten der Natur gegenüber "steuern", dient die jeweilige Konstellation von Gott-Welt-Mensch. Dies ist die Ebene von *Mythos*, d.h. von narrativer Wiederholung, von Lehre oder Doktrin. "Mythos" muss dabei nicht so definiert werden, dass er sich auf Göttergeschichten oder ähnliches beschränkt. Unter "mythischer Erzählung" verstehen wir viel eher die für eine Kommunikationsgemeinschaft - d.h. Kultur, Volk, Gesellschaft oder Gruppe - massgebende Konstellation oder Artikulation der Beziehungen von Gott, Welt und Mensch, die in der dreifachen Symbolik von Absolutem, Ausgeschlossenem und Möglichem codiert wird.[91]

---

[91]   J.-F. Lyotard (1986) spricht von "Metaerzählungen" als Basis einer Kommunikationsgemeinschaft.

*Rituelle Darstellung* ist ein kommunikationspragmatischer Grundbegriff, der die handlungsmässige Vermittlung des primären Codes bezeichnen soll. Religiöse Handlungen werden als Entsprechungen zu einem verkündigten "Anspruch" und als Imitation, Nachahmung und rituelle Darstellung von "mythischen" Paradigmen vollzogen. Mit der Offenbarung einer geordneten Welt - in der ein bestimmtes menschliches Verhalten, ein bestimmter Entwurf des In-der-Welt-Seins gegeben ist - existiert der Mensch handlungsmässig in einer nachahmenden Beziehung zum Mythos.[92] Unter "ritueller Darstellung" als kommunikationstheoretischem Grundbegriff verstehen wir die handlungsmässige Ausdifferenzierung von bestimmten Verhaltensformen als exemplarisch durch die Herstellung eines dramaturgischen Zeit-Spiel-Raumes mittels Strategien der Informationskontrolle.[93]

Im spezifisch kommunikationstheoretischen Sinn, nämlich als Ausdifferenzierung paradigmatischer Handlungen, Herstellung eines dramaturgischen Handlungsraumes und Anwendung von Techniken der Informationskontrolle, ist der Begriff "Ritual" zugegebenermassen sehr breit gefasst. Es handelt sich also *nicht* um Riten im üblichen Sinne des Wortes - als Gottesdienst, Brauchtum, Kulthandlung usw. - auch nicht um eine metaphorische Übertragung wie z.B. in der psychologischen Anwendung des Wortes als Bezeichnung für gewisse Symptome von Zwangsneurosen. Der kommunikationstheoretische Begriff von ritueller Darstellung bezieht sich auf die leibliche, handlungsmässige Verwirklichung des Weltbildes, des primären Codes und bezeichnet somit weniger einen Komplex von bestimmten Handlungen als eine *Kompetenz,* nämlich: die Fähigkeit - wenn nötig - explizit auf die Ebene eines Grenzdiskurses überzugehen und handlungsmässig und performativ die zu geltenden Sprachspielregeln darzustellen und durchzusetzen. "Rituelle Kompetenz" ist die Fähigkeit, ein Weltbild - wie auf einer Bühne - zu verkörpern und zu verwirklichen.[94]

---

[92] Vgl. Eliade 1961:11-12: "Die Mythen offenbaren die Strukturen der Wirklichkeit und die vielfältigen Seinsweisen in der Welt. Darum sind sie das vorbildliche Modell menschlichen Verhaltens."

[93] Zur Grundlagendiskussion über Ritual vgl. Bell 1992; Goffman 1969; Schechner 1990; Geertz 1987; Turner 1989a, 1989b.

[94] Vgl. die Art und Weise wie nach Wittgenstein Begriffe gelernt werden, nämlich durch praktische Beispiele und Übungen, durch die Einführung in eine Lebensform: "Ich mach's ihm vor, er macht es mir nach..." (*Philosophische Untersuchungen*:208). Zu den Begriffen "rituelle Kompetenz" und "Ritualisierung" vgl. Bell 1992. Bells Analyse

*Spiritualität* soll ebenfalls in einem spezifisch kommunikationstheoretischen Sinne verstanden werden. Im "Zentrum" des Systems steht die Verkündigung und die damit zusammenhängende spirituelle Erfahrung, die kommunikationspragmatisch als "Bekehrung" bezeichnet werden könnte. Nach Eliade sind es die Hierophanien, die das Zentrum einer religiösen Verkündigung ausmachen. Dies sind besondere Symbole oder Symbolkomplexe, um die herum sich die ganze mythologische und theologische Explikation des primären Codes artikuliert. Die zentralen Symbole einer Religion - wie das Kreuz im Christentum - bestimmen den Inhalt der Symbolik des Absoluten, des Ausgeschlossenen und des Möglichen. Dies sind nicht abstrakte, bloss intellektuelle Inhalte, sondern sie sind nur "wahrnehmbar" und "verstehbar" in einer von ihnen besonders gestalteten spirituellen Erfahrung der Verinnerlichung, die mit Bekehrungs-, Einweihungs- und Sozialisations-erfahrungen vergleichbar ist.

Schliesslich ist das ganze System kommunikationspragmatisch von der Umwelt-1 durch einen ausschliessenden/einschliessenden *apologetischen Universalismus* abgegrenzt.

---

berücksichtigt praktisch die ganze ethnographische und religionswissenschaftliche Literatur zum Ritual und zeigt, dass Ritual nicht "substanzhaft" als bestimmte Handlungen betrachtet werden soll, sondern viel eher als "Handlungsstrategie". "Ritualization" wird als "the differentiation and privileging of particular activities" (205) definiert. Das Hauptmerkmal von Ritualisierung ist die Generierung von einem Unterschied und Gegensatz zwischen ritualisierten Handlungen (activities) und nicht-ritualisierten oder profanen Handlungen. Dazu kommt die Produktion von Ritualagenten, der "social body", mittels Internalisierung von Handlungs- und Deutungsschemen; und schliesslich bewirkt Ritualisierung die Konstruktion einer strukturierten Umgebung oder eines Interak-tionsfeldes, das Ritualagenten formt. Nach Bells Analyse löst Ritualisierung diese Aufgabe durch eine eigene Dynamik, welche die physische Konstruktion von binären "schemes" artikuliert, solche Schemen hierarchisiert, und sie zu einer endlosen semiotischen Kette von Bezügen, d.h. zu einem Weltbild zusammensetzt. Ähnlich wie Goffman bietet Bell eine Liste von informationskontrollierenden Strategien der Ritualisierung an: 1) die Schaffung einer "delineated and structured space to which access is restricted," 2) die Anwendung einer "special periodicity for the occurrence and internal orchestration of the activities," 3) der Gebrauch von "restricted codes of communication to heighten the formality of movement and speech," 4) "distinct and specialized personel," 5) "objects, texts, and dress designated for use in these activites alone," 6) "verbal and gestural combinations that evoke or purport to be the ways things have always been done," 7) "preparations that demand particular physical or mental states," 8) "involvement of a particular constituency not necessarily assembled for any other activities." Sie schliesst ihre Analyse mit der Bemerkung: "At best, ritualization can be defined only as a 'way of acting' that makes distinctions like the foregoing ones by means of culturally and situationally relevant categories and nuances."

### 3.3.3  Fünf Modelle der Gott-Welt-Mensch-Konstellation

Die pragmatischen Bedingungen des Grenzdiskurses geben also eine Weltbildstruktur her, an Hand derer wir den jeweiligen primären Code einer Kultur durch die Formen von *Mythos, Spiritualität* und *ritueller Darstellung* beschreiben und analysieren können. Wie die Gott-Welt-Mensch-Beziehung strukturiert ist, zeigt sich in den Doktrinen oder der "Theologie" einer Religion sowie in der spirituellen Erfahrung, die für eine Religion typisch ist, wie schliesslich auch in den religiösen Praktiken, d.h. den rituellen Vollzügen im kommunikationspragmatischen Sinne des Wortes. Aus der Analyse von Mythos, Spiritualität und ritueller Darstellung lässt sich die besondere Form der Gott-Welt-Mensch-Beziehung in einer Religion herausarbeiten. Die erste Aufgabe einer interreligiösen Umweltethik besteht also darin, für jede Religion die Eigenart des Naturbezuges des Menschen innerhalb der Gott-Welt-Mensch-Konstellation in bezug auf Mythos, Spiritualität und rituelle Darstellung zu untersuchen.

Aufgrund dieser Analyse lassen sich in einem zweiten vergleichenden Schritt verschiedene Grundformen oder Grundmodelle der Konstellation von Gott, Welt und Mensch phänomenologisch identifizieren. Diese Grundformen können als Idealtypen betrachtet werden. Sie sind vor allem von heuristischem Wert und beanspruchen wie alle Typologien, nicht mehr als hermeneutische Sinnentwürfe zu sein, die durch eingehende Konfrontation mit der Empirie korrigiert, modifiziert und differenziert werden. Solche Modelle sind als hermeneutische "Schlüssel" zu verstehen, die dem methodologischen Zweck dienen, zugleich den Zugang zu bedeutenden Grundformen religiöser Welterschliessung zu eröffnen und eine synthetische Koordinierung zu ermöglichen. Da diese Modelle im nächsten Kapitel erörtert werden, genügt es jetzt, sie nur zu erwähnen.

Wir gehen also von folgenden fünf Modellen als Arbeitshypothese aus: In den Kulturen, die von den semitischen Religionen Judentum, Christentum und Islam geprägt sind, kann das typische Grundmodell der Gott-Welt-Mensch-Beziehung als ein *Gottesgehorsamkeitsmodell* bezeichnet werden. Typisch für diese Religionen ist die Unterordnung sowohl des Menschen wie der Natur unter das Gesetz und den Willen Gottes. Der Mensch bezieht sich auf die Natur nach dem Willen Gottes und versteht sich als Diener und Ausführer Gottes Gebote der Natur gegenüber. Ein völlig

anderes Bild bieten uns die asiatischen Religionen: Hinduismus, Buddhismus. Im indischen Kulturraum können wir mit gewissen Vorbehalten von einem *Alleinheitsmodell* sprechen. Hier stehen
der Mensch und die Natur nicht unter dem Gesetz eines transzendenten Gottes, sondern das
göttliche Prinzip ist immanent in den Menschen und in der Natur. Gott wird nicht so sehr als
Herrscher über die Menschen und die Natur verstanden und erlebt, sondern eher als das Heilige
und Absolute in allem. Alle sind eins. Drittens gibt es im asiatischen Raum noch die grossen
Religionen Chinas. Hier können wir von einem *Harmoniemodell* sprechen, da alles darauf
ankommt, dass der Mensch sich in eine von entgegengesetzen Kräften beherrschten Weltordnung
einfügt. Viertens lassen sich viele der Stammesreligionen Amerikas und Afrikas eher unter den
Typus eines *Lebensgemeinschaftsmodells* einreihen, wo die Beziehungen zwischen Menschen und
Ahnen zusammen mit der Natur als alles umfassende und alles bestimmende *Lebensgemeinschaft*
erfahren werden. Hier stehen alle auf der gleichen Ebene. Gott, die Götter, das Göttliche ist weder
transzendent noch unpersönlich immanent, sondern Mitglied der Gemeinschaft, die aus Menschen,
Tieren und der Natur im Ganzen besteht. Schliesslich kann der westliche Humanismus und
ähnliche säkulare Ideologien als Religion betrachtet werden. Es handelt sich dabei um ein
*Autonomiemodell*, d.h. der Grundwert besteht in der Selbstbestimmung des Menschen.


### 3.3.4    *Religionsökologie als Umweltethik*


Religiöse Weltbilder sind nach Clifford Geertz sowohl deskriptive "Modelle von etwas", d.h. wie
die Welt im Ganzen geordnet ist, als auch normative "Modelle für etwas", d.h. dafür, wie die Welt
sein soll.[95] Auf der Ebene des primären Codes - d.h. auf der Ebene lebensweltlicher Sinnhorizonte -
gibt es demnach keinen Unterschied zwischen "ist" und "soll". Auf dieser höchsten Allgemeinheitsstufe lässt sich das normative Moment nicht von der deskriptiven, konstativen Aussage trennen.

---

[95]    Vgl. Clifford Geertz 1987:51ff. Die "Welt" - in diesem Zusammenhang, die Kommunikationsgemeinschaft -
existiert, wie Heidegger vom Dasein sagt, "als Frage" oder normativ formuliert als Aufgabe "für sich selbst". Die
Beschreibung des Seinszustandes der Welt, d.h. die hermeneutische Explikation der Selbstreferenz des primären
Codes, ist immer zugleich die normative Setzung der Weltordnung. Für die Gemeinschaft wie für das Individuum
gilt: Du sollst das werden, was du bist!

Es geht also in einer Religionsökologie weder um Ethik im Sinne von normativen Handlungsanweisungen, noch um metaethische Theorien, sondern viel eher um die Erschliessung einer
Grundorientierung, eines lebensweltlichen Sinnhorizonts, der als primärer Code in jedem Sprech-
akt handlungsmässig dargestellt wird.[96] *Der primäre Code ist an sich normativ.* Verfolgt man ihn
nicht, dann stürzt man sich in den Wahnsinn, das Chaos, die Barbarei, den Tod usw.

Die Tatsache, dass ein bestimmter Wert, z.B. *ahimsa*, zum primären Code des Hinduismus, wie
auch des Buddhismus gehört, macht es an sich normativ, und zwar nicht nur für Hindus oder
Buddhisten. Denn man kann *ahimsa* nicht verstehen, ohne es als wahr und normativ zu
anerkennen.[97] Interreligiöse Kommunikation zwischen westlich-christlichen Codes und asiatischen
Codes z.B. transformiert den Gehalt der respektiven Symbole dieser Codes durch gegenseitige

---

[96] Die philosophische Hermeneutik spricht in diesem Zusammenhang von der "Anwendung", d.h. von dem dem
Verstehensprozess als Traditionsvermittlung innewohnenden Praxismoment. Vgl. Gadamer 1975:291ff. Wir können
demnach von einer "hermeneutischen Ethik" sprechen. Vgl. die in Anlehnung an Heidegger und Gadamer
gemachten Überlegungen zur hermeneutischen Ethik von Annemarie Pieper 1991:200: "Die geschichtliche
Vermittlung des Guten an sich mit der jeweiligen praktischen Situation und das daraus resultierende moralische
Wissen und Handeln ist für die hermeneutische Ethik das Grundproblem, dessen Lösung davon abhängt, inwieweit
es gelingt, ethische Informationen so verstehbar zu machen, dass sie handlungswirksam werden. ... Diese vom
Handelnden durch seine Praxis zu leistende Vermittlung zwischen dem, was ist, und dem, was aufgrund von
Tradition und Konvention allgemein gilt, wird von der Ethik hermeneutisch so in ihrer Struktur aufgehellt und
verstehbar gemacht, dass dem Handelnden sein Handeln selber druchsichtig wird als ein Geschehen, dessen
Produzent und Produkt er gleichermassen ist: Er bringt handelnd sich selbst als moralische Person hervor, aber eben
im geschichtlichen Kontext eines nicht von ihm allein gesetzten, ihm vielmehr partiell vorgegebenen Sinnhorizonts,
der sowohl das, was ist, als auch das, was gilt, wesentlich mitbestimmt."

[97] Nach Panikkar (1975:132-167), kann man einen primären Code nicht verstehen, ohne ihn als wahr und gültig zu
akzeptieren, denn der Sinn des primären Codes *ist* seine Wahrheit. Dies ist die hermeneutische Ebene von Wahrheit
als Erschliessung, die über die Ebene von Wahrheit als Korrespondenz hinaus liegt. Wer z.B. nicht glaubt, dass
Jesus der Herr ist, kann auch nicht die primären Symbole des Christentums verstehen. Man kann wohl verstehen,
dass Christen behaupten, dass Jesus der Herr ist, aber man kann nicht das verstehen, was sie behaupten. Panikkars
Argumente lassen sich durch strukturelle, logische und auch sprachpragmatische Gründe stützen. Strukturell
betrachtet würde die Behauptung, dass das Neue Testament verstanden werden könnte ohne daran zu glauben, die
Unterscheidung von Innensicht und Aussensicht verwischen. Derjenige, der glaubt, sieht alles innerhalb des
christlichen Horizonts, währenddem derjenige der eine Aussensicht des Christentums hat, das Christentum mit
anderen Religionen oder Symbolsystemen als gleichwertig vergleichen kann. Logisch betrachtet verbietet jedes
Seinsverständnis als "In-der-Welt-Sein" eine Aussensicht. Auf der Ebene des primären Codes gibt es grundsätzlich
nur eine "Innen"-Sicht. Da diese Begriffe aber einander bestimmen, kann man die Möglichkeit von zwei
Betrachtungsweisen überhaupt nicht mehr denken. Die sogenannte Aussensicht, die das NT zwar zu verstehen
behauptet, ohne daran zu glauben oder es für wahr zu halten, fällt damit, sprachpragmatisch betrachtet, mit
religiösem Diskurs als solchem zusammen. Es sind am Ende zwei verschiedene religiöse Diskurse, die
gegeneinander polemisieren. Vom Verstehen kann hier nur die Rede sein in dem Moment, wo die Möglichkeit
interreligiösen Dialogs kommunikationstheoretisch begründet wird.

Korrektur und Ergänzung. Dies drückt sich unmittelbar in der Erweiterung von Handlungsmöglichkeiten aus, wobei das hiermit erschlossene Können gleichursprünglich ein Sollen mit sich bringt. Wer *ahimsa* "versteht" weiss, was getan werden soll.

Wenn wir uns daran erinnern, dass es auf der Ebene des primären Codes um Sinn- und Identitätsfindung geht, dann wird klar, dass Handlungsmöglichkeiten nicht bloss innersystemische Alternativen sind, die sich rein deskriptiv beschreiben oder durch Rückführung auf höhere Prinzipien begründen lassen. Kulturelle Reproduktion, Gruppensolidarität und Identitätsfindung im persönlichen und sozialen Bereich hängen unmittelbar davon ab, dass die Existenzmöglichkeiten, die durch den primären Code erschlossen werden, verinnerlicht und selektiv ausgeführt werden. Das Ganze einer Kommunikationsgemeinschaft existiert als untrennbare Einheit vom jeweiligen Aktuellen und dem ihm zugeordneten anschliessbaren Möglichen. Das Mögliche auf der Ebene des primären Codes, d.h. das, was für das Ganze möglich ist, zeigt sich als zugleich das Wirkliche und das Notwendige, denn ohne diese bestimmte Konstellation des Möglichen (bestimmte Kontingenz oder Umwelt-2) existiert dieses bestimmte System nicht, noch kann es existieren. Deswegen kann man auch sagen, dass das Erlaubte auf dieser Ebene zugleich das Gebotene ist.

Die Frage, ob die Welt als Ganzes "gut" oder "schlecht" ist, oder ob das Ganze existieren solle, ist unsinnig, denn die Kriterien, nach denen eine solche Frage beurteilt werden könnte, sind für das fragende System selber konstitutiv. Jede radikale Skepsis widerlegt sich selber. Dies bedeutet nicht, dass primäre Codes nicht in Frage gestellt und demnach in einem gewissen Sinn ethisch begründet werden können. Systemische Transformation ist nicht unmöglich. Aber sie erfolgt nicht über argumentative Kritik, sondern durch Kommunikation mit der Umwelt-1. Dass interreligiöse Kommunikation stattfinden *solle*, ist eine normative Forderung der Kommunikation überhaupt, denn die pragmatischen Bedingungen von Kommunikation sind die sinnkonstitutiven Regeln kommunikativen Handelns als solche. Es ist unsinnig, mittels Kommunikation die Meinung zu vertreten, dass man nicht kommunizieren soll.[98]

---

[98]  Vgl. die Diskursethik von Apel (1976b).

Es muss trotzdem betont werden, dass auf der Ebene des primären Codes normative Handlungsorientierungen nur unter Vorbehalt mit Begriffen wie "Ethik" oder "Moral" zu bezeichnen sind. "Ethik" oder "Moral" beziehen sich üblicherweise auf die praktische Vernunft, d.h. auf die argumentative Ableitung von konkreten Handlungsanweisungen aus den Prinzipien und Maximen, die in der Umwelt-2 subsystemisch vorhanden sind. Natürlich wird der Begriff "Ethik" auch als Bezeichnung für die Begründung von Handlungsprinzipien und Kriterien selber angewendet. Entweder handelt es sich bei solchen "Begründungen" um Argumente im kommunikationspragmatischen Sinne, und demnach ist die "Gültigkeit" der eigentlichen Kriterien - nämlich der Kriterien des primären Codes - schon vorausgesetzt, oder es handelt sich um die proklamative Setzung von Kriterien. Nur im zweiten Fall kann von "Ethik" auf der Ebene des primären Codes gesprochen werden. Allerdings ist dies eine Ethik, die nicht mehr im Rahmen eines argumentativen Diskurses gedacht werden kann. Auf dieser Ebene enthält Ethik weder moralische Imperative, noch ein Begründungsprogramm, noch eine begründbare Theorie. Dies leitet sich nicht zuletzt davon ab, dass religiöses Handeln - wie wir oben gesehen haben - aus der rituellen Darstellung von Verhaltensmustern, die in Symbolen, Sinnbildern, Hierophanien (d.h. Erscheinungen des Heiligen) und allumfassenden Weltdeutungen enthalten sind, erfolgt, anstatt auf Grund bewusster Entscheidungen. Die Aufgabe einer interreligiösen Umweltethik, die als Religionsökologie konzipiert wird, liegt also nicht primär darin, Handlungsanweisungen aus theologisch verankerten Prinzipien oder Gesetzen abzuleiten, sondern durch *die Explikation einer Grundorientierung neue Lebensmöglichkeiten zu erschliessen*. Denn im primären Code sind Handlungsmuster enthalten, die als Vorbilder für Darstellung und Nachahmung dienen, und ein Weltbild wird nur durch diese sozialisierende Mitteilung des Codes kommunikationspragmatisch vermittelt. Dadurch wird eine Kommunikationsgemeinschaft überhaupt erst verwirklicht.


### 3.3.5  *Interreligiöse Umweltethik - Ökologisches Weltbild oder Ökologie der Religionen?*


Die Grundmodelle (vgl. Kapitel 4), die als heuristischer Schlüssel für eine interreligiöse Umweltethik benutzt werden könnten, zeigen, wie die verschiedenen Religionen oder Weltbilder einander ergänzen und vervollständigen können. Allein genommen verhindert das theozentristische Gottesgehorsamkeits-Modell eine genügende Identifikation des Menschen mit der Natur, um einen Eigenwert der Natur und somit Impulse zum gerechten Umweltverhalten zu fördern. Demgegenüber ist ein mystischer Naturbezug oder ein unqualifizierter Physiozentrismus ungenügend in einer zunehmend von menschlichen Interessen und ihren Befriedigungspotentialen mittels Industrie und Technologie bestimmten Lebenswelt. Und schliesslich lassen sich heute die anthropozentrischen Beziehungsformen einer persönlichen Lebensgemeinschaft nur in dem Masse zwischen Mensch und Natur verwirklichen, in dem Selbstbezug und Verfügungskompetenz zugleich verwirklicht werden.

Die Grundmodelle zeigen, dass die Dimensionen des Menschseins, als "Selbst" (Asien), als "Interaktionspartner" (Stammesreligionen), als "Macher" und sogar als "Schöpfer" (Westen) zwar alle ihre Berechtigung haben, aber dass sie gegenseitig in ihren jeweiligen Einseitigkeiten und Verstellungen korrigiert werden müssen. Aufgrund dieser Modelle wird auch klar, wie anthropozentrische, physiozentrische und theozentrische Werte einander ergänzen und vervollständigen können. Der Eigenwert der Natur, ihre Nützlichkeit für den Menschen und ihre durch die Heiligkeit begründete unantastbare Unverfügbarkeit bilden zusammen eine ökologische Sicht der Welt.

Wird dadurch ein neues "ökologisches" Weltbild geschaffen?[99] Die Fragwürdigkeit eines spezifisch ökologischen Weltbildes oder einer "Ökoreligion" drängt sich aus theoretischen Gründen auf. Denn streng genommen kann es kein ökologisches Weltbild geben. Weltbilder sind nach systemtheoretischer Auffassung als Selbstreferenz der System/Umwelt-Differenz gerade nicht fähig, mit ihren jeweiligen Umwelten zu kommunizieren. Es handelt sich bei Weltbildern - aus

---

[99]  Stephen R. Sterling (1990:77-86) plädiert für ein ökologisches Weltbild als Ersatz für das heute herrschende Weltbild der westlichen Industrieländer. Für Sterling (82) besteht ein solches Weltbild, das er auch "holistisch" nennt, aus folgenden Merkmalen: Es ist organisch, holistisch, partizipativ und ökozentrisch statt mechanistisch, reduktionistisch, objektivistisch und technozentrisch; Tatsachen und Werte, Ethik und Alltagsleben, Subjekt und Objekt, Mensch und Natur sind miteineinander verbunden statt getrennt, wie im westlichen Weltbild; Zeit wird zyklisch statt linear gedacht und erlebt; die Natur wird systemisch statt als aus unverbundenen Teilen betrachtet und analysiert; das Qualitative hat Vorrang vor den Quantitativen; geistige und spirituelle Werte werden höher als materiele Werte eingestuft; Synthese wird der Analyse vorgezogen; ökologische Grenzen bestimmen technologische Grenzen statt umgekert; Macht wird dezentralisiert; Kooperation und multidimensionale Zugänge ersetzen Spezialisierung und Konkurrenzdenken; eine "steady-state" Wirtschaft mit Betonung von qualitativem Wachstum ersetzt ungebremste quantitative Entwicklung.

kommunikationspragmatischer Sicht - um einschliessend/aussschliessende Strukturen. Wäre nicht ein sogenanntes "ökologisches Weltbild" genauso unfähig, mit der Umwelt kommunikativ in Verbindung zu treten und somit ebenso wenig ökologisch zu sein, wie sonst irgendein anderes Weltbild? Ist nicht gerade dies der Grund, weshalb einer "postmodernen" Skepsis gegenüber allen Gesamtentwürfen Recht gegeben werden muss?

Angesichts dieser Fragen wird sich eine interreligiöse Umweltethik weniger mit dem Entwurf einer Weltreligion, eines "Weltethos" oder eines ökologischen Weltbildes beschäftigen, als mit der Entwicklung einer Ökologie der Weltbilder und Religionen, d.h. mit einem ökologischen Umgang mit Weltbildern. An die Stelle von universellen Prinzipien im Sinne der alteuropäischen Metaphysik muss heute *universelle Kommunikation* treten. Ideologischer Pluralismus und das Bedürfnis nach lokalen Lösungen und Dezentralisierung in fast allen Bereichen kann nur dadurch Rechnung getragen werden, dass universelle Kommunikation und gegenseitige Verständigung auf globaler Ebene koordinierte Planung ermöglichen. Es wäre ein gefährlicher und unrealistischer Isolationismus, zu meinen, dass globale politische, wirtschaftliche, soziale und ökologische Probleme ohne globale Kooperation auf Basis gegenseitiger Verständigung sich lösen lassen. Postmoderne Skepsis gegenüber Weltbildern darf also nicht eine gegenseitige Korrektur und sogar eine Synthese der Religionen aufgrund universeller Kommunikation verbieten. Im Gegenteil, die pragmatischen Bedingungen von Kommunikation zeigen, dass der jeweilige Stand des interreligiösen Dialogs sich notwendigerweise in solchen Gesamtentwüfen ausdrücken wird. Grenzdiskurs gehört zu den Bedingungen von Sinn überhaupt. Aber es ist der Dialogprozess und nicht das Weltbild, die ständige Transformation von unbestimmter in bestimmbare Komplexität, die Offenheit gegenüber Umwelt-1, die Universalität beanspruchen kann. Weltbilder sind endlich. Kommunikation ist unendlich. Der Dialog geht weiter und jedes Weltbild und jede Religion bleibt im transformativen Prozess der "Anpassung" an die Umwelt-1.

Die hiermit angesprochene Möglichkeit von ökologischer Kommunikation auf der Ebene der primären Codes wird - wie oben gezeigt - nicht systemtheoretisch, sondern kommunikationstheoretisch begründet. Wo die Systemtheorie wegen der Ausblendung der pragmatischen Bedingungen von Sinnkonstitution diese Möglichkeit nicht konzipieren kann und als oberste Sinngrenze die Systemgrenze setzt, gibt uns die Kommunikationstheorie mit der Unterscheidung von drei Diskursebenen ein Mittel in die Hand, interkulturelle und interreligiöse Kommunikation - d.h. Kommunikation über Systemgrenzen hinaus - zu begründen. Trotz der Tendenz der in jedem primären Code mitkonstitutiven Symbolik des Ausgeschlossenen die primäre Umwelt zu verdrängen, wissen wir, dass der primäre Code der Bedingung intersubjektiver Korrigierbarkeit untersteht. Ausserhalb der jeweiligen Weltgrenzen liegt nicht das blosse Nichts, sondern andere mögliche Welten, andere Kommunikationssysteme, andere Religionen. Wäre dies nicht der Fall, dann wäre überhaupt kein primärer Code sinnvoll. Wir würden in einen sinnlosen und nihilistischen Kultursolipsismus verfallen. Als Bedingung der Möglichkeit des Sinnes und der Kommunikation überhaupt wird demnach eine dritte Ebene von Diskurs postuliert. Auf der dritten Ebene des Erschliessungsdiskurses gelten Dialog, Transformation, Spiel, Gegenwartsorientierung und Solidarität als pragmatische Bedingungen von Kommunikation (vgl. Kapitel 2 oben). Weil diese pragmatischen Bedingungen für den Sinn von Grenzdiskurs oder systemtheoretisch ausgedrückt, für den Sinn systemischer Selbstreferenz mitkonstitutiv wirken, ist ökologische Kommunikation auf der Ebene der primären Codes denkbar. Die Aufgabe einer interreligiösen Umweltethik liegt also bei einer auf der Kommunikationspragmatik des Erschliessungsdiskurses begründeten Religionsökologie und nicht ausschliesslich in der Verkündigung eines sogenannten "ökologischen Weltbildes".

# 4.  Interreligiöse Umweltethik[100]

Heute ist jede Kultur und jedes Volk mit der weltweiten Umweltkrise konfrontiert: Die Verschmutzung von Luft, Wasser und Boden, die Reduktion der Artenvielfalt, das Ozonloch und die unvoraussehbaren Folgen für alle Lebewesen auf der Erde. All das sind globale Probleme, die jeden Menschen angehen. Nicht nur im Westen, sondern in allen Kulturen und Nationen wird heute fast fieberhaft nach Antworten auf die Fragen gesucht, woher dieses zerstörerische Potential des Menschen ihrer natürlichen Umwelt gegenüber kommt, und welche Werte und Normen es gibt, um das Umweltverhalten des Menschen zu regeln.

Die Religionen spielen in dieser Suche nach einer Umweltethik eine wichtige Rolle. Denn Religion gibt Antwort auf die Fragen nach dem Sinn des Lebens, der Ordnung der Welt und den höchsten Werten menschlichen Handelns. Auch in säkularisierten Gesellschaften kann der Mensch nicht ohne einen Lebenssinn existieren, d.h. ohne eine Weltanschauung oder eine "Religion". Sogar wenn man nicht ausdrücklich von Gott spricht, hat man doch letzte Überzeugungen und höchste Werte, die einem eine Orientierung und einen Halt im Leben geben. Deswegen darf die Suche nach einer Umweltethik nicht an den Religionen der Menschheit vorbeigehen.

Ausserdem ist die heutige Situation wesentlich *global* oder multikulturell. In der heutigen globalen Situation, wo immer neue ökologische Probleme internationale Kooperation für ihre Lösung brauchen, ist es nötig, dass die verschiedenen Religionen einander verstehen und gegenseitig ergänzen. Jede Religion hat eine besondere Auffassung der Beziehung zwischen Gott, Mensch und Natur. Und je nachdem, wie eine Religion oder eine Kultur die Beziehungen des Menschen zu den ihn bestimmenden Dimensionen des Heiligen einerseits und der Natur andererseits versteht, wird sie eine gewisse Form von Umweltethik beinhalten oder entfalten können. Es gibt also so viele verschiedene Formen von Umweltethik wie es religiöse *Grundwerte* gibt. Jede Form von Umweltethik ihrerseits hat ihre besonderen Stärken und Schwächen. Nur wenn wir die geistigen Ressourcen aller Religionen voll ausnutzen, haben wir eine Chance, ein

---

[100]  Autor dieses Kapitels ist David J. Krieger

universalistisches "Weltethos" zu entwickeln, aufgrund dessen wir kooperativ und solidarisch die Umweltkrise lösen können.

Die Religionen der Menschheit sind derart vielfältig und komplex, dass es schier unmöglich wäre, alle Lehren, Doktrinen, Praktiken und spirituellen Übungen miteinander zu vergleichen, um Ähnlichkeiten und Unterschiede festzustellen. Wenn wir eine *interreligiöse Umweltethik* entwickeln wollen, dann müssen wir diese immense Vielfalt nach relativ einfachen Modellen oder Mustern gruppieren. Die Religionswissenschaft zeigt, dass es wenigstens vier, wenn nicht eigentlich fünf solche religiösen Grundformen gibt.

Diese Grundmodelle sind:

1) das *Gottesgehorsamkeits-Modell* der Religionen des Buches, d.h. Judentum, Christentum und Islam

2) das *Alleinheits-Modell* der Religionen des Ostens

3) das *Lebensgemeinschafts-Modell* der Stammesreligionen Amerikas und Afrikas

4) das *Harmonie-Modell* der chinesischen Religion, vor allem des Taoismus - und

5) das *Autonomie-Modell* des westlichen Säkularismus und Humanismus.


Im folgenden wird jedes Modell kurz beschrieben und dann Hinweise gegeben, wie solche Forschung zur Kulturökologie beitragen kann.


1) In den drei Religionen des Buches, d.h. Judentum, Christentum und Islam besteht der höchste Wert darin, Gottes Willen zu gehorchen. Demnach können wir von einem *Gottesgehorsamkeits-Modell* sprechen. In den Kulturen, die von einem Gottesgehorsamkeits-Modell geprägt sind, wird der Bezug des Menschen zur Natur durch seine Verantwortung Gott gegenüber geregelt. D.h. der Mensch steht zwar über der Natur und hat die Macht so mit der Natur umzugehen, wie er will, aber er darf nur so mit ihr umgehen, wie Gott ihm befohlen oder erlaubt hat. Man denkt z.B. an den in der Ökologiediskussion oft zitierten Satz aus der *Bibel* (Gen. 1,26-27):

"Lasst uns Menschen machen als unser Abbild, uns ähnlich. Sie sollen herrschen über die Fische des Meeres, über die Vögel des Himmels, über das Vieh, über die ganze Erde und über alle Kriechtiere auf dem Land."

Dieses Wort ist nicht eine Freikarte für die Zerstörung der Natur, sondern ein mahnender Hinweis auf die Herkunft aller technologischen Macht und auf die Verantwortung des Menschen für seine Handlungen Gott gegenüber. Im Islam wird der Mensch als Statthalter von Allah eingesetzt, um die Schöpfung zu bewahren (vgl. den Beitrag von Christian J. Jäggi in diesem Band). So eine alte muslimische Gesetzgebung:

> "Die Welt ist schön und grün und Gott hat Euch als seinen Statthalter eingesetzt. Allah sieht, wie Ihr Eure Pflichten erfüllt."

2) Für die grossen Religionen des Ostens, Hinduismus und Buddhismus ist der höchste Wert die *Alleinheit* (vgl. den Beitrag von D. Krieger zu diesem Thema unten). D.h. Gott, Welt und Mensch sind eins. Die Natur ist nicht etwas dem Menschen wesentlich Andersartiges, sondern Tiere, Pflanzen, ja sogar die Luft, die Berge und das Wasser sind dem Menschen wesensgleich. Dies ist so, weil alle Wesen aus dem Leib Gottes stammen. Der höchste Gott Krishna in der *Bhagavadgîtâ* (9,4; 7,6-7) erklärt:

> "Alle Wesen befinden sich in mir."
>
> "Ich bin im Wasser der Geschmack
>
> Ich bin das Leuchten von Sonne und Mond,
>
> ich bin das Leben in allen Wesen"

Im Sinnhorizont dieser Religionen ist die Natur an sich göttlich. Es gibt keinen wesentlichen Unterschied zwischen Gott und Welt. Diese Alleinheit wird in dem Moment zum Grundwert einer Umweltethik, als der Mensch dadurch bewusst wird, dass er die Natur als gleichwertig und gleichberechtigt behandeln muss. Der Mensch steht nicht über der Natur, wie in den Gottesgehorsamkeitsreligionen, sondern die Natur ist dem Menschen ebenbürtig und alles, was der Mensch der Natur antut, tut er letzten Endes sich selber an.

3) Neben den Gottesgehorsamkeitsreligionen und den Alleinheitsreligionen gibt es auch diejenigen Religionen, deren höchster Wert die *Lebensgemeinschaft* ist. Dies sind z.B. die sogenannten "primitiven" Religionen Afrikas und Amerikas (vgl. hierzu den Beitrag von Christian J. Jäggi in

diesem Band). Für die Indianer sind Tiere und Pflanzen zusammen mit dem Menschen Kinder von "Mutter Erde". So eine Weissagung des Winnebago-Stammes:

> "Heilige Mutter Erde, die Bäume und alle Natur sind Zeugen Deines Denkens und Handelns."

Ein zeitgenössischer Iraquios Vertreter sagt:

> "Nach unserer Vorstellung ist alles Leben gleich und das schliesst Vögel, Tiere, Dinge, die wachsen, Dinge, die schwimmen, mit ein."

Es kommt für diese Religionen darauf an, dass der Mensch seine Rolle in dieser grossen Familie oder Sippe spielt. Wenn er dies nicht tut, dann tritt Krankheit, Übel und Leiden in die Welt ein. In den Lebensgemeinschafts-Kulturen ist der Bezug des Menschen zur Natur darauf begründet, dass die Tiere und Pflanzen wie Brüder und Schwestern des Menschen angesehen und so behandelt werden sollten.

4) Als viertes Grundmodell gibt es eine Vision der Welt als ein harmonisches System von entgegengesetzten Kräften. Wir können hier von einem kosmischen *Harmonie-Modell* sprechen und den Taoismus in China als Beispiel dafür nehmen. Ähnlich wie in den Lebensgemeinschafts-Religionen sollten sich die Menschen in die kosmische Ordnung harmonisch einfügen. Nur handelt es sich hier nicht nur um Lebewesen, sondern auch um die anorganische Natur, d.h. die Kräfte des Wassers, der Luft, der Sonne und des Mondes. So Lao-ze 42:

> "Das Tao erzeugt das Eine, das Eine erzeugt die Zwei, die Zwei erzeugen die Drei, die Drei erzeugen alle Dinge. Alle Dinge unterliegen dem Wandel, verursacht von Yin und Yang und stehen untereinander durch die ihnen gemeinsame Urenergie in harmonischer Verbindung."

Deswegen ist die Umweltethik, welche die kosmische Harmonie als Grundwert hat, eine *physiozentrische* Umweltethik, anstatt nur *biozentrisch*, wie in den Lebensgemeinschaftsreligionen.

5) Die Weltanschauung des westlichen Humanismus mit seinem Grundwert der *Autonomie* oder der Selbstbestimmung des Menschen ist auch eine "Religion", die eine *anthropozentrischen*

Umweltethik begründet. Dies erlaubt uns den Humanismus mit den anderen Religionen in Verbindung zu bringen und somit eine Ergänzung aller Formen von Umweltethik zu ermöglichen. Diese Bezüge lassen sich so darstellen:

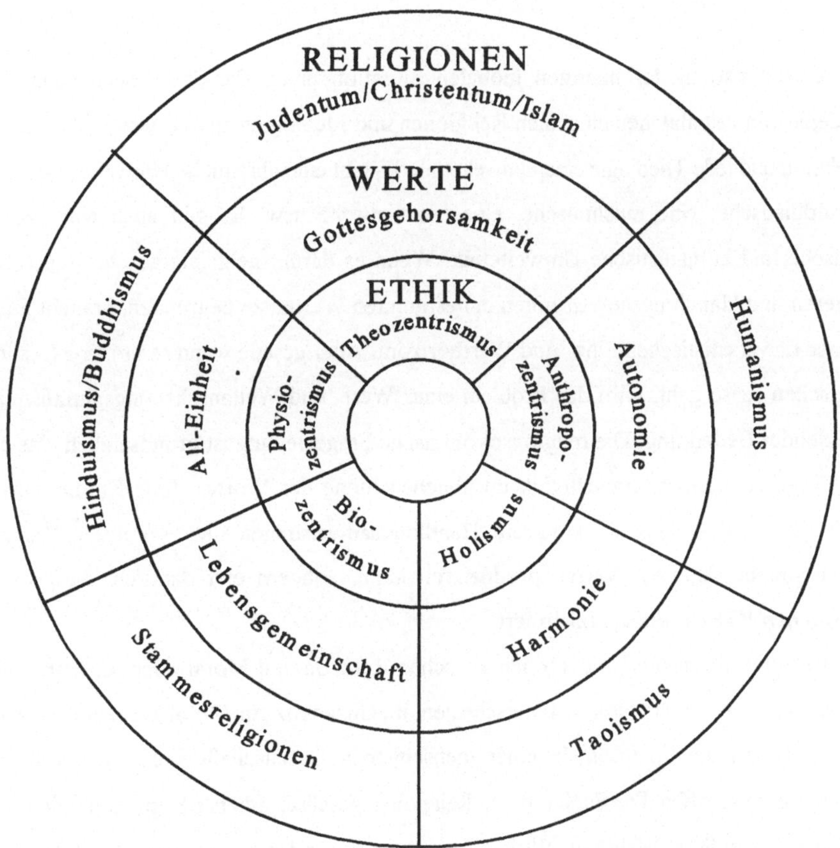



Wenn die verschiedenen Völker der Erde heutzutage unter Druck stehen, die globalen Umweltprobleme kooperativ zu lösen, dann müssen sie sich gegenseitig verstehen und ihre verschiedenen Zugänge zur Natur miteinander koordinieren. Der erste Schritt in Richtung einer interreligiösen Umweltethik auf einer universalistischen Basis besteht also darin, die Grundwerte der Religionen festzustellen und ihren je eigenen weltanschaulichen Hintergrund verständlich zu machen. Ein zweiter Schritt würde darin bestehen, die verschiedenen Grundwerte so miteinander in Verbindung zu bringen, dass die verschiedenen in den Religionen verankerten Naturverständnisse einander nicht widersprechen und so interkulturelle und internationale Kooperation verhindern.

Es genügt also in der heutigen globalen Situation nicht, die Frage nach einer religiös begründeten Umweltethik den einzelnen Religionen und Ideologien zu überlassen. Zweifellos hat jede Religion und jede Theologie eine Umweltethik. Es gibt eine christliche Umweltethik und auch eine buddhistische, eine muslimische, eine hinduistische usw. Es gibt auch eine areligiöse, atheistische und humanistische Umweltethik. Wenn es darum geht, moralische Imperative zu produzieren und Handlungsanweisungen in bestimmten Werten zu begründen, braucht man also nicht einen universalistischen Sinn- und Werthorizont. Aber gerade wenn es um eine Lösung der ökologischen Krise geht, wird das Problem eines Wert- und Weltanschauungspluralismus von entscheidender Bedeutung. Die religionsökologische Fragestellung ist grundsätzlich eine andere als die Frage nach einer Umweltethik im üblichen Sinne des Wortes. Eine Kultur wird nicht dadurch ökologisch, dass sie konkrete Handlungsanweisungen und moralische Imperative aufgrund von bestimmten Werten produzieren kann, sondern erst dadurch, dass sie einen *ganzheitlichen Wertekonsens* konstruiert.

Um dies klar zu machen, möchte ich zwischen Religion und Moral oder genauer zwischen religiösem und moralischem Diskurs unterscheiden. Im Gegensatz zur Moral hat religiöser Diskurs die Aufgabe und die Funktion, in einer menschlichen Gesellschaft einen weltanschaulichen Wertekonsens zu schaffen. Die Funktion von Religion in gesellschaftlicher Kommunikation besteht darin, Kriterien von Sinn, Wahrheit, Wirklichkeit, grundlegenden Überzeugungen über die Natur des Menschen und die Ordnung der Welt und die höchsten Werte und Normen menschlichen Handelns geltend zu machen. Damit gehört Religion zu den weltanschaulichen Grundlagen menschlichen Zusammenlebens. *Religion schafft somit eine Bedingung für jede Art von Konsensfindung.* Denn Konsens über die höchsten Werte, über den Sinn des Lebens ist eine

Voraussetzung aller menschlichen Kooperation. Moral dagegen setzt diesen weltanschaulichen Sinnhorizont voraus und leitet konkrete Handlungsanweisungen von ihm ab. Religion also hat die Aufgabe, unter Menschen einen gemeinsam akzeptierten Sinn des Lebens zu schaffen; Moral dagegen hat die Aufgabe, Normen aufzustellen, die das konkrete Handeln innerhalb des religiösen Sinnhorizonts leiten.

Diese Unterscheidung mag etwas künstlich erscheinen, da jede Religion oder jede Theologie auch eine Moral beinhaltet. Trotzdem kann er in der heutigen, globalen Situation, die von einem kulturellen und religiösen Pluralismus geprägt ist, nützlich sein. Denn in der postmodernen Weltgesellschaft können wir nicht einen allgemeingültigen Wertekonsens als gegeben voraussetzen. Es gibt fast keine traditionell akzeptierten Werte mehr. Kultureller und religiöser Relativismus macht nicht nur den Anspruch auf allgemeingültige, universell verbindliche Werte und Normen suspekt und begründungsbedürftig, sondern er produziert fast automatisch eine Vielzahl verschiedener Moralsysteme, die einander oft widersprechen. Man denke nur an die Diskussion um die Menschenrechte, d.h. an die Frage, ob die Menschenrechte interkulturelle Gültigkeit beanspruchen können und auf welchen Grundlagen.

In der heutigen, globalen Situation bedeutet das Fehlen eines weltanschaulichen Wertekonsenses das Fehlen von Religion überhaupt, d.h. von Religion in ihrer ursprünglichen Funktion, eine Gesellschaft als Ganzes zu integrieren. Deswegen wird Religion oft als historisch überholt und als gesellschaftlich und kulturell unbedeutend betrachtet. Religion existiert nur noch als gesellschaftliches Subsystem ohne Kompetenz, für die Gesamtgesellschaft zu sprechen. Es ist eine bekannte These heutiger Kultur- und Gesellschaftstheorie, dass ein globaler, universell akzeptierter Wertekonsens gar nicht möglich ist. Die multikulturelle Weltgesellschaft ist wesentlich "polykontexturell", d.h. sie ist eine Gesellschaft, die sich gerade dadurch auszeichnet, dass sie keinen religiösen oder weltanschaulichen Konsens hat oder haben kann. Wenn diese These stimmt, dann gibt es keinen religiösen Diskurs, so wie ich ihn definiert habe, und die Aufgabe, einen globalen, interkulturellen Wertekonsens zu schaffen, wäre hoffnungslos unerfüllbar. Religion hätte demzufolge nichts beizutragen zu einer ökologischen Kultur, da sie stets durch ihr Beharren auf partikulare Glaubensinhalte und Lebensformen Kooperation und gemeinsames Handeln blockieren würde. Es gäbe eigentlich keine Religion mehr, sondern nur verschiedene Formen von Fundamentalismus (vgl. Jäggi/Krieger 1991).

Dieser radikalen Kritik an der Möglichkeit von religiösem Diskurs in der heutigen Zeit möchte ich insofern recht geben, als ich auch der Meinung bin, dass in der globalen Situation alle partikularen Theologien - seien sie christlich, islamisch, hinduistisch, buddhistisch oder was auch immer - nicht in der Lage sind, universelle Werte zu schaffen. Denn die verschiedenen Theologien sind kultur- und religionsspezifisch. Ein universeller Wertekonsens könnte also nur durch eine Theologie *von allen Religionen* oder durch eine Religionstheologie geschaffen werden. Wir könnten hier sogar von einer *Religionsökologie* sprechen, d.h. sofern mit Ökologie ganzheitliches Wissen gemeint ist.

Im Gegensatz zu den meisten Soziologen und Kulturtheoretikern möchte ich die Möglichkeit einer solchen Religionsökologie nicht von vornherein ausschliessen. Es scheint mir durchaus möglich, traditionelle, religionsspezifische Theologie mit dem universellen Horizont der Religionswissenschaft so zu verbinden, dass eine universelle, d.h. interreligiöse Theologie entstehen kann (vgl. Krieger 1986a). Eine solche interreligiöse Theologie wäre dann die Antwort auf die Kritik an der Möglichkeit von religiösem Diskurs in der heutigen, multikulturellen Gesellschaft, denn sie könnte gemeinsame Werte unter den verschiedenen Religionen ausfindig machen und so einen *globalen Wertekonsens* erschliessen.

Nun geht es mir weniger darum, die Wahrheit der oben angeführten Typologie dadurch zu verifizieren, dass ich Beispiele für die fünf Modelle aus der religionswissenschaftlichen Forschung finden kann, als darum, dass ich Beispiele finde, die die *Brauchbarkeit* der Typologie für einen globalen Wertekonsens ausweisen. Es mag wohl sein, dass es andere Modelle gibt, oder dass diese fünf Modelle gar nicht so oft oder so klar unter den verschiedenen Religionen vertreten oder dargestellt sind. Es mag auch sein, dass die Religionen Aspekte aller fünf Modelle beinhalten und demnach nur mit einer gewissen Einseitigkeit der Interpretation auf nur ein Modell reduziert werden können. Dies mag alles wahr sein, kann aber trotzdem die Brauchbarkeit einer solchen Typologie nicht beeinträchtigen. Denn insofern diese Modelle grundsätzlich verschiedene Formen religiöser Weltcodierung darstellen, liefern sie einen hermeneutischen Schlüssel, mit dem ein globaler Wertekonsens erschlossen werden kann. Es geht also nicht darum, dass die Modelle in

Reinform in irgendwelcher Religion verkörpert sind. Es geht auch nicht darum, dass sie im Sinne der empirischen Wissenschaft "wahr" sind, sondern darum, dass sie eine plausible Verständigungsbasis für die Religionen in bezug auf sich selber und in bezug aufeinander liefern.

Das besondere ökologische Problem für die Religionen besteht darin, dass die Religionen selber *einseitig sind und ganzheitlich sein sollten*. Dies bedeutet, dass religiöser Diskurs interreligiös sein muss. Religionen sind also nicht als ökologisch oder unökologisch zu betrachten, je nachdem, ob aufgrund ihrer Lehren und Praktiken eine Umweltethik entwickelt werden kann - dies ist sicher in jeder Religion möglich. Sie sind auch nicht als ökologisch oder unökologisch zu betrachten, je nachdem, ob tatsächliche Umweltprobleme in ihrem Einflussbereich vorhanden sind, denn Umweltprobleme gibt es heutzutage überall. Religionen sind als ökologisch oder unökologisch zu betrachten, je nachdem, *ob sie ihre Einseitigkeiten durch interreligiösen Dialog überwinden können und an der Erschliessung eines globalen Wertekonsenses teilnehmen oder nicht*. Anders gesagt: Ökologisches Wissen ist ganzheitliches Wissen und ganzheitliches Wissen im Bereich von Religion bedeutet interreligiöses Wissen.

All-Einheit z.B. als weltanschauliches Grundmodell ergänzt und korrigiert die anderen typischen Konstellationen der Gott-Welt-Mensch-Beziehung dadurch, dass der Schutz und die Bewahrung der Natur dem Menschen nicht von aussen auferlegt werden, wie dies bei anderen Modellen der Fall ist. Eine besondere ökologische Solidarität liegt dem All-Einheitsgedanken zugrunde. Wenn es so ist, wie die heiligen Schriften Indiens sagen, dass ich "das", d.h. die Natur bin (*tat tvam asi*), dann kann ich nicht das Gute oder das Heil erlangen, ohne dass alle Wesen zugleich befreit werden. Die Entpersonalisierung des Heils, wie dies im All-Einheits-Modell vorhanden ist, macht es schwieriger für die Menschen, sich ontologisch von der Natur abzuheben, sich von der Natur zu distanzieren. Man kann die Verwirklichung menschlicher Existenz und den Schutz der Natur durch die Spiritualität der All-Einheitsreligionen viel mehr als gleichbedeutend empfinden und somit beide rechtlich, politisch und wirtschaftlich gleich behandeln. Aber es bleibt trotzdem so, dass diese mystische Identität mit der Natur selber einseitig und demnach unökologisch wäre, wenn sie nicht durch die anderen Religionen ergänzt und korrigiert würde. Sie soll Richtung bekommen und ausgeglichen werden von dem Verfügungsprinzip des Gottesgehorsamkeits-Modells, vom Prinzip der gegenseitigen Verpflichtung, das im

Lebensgemeinschafts-Modell inhärent ist, vom Prinzip des Sich-Einfügens in eine harmonische Weltordung der chinesischen Kultur und schliesslich vom Prinzip der Autonomie und Selbstbestimmung des Menschen, wie es im westlichen Humanismus zum Tragen kommt.

Die Aufgabe einer universalistischen interreligiösen Umweltethik als Ökologie der Religion würde darin bestehen, die Religionen über diese Grundmodelle hinaus so miteinander in Verbindung zu bringen, dass ein globaler Wertekonsens erschlossen werden könnte. Aufgrund solcher allgemein akzeptierter Werte könnte dann ein moralischer Diskurs beginnen, der konkrete Handlungsanweisungen und Normen entwickelt, die global konsensfähig wären. Es könnten somit Handlungsmöglichkeiten und Handlungsalternativen in demokratische Entscheidungsprozesse miteinbezogen werden, die sonst nie ernsthaft diskutiert würden, da die jeweiligen weltanschaulichen Grenzen dies verbieten.

# 5. Interreligiöse Umweltethik im internationalen Spannungsfeld[101]

## 5.1 Einführung

Man mag sich fragen, wieso denn eine *interreligiöse* Umweltethik zum Alltagsverhalten nötig sei. Genügt es nicht, dass die Gläubigen der einzelnen Religionen jeweils in ihrem Kulturraum oder an ihrem Wohnort gemäss den in ihrer Religion vorgegebenen Normen leben?

Bereits 1971 waren von den damals 132 Staaten gerade noch 12 oder 9,1% ethnisch homogen. Bei weiteren 53 Staaten setzte sich die Bevölkerung sogar aus fünf oder mehr ethnischen Gruppen zusammen[102]. Schätzungen gehen davon aus, dass zur Zeit mehr als 500 Millionen Menschen migrieren und auf der Flucht sind. Das Migration*spotential* wird noch um ein Mehrfaches höher eingeschätzt, und zwar in steigender Tendenz. Das bedeutet, dass es immer weniger monokulturelle (und damit monoreligiöse) Gesellschaften geben wird - falls solche heute überhaupt noch existieren. Umgekehrt wird die Frage nach einer überreligiösen Regelung zentraler Lebensbereiche - so des Umweltverhaltens - immer drängender.

Dazu kommt, dass immer mehr Umweltrisiken grenz- und sogar kontinentüberschreitend sind, so etwa klimatische Veränderungen, Zerstörung der Ozon-Schicht, grossräumige Umweltverschmutzungen (z.B. Tankerkatastrophen, atomare Verseuchungen, Pestizidrückstände usw.). Auch von daher stellt sich die Notwendigkeit verbindlicher interkultureller und damit interreligiöser Umweltnormen.

Das umfangreiche Material über den Bezug Gott - Mensch - Natur/Umwelt in den wichtigsten transkulturellen Religionen und religiösen Bewegungen zeigt, dass der Zugang zur Umweltfrage und die Umweltrezeption in den einzelnen Religionen zwar sehr verschieden sind, aber ganz klar

---

[101] Autor dieses Kapitels ist Christian J. Jäggi.

[102] Vgl. Connor 1972:319ff.

bestimmten strukturellen Merkmalen der einzelnen Religionen entsprechen[103]. Unterschieden wurden dabei ein Gottesgehorsamkeits-Modell (Judentum, Christentum, Islam, Baha'itum), ein All-Einheits-Modell (Hinduismus) und ein Lebensgemeinschafts-Modell (Stammesreligionen in Afrika, Nordamerika und - teilweise - in der New Age-Bewegung), ein Harmonie-Modell (China) und ein Autonomie-Modell des säkularen Humanismus. Obwohl diese Zusammenstellung möglicherweise noch zu erweitern ist, können erste verallgemeinernde Schlussfolgerungen für eine interreligiöse Umweltethik gezogen werden.

Im den folgenden Überlegungen wird es nun darum gehen, den Schritt von der metaethischen Diskussion zur Alltagsethik zu machen. Im Zentrum steht dabei die Frage, ob es überhaupt einen gemeinsamen Handlungsrahmen im Sinne von überreligiösen Normen für das Alltagsverhalten hinsichtlich der Umweltproblematik geben kann und falls ja, wie diese im konkreten Fall lauten (Kapitel 5.1).

Im Kapitel 5.2 und 5.3 wird es darum gehen, die Frage zu klären, ob und wie weit religiöse Vorstellungen über die Natur und - allenfalls - die Umwelt explizit in einer solchen Umweltethik enthalten sein müssen. Diese Problematik zeigt sich ganz konkret in der internationalen Diskussion zu umweltrelevanten Fragen. Dabei prallen oft spezifische - und nicht selten ökonomische - Partikularinteressen und Sichtweisen mit ethischen Grundforderungen aus gesamtmenschlicher Sicht zusammen.

Dabei stellt sich die Frage, inwieweit religiöse Grundpositionen überhaupt zum Tragen kommen. Deshalb werden wir am Beispiel der Internationalen Bevölkerungskonferenz der UNO, ICPD, die 1994 in Kairo stattfand, untersuchen, welche Rolle religiöse Vorstellungen und Inhalte auf die jeweiligen Positionen haben und inwieweit von religionsspezifischen Positionen gesprochen werden kann (Kapitel 5.4).

Unser Interesse gilt nicht so sehr den gemeinsamen Inhalten und Konzepten, sondern den *Unterschieden* zwischen den Auffassungen der einzelnen religiösen und weltanschaulichen Grundpositionen. Ausgangspunkt für unsere Untersuchung bildet damit der *religiöse, kulturelle und politische Pluralismus.*

---

[103] Vgl. dazu das Kapitel 3 in diesem Band sowie Krieger 1993a.

Gerade internationale Auseinandersetzungen (in zwischenstaatlichen oder nationalen Konflikten, aber auch an internationalen Konferenzen) zeigen immer wieder, dass die Haltung der Religionen auch im Umweltbereich ambivalent ist: Immer wieder sind wesentliche ökologische und umweltschützerische Impulse von den Religionen ausgegangen. Doch immer wieder erwiesen sich auch einzelne religiös begründete Anliegen und Forderungen als Hemmschuh für eine Lösung drängender umweltpolitischer Probleme. Entscheidend dabei sind die religiösen und weltanschaulichen Werte und Normen, die von den Religionen transportiert werden. Wie etwa Untersuchungen über die Theorie begründeter Handlung (theory of reasoned action) gezeigt hat, wird jedes Verhalten auch durch subjektive Normen mitbeeinflusst[104]. Diese subjektiven Normen werden unter anderem durch weltanschauliche Werte und Normen mitgestaltet. Dabei sind die religiösen Werte und Normen aber hinsichtlich der Natur und Umwelt oft ambivalent. Deshalb werden wir uns mit der Frage befassen, inwieweit ökologische Handlungsweisen durch eine kohärente ökologische Weltanschauung beeinflusst werden (Kapitel 5.5).

Es stellt sich jedoch auch - vor allem in säkular geprägten Gesellschaften mit verhältnismässig grossen individuellen Freiheiten, aber nicht nur dort - die *Frage*, inwiefern weltanschaulich-religiöse *Grundvorstellungen und damit verbundene Normen im Alltagsverhalten zum Ausdruck kommen*. Anders gesagt: Um Verhaltensänderungen zum Beispiel in bezug auf die Umwelt zu erreichen, muss die Frage beantwortet werden, welches a) die *Determinanten für umweltgerechtes Verhalten*, bzw. allgemein für die Durchsetzung sozialer Normen im Alltagsverhalten sind und b) *welche Strategien* erforderlich sind, *um* bestimmte ethische *Normen im sozialen Alltag durchzusetzen*. Daneben stellt sich c) die Frage, *welche Rolle* und welchen Einfluss *eine Gruppe* oder Subkultur *für die Durchsetzung ethischer Normen im Alltagsverhalten* hat (z.B. als Orientierungsrahmen, soziale Kontrolle usw.). Schliesslich muss d) geklärt werden, *unter welchen Bedingungen abweichende individuelle Weltbilder, Einstellungen und Haltungen die Befolgung dominanter Weltbilder beeinflussen, also abschwächen oder verstärken*. Es versteht sich, dass diese komplexen Fragen nur durch breite und langfristig angelegte interdisziplinäre Forschung

---

[104]  $B \sim BI = f(AAct_{w1} + SN_{w2})$, wobei B = voluntary behaviour, BI = behaviour intentions, AAct = attitude toward the bahaviour und SN = subjective norms. Dabei ist für bestimmte Verhaltensbereiche AAct wichtiger, für andere SN, vgl. Griffin/Neuwirth/Dunwoody 1995:202.

beantwortet werden kann. Für die Untersuchung dieser Fragen eignen sich religiöse Gemeinschaften besonders, weil davon ausgegangen werden kann, dass kohärente Glaubensüberzeugungen tiefer verwurzelt und damit stabiler sind als kurzfristige und partielle Einstellungen. Dazu kommt, dass in religiösen Gemeinschaften die Bedeutung ideeller-normativer Inhalte grösser ist als in anderen Gruppen, weshalb damit zu rechnen ist, dass eine religiös abgestützte Ethik[105] zum Beispiel im Umweltbereich stärkeren Einfluss auf das Alltagsverhalten haben dürfte als in anderen sozialen Kontexten. Diese Fragen sprengen den Rahmen dieser Arbeit. Sie müssen aber zweifellos in Zukunft angegangen werden.

## 5.2    Zum Problem einer interreligiösen Umweltethik für den Alltag

### 5.2.1    Religiöse Normen und Vorstellungen und ihre Durchsetzung im Alltag

Religiöse Institutionen und Leitfiguren standen und stehen oft vor der Notwendigkeit, tradierte, althergebrachte Glaubensinhalte in einer sich verändernden gesellschaftlichen Umwelt durchzusetzen (z.B. physikalische Weltbilder der christlichen Tradition gegenüber dem modernen physikalischen Weltbild; römisch-katholische Vorstellungen in bezug auf das Sexualverhalten und aktuelle Tendenzen im Sexualbereich; Alkoholverbot im Islam in einer libertären Gesellschaft usw.).

Weil die religiösen Gemeinschaften und Institutionen zu den erfolgreichsten Bewegungen in bezug auf die Erhaltung und Weitervermittlung ideeller Inhalte und sozialer Verhaltensweisen gehören, ist anzunehmen, dass sie über besonders entwickelte Strategien zur Durchsetzung von weltanschaulichen Inhalten und Normen verfügen.

---

[105] Es ist durchaus plausibel, dass Umweltengagierte, die mit einem gleichsam "religiös-missionarischen" Anspruch an die Umweltfragen herangehen, ein Alltagsverhalten aufweisen, das umweltethische Normen stärker in den Alltag einbringt als andere Menschen.

Ein entscheidendes Mittel zur Durchsetzung von religiösen Werten und Normen im Alltagsverhalten ist die soziale Kontrolle der Gemeinschaft über die Gläubigen. Immer wieder haben einzelne Gruppen und religiöse Führerfiguren gezielt versucht, ihre Anhänger einer strikten Kontrolle zu unterwerfen. Einerseits wurden und werden die Gläubigen durch spirituelle Erfahrungen an die religiöse Gemeinschaft gebunden, anderseits kommt es immer wieder vor, dass charismatische Führer oder Gruppen ihre Anhänger weitgehend oder gar vollständig von ihren bisherigen Bezugspersonen (Eltern, Familie, Freunde, Berufskollegen usw.) isolieren, so dass sie keinen Bezug zur Wirklichkeit ausserhalb ihrer religiösen Gemeinschaft mehr haben. Diese zweite Strategie ist vor allem bei fundamentalistischen Bewegungen und Gruppen verbreitet. Sie ist nicht nur ethisch verwerflich, sondern auch längerfristig wenig erfolgreich, wie Untersuchungen über neureligiöse Bewegungen gezeigt haben[106].

Am deutlichsten zeigen sich diese Widersprüche bei Endzeiterwartungen religiöser Gruppen. Es ist immer wieder vorgekommen, dass kategorisch angekündigte Ereignisse nicht eingetroffen sind (z.B. bei den Zeugen Jehovas). Dabei stellt sich die Frage, wie die entsprechenden Gemeinschaften mit diesen sich als falsch erwiesenen Voraussagen umgegangen sind. Erstaunlicherweise ist es diesen Gruppen und religiösen Bewegungen immer wieder gelungen, ihre Anhängerschaft durch oft mehr als dürftige "Erklärungen" bei der Stange zu halten. Doch auch grosse religiöse Bewegungen und langjährige religiöse Traditionen haben sich als äusserst effizient darin erwiesen, ihre spezifischen Vorstellungen, Werte und Normen unter ihren Gläubigen lebendig zu erhalten. Letztlich stellt sich für jede weltanschauliche Gruppe das Problem, wie sie mit Normen umgeht, welche der allgemeinen sozialen Realität oder dem Zeitgeist entgegenlaufen.

Die Tatsache, dass sich viele religiöse Bewegungen trotz gesellschaftlich oder weltanschaulich überholten Inhalten nicht auflösten, sondern oft über Jahrhunderte oder gar Jahrtausende weiterbestanden, lässt vermuten, dass die Religionen, religiösen Bewegungen und Kirchen

---

[106] Wer fremdbestimmt und unreflektiert in eine andere religiöse Gruppe "überspringt", kann jederzeit wieder "zurückspringen" und - mit umgekehrten Vorzeichen - in eine abwehrende Haltung gegenüber der früheren Referenzreligion oder -gruppen verfallen. Vgl. dazu Jäggi 1986, 1987:160-162, 1988:80-92 sowie die Untersuchungen von Conway/Siegelman (1982) zum Problem des "Snapping".

besondere Strategien entwickelt haben, um mit Widersprüchen zwischen ihren Glaubensinhalten und der sozialen Realität umzugehen.

Neben den beiden erwähnten Strategien scheinen religiöse Gemeinschaften aber noch eine dritte Strategie anzuwenden, und zwar die *allgemeine Durchsetzung einer umfassenden und kohärenten religiösen Weltanschauung*. Indem die religiösen Glaubensvorstellungen sozusagen alle zentralen Lebensfragen beantworten - oder zumindest vorgeben, dies zu tun -, wird einerseits die Bewältigung von Krisen- und Kontingenzerfahrungen ermöglicht, anderseits erscheinen die Religionen als Garanten eines tieferen Lebenssinns[107].

Es ist anzunehmen, dass die von den religiösen Gemeinschaften und Bewegungen angewandten Strategien auch zur Durchsetzung einer interreligiös abgestützten Umweltethik angewandt werden können.

Voraussetzung dafür ist, dass die jeweils zur Anwendung kommenden Umweltnormen religiös abgestützt sind, bzw. dem primären Code der betreffenden (religiösen) Gruppe *nicht* widersprechten[108].

Offensichtlich bestehen in bezug auf das Erreichen von umweltgerechterem Alltagsverhalten zwei grundsätzlich verschiedene Ausgangslagen - ein *universalistischer* und ein *pluralistischer Ansatz*.


*5.2.1.1       Der universalistische Ansatz*

Dabei wird versucht, eine *kohärente* Umweltethik oder *zusammenhängende* Umweltnormen *im Sinne einer eigentlichen ökologischen Weltanschauung* durchzusetzen, welche den sonst im Alltagsverhalten zur Anwendung kommenden Einstellungen und Normen (z.B. Kriterium der

---

[107] Vgl. dazu auch Jäggi 1995:4-11.

[108] Wenn immer diese Annahme nicht zutrifft, ist es äusserst unwahrscheinlich, dass religiöse Kontexte die entsprechenden Umweltforderungen und -anliegen übernehmen, ja in Tat und Wahrheit dürfte es dann vielmehr so sein, dass die religiösen Kontexte passiv oder gar aktiv die Durchsetzung dieser Forderungen und Anliegen zu verhindern suchen. Vgl. dazu Kapitel 3. Zum Problem des primären Codes vgl. auch Krieger 1993a:18-26.

Bequemlichkeit) widersprechen[109]. Dies ist vermutlich in der militanten Umweltbewegung der Fall, vor allem in säkularen Gesellschaften. Es stellt sich aber die Frage, inwieweit eine solche Umweltethik nicht bereits wieder (quasi-)religiösen Charakter hat (oder haben müsste), wenn sie erfolgreich sein soll.

Interviews mit drei ökologisch engagierten Personen im Raum Innerschweiz, die von Hugo Albisser[110] im Rahmen eines Seminars zu "Religion und Ökologie" geführt wurden, scheinen diese Vermutung zu stützen. Alle drei befragten Personen (zwei Männer und eine Frau) äusserten klar spirituell-religiöse Lebensvorstellungen und Selbstverständnisse, aber nicht im kirchlich-konfessionellen Sinn, sondern eher im Sinne einer "ökologisch ausgerichteten Religiösität"[111].

### 5.2.1.2     *Der pluralistische Ansatz*

Pluralistische Ansätze stellen demgegenüber die *Verschiedenheit* umweltethischer und allgemein religiöser Normen ins Zentrum. Pluralistische Umweltstrategien versuchen deshalb, *einzelne*

---

[109] Vgl. dazu Kapitel 4 dieses Bandes.

[110] Albisser 1994.

[111] Einer der Befragten formulierte seine Grundhaltung folgendermassen: "Als Mensch bist du Teil eines Ganzen, du hast eine Herkunft, einen Weg, ein Ziel. Der Weg ist der Weg zu mir, zum Du, dem anderen Menschen und zum Mittelpunkt. *(Ideale? Was ist das Ziel?)* Liebe: Ich treibe auf ein helles, warmes Zentrum hin, ganz werdend, vollkommen werdend. Menschen, die verantwortungsbewusst, eigenständig, fühlend, ganzheitlich leben. ... Fabelhafte Naturgesetze offenbaren mir, dass da etwas dahinter wirkt. Ich kann dies auch spüren, im Bauch ... Die Natur ist der Ort, in dem sich die zentrale Macht, das Heile, ausdrückt und zeigt ... Wir Menschen zerstören etwas Heiliges, deshalb ist für mich Öko-Engagement wichtig ..." Eine andere Befragte antwortete zwar auf die Frage: *Was glaubst Du:* "Gar nichts". Doch dabei dachte sie wohl eher an traditionelle Glaubensvorstellungen: "Ich glaube, dass es keinen Gott gibt, wie er von vielen gebraucht wird (Es wäre gut, wenn dadurch Menschen mehr Respekt vor der Schöpfung hätten, wie bei den Naturreligionen) ... Ich glaube an mich, an meine Kraft, meine Fähigkeit, das Leben zu meistern. ... Es gibt Zufall, Schicksal, Fügung. Oft muss ich etwas annehmen und kann es nicht ändern. ... Ich würdige die Natur. In der Natur würde ich wohl am ersten zu einem Ritual neigen ... zum Beispiel die Natur verehren". Und der dritte der Befragten beantwortete die Frage nach seiner religiösen Überzeugung folgendermassen: "Religion ist für mich Naturgesetz, wie ein Bewegungsgesetz oder das Gesetz der Anziehung. Dieses Naturgesetz hält uns Menschen fest im Materiellen, im geistig-seelischen Bereich lässt es alles offen. Das Leben ist durchwirkt von Naturgesetzen, es ist ein Kreislauf, frei und doch beschränkt. ... Gott ist mir zeitweise diffus, dann erlebe ich ihn als Kraft, Licht, Bewegung. Wir alle sind Teile dieser Kraft, dieser Bewegung und können daraus nicht ausbrechen. Wir sind in uns sozusagen 'Teil-Gott'... Die Kräfte, die den Kosmos geschaffen haben, ... haben eine Eigendynamik, die ich nicht beeinflussen kann. Sie wirken im Zusammenspiel mit meinem Teil Selbstbestimmung" (zitiert nach Albisser 1994).

*umweltethische Forderungen oder Umweltnormen durchzusetzen und sie religiös möglichst breit abzustützen.* Diese werden in ganz verschiedene Ideologien und Weltanschauungen eingebettet, um sie im Alltagsverhalten zur Anwendung zu bringen.

Die erste Art universalistischer (quasi-religiöser) Umweltethiken im Sinne *ökologischer Weltanschauungen* scheint für einen Teil - aber zweifellos eine Minderheit - der Umweltaktivisten und ökologisch engagierten Menschen Motivation und Orientierungsrahmen zu sein. Diese Art von Umweltethik scheint eine übergreifende und kohärente Umorientierung vorauszusetzen und mit sich zu bringen, die im Extremfall als eine Art "ökologischer Konversion" aufgefasst werden könnte[112]. Viele Menschen, die sich nach einer solchen Umweltethik ausrichten, sind in ihrer Lebensgestaltung konsequent oder sogar radikal[113].

Die zweite Art von *pluralistischer und konsensorientierter Umweltethik* ist bescheidener: Ihr geht es darum, religionsübergreifende Normen im Alltagsverhalten von Buddhisten, Christen, Hindus, Muslimen, New Age-Anhängern usw. durchzusetzen. Dabei ist zu berücksichtigen, dass die Codierung einer Religion weder mit ihrer Moral identisch ist, noch dieser vollständig widersprechen kann[114]. Doch zweifellos können ethisch-moralische Anliegen auf keinen Fall durchgesetzt werden, wenn sie zentralen religiösen Grundhaltungen oder Wertvorstellungen widersprechen.

Im folgenden werden wir uns vor allem mit den Möglichkeiten und Grenzen des zweiten Konzepts einer pluralistischen, interreligiösen Umweltethik im Sinne von interreligiös abgestützten, minimalen Umweltnormen befassen[115]. Danach werden wir uns dem (ersten) Konzept einer kohärenten, transreligiösen Ökospiritualität zuwenden[116].

---

[112] Zum hier verwendeten Konversionsbegriff vgl. Jäggi/Krieger 1990.

[113] Radikal hier im Sinn von "an die Wurzeln zurückgehend", nicht im Sinne von "extremistisch" oder "fundamentalistisch". Zum Problem des Fundamentalismus vgl. Jäggi/Krieger 1991:9-184 sowie Jäggi 1994b:151-162.

[114] Vgl. Luhmann 1986:185/186.

[115] Kapitel 5.3 und 5.4.

[116] Kapitel 5.5.

## 5.2.2   Interreligiös abgestützte Umweltnormen als Minimalziel

Laut der Genfer Untersuchung "Die Werte der Schweizer" glaubten Ende der 80er Jahre 87% der Schweizer Bevölkerung an Gott[117]. Michel Clévenot[118] schätzte 1986 weltweit die Zahl der christlichen, muslimischen, hinduistischen, buddhistischen Gläubigen auf insgesamt 3,298 Milliarden Personen, diejenige der Atheisten und Agnostiker auf 1,334 Milliarden Menschen. Das Verhältnis zwischen Menschen, die an ein Göttliches glauben, und Nicht-Gläubigen lag also bei rund 71:29. Wenn man in Betracht zieht, dass sich in den ehemaligen Ländern des Realsozialismus vor dem Umbruch 1989 viele Menschen aus ausserreligösen Gründen als nicht-religiös bezeichneten, dürfte das Verhältnis heute noch eindeutiger auf der Seite der Gläubigen liegen[119]. Das bedeutet, dass der Glaube an Gott bzw. an etwas Göttliches zu den religiösen Grund-überzeugungen der überwiegenden Mehrheit der Menschen gehört.

Jede Weltanschauung - und damit auch jede Glaubensvorstellung - hat eine ganz spezifische implizite oder explizite Vorstellung von Natur. Oder wie es David J. Krieger[120] formulierte: "Jede Religion hat eine besondere Vorstellung von der Beziehung zwischen Gott, Mensch und Natur. Und je nachdem, wie eine Religion die Beziehungen des Menschen zu den ihn bestimmenden Dimensionen des Heiligen einerseits und der Natur andererseits versteht, wird sie eine gewisse Form von Umweltethik beinhalten oder entfalten können. Es gibt also viele verschiedene Formen von Umweltethik, wie es religiöse *Grundwerte* gibt, und jede Form hat ihre Stärken und Schwächen". Anders gesagt: Jede Religion besitzt spezifische Vorstellungen und damit Normen über die Beziehung und den Umgang mit der Natur. Dabei wird auch Unterschiedliches unter "Natur" verstanden[121].

---

[117]   Berthouzoz 1991:171.

[118]   Clévenot 1987:14.

[119]   Vgl. dazu meine eigene Schätzungen: Jäggi 1993a:5.

[120]   Krieger 1995:1.

[121]   Vgl. dazu die Kapitel 6, 7 und 8 dieses Bandes sowie Jäggi 1993b und 1994a und Krieger 1994b.

Wenn es auch stimmen mag, dass bereits sehr früh religiöse Traditionen Natur nicht mehr als direkt "religiös" auffassten und die "Desakralisierung der Natur"[122] bereits sehr früh begann, so änderte dies nichts an der Tatsache, dass die *allgemeine Wahrnehmung der Natur* von zentralen religiösen Werten und Normen wesentlich mitbestimmt wurde - und immer noch wird.

Ist es nun aber überhaupt möglich - und falls möglich, sinnvoll -, religionsübergreifende umweltethische Normen zu postulieren, die auf die jeweiligen Glaubens-Wurzeln der betreffenden Religion zurückgeführt werden können? Ist so ein Anliegen nicht vermessen, angesichts der wohl kaum zu leugnenden Festellung des katholischen Theologen Stephan Pfürtner, dass "den Religionsgemeinschaften ... grundsätzlich so etwas wie eine Spaltungswirkung in der menschlichen Gesellschaft inne[wohnt]"? Denn "Religionen schaffen 'Brüder und Schwestern im Glauben', aber sie schaffen eben auch 'die Andersgläubigen'"[123]. Unzweifelhaft ist die Rolle der Religionen - wie in vielen anderen Bereichen - auch hier ambivalent: Neben segregationistischen Inhalten und Praktiken gibt es aber - zumindest im Alltagsbereich - auch Gemeinsamkeiten, die zwar möglicherweise nicht in *allen* Religionen, aber doch in einer (wechselnden) Anzahl von ihnen, und unter verschiedener kultureller Ausformung, bestehen.

Dies dürfte umso eher zutreffen, als die Wahrnehmung allgemeiner Opportunitäten und damit auch umweltrelevanter Fragestellungen vermutlich von der Beschaffenheit des jeweiligen sozio-kulturellen Kontextes abhängt[124]. Dabei hängen die subjektiv wahrgenommenen Opportunitäten "einerseits von den objektiven Gegebenheiten, anderseits aber auch von der Wahr-nehmung(sstörung) einer Person ab. Die unterschiedliche Wahrnehmung der Gegebenheiten wird nicht nur von individuellen Merkmalen, *sondern auch von Merkmalen des sozialen Kontextes beeinflusst*"[125]. Diese Beeinflussung kann selbstverständlich sowohl in Richtung grösserer Umweltbewusstheit, als auch in Richtung grössere Ignorierung von Umweltfragen gehen.

---

[122]  Luhmann 1986:189.

[123]  Pfürtner 1990:6.

[124]  Vgl. Alpheis 1988:58.

[125]  Alpheis 1988:58, Hervorhebung durch mich.

Pfürtner[126] stellte vor einigen Jahren folgende These auf: "Die Religionen geben aus sich heraus keine hinreichende theoretische und praktische Basis für ein transkulturelles Ethos als Kern der unerlässlichen Völkerverständigung her. Das kritische Prinzip dafür, was im zukünftigen Miteinander der Kulturen an religiösen Identifikationen ethischer Art zulässig oder nicht zulässig ist, ist im Ethos der Menschenrechte zu suchen". Bedeutet das für unsere Fragestellung, dass eine interreligiöse Umweltethik im Sinne von Minimalnormen, die sich auf verschiedene religiöse Weltanschauungen abstützen, auf der Basis des Alltagshandelns nicht möglich ist?

Wir möchten dieser Frage nachgehen, indem wir gestützt auf empirisches Material verschiedener Religionen und exemplarisch ganz konkreten Alltagssituationen nachgehen und die entsprechenden, in diesen Fällen zwingend oder möglicherweise zur Anwendung kommenden religiösen Vorstellungen und Normen hinterfragen.

## 5.3 Religionsspezifische Zugänge zu einzelnen umweltethischen Forderungen

Während die Religionen, die dem Gottesgehorsamkeits-Modell entsprechen - also das Judentum, das Christentum, der Islam und das Baha'itum -, das Verhalten gegenüber der Natur immer in Funktion zum göttlichen Willen sehen, sieht das - ganzheitlichere - chinesische Denken die Welt als etwas Harmonisches und Organisches. Harro von Senger[127] formulierte dies so:
"Das organische Denken geht aus der ursprünglichen ganzheitlichen Schau hervor ... Bei dieser [werden] zuerst Idee und Gesetz des Ganzen gesehen. Das bedeutet auf den Kosmos übertragen die Schau der ewigen Harmonie und auf die organische Welt übertragen die Schau des ewigen Wandels, des Werdens und Vergehens, des Lebens und Sterbens. Nun erhält durch Analogieschluss der dem Begriff des Kosmos innewohnende Gedanke der Harmonie auch für die organische Welt Gültigkeit, während anderseits der Gedanke des ewigen Wandels auf den Kosmos

---

[126] Pfürtner 1990:8.

[127] Vgl. von Senger 1992:66/67.

übertragen wird. So werden alle Auffassungen zu 'lebendigen', das heisst zu 'organischen' Auffassungen. Infolgedessen wird die Welt als etwas Organisches, als ein lebender Organismus angesehen. So korrespondieren Himmel und Erde mit den beiden polaren Urkräften des Schöpferischen und des Empfangenden, also mit dem Yang- und Yin-Prinzip. Das letzte Sein, das Nichtwandelnde, verwirklicht sich durch die beiden polaren Urkräfte des Yang und des Yin, die ihrerseits wieder die Wandelzustände hervorrufen, so dass diese - der Mensch, die Natur, die Welt - eine Ausdrucksweise, ja ein Bestandteil des letzten Seins sind. Das organische Weltbild, das vom Kreislauf der Gestirne, dem Wechsel der Jahreszeiten, von Samen und Baum, Leben und Tod ausgeht, schliesst auch die anorganische Welt, die Welt der 'leblosen' Materie, auf dieselbe Weise in sich ein"[128].

Was bedeuten nun solch verschiedene Sichtweisen für *konkrete umweltethische Forderungen und Anliegen im Alltag?*

Zuerst einmal müssen einzelne Normen und Forderungen aufgestellt werden, die a) konsensfähig und b) wissenschaftlich begründbar sind.

Solche Forderungen bestehen bereits in den verschiedensten Bereichen. So etwa

- in der Bevorzugung erneuerbarer vor nicht erneuerbarer Energiequellen (Sonnen- und Windenergienutzung statt fossile Brennstoffe),
- in der Vermeidung von Langzeitschäden und irreversibler Eingriffe im Ökosystem zugunsten kurzfristiger und reversibler Eingriffe (z.B. anstelle von grossflächigen Abholzungen der Tropenwälder nachhaltige Nutzung),
- in der Vermeidung von grösseren klimatischen Veränderungen (z.B. Erwärmung der Erdatmosphäre infolge zu hohem $CO_2$-Ausstoss),
- in der Erhaltung möglichst aller vorhandenen Tier- und Pflanzenarten, usw.

---

[128] Von Senger 1992:67.

Daneben gibt es auch Forderungen, die zwar aus wissenschaftlicher Sicht als sinnvoll erscheinen, aber aus politischen, wirtschaftlichen, sozialen, kulturellen oder religiös-weltanschaulichen Gründen keine Akzeptanz finden.

Beispiele dafür sind etwa

- Bevölkerungspolitik und Einschränkung der Geburtenraten (im Süden),
- Verringerung des übermässigen Verbrauchs von Rohstoffen und Energie (im Norden),
- Verringerung der Mobilität (Anstrebung eines geringeren Verkehrsvolumens),
- Reduktion des individuellen Verkehrs (Privatautos) und Ausbau des öffentlichen Verkehrs, usw.

Vor allem - aber nicht nur - die zweite Art von Forderungen stösst auf individuelle Widerstände (privater Komfort, Bequemlichkeit, Tradition usw.).

Genau hier kommt die zentrale Bedeutung religiöser und weltanschaulicher Verankerung solcher Einzelforderungen ins Spiel: Althergebrachte traditionelle Vorstellungen, aber auch neuere Vorstellungen von (scheinbarer oder tatsächlicher) Lebensqualität, Lebenssinn und - nicht zuletzt - Lebensstil werden, wenn auch in unterschiedlichem Ausmass, von religiösen und weltanschaulichen Werten und Normen mitgeprägt. Deshalb ist mit grosser Wahrscheinlichkeit davon auszugehen, dass eine *stärkere Rückbindung einzelner ökologischer Forderungen an religiöse und weltanschauliche Grundvorstellungen und Grundwerte die Durchsetzung dieser Forderungen in der Praxis verbessert.*

Was heisst das nun in bezug auf die Umwelterziehung und Umweltpolitik?

Jede einzelne Umweltforderung, aber auch zusammenhängende Sets von Forderungen und Zielen müssen differenziert je nach Zielpublikum auf deren zentrale weltanschauliche Grundvorstellungen zurückgeführt bzw. aus diesen heraus begründet werden.

Eine Kampagne zur *Artenerhaltung* muss zum Beispiel im islamischen Umfeld mit der von Gott geoffenbarten Ordnung und dem fehlenden Recht der Menschen begründet werden, diese Ordnung aus egoistischen Gründen zu verändern oder gar zu zerstören. In taoistischer Umgebung muss dagegen die Harmonie zwischen Menschen, der organischen Welt und dem Kosmos ins Zentrum gestellt werden, unter Bezug auf die (natürlichen) Zyklen von Werden und Vergehen.

Bei der Konkretisierung von *Artenerhaltungsmassnahmen* - etwa im Sinne von geschützten Gebieten oder Arten - müsste im islamischen Umfeld auf die islamische Tradition von *haram*-Bereichen als unverletzbaren Orten, wo jede Entwicklung verboten ist, und von *hima*-Gebieten im Sinne von ungenutzten Landstrichen und Orten[129], zurückgegriffen werden. Im Hinduismus könnte eine entsprechende Kampagne an *bhakti* ansetzen, da bhakti aus der Wurzel *bhaj* stammt, was soviel bedeutet wie teilhaben an, sich eins wissen mit, gehören[130]. Allgemein bietet sich im hinduistischen Umfeld *karma-mârga*, der Weg des Handelns und der Verantwortung als Ansatz für alle umweltethischen Forderungen an[131]. Demgegenüber müsste im chinesischen Umfeld im Zusammenhang mit Umweltforderungen die Rücksichtnahme auf den Mitmenschen und die Selbstbeherrschung betont werden, die ein zentrales Fundament des chinesischen Persönlichkeits-ideals und des Gemeinschaftslebens bildet. Denn: "Der Persönlichkeitsbegriff ist ein organischer, denn er impliziert die erfolgreiche Anpassung und Einordnung des Menschen in die ihn umgebende Umwelt"[132]. Diese organische Grundhaltung geht davon aus, dass "jeder Mensch in der Gesellschaft seinen bestimmten Platz besitzt, zu dem ein besonderer 'Weg' (*Tao*) gehört"[133]. Und je weiter sich ein Mensch oder eine Gruppe innerhalb der organischen Gemeinschaft entwickelt, desto harmonischer wird auch das Ganze. Im christlichen Denken müsste - zumindest nach Meinung des Theologen Johannes Fischer[134] - vermehrt ganzheitlich argumentiert werden: "So hat es in der Vergangenheit die Theologie als ihre Aufgabe begriffen, die Wirklichkeit im Ganzen auszulegen und darin dem Menschen, der Kirche, dem menschlichen Gemeinwesen, der Natur, aber auch den individuellen Erfahrungen von Freude, Leid und Tod, von Identität und Nicht-Identität und

---

[129] Vgl. dazu Kapitel 6.1 in diesem Band sowie Jäggi 1993b:12/13.

[130] Vgl. Kapitel 8 in diesem Band sowie Krieger 1994b:67.

[131] Vgl. Kapitel 8 in diesem Band sowie Krieger 1994b:32-35.

[132] Von Senger 1992:70.

[133] Von Senger 1992:70.

[134] Fischer 1992:234.

Zerrissenheit von Gott her ihren Ort, ihre Bedeutung, ihre heilsamen Begrenzungen und auch ihre Hoffnung zu zeigen"[135].

Dabei soll nicht verschwiegen werden, dass Umweltzerstörung nicht selten auch durch religiöse oder pseudoreligiöse Argumente entschuldigt oder zumindest zugelassen wird: Eschatologische, also endzeitlich ausgerichtete Gruppen in verschiedenen religiösen Umfeldern interpretieren ökologische Katastrophen als Zeichen der angebrochenen Endzeit[136], gewisse Anhänger der Karmatheorie - etwa im New Age-Umfeld - begründen und rechtfertigen das Aussterben von Tier- und Pflanzenarten, aber auch des Todes von Menschen infolge ökologischer Katastrophen als "karmische Schuld" der Betroffenen[137].

Daneben soll nicht verschwiegen werden, dass nicht selten auch rituelle religiöse Vorstellungen einer erfolgreichen Regelung eines ökologischen Problems entgegenstehen. Ökologische Probleme sind oft Gleichgewichtsprobleme zwischen verschiedenen (Partikular) Interessen oder Akteuren von ökologischen Systemen, also auch beteiligter Menschen. Bekannt ist etwa das Beispiel der auf Neuguinea lebenden Maring: Wenn die dort lebenden Schweine sich zu stark vermehren und die Gärten verwüsten, erfolgt aus rituellen Gründen ein grosses Schlachtfest, das einerseits das

---

[135] Allerdings schränkt Fischer (1992:236/37) diesen Anspruch gleich selber ein: Zum einen drohe das Verständnis der "Wirklichkeit als Ganzes" die Theologie zu überfordern, anderseits stelle sich die grundsätzliche Frage, ob die aktuelle, entscheidend durch Wissenschaft und Technik geprägte Welt "denn überhaupt noch aus einer gleichwie gearteten Beziehung zu Gott zu verstehen" sei. Doch wie dem auch sei, das Ganzheitsargument scheint in einer christlichen Umweltethik ein zentraler Punkt zu sein - und möglicherweise noch dringender als in anderen religiös-kulturellen Umfeldern.

[136] So prognostizierte der evangelikale Christ David Wilkerson (1974:40) schon 1973 "auf der ganzen Erde ... kommende drastische Wetteränderungen durch göttliches Eingreifen". Auch Erdbeben werden als (göttliche) Zeichen der Endzeit gedeutet: "Die Erde selbst wird anfangen zu zittern, und deshalb wird es eine Vielzahl von Erdbeben in allen Teilen der Welt geben. Dies ist eines der Gerichte, die die Wissenschaft dann nicht mehr erklären kann. Es ist übernatürliches Eingreifen in die Dinge der Menschheit. Es ist eine Tat Gottes, die Verwüstung und Gericht bringt und dadurch die Menschen zur Busse und Ehrfurcht rufen will. Zu irgendeiner Zeit kann uns dies treffen, *und es gibt keine Möglichkeiten, diese Katastrophen zu verhindern*. Die Menschheit muss die Demonstration der Macht Gottes durch diese Erdbeben in Ehrfurcht und Schrecken über sich ergehen lassen" (Wilkerson 1974:42, Hervorhebung durch mich). Religiöse Endzeiterwartungen und Ängste werden also benutzt, um die Sinnlosigkeit ökologischen oder umweltpolitischen Handelns zu begründen.

[137] So vertrat vor einigen Jahren mir gegenüber ein älterer Anhänger esoterischen Gedankenguts in der Innerschweiz in einer Diskussion die Meinung, wenn Menschen auf der Südhalbkugel verhungerten, sei das ihre "karmische Schuld" - wir sollten uns damit nicht belasten, sondern - sinngemäss - uns um unsere eigene spirituelle Entwicklung kümmern.

Gleichgewicht zwischen Schweinen und betroffenen Menschen wiederherstellt und umgekehrt einen wichtigen Beitrag zur Ernährung der betroffenen Menschen darstellt[138]. Obwohl selbstverständlich den betroffenen Menschen bekannt war, dass die Schweine die Gärten zerstörten, blieb - wie Luhmann[139] vermerkt - "die semantische Organisation dieses Wissens und dessen Verknüpfung mit motivationaler Steuerung menschlichen Verhaltens ... einer Sakralsemantik überlassen - eben weil überirdische Dinge leichter und sozusagen pragmatischer zu organisieren sind als irdische". Doch genau dieser letzte Punkt kann umgekehrt die langfristige Durchsetzung umweltrelevanter Anliegen auch erleichtern oder gar erst ermöglichen, nämlich dann, wenn eine entsprechende rituelle Verankerung erfolgt.

### 5.3.1 Geschlechtsspezifische Zugänge zu umweltethischen Forderungen

Feministische Denkerinnen weisen zu Recht darauf hin, dass die Sichtweise der meisten Religionen androzentrisch (männerzentriert) ist und oft die Blickrichtung der Frauen wenig oder überhaupt nicht berücksichtigt. Dabei konstruieren "... viele Frauen gesellschaftliche Interaktionsformen und Umgangsweisen mit der Natur anders ... als die meisten westlichen Männer"[140]. Dabei gibt es gewisse formale Analogien zwischen der unterschiedlichen Umwelt- und Naturrezeption von Frauen und Männern einerseits und derjenigen westlich-abendländischer und afrikanischer Menschen anderseits. Sandra Harding[141] schrieb dazu: "Was [Kenner afrikanischer und afroamerikanischer Kulturen] ... die afrikanische Weltanschauung nennen, weist verdächtige Ähnlichkeiten mit dem auf, was in der feministischen Literatur als spezifisch weibliche Weltanschauung ausgewiesen wird. Und was sie als 'europäisch' oder 'eurozentrisch' bezeichnen, hat verblüffende Ähnlichkeit mit dem, was Feministinnen als männlich oder androzentrisch

---

[138]  Vgl. Luhmann 1986:69ff und Rappaport 1968.

[139]  Luhmann 1986:70.

[140]  Harding 1990:148.

[141]  Harding 1990:178.

etikettieren. So scheinen, wenn man diese verschiedenen Darstellungen miteinander verbindet, Menschen (Männer?) afrikanischer Herkunft und (westliche?) Frauen sehr ähnliche Formen der Ontologie, Erkenntnistheorie und Ethik zu besitzen, und die Weltanschauungen ihrer jeweiligen Beherrscher scheinen sich ebenfalls zu gleichen". Daraus wird nicht selten der Schluss gezogen, "dass afrikanische Menschen einer im Westen als weiblich bezeichneten Weltanschauung anhängen, während zugleich und umgekehrt westliche Frauen eine Weltanschauung vertreten, die afrikanischen Menschen als afrikanisch gilt"[142]. Die Analogie kann noch weiter gezogen werden. So sind im rassistischen Denken oftmals die Kategorien "Männlichkeit" oder "männlich" und "Weiblichkeit" oder "weibisch" sowohl Ausdruck der Rasse *und* des Geschlechts, wobei die beiden ersten Begriffe positiv und die beiden letzten Begriffe negativ konnotiert sind[143]. Offensichtlich gibt es also im Verhältnis zwischen "afrikanischem Denken" und "westlich-europäischem Denken" ein ähnliches asymmetrisches Verhältnis wie zwischen "weiblich" und "männlich" in patriarchalen oder androzentrischen Gesellschaften[144].

Daraus folgt, dass Frauen für umweltethische Anliegen anders angegangen werden müssen - oder können - als Männer. Dies trifft mit grosser Wahrscheinlichkeit auch für umweltethische Argumentationen in religiösen Umfeldern zu.

Doch dies ist einfacher gesagt als getan. Bekanntlich gibt es in den meisten Religionen starke androzentrische Inhalte. Fast alle Religionen weisen eine deutlich patriarchalische Struktur auf. So wurden etwa die Frauen im Laufe der hebräischen Geschichte[145], über Jahrhunderte der christlichen Geschichte und auch in der späteren islamischen Epoche rigoros an den Rand gedrängt und auf den verschiedensten Ebenen diskriminiert. Damit besteht ein entscheidender Widerspruch zwischen wichtigen religiösen Inhalten und der Stellung der Frauen, bzw. den sozialen Geschlechterrollen. Weil gerade das Alltagsverhalten entscheidend von den Frauen geprägt wird,

---

[142] Harding 1990:179.

[143] Vgl. dazu auch Jäggi 1992:37ff.

[144] Zum Problem der Ethnizität und der ethnischen Identität vgl. Jäggi 1993c.

[145] Vgl. Ruether 1994:190.

reicht es nicht, umweltspezifische Inhalte und Anliegen über die traditionellen religiösen Kanäle voranzutreiben und an den traditionellen religiösen Glaubensinhalten festzumachen.

Offensichtlich muss gerade auch in Hinsicht der Umweltthematik in jedem einzelnen religiösen Kontext ein geschlechtsspezifischer Zugang gefunden und entwickelt werden.

In diesem Zusammenhang ist die Frage interessant, inwieweit für die Durchsetzung von umweltorientiertem Verhalten nicht nur eine kohärente ökologische Weltanschauung wichtig ist[146], sondern auch eine spezifisch öko-*feministische* Grundhaltung entweder als Teil einer solchen ökologischen Weltanschauung oder sogar als Basis dazu.

Vertreterinnen einer ökofeministischen Theologie und Spiritualität[147] haben vorgeschlagen, in Umkehrung des Gottes der semitischen monotheistischen Traditionen eine "Göttin" zu postulieren, "die wir für ein ökologisches Wohlergehen brauchen"[148]. Diese Göttin sei "eher immanent als transzendent, eher frauen- als männerzentriert, eher in Beziehung und interaktiv als dominant[149], eher mit verschiedenen Formen und Zentren als mit einer Form und einem Zentrum"[150]. Nach Meinung von Radford Ruether[151] muss eine ökologische Spiritualität drei zentrale Inhalte haben: Erstens die Vergänglichkeit des Ichs, zweitens die lebendige gegenseitige Abhängigkeit allen Seienden und drittens der Wert des Persönlichen in der Gemeinschaft. Dabei sind sowohl die Stimme Gottes, als auch diejenige Gaias (der Göttin) unsere eigenen Stimmen.

---

[146]  Vgl. Kapitel 5.2.1 und 5.3.1.

[147]  z.B. Ruether 1994:259.

[148]  Ruether 1994:259.

[149]  Allerdings wäre hier einzuwenden, dass es in verschiedenen Religionen weibliche Gottheiten gibt - wie z.B. Kali in Indien -, die durchaus auch brutale, dominante und gewalttätige Züge haben.

[150]  Ruether 1994:259.

[151]  Ruether 1994:263.

## 5.4 Religiöse Umweltethik und Politik: Das Beispiel der Internationalen Konferenz über Bevölkerung und Entwicklung ICPD

Wie wir gesehen haben[152] stellen sich unter anderem bei der Durchsetzung praxisorientierter Umweltnormen und nachhaltigen Handelns folgende Probleme: Einerseits die Anbindung umweltrelevanter Forderungen an die jeweils geltenden weltanschaulichen und religiösen Werte, anderseits die Notwendigkeit, geschlechtsspezifische Begründungen für solche Normen und Handlungsweisen zu entwickeln. Dazu kommt das Problem, dass Umweltforderungen besonders in Tabubereichen äusserst schwierig durchzusetzen sind.

Aus diesem Grund untersuchen wir im folgenden die Haltungen, Stellungnahmen und Handlungsstrategien religiöser Exponentinnen und Exponenten an der 1994 in Kairo durchgeführten Internationalen Konferenz über Bevölkerung und Entwicklung ICPD. Dies aus mehreren Gründen: Erstens ist die Bevölkerungsfrage zu einer der wichtigsten ökologischen Thematiken im globalen Rahmen geworden. Zweitens berührt die in Kairo behandelte Thematik ausgesprochene Tabubereiche (Sexualität, Verhütung, Abtreibung, Geschlechterrollen), und es ist darum wahrscheinlich, dass die bei der Analyse der ICPD zu erwartenden Schlussfolgerungen auch für Themen gelten, die weniger tabuisiert sind. Drittens haben wie kaum an einer anderen internationalen Konferenz religiöse Exponenten massiv in die Diskussion eingegriffen - und zeitweise sogar den Verlauf der Konferenz nicht nur stark beeinflusst, sondern sogar gefährdet. Viertens zeigte sich an dieser Konferenz exemplarisch, wie stark - und in vielen Punkten unversöhnlich - religiöse Weltanschauungen, Standpunkte und säkulare Grundhaltungen aufeinander prallen. Und fünftens zeigte sich an dieser Konferenz wie kaum je zuvor, wie stark die geschlechtsspezifischen Interessen in einzelnen Punkten auseinandergehen können.

Die Brisanz einiger aufgeworfener Fragen zeigte sich bereits in den Vorbereitungsdokumenten. So formulierte die International Women's Health Coalition in ihrem Vorbereitungstext - der von 25 renommierten Fachfrauen aus allen Kontinenten unterzeichnet wurde - unter anderem folgende Minimalforderungen:

---

[152] Vgl. Kapitel 5.2 und 5.3.

"3. Assure personally and locally appropriate, affordable good quality, comprehensive reproductive und sexual health services for women of all ages, provided on a voluntary basis without incentives or disincentives, including but not limited to:

- legislation to allow safe access to all appropriate means of birth control; ...

- nondirective conselling to enable women to make free, fully informed choices among birth control methods as well as other health services; ...

- management information systems that follow the woman or man, not simply the contraceptive method or service; ...

4. Develop and provide the widest possible range of appropriate contraceptives to meet women's multiple needs throughout their lives:

- give priority to the development of women-controlled methods that protect against sexually transmitted infections, as well as pregnancy, in order to redress the current imbalances in contraceptive technology research, development and delivery;

- ensure availability and promote universal use of good quality condoms; ..."[153].


Allerdings kritisierten Feministinnen an diesem Text unter anderem die Verknüpfung der Frauenrechte zur Selbstbestimmung der Reproduktion mit der Bevölkerungspolitik. Denn "population policy is sexist, racist und imperialist"[154].

Doch, wie Naila Kabeer[155] zu Recht betonte, war (und ist) die Position der Feministinnen - gerade auch in der Dritten Welt - in bezug auf den ursächlichen Zusammenhang zwischen Armut und Bevölkerungspolitik kontrovers. Damit besteht eine Parallele zur Position der Exponentinnen und Exponenten der verschiedenen transkulturellen Religionen.

Während einzelne Religionsangehörige deutlich eine offenere Haltung gegenüber Abtreibung und Verhütung vertraten, kritisierten andere - zum Teil äusserst massiv - alle Textstellen in den Entwürfen der Konferenz-Dokumente, welche ein Recht auf Abtreibung und Verhütung

---

[153] EPD-Entwicklungspolitik 22/1993c:c.

[154] Zitiert nach EPD-Entwicklungspolitik 22/1993b:d.

[155] Naila Kabeer in People & The Planet, Vol. 2/No. 1/1993. Zitiert nach EPD-Entwicklungspolitik 22/1993a:f/g.

nahelegten oder gar postulierten. So übte etwa Papst Johannes Paul II. am 21. April 1994 massive Kritik an der Internationalen Konferenz über Bevölkerung und Entwicklung in Kairo, weil sie angeblich "die Familie im Namen der Familie zu zerstören"[156] drohe. Der Heilige Stuhl wurde dabei von Bolivien, Honduras, Malta und Nicaragua unterstützt. Der Chefunterhändler des Vatikans, Diarmuid Martin, setzte vor und während der Konferenz alles daran, das 83seitige UN-Papier auf das Thema Abtreibung zu reduzieren[157]. Dabei bestand schon vor der Konferenz ein internationaler Konsens darüber, dass die Abtreibung auf keinen Fall als Methode der Familienplanung gefördert werden sollte. Abgesehen von einigen katholischen Hardlinern waren Christen, Hindus und Muslime bereit, das im Vorbereitungspapier enthaltene Konzept der Bevölkerungspolitik zu unterschreiben. Erstaunlicherweise tolerierte Diarmuid Martin im UNO-Text Kondome als Schutz gegen das HI-Virus[158], aber im Vorfeld der Konferenz taten die Vertreter des Vatikans alles, um das ICPD-Papier zu stoppen.

Trotz solcher Versuche, die ICPD zu sabotieren oder zur Abtreibungskonferenz umzufunktionieren, vertrat die Generalsekretärin der ICPD, Nafis Sadik, vor Konferenzbeginn die Meinung[159], dass die inhaltlichen Hauptanliegen des Konferenzpapiers auch von der Mehrzahl der Delegierten aufgenommen und diskutiert würden. Als Hauptpunkte nannte Sadik u.a. die Familienplanung, die Stärkung der Rolle der Frauen. Sie selbst war - wie sie erklärte[160] - vom Widerstand katholizistischer und islamistischer Kreise gegen das Dokument überrascht, stellte doch das Papier einen Kompromiss dar und verpflichtete niemanden zu einer bestimmten Methode der Familienplanung. Zentraler Diskussionspunkt waren die sogenannten "reproduktiven Rechte", also das Recht, über Zahl und Zeitpunkt der Geburten selbst zu entscheiden. Laut Sadik[161] war

---

[156] Neue Zürcher Zeitung vom 25. 4. 1994.

[157] Vgl. Christian Wernicke in Die Zeit vom 29. 4. 1994a.

[158] Vgl. Christian Wernicke in Die Zeit vom 29. 4. 1994a. Demgegenüber war Nafis Sadik der Meinung, der Vatikan toleriere Kondome auch als Schutz vor AIDS nicht (Sadik in Die Zeit vom 29. 4. 1994b).

[159] Vgl. Die Zeit vom 29. 4. 1994b.

[160] In Die Zeit vom 29. 4. 1994b.

[161] In Die Zeit vom 29. 4. 1994b.

diese Grundidee in der Vordiskussion von allen Regierungen - und auch vom Vatikan[162] - akzeptiert worden.


### 5.4.1   Christliche Positionen

Doch weil der Vatikan darin auch die Abtreibung enthalten sah, legte er sich quer. Obwohl der Vatikan nichts gegen die Stärkung der Rolle der Frau eingewendet hatte, wehrte er sich gegen die Anwendung von Verhütungsmitteln. Dazu Sadik[163]: Nach Meinung des Papstes "müssen die Menschen erzogen werden, damit sie seiner Moral folgen. Das sehen wir zum Beispiel bei dem Streit um Verhütungsmittel: Nach Ansicht des Heiligen Stuhls gibt es eben nur eine Methode, eine Schwangerschaft zu verhindern: regelmässige, periodische Enthaltsamkeit". Sadik warf der Katholischen Kirche vor, zwar im Prinzip einer Familienplanung zuzustimmen, aber über die Hintertür der Methode dazu diese Grundhaltung in der Praxis wieder zu negieren. Während verschiedenerorts Nonnen als Schutz gegen AIDS Kondome verteilen und die deutschen Bischöfe in einer pragmatischen Stellungnahme den Gebrauch von Kontrazeptiva zuliessen, beharrte der Papst auf seiner Haltung. Ulrich Pöner[164], wissenschaftlicher Mitarbeiter der Deutschen Bischofskonferenz, wies darauf hin, dass nur die jüdisch-christliche Tradition einen ausdrücklichen Befehl oder Auftrag zur Fortpflanzung kennt. Laut Genesis 1,28 sprach Gott zu den ersten

---

[162]   Eine grundsätzliche Ungleichheit zwischen dem Vatikan einerseits und den anderen christlichen Kirchen, aber auch allen anderen Religionen, lag darin, dass die römisch-katholische Kirche - in Form des Vatikanstaats - als einzige religiöse Instanz nicht nur an der Konferenz selbst, sondern auch an den entscheidenden Vorbereitungssitzungen, den PrepCom, als staatliches Rechtssubjekt vertreten war. Dies wog umso schwerer, als die vatikanische Delegation in den Vorbereitungssitzungen bis zum Überdruss intervenierte, und, als das Dokument nicht nach ihrem Gusto ausfiel, sich der Papst als "Staatsoberhaupt" an die Regierungen der Welt (vgl. Osservatore Romano vom 19. 4. 1994) und an den UNO-Generalsekretär wandte, um dagegen zu protestieren, dass die Ehe als Lebensgemeinschaft und die Familie als grundlegender Baustein der Gesellschaft nicht genügend gewürdigt worden seien. Ausserdem warf der Papst den Autoren des Dokuments vor, "sie wollten der ganzen Welt den Lebensstil der hochentwickelten Gesellschaften aufdrängen" (zitiert nach Peter 1994:7).

[163]   In Die Zeit vom 29. 4. 1994b.

[164]   Pöner in EPD-Entwicklungspolitik 16/1994e:63.

Menschen: "Seid fruchtbar, und vermehret euch, bevölkert die Erde". Doch Pöner[165] wies gleichzeitig darauf hin, dass durch die Verkündigung des unmittelbar bevorstehenden Reich Gottes durch Jesus Christus im frühen Christentum alle weltlichen Angelegenheiten - und damit auch die Frage der Nachkommen - relativiert wurde. Jesus selbst wies eheliche und familiäre Verpflichtungen scharf zurück, insoweit sie den Menschen daran hinderten, sich auf das Evangelium einzulassen. Die katholische Kirche schätzte zwar von Anfang an Ehe, Elternschaft und Familie postiv ein, kannte aber - zumindest innerhalb der zölibatären Tradition - ebenfalls eine grosse Hochschätzung der Jungfräulichkeit. Die Spannung zwischen diesen beiden Positionen war in der katholischen Tradition permanent. Katholische Theologen wie etwa Ulrich Pöner[166] vertraten die Meinung, dass die (katholische) Kirche voll hinter den Menschenrechten stehe, und zwar weniger aus pragmatischen Gründen, sondern weil die katholische Kirche "- nach einer Phase der problematischen Distanzierung gegenüber den Ansprüchen der Menschenrechte, vor allem im 19. Jahrhundert - die Korrespondenz zwischen dem Menschenrechtsgedanken und der eigenen Anthropologie erkannt" habe.

Im Gegensatz dazu nahm - und nimmt - der offizielle Vatikan in bezug auf Fragen der Bevölkerungspolitik, Ehe und Familie sehr einseitig Stellung[167]. Aussenstehende Beobachtungspersonen kritisierten die vatikanischen Stellungnahmen zum ICPD-Dokument als Sichtweise, welche letztlich weder die Integrität des Individuums, noch die Autonomie und Selbstbestimmung der betroffenen Menschen im Sinne der Menschenrechte ins Zentrum ihrer Überlegungen stelle. Vermutet wurde auch eine antimodernistische und körperfeindliche, dogmen-historizistische Sichtweise auf der einen Seite, und eine Ablehnung moderner, stärker individualisierter Lebensformen sowie frauenzentrierter, sozialkritischer und - teilweise - ökologisch ausgerichteter Denkweisen auf der anderen Seite. Nach Meinung verschiedener Konferenz-Beobachterinnen

---

[165] Pöner in EPD-Entwicklungspolitik 16/1994e:63.

[166] Pöner in EPD-Entwicklungspolitik 16/1994e:65.

[167] So warf der Papst dem Entwurf des Aktionsprogramms vor, die Familie zu manipulieren, vgl. Documentation catholique vom 15. 5. 1994:451.

betrieb der Vatikan eine eigentliche "Obstruktionspolitik"[168], die sich vor allem in der zweiten Konferenzhälfte auswirkte: "Der Frontalangriff des Vatikans begann mit der Forderung, den 'Zugang von Frauen zu sicheren Abtreibungsmöglichkeiten' zu streichen. Abtreibung zerstöre 'menschliches Leben' und dürfe 'nie eine akzeptable Familienplanungsmethode' sein. Schliesslich stellte man damit jedoch das gesamte Konzept von reproduktiver Gesundheitsversorgung - also Zugang zu Verhütungsmitteln, Betreuung von Müttern, Schutz vor sexuell übertragenen Krankheiten, Verantwortung von Männern für die Fortpflanzung und Sexualaufklärung von Jugendlichen - in Frage. Das Individualrecht auf Geburtenkontrolle - nicht nur bei (verheirateten) Paaren - sollte zu Fall gebracht werden. Letztlich erreichte der Vatikan, dass der Begriff 'reproduktive Rechte und Gesundheit' und alle damit zusammenhängenden Passagen, 'künstliche' Verhütungsmittel, sowie selbst das Wort 'Kondom' im Zusammenhang mit der AIDS-Prävention ... in Klammern gesetzt wurden, und damit in Kairo neu verhandelt werden müssen ..."[169]. Ausserdem wehrte sich die katholische Delegation gegen die Ausführungen des ICPD-Aktionsprogramms zur Familienstruktur. Die Feststellung, dass sich die traditionelle Rollenteilung zwischen den Geschlechtern zunehmend auflöst und immer mehr Haushalte von Frauen geführt werden, weshalb mehr Kindergärten, flexiblere Arbeitszeiten und andere Steuer- sowie Lohnstrukturen notwendig seien, damit auch die Männer vermehrt Verantwortung für Kinder übernähmen, empfand der Vatikan als Angriff auf die Familie als "natürliche Keimzelle der Gesellschaft"[170]. In seinen Vorbehalten zum Schlussdokument hielt der Vatikan fest, dass die Abtreibung nicht als Bestandteil "sexueller Gesundheit" aufzufassen sei, dass "Verhütung" und "Familienplanung" nicht in Methoden bestehen dürften, die der Vatikan ablehne, dass nur von verheirateten Paaren die Rede sei, nicht von "Paaren und Individuen"[171].

Doch diese Position kann nicht als "christliche", ja nicht einmal als einzige "katholische" Grundposition gelten: Ende 1993 schrieben die deutschen Bischöfe der römisch-katholischen

---

[168] Ingrid Schneider in Blätter des IZ3W vom Juni/Juli 1994.

[169] Ingrid Schneider in Blätter des IZ3W vom Juni/Juli 1994.

[170] Ingrid Schneider in Blätter des IZ3W vom Juni/Juli 1994.

[171] Vgl. Documentation catholique vom 16. 10. 1994:876.

Kirche in einem Papier: "Der Zusammenhang zwischen Armut und hoher Geburtenrate ist empirisch nachweisbar; Untersuchungen zufolge zeigt sich bei den ärmsten 40 Prozent der Bevölkerung in den Entwicklungsländern eine signifikant erhöhte Fruchtbarkeit ... Eine auf Verlangsamung des Bevölkerungswachstums ausgerichtete Politik muss die Ursachen für die Bildung grosser Familien angehen. Wegen des tiefgreifenden Zusammenhangs von Armut und hoher Kinderzahl besitzt die Bekämpfung der Massenarmut daher oberste Priorität"[172]. Monsignore John J. Strynkowski[173] betonte seinerseits die dringende Notwendigkeit, dass die Bevölkerungen der hochentwickelten Länder ihren "exzessiven Verbrauch der Ressourcen der Erde" einschränke. Ausserdem müssten die Menschen in den reichen Ländern einen höheren Teil ihres Einkommens der internationalen Hilfe zur Verfügung stellen, und sie müssten auch einer Verringerung ihres Profits zustimmen, um eine gerechte Handelspolitik und gerechte Löhne für die Arbeitenden in den Entwicklungsländern zu ermöglichen[174]. Strynkowski[175] warf dem ICPD-Dokument vor, sich zu einseitig auf Reproduktionsfragen auszurichten und die grösseren Zusammenhänge und entwicklungspolitischen Probleme auszuklammern: "What is much easier to do, however, and what I fear the Programme is doing, is to opt for a pragmatism that addresses symptoms rather than causes. Thus the Programme seeks to address the plight of women by expanding the availability of contraceptives and abortion without addressing the more fundamental issues of the commitment of developed countries to development, education and overall health care in developing countries. In this way the Programme simply capitulates to the greed and the consumer mentality of the peoples of the developed countries and their ignorance of and isolation from the distress of so many of the peoples of other countries"[176].

Eher überraschend ist der Vorwurf, das Aktionsprogramm respektiere die "Integrität des Geschlechtsaktes" nicht:

---

[172] Zitiert nach Petra Pfeifer in Publik-Forum vom 13. 5. 1994.

[173] Strynkowski in WCRP 1994k:74.

[174] Strynkowski in WCRP 1994k:74.

[175] Strynkowski in WCRP 1994k:76.

[176] Strynkowski in WCRP 1994k:76.

"If a Catholic humanism and, I suspect, a broadly religious humanism sees the permanent and exclusive bond of a man and a woman in the covenant of marriage as the privileged place for the actualization of the self of both and for the disclosure of transcendent meaning and destiny, then the same humanism will seek to exhibit a profound reverence for every aspect of married and family life, including obviously the equality and dignity of women. This reverence will include respect for the conscience of the husband and wife with regard to the number of children they plan to have. It will also seek to inculcate a respect for integrity of the sexual act. The Programme does not seem to acknowledge the legitimacy and viability of planning methods that respect the integrity of the sexual act."

Dabei sei der oftmals erhobene Vorwurf an die Katholische Kirche nicht zutreffend, sie würde die Gefahren eines unbeschränkten Bevölkerungswachstums nicht erkennen. Denn immerhin habe schon das Zweite Vatikanische Konzil festgehalten, verheiratete Paare sollten "fulfill their role with a sense of human and Christian responsibility and the formation of correct judgements through docile respect for God and common reflection and effort. In deciding the number of children they want they should take account of their marital, family and social circumstances"[177].

Jedoch scheine das ICPD-Dokument "willing to grant a universal right and access to abortion"[178]. Das sei ein Zugeständnis an die Lebensweise in den reichen Ländern des Westens: "If the developed countries allow themselves and are allowed by others to ignore the desperate physical, social and economic conditions of the vast majority of human beings, it is clear that they will also be allowed to ignore and destroy life in the womb. There is a consistency to injustice that stretches in its deadly consequences from those who are already born to those not yet born"[179].

Kritisiert wird also die westlich-säkulare Lebensweise, die fehlende Verantwortung für die Mehrheit der Menschen (im Süden) und die dortige Grundhaltung zum Individuum.

---

[177]  Aus: The Pastoral Constitution on the Church in the Modern World, zitiert nach Strynkowski in WCRP 1994k:77.

[178]  Strynkowski in WCRP 1994k:79.

[179]  Strynkowski in WCRP 1994k:79.

So sei kein Individuum autonom. Jede persönliche Entscheidung habe Auswirkungen auf die anderen. Diesbezüglich gebe es einige Zweideutigkeiten im Dokument, wenn es erkläre, dass "the empowerment and autonomy of women and the improvement of their political, social, economic and health status is a highly important end in itself"[180].

Ein Grundsatzdokument von Justitia et Pax Frankreich vertrat ausserdem die Meinung, dass der Einsatz von Verhütungsmitteln traditionellen Kulturen Gewalt antue, denn diese seien "culture de la vie"[181].

Viele Frauen in der katholischen Kirche vertreten eine prononciert andere Position. So kritisierte Violeta Sara-Lafosse, Professorin für Familiensoziologie an der Pontifikalen Katholischen Universtät von Peru, die päpstlichen Vorstellungen und Weisungen bezüglich Verhütungsmitteln als unzulässige Bevormundung katholischer Frauen der wenig gebildeten Unterschicht. Ausserdem basiere die Empfehlung der Enthaltsamkeit auf einer negativen Sicht der menschlichen Sexualität und auf einer Sicht, "die in der menschlichen Sexualität nicht das Werk Gottes sieht"[182]. Die Reduktion der Verhütungsmethoden auf den natürlichen Zyklus der Frau führe dazu, dass "aufgrund der Ungenauigkeit dieser Methoden die Liebesbeziehung des Paares in einem Klima der Angst und Unsicherheit statt[findet] und ... so die lustvolle Erfahrung der gegenseitigen Hingabe [zerstört]"[183].

Nach Meinung von Sara-Lafosse[184] machen gerade Frauen der sozialen Unterschicht - z.B. in Peru - in ihrem Alltag eine "ständige Erfahrung von sexueller Gewalt, weil ihre Ehemänner sie zu einer sexuellen Beziehung auch gegen ihren Wunsch, gegen ihre Ängste und gegen ihre Pläne zwingen"[185]. Ihre Situation unterscheide sich im Grunde nicht von derjenigen von Ordens-

---

[180] Strynkowski in WCRP 1994k:79.

[181] Documentation catholique vom 3. 7. 1995:627.

[182] Sara-Lafosse 1994:84.

[183] Sara-Lafosse 1994:84.

[184] Sara-Lafosse 1994:86.

[185] Sara-Lafosse 1994:86.

schwestern, die Gefahr liefen, vergewaltigt zu werden, und denen die katholische Kirche aus diesem Grunde erlaube, wirksame Verhütungsmethoden anzuwenden.

Von Seiten des Ökumenischen Rates der Kirchen (ÖRK) wurde äusserst differenziert argumentiert: Aruna Gnanadason, Frauenreferentin des ÖRK vertrat an einer Tagung der Evangelischen Akademie Hofgeismar die Meinung, dass die Welt ebensowenig ein unbegrenztes Bevölkerungswachstum ertragen könne, wie der Körper der Frauen unbegrenzt Schwangerschaften[186]. Der ÖRK betonte in einem Hintergrundpapier die Komplexität des Themas. Das Problem des Wachstums der Weltbevölkerung stehe im Spannungsfeld der Verantwortung des einzelnen und der Gesellschaft, der Armut, ihrer strukturellen Ursachen, der Menschenrechte und ungerechter Machtbeziehungen[187]. Die griffige Formel des "sustainable development" reiche nicht, während der Norden im Konsumismus schwelge, verstecke sich der Süden hinter dem Recht auf Entwicklung. Ausserdem löse die Tatsache, dass immer mehr Frauen ihre reproduktiven Rechte beanspruchten, bei den Männern - und den patriarchalischen Organisationen, zu denen auch die Kirchen gehörten - Angst aus. Und die evangelische Kirche Deutschlands schrieb dazu[188]: "Es ist ein Irrtum anzunehmen, das Problem der weltweiten Armut sei durch rigorosen Einsatz von Verhütungsmitteln zu lösen. Das Weltbevölkerungsproblem ist zuerst durch Armutsbekämpfung und Bildung in den Entwicklungsländern anzugehen". Grundsätzlich waren sowohl die katholische als auch die evangelische Kirche in Deutschland der Meinung, dass das grosse Bevölkerungswachstum in den Ländern des Südens nicht die Ursache, sondern die Konsequenz von Armut, Bedürftigkeit und Elend sind[189].

Hans-Balz Peter, der Leiter des (evangelisch-reformierten) Instituts für Sozialethik in Bern, wies darauf hin, dass die evangelisch-reformierten Gläubigen ein anderes Kirchenverständnis als die führenden Vertreter der römisch-katholischen Kirche hätten, das sich auch in der Art und Weise zeige, wie die evangelischen Kirchen mit ethischen - und ökologischen - Fragen umgingen:

---

[186] Vgl. EPD-Entwicklungspolitik 10/1994.

[187] Zitiert nach EPD-Entwicklungspolitik 10/1994.

[188] Zitiert nach Petra Pfeifer in Publik-Forum vom 13. 5. 1994.

[189] Vgl. Petra Pfeifer in Publik-Forum vom 13. 5. 1994.

"Ethische Fragen sind nach protestantischem Verständnis nicht kirchliche Lehrfragen - die reformierten Kirchen nicht 'Mutter und Lehrmeisterin' der Gläubigen. Umso wichtiger ist es, auch diese Perspektive zur Geltung zu bringen; denn ohne diese Ergänzung wird die vatikanische Position [gegenüber dem ICPD-Aktionsprogramm, Anm. C.J.] der ganzen Kirche, d.h. allen Kirchen zugerechnet. Was hier als Ergebnis einer abnehmenden konfessionellen Fixierung vieler Christen (und der Öffentlichkeit) erscheint, macht der Papst zum - man möchte meinen: vor-ökumenischen - Programm, wenn er in seinem offenen Protestschreiben an die Generalsekretärin der Kairoer Konferenz, Frau Nafis Sadik, zu wesentlichen Punkten des vorbereiteten Schluss-dikuments schreibt, dass 'die Kirche' dagegen sei"[190].

Hans-Balz Peter wehrte sich dagegen, die Bevölkerungsfrage - gleichsam reduktionistisch - als reine Frage der Sexualmoral oder des Fortpflanzungsverhaltens aufzufassen. Die ausschliessliche Konzentration der Diskussion auf Verhütungstechniken, Schwangerschaftsabbruch und vorehelichen Geschlechtsverkehr verschleiere das Hauptproblem und lenke vor allem auch von den Aufgaben der Länder des Nordens ab, nämlich der Reduktion des Konsumismus. Die zentrale ethische Frage angesichts der Bevölkerungszunahme und der Entwicklung sei: "Wie macht die Welt das Leben der 'unvermeidbaren Milliarden' lebenswert? Was muss vorgekehrt werden, dass die Erde dies nachhaltig erträgt?"[191] Dabei hätten der Norden und der Süden je ihre eigenen Aufgaben in der Bevölkerungsfrage zu lösen. Der Norden müsse Antworten entwickeln, wie ein Lebensstil und eine Wirtschaftsweise, ein Konsum- und Abfallverhalten erreicht werden könnten, welche nur sowenig Energie- und Ressourcenverbrauch sowie Umweltbelastung mit sich brächten, dass eine nachhaltige Entwicklung der gesamten Erdbevölkerung möglich sei. Im Süden sei darauf hin zu arbeiten, dass der Bevölkerungszuwachs durch individuelle und kollektive Verhaltens-

---

[190] Hans-Balz Peter 1994:1. "Evangelisches kirchliches Reden, egal von welcher organisatorischen Ebene, ist ... *nie unbedingte ethische Aussage*, sondern *bedingte*, die sich messen lassen muss an den Prüfsteinen der 'theologischen Sachlichkeit', wie ich die Schriftgemässheit interpretieren möchte, und der fachwissenschaftlichen Sachgemässheit. Insofern haben *die protestantischen Kirchen den päpstlichen Aussagen nie etwas formal Äquivalentes entgegenzuhalten*, kein absolutes Wort im Sinne des 'ein für allemal', ... sondern immer nur ein bedingtes, ein in diesem Sinn relatives Wort. Bereits in der sozialen Doktrin also leben Protestanten stets in einer Situation, welche die Katholiken erst 'unterhalb' der offiziellen kirchlichen Lehre kennen, in der Pluralität der theologischen Meinungen ..." (Peter 1994:6, Hervorhebung durch Peter).

[191] Peter 1994:2.

änderungen vermindert werde. Dazu sei primär durch eine tiefgreifende kulturelle und soziale Erneuerung der Gesellschaft der Lebensunterhalt aller Familien zu sichern und die kulturelle Position der Frauen zu verbessern, was mit der Erziehung und Ausbildung der Mädchen beginnen müsse. Im Bereich der Verhütung seien vor allem Mittel einzusetzen, welche die Männer stärker in Verantwortung nähmen. Genau wie die katholische Moraltheologie lehnte auch die evangelisch-reformierte Sozialethik staatliche Zwangsmassnahmen - vor allem für irreversible Verhütungs-methoden - ab. Dies deshalb, weil sie die Würde und Eigenverantwortung der Frauen verletzten[192].

Die amerikanische Biologin und protestantische Ethikerin Susan Power Bratton[193] führt die Schwierigkeiten christlicher Theologinnen, eine klare und konsensfähige Bevölkerungspolitik zu formulieren, darauf zurück, "dass Personen, die einen geistlichen Status angestrebt haben, zu verschiedenen Zeiten während der Kirchengeschichte entweder das Zölibat oder die überaus fruchtbare Fortpflanzung als Ideal betrachteten"[194]. Christliche Eltern hätten einerseits die Verantwortung, für Erben des Reiches Gottes zu sorgen. Anderseits sei aber dazu nicht nötig, leibliche Nachkommen zu haben. Im Neuen Testament ist nach Power Bratton[195] der Glaube das Kriterium, in das Reich Gottes einzutreten, und nicht (nicht mehr) die Elternschaft oder physische Eigenschaften. Trotzdem bilden nach Meinung von Power Bratton[196] folgende biblischen Werte die Grundlage für eine christliche Haltung zur Fortpflanzungsthematik:

- Fortpflanzung als Segen Gottes und Freude für die Menschheit, ohne aber Kinder als Ersatz für den Glauben an Gott zu betrachten,
- Wertschätzung der Kinder als Mitglieder der Familie und als Mitglieder des Reichs Gottes, unabhängig davon ob sie christliche (oder reiche) Eltern haben oder nicht,
- gleich grosse Wertschätzung für fruchtbare und unfruchtbare, für reiche und arme Menschen durch Gott,

---

[192]  Vgl. Peter 1994:3.

[193]  Power Bratton 1994:76ff.

[194]  Power Bratton 1994:77.

[195]  Power Bratton 1994:77.

[196]  Power Bratton 1994:77.

- besondere Sorge Gottes für Waisen und Witwen,
- die Verbreitung des Evangeliums, die Taufe und das Lehren (sowie Taten der Liebe und Barmherzigkeit) als wichtigste Mittel für das Wachstum des Reichs Gottes,
- Fehlen besonderer Richtlinien bezüglich der Zeugung einer grösseren oder kleineren Zahl von Kindern im Neuen Testament,
- keine Fixierung der Frau auf die Mutterschaft[197].

Für Länder mit hohem Bevölkerungswachstum stellte Power Bratton[198] vier Prinzipien auf, die in bezug auf die Familienplanung sowohl von christlichen als auch von nicht-christlichen Menschen beachtet werden sollten:

"- Eine Mutter sollte in der Lage sein, ein Kind in Sicherheit gebären und bis zur Selbständigkeit erziehen zu können. Eine hohe Kinder- und Müttersterblichkeit ist nicht wünschenswert.
- Alle sollten Zugang zu den grundlegenden Lebensvoraussetzungen wie Essen, Wasser, Kleidung, Unterkunft und Gesundheitsfürsorge haben. Ein Mangel an materiellen Mitteln zur Versorgung von Kindern und Erwachsenen ist unerwünscht.
- Ehepaare sollten Kinder haben dürfen, wenn sie dies möchten.
- Kinder sollten mit der Möglichkeit aufwachsen, eine Ausbildung, eine Arbeitsstelle oder eine andere sozial produktive Rolle haben zu können, zu heiraten und eine Familie zu gründen."

Aus christlicher Sicht sind - immer nach Power Bratton - folgende biblischen Prinzipien zu beachten:
- Jesus lehrte, dass jedes Kind im Reich Gottes willkommen sei, ohne Rücksicht auf seine Abstammung;
- der geistige Wert einer Person ist weder von der Zahl der Nachkommen noch vom Zivilstand abhängig, in der Gemeinschaft der Christen sind alle ein Teil der Familie Christi, entscheidend ist der Glaube;

---

[197] Power Bratton 1994:77/78.

[198] Power Bratton 1994:78.

- christliche Glaubensangehörige sollen ihre Nächsten lieben wie sich selbst, das gilt für alle Menschen, egal ob innerhalb oder ausserhalb der eigenen Familie;

- Christinnen und Christen müssen sich um die Witwen, Waisen, Fremden, Armen und Unterdrückten kümmern;

- das Neue Testament verlangt von den Menschen, die sich zum Christentum bekennen, gottesfürchtige Kinder zu erziehen und die frohe Botschaft anderen Menschen und Nationen weiter zu geben;

- die Erde und alle ihre Geschöpfe gehören Gott und wurden von ihm gesegnet;

- alle Menschen (und die Menschen christlichen Glaubens) haben eine Verantwortung sowohl für alle Mitmenschen, als auch für die Erde[199].

Für die Geburtenplanung und -verhütung sind nach Meinung von Susan Power Bratton[200] folgende Grundüberlegungen bedeutend: Es sollten keine Methoden der Geburtenkontrolle zur Anwendung kommen, die den Tod oder die Verletzung entweder der Eltern oder der Kinder zur Folge haben. Methoden der *Empfängnisverhütung* sind aus christlicher Sicht sinnvoll und zu bejahen. Verhütungsmittel, deren Auswirkung rückgängig gemacht werden kann, sind irreversiblen Verhütungsmitteln vorzuziehen. Falls gesetzliche Regelungen die Zahl der Kinder bestimmen, sollten nicht die Zahl der Geburten als Massstab nehmen, sondern die voraussichtliche Zahl der Kinder, welche die risikoreiche Zeit der frühen Kindheit überleben. Andernfalls laufen arme Eltern weit eher Gefahr, eines oder mehrere Kinder zu verlieren. Alle Bevölkerungsschichten - Reiche und Arme - sollten den gleichen Beschränkungen unterliegen. Bevölkerungsprogramme sollten vermeiden, weibliche Kinder bzw. Nachkommen zu diskriminieren. Erzwungene Sterilisation oder Abtreibung sind als zerstörerische Angriffe auf die Persönlichkeit abzulehnen. Eine gewisse Einschränkung des Heiratsrechtes (z.B. altersmässig oder hinsichtlich wirtschaftlicher Stellung

---

[199] Power Bratton 1994:79.

[200] Power Bratton 1994:79.

bzw. Einkommen) ist insofern zu akzeptieren, als dadurch nicht Frauen gezwungen werden, Kinder ausserhalb der gesetzlichen Ehe gebären zu müssen[201].

In der griechisch-orthodoxen Kirche besteht mehrheitlich die Meinung, dass Verhütungsmittel und Geburtenkontrolle bei verheirateten Ehepaaren zu akzeptieren sei, unter anderem deshalb, um den Gefahren zu grossen Bevölkerungswachstums vorzubeugen[202]. Dagegen spricht sich die orthodoxe Kirche praktisch einstimmig gegen die Abtreibung aus:

"The teaching of the Orthodox church has consistently opposed abortion, because it considers it a form of murder. Those who confess to the sin may be forgiven through he sacrament of holy confession, though the father confessor has wide discretion in the matter. Little flexibility exists in principle, with the main exception in ethical teaching being the saving of the threatened life of the mother. This position is documented in some of the earliest patristic material, such as the second-century Didache of the Twelve Apostles, and has been consistently repeated in numerous pronouncement to this very day"[203].

Hinsichtlich des zur Diskussion stehenden Aktionsprogramms der ICPD vertraten die Angehörigen der orthodoxen Kirche folgende Position: Die orthodoxe Kirche, welche die Familie und die Ehe als zentral für die soziale Stabilität ansieht und die Bildung der Kinder als Eckstein einer jeden Gesellschaft betrachtet, "will encourage conception control practices within marriage, while opposing the proposed solution of encouraging promiscuity among the young by accepting fostering universal conception control"[204]. Dem Dokument wurde also vorgeworfen, zur Promiskuität, also zu häufig wechselnden sexuellen Beziehungen mit verschiedenen Partnern, beizutragen. Ausserdem befürchteten orthodoxe Vertreter, das Dokument fördere die Zerstörung der Familie: "The Orthodox will encourage the education and uplifting of the social position of women, but not so that the family and its values are destroyed in the process of substituting

---

[201] Power Bratton 1994:79-81.

[202] Vgl. Stanley Samuel Harakas in WCRP 1994c:63.

[203] Vgl. Stanley Samuel Harakas in WCRP 1994c:64.

[204] Vgl. Stanley Samuel Harakas in WCRP 1994c:65.

extreme individualism for the denial of the personal integrity of women"[205]. Die orthodoxe Kirche unterstützte aber die Absicht der Konferenz, die Probleme des Bevölkerungswachstums und der Entwicklung in grösseren ökologischen Zusammenhängen zu verstehen. Der Schutz der Umwelt müsse dazu beitragen, die Produktivität der Erde langfristig zu erhalten.

Auch die amerikanischen Baptisten Daniel Heimbach, Richard Land und Ben Mitchell von der Southern Baptist Convention[206] formulierten eine Reihe von Grundprinzipien bezüglich Bevölkerungsfragen: Es sei davon auszugehen, dass jedes menschliche Leben heilig sei. Das bedeute, dass jedes menschliche Wesen den gleichen Wert und die gleiche Würde habe, unabhängig von Geschlecht, Alter, Entwicklungsstand, physischer und sozialer Situation, Erziehung und egal ob geboren oder ungeboren. Homosexualität sei aus der Sicht Gottes immer verabscheuungswürdig und homosexuelles Verhalten sei moralisch abzulehnen. Die (heterosexuelle) Familie sei die Grundlage der menschlichen Gesellschaft und beide Elternteile müssten verschiedenen Geschlechts sein. Ehemann und Ehefrau hätten zwar vor Gott den gleichen Wert und die gleiche Würde, doch hätten sie in der Ehe und Familie verschiedene Rollen auszuüben. Aussereheliche Sexualität sei abzulehnen. Die Regierung sei eine notwendige menschliche Einrichtung, doch sei deren Autorität nie absolut. Sie sei vielmehr immer Gott verantwortlich. Obwohl die wachsende Erdbevölkerung weise sein solle in bezug auf die Familienplanung und den Verbrauch der natürlichen Ressourcen, werde die Geschichte der Menschheit mit der Wiederkunft Jesu Christi und dem Gericht enden, und nicht als Folge der Überbevölkerung oder der Erschöpfung der natürlichen Ressourcen.

Mit anderen Worten: Ökologische Ziele wie Verminderung des Bevölkerungswachstums sind letztlich vor Gottes Wille sekundär, weil die menschliche Geschichte bereits vorbestimmt ist. Die baptistischen Vertreter erklärten sich schockiert darüber, dass der Entwurf des Aktionsprogramms unter breiten Begriffen wie "family planning", "reproductive services", "safe motherhood", "reproductive rights", "reproductive choice" und "fertily regulation" auch die Abtreibung

---

[205]  Vgl. Stanley Samuel Harakas in WCRP 1994c:65.

[206]  Die Southern Baptist Convention ist die grösste protestantische Kirche Nordamerikas mit mehr als 15,4 Millionen Mitgliedern, vgl. Heimbach/Land/Mitchell in WCRP 1994d.

miteinschliesse[207]. Sie verlangten von den Vereinten Nationen eine klare Zurückweisung der Abtreibung als Mittel der Familienplanung. Nach baptistischer Überzeugung ist die Abtreibung nur in ganz wenigen Fällen gerechtfertigt, nämlich dann, wenn das ungeborene Kind eine klare und offensichtliche Gefahr für das Leben der Mutter darstellt. Kinder - ob geboren oder ungeboren - stellten ein wertvolles und schützenswertes Gut einer jeden Gesellschaft dar. Jede Regierung müsse die verletzlichen Kinder vor jedem Schaden beschützen[208]. Die Entscheidung über die Erzeugung von Kindern in der Ehe sei eine moralische Verantwortung und nicht ein Recht das durch irgendeine menschliche Autorität geregelt werden könne. Nicht nur müsse - wie im Entwurf des Aktionsprogramms festgehalten - von den Regierungen darauf verzichtet werden, Quoten oder Ziele für die Familienplanung festzulegen, sondern auch jeder Versuch von Regierungen, die Entscheidung von Ehepaaren bezüglich der Zeugung von Kindern vorzugeben oder zu lenken, sei abzulehnen[209]: "We also urge that nothing be included in the Draft Programme that might lead a government to assume it could have a legitimate role in directing, managing, or controlling decisions by parents regarding whether or not to procreate". Ausserdem sei im Dokument die Bedeutung der gleichen Rolle und der gleichen Verantwortung der Ehefrauen gegenüber den Ehemännern in bezug auf den Entscheid, ob und wieviele Kinder sie haben wollten, zu betonen. Nach Auffassung der baptistischen Kirche soll sich die körperliche Sexualität auf heterosexuelle Ehen beschränken. Es sei Aufgabe der Regierungen, sich dafür einzusetzen, dass körperliche Sexualität weder ausserehelich noch zwischen Menschen gleichen Geschlechts stattfinde. Dies darum, weil die Sexualität keineswegs reine Privatsache sei[210].

---

[207] Heimbach/Land/Mitchell in WCRP 1994d:92.

[208] Heimbach/Land/Mitchell in WCRP 1994d:92.

[209] Heimbach/Land/Mitchell in WCRP 1994d:93.

[210] Heimbach/Land/Mitchell in WCRP 1994d:93.

## 5.4.2 Islamische Positionen

Auch im islamischen Umfeld bestehen Gegensätze zwischen gewissen Exponenten islamistischer Provenienz und der islamischen mainstream-Tradition. Wie - unter anderem auch in der Diskussion um das ICPD-Dokument - verschiedene Autoren unterstrichen[211], äussert sich der Koran nicht zur Empfängnisverhütung. Deshalb diskutierten muslimische Gelehrte diese Frage wiederholt, allerdings oft nicht nur im rein religiösen Sinn. So diskutierte zum Beispiel der Rechtsgelehrte Ghazali diese Frage weniger im strikt religiösen Sinn, sondern aus der Sicht der Biologie und der Ökonomie[212]. Die Mehrheit der muslimischen Theologen geht davon aus, dass schwangerschafts-verhütende Methoden angewendet werden dürfen. In der Hadith-Literatur[213] gibt es wider-sprüchliche Aussagen zum Coitus interruptus (*'azl*). Es gibt drei Hadith zu diesem Thema. Eines davon lehnt *'azl* ab, zwei lassen es zu, wobei das erstere ein "schwaches Hadith" ist[214]. Aufgrund der zwei letzteren Hadith - von denen einer als besonders gesichert und damit als gewichtig angesehen wird -, wonach coitus interruptus als erlaubt anzusehen sei, folgerten die meisten Gelehrten, dass auch moderne Schwangerschaftsverhütungstechniken erlaubt seien. Doch wird die Freude an der Sexualität als Gnadengabe Gottes für die Menschen betrachtet, wobei allerdings die Sexualität streng auf die Ehe beschränkt wird. Dabei liegt der Hauptzweck der Ehe in der Erzeugung von Nachkommenschaft, die ihrerseits - gestützt auf Sure 17,23[215] - verpflichtet wird,

---

[211] Z.B. Mohan in WCRP 1994g:9.

[212] Vgl. Mohan in WCRP 1994g:9.

[213] Hadith sind die schriftlich festgehaltenen Überlieferungen und Äusserungen Mohammeds.

[214] Die Hadith werden je nach Wahrscheinlichkeit der Authenzität als fundiert (*sahih*), also "stark" oder als "schwach" angesehen. Fundierte Hadith sind verbindlicher als "schwache" Hadith. Vgl. dazu Hassan in EPD - Entwicklungspolitik 16/1994c:57.

[215] "Und dein Herr hat bestimmt, dass ihr nur Ihm dienen sollt, und dass man die Eltern gut behandeln soll. Wenn eines von ihnen oder beide bei dir ein hohes Alter erreichen, so sag nicht zu ihnen : 'Pfui!', und fahre sie nicht an, sondern spricht zu ihnen ehrbietige Worte" (Koran 17,23).

die Eltern zu ehren und für sie zu sorgen. Interessant ist, dass das islamische Recht sogar die In-vitro-Fertilisation akzeptiert[216].

Demgegenüber verbietet der Koran ganz klar Mord und Kindesmord. So steht etwa in der Sure 6,151: "Sprich: Kommt her, dass ich verlese, was euer Herr euch verboten hat: Ihr sollt Ihm nichts beigesellen, und die Eltern gut behandeln; und tötet nicht eure Kinder aus Angst vor Verarmung - euch und ihnen bescheren Wir doch den Lebensunterhalt ..." Dies bezieht die islamische Tradition ganz klar auch auf den Schwangerschafts*abbruch*. Deshalb kritisierte denn auch die pakistanische Ministerpräsidentin Benazir Bhutto[217] ohne Wenn und Aber die im Text enthaltenen Hinweise zum Schwangerschaftsabbruch:

"Bedauerlicherweise enthält dieses Konferenz-Dokument einige schwere Makel, die in das Zentrum einer grossen Zahl von kulturellen Werten im Norden und im Süden, in der Kirche und in der Moschee zielen ... Diese Konferenz darf von den grossen Massen dieser Welt nicht als eine universelle soziale Charta gesehen werden, die sich bemüht, Unzucht, Abtreibung, Sexual-erziehung und ähnliche Dinge Individuen, Gesellschaften und Religionen aufzuerlegen, die doch ihr eigenes soziales Ethos haben ... Die Welt bedarf des Konsens. Einen Kulturkonflikt hat sie nicht nötig. Wenn es keinen Konsens geben kann, dann bedarf es der bewussten und breiten Akzeptanz und Anerkennung der Unterschiede. Ungerechtfertigte Szenarios von Auseinandersetzungen nützen der Menschheit nicht ... Der Islam betont sehr stark die Unantastbarkeit des Lebens. Daher lehnt er die Abtreibung als Mittel der Bevölkerungsplanung strikt ab. Der Islam befürwortet ein harmonisches Leben, das auf einem Fundament von ehelicher Treue und elterlicher Verant-wortlichkeit ruht. Lassen Sie mich ganz deutlich machen, dass die traditionelle Familie eine durch die Ehe geheiligte Gemeinschaft ist"[218].

---

[216] Vgl. Heine 1994:254. Dies ist auch die Meinung von Nawal H. Ammar (1994:92).

[217] Ob Bhutto dieses Statement lediglich aus taktischen Überlegungen und auf Druck pakistanischer Islamisten gemacht hat - wie ein Teil der Presse behauptete - darf bezweifelt werden: Zweifellos entspricht die von ihr geäusserte Haltung dem Empfinden eines Grossteils der Muslime.

[218] Zitiert nach der deutschen Übersetzung von Heine 1994:254.

Bemerkenswert an dieser Stellungnahme ist die gemeinsame Nennung von Sexualerziehung, Abtreibung und Unzucht - von denen letztere beide im Islam klar untersagt, erstere aber zumindest nicht eindeutig umschrieben bzw. nicht grundsätzlich verboten ist.

Bereits deutlich weniger gemässigt und grundsätzlicher äusserte sich das oberste Gremium saudischer (und wahabitischer) Islam-Gelehrter:

"Was das Dokument befürwortet, steht im Gegensatz zu den Lehren des Islam und zu all den Vorschriften, die von den Propheten aufgestellt worden sind. Es richtet sich gegen menschliche Natur und Moralität. Das Dokument ruft auf zu Unglauben und Abweichung vom richtigen Weg"[219].

Diese Theologen kritisieren nicht nur einzelne technische Punkte (Abtreibung) des Dokuments, sondern sie lehnen grundlegende Anliegen der Konferenz ab: Die im Dokument geforderte Gleichstellung von Mann und Frau in der Gesellschaft wird als nicht islamisch abgelehnt, und auch die im Dokument gestreiften Aspekte der Sexualethik werden grundsätzlich kritisiert.

Auch der Grand Shaikh von der Islamischen Forschungsakademie der Universität Al-Azhar, Sheikh Gad El-Haq Ali Gad El-Haq verurteilte mit harten Worten das mit Aktionsprogramm betitelte Konferenzdokument und warf ihm vor, Abtreibung, vorehelichen Geschlechtsverkehr und Homosexualität stillschweigend zu tolerieren, "which would undermine all values revered by monotheistic religions. The result would be the proliferation of fornication and the pernicious diseases that are transmitted by sexual contact"[220]. Ausserdem stelle das Dokument die Rolle der Familie als Grundbaustein der Gesellschaft in Frage. In bezug auf die Abtreibung lautete die Position der Islamischen Akademie, dass "the abortion of a foetus is strictly forbidden, even if it were the result of adultery or rape"[221]. Erlaubt sei Abtreibung einzig und allein, wenn die Mutter in Lebensgefahr schwebe. Daraus folgerte Sheikh Gad El-Haq: "Consequently, sanctioning abortion, apart from the above-mentioned case, contradicts the teachings of Islam even if it is

---

[219] Zitiert nach der Übersetzung von Heine 1994:255.

[220] Zitiert nach Al-Ahram Weekly vom 11. 8. 1994.

[221] Zitiert nach Al-Ahram Weekly vom 11. 8. 1994.

given other names such as family planning, reproductive health or sexual health"[222]. Die Akademie verlangte eine Überarbeitung des Dokuments, damit es den Vorstellungen des islamischen Gesetzes und der anderen Offenbarungsreligionen entspreche.

Doch die Haltung der Rechtsgelehrten von Al Azhar ist wesentlich differenzierter als dieses Statement zur ICPD vermuten lässt. So sprach sich Sheikh Abd as-Salam al-Gawhari, der Leiter des Instituts für islamische Rechtsgutachten an der Al Azhar-Universität wiederholt klar und deutlich für die Schwangerschaftsverhütung aus, so etwa bei Familienplanungsveranstaltungen: "Natürlich darfst du verhüten! Wer Kinder produziert ohne Ende, vergreift sich an Gott. Der Islam schützt die Familie. Aber sie hat die Pflicht, nicht mehr Kinder in die Welt zu setzen, als sie ernähren kann"[223].

Im Gegensatz zu Sheikh Gad El-Haq von Al-Azhar unterstützte der Grossmufti[224] der Republik Ägypten, Sheikh Mohamed Sayed Tantawi, das Aktionsprogramm der ICPD. Er erklärte, bei dessen Lektüre nichts gefunden zu haben, das zu anti-islamischem Verhalten aufrufe. Er betonte ausserdem, dass er "did not find in it any open call for free or perverted sex".

Auch die verbotenen Muslim-Brüder lehnten das Aktionsprogramm der ICPD ab. Interessant war die Begründung der ägyptischen Muslimbruderschaft, warum sie das ICPD-Dokument ablehnte: Wirkliche Ursache der Probleme in der Dritten Welt seien die politische, wirtschaftliche und soziale Entwicklung und nicht die Bevölkerungspolitik: "The population increase would not have represented a danger, had growth taken its natural course, but several factors have caused growth rates to drop below zero in many countries. These factors include political repression, rampant financial and moral corruption, the loss of confidence between the governments and peoples, the unavailablility of a climate that encourages investments,

---

[222] Zitiert nach Al-Ahram Weekly vom 11. 8. 1994. Demgegenüber vertrat der Grossmufti von Ägypten, Sheikh Mohamed Sayed Tantawi, die Meinung, zwar sei der Islam im Prinzip gegen Abtreibung, doch bei Lebensgefahr für die Mutter, nach Vergewaltigung, Inzest und in gewissen Fällen von unerwünschten Schwangerschaften, wenn das Paar Verhütungsmittel benutze und wirtschaftlich nicht in der Lage sei, ein Kind zu unterhalten, könne Abtreibung gerechtfertigt sein. Jedoch solle die Abtreibung sofort vorgenommen werden, wenn die Frau bemerke, dass sie schwanger sei; vgl. Al-Ahram Weekly vom 18. 8. 1994.

[223] Zitiert nach Michael Lüders in Die Zeit vom 5. 8. 1994.

[224] Vgl. Al-Ahram Weekly vom 18. 8. 1994.

the pillaging of natural resources ... These problems resulting from slow growth, including the population problem, cannot be addressed unless their root causes are dealt with", führte die Stellungnahme aus[225].

Diese - durchaus auch in linken Kreisen zu hörende Meinung[226] - scheint im Süden der Erde recht verbreitet. Bei einer Umfrage der Deutschen Welthungerhilfe unter NGO-Partnern auf der Süd-Halbkugel zeigte sich im Frühjahr 1994, dass diese Hilfsorganisationen mit der Frage der Familienplanung zwar von aussen (nördliche Hilfswerke, Regierungen usw.) konfrontiert wurden, aber nur in den wenigsten Fällen einen organisationseigenen differenzierten Standpunkt entwickelt hatten[227]. Es wurde kaum unterschieden zwischen nationalem oder regionalem Bevölkerungswachstum und Familienplanung als mögliche Lösungsstrategie einerseits und dem Recht auf Familienplanung der Betroffenen als Menschenrecht anderseits[228]. Als Ursachen des Bevölkerungswachstums nannten die befragten NGOs meist mehrere Faktoren, so Armut, fehlende soziale Sicherheit und Defizite im Ausbildungsbereich.

Weiter kritisierten die Muslim-Brüder[229], dass das ICPD-Dokument auf einer nicht-religiösen Ideologie beruhe, welche im Gegensatz zum Glauben an Gott und an das letzte Gericht stehe. Die Muslimbruderschaft lehnte deshalb das Aktionsprogramm der ICPD ab, bot aber "a serious and constructive dialogue with all, particularly the sons of other revealed religions with whom we are

---

[225] Zitiert nach Al-Ahram Weekly vom 25. 8. 1995b.

[226] So lehnten im Dezember 1993 auf dem Symposium "People's Perspectives on 'Population'" in Comilla, Bangladesh, 61 Frauen aus 23 Ländern jede Bevölkerungspolitik grundsätzlich ab: "Bevölkerungspolitik hat das Ziel, die Fruchtbarkeit und das Leben von Frauen zu bestimmen, denn noch sind es Frauen, die Kinder gebären. Bevölkerungspolitik ist rassistisch und beruht auf eugenischen Ideologien. Den einen wird das Recht auf Überleben zugesprochen, alle anderen werden für überflüssig erklärt: indigene Völker, schwarze Menschen, Behinderte. Bevölkerungspolitik hat zum Ziel, die Armen abzuschaffen, nicht die Armut. Bevölkerungspolitik ist imperialistisch. Sie verfolgt die Interessen der privilegierten Eliten im Norden und im Süden und dient der Aufrechterhaltung eines Lebensstils des Überkonsums" (zitiert nach Barbara Schmied in WochenZeitung vom 29. 4. 1994). Die zu rund zwei Dritteln aus Asien und zu einem Drittel aus Europa stammenden Konferenzteilnehmerinnen waren in Frauen-, Entwicklungs- und Gesundheitsorganisationen verschiedener Kontinente tätig.

[227] Dederichs-Bain In EPD-Entwicklungspolitik 9/1994a.

[228] Dederichs-Bain In EPD-Entwicklungspolitik 9/1994a.

[229] Vgl. Al-Ahram Weekly vom 25. 8. 1995b.

in agreement about faith in God and the Day of Judgement" an. Und dafür scheint das Dokument - trotz allen Mängeln[230] - eine brauchbare Basis zu bilden.

Eine Gruppe von muslimischen, mehrheitlich islamistischen Rechtsgelehrten warfen der ICPD vor, eine "zionistisch-imperialistische Verschwörung gegen die Muslime" zu sein[231]. Das ICPD-Dokument enthalte korrupte Ideen, die nicht nur gegen die Lehre des Islam, sondern auch diejenigen des Judentums und des Christentums verstiessen. Weil viele im Dokument enthaltene Ideen die islamische Lehre verletzten, bedeute eine Diskussion dieser Ideen in Ägypten eine Verletzung der (ägyptischen) Verfassung, welche festlege, dass die islamische Shar'ia die wichtigste Quelle der Gesetzgebung sei[232].

Doch welche Lehrmeinung vertritt der Islam zu den Fragen der Sexualität? Die Sexualität innerhalb der Ehe wurde bereits vom Propheten Mohammed ausdrücklich gutgeheissen. So berichtet eine Hadith folgende Äusserung des Propheten:
"When a husband and his wife look at each other lovingly, Allah will look at them with His merciful eye. When they hold hands their sins will drop down from between their fingers. When they engage in coitus they will be surrounded by prayerful angels. For every sensation of their delight there is a counterpart of a reward in Paradise for them, as huge as a mountain. If the wife conceives, she will have the rewards of a worshipper who is constantly engaged in prayers, fasting and in jihad, 'the struggle in the way of Allah'. When she delivers a child, only Allah knows the rewards stored for the parents in Paradise"[233].


Ausserehelicher Geschlechtsverkehr - *Zina* - gilt im islamischen Denken als schwere Sünde, er steht auf der Liste der schweren Sünden gleich an dritter Stelle, nach Ungehorsamkeit gegenüber Gott und Mord[234]. Auch Homosexualität zwischen Männern - *Liwat* - und zwischen Frauen - *Sihaq*

---

[230]  Vgl. dazu Krause in EPD-Entwicklungspolitik 9/1994b.

[231]  Vgl. Al-Ahram Weekly vom 25. 8. 1994a.

[232]  Al-Ahram Weekly vom 25. 8. 1994a.

[233]  Imam Zaid 1966:302. Zitiert nach Abdul Rauf in WCRP 1994a:100/101.

[234]  Abdul Rauf in WCRP 1994a:102.

- ist durch das islamische Gesetz verboten[235]. In bezug auf das Bevölkerungswachstum auf dem Planeten Erde vertreten verschiedene muslimische Theologen die Meinung, ein langfristiges Bevölkerungswachstum sei von Gott gewollt. So schreibt etwa Mohammad Abdul Rauf[236]:

"Islam is all for the increase of the number of the human inhabitants of Mother Earth. The more people, the more tongues that praise the name of Allah, the more hearts which remember Allah, the more His Divine Attributes function and are fulfilled, and the more His gracious and generous provisions are used and consumed".

Ausgehend von der Sure 11,6: "Und es gibt kein Tier auf der Erde, ohne dass Gott für seinen Unterhalt sorgen und seinen Aufenthaltsort und seinen Aufbewahrungsort kennen würde ..."[237], vertritt Mohammad Abdul Rauf[238] die Meinung, dass es falsch sei, Angst vor Knappheit oder Not zu haben. Der allmächtige Gott habe die Versorgung mit allen nötigen Gütern garantiert:

"Gott ist es, der die Himmel und die Erde erschuf und vom Himmel Wasser herabkommen liess und dadurch von den Früchten einen Lebensunterhalt für euch hervorbrachte. Und Er stellte in euren Dienst die Schiffe, damit sie auf dem Meer auf seinen Befehl fahren. Und Er stellte in euren Dienst die Flüsse. Er stellte in euren Dienst die Sonne und den Mond in unablässigem Lauf. Und er stellte in euren Dienst die Nacht und den Tag. Und Er liess euch etwas zukommen von allem, worum ihr batet"[239].

Unter Verweis auf weitere Koranstellen[240] weisen muslimische Gelehrte darauf hin, dass Gott den Menschen die Erde zur Nutzniessung überlassen hat und auch erwartet, dass sich die Menschen

---

[235]  Abdul Rauf in WCRP 1994a:102.

[236]  Abdul Rauf in WCRP 1994a:104.

[237]  Koran 11,6.

[238]  Abdul Rauf in WCRP 1994a:104.

[239]  Koran 14,32-34.

[240]  So z.B. Koran 50,6-11.

vermehren. Aus koranischen Quellen lässt sich also nicht ableiten, der Mensch solle übermässiges Bevölkerungswachstum vermeiden[241].

Es stellt sich die Frage, wie muslimische Frauen die islamische Position zur Frage des Bevölkerungswachstums, der Fortpflanzung und der Sexualität sehen. Nawal H. Ammar[242] vertritt die Meinung, dass der Koran die Fruchtbarkeitskontrolle - *Tahdid al Nasl* - verbietet. Das Bevölkerungswachstum wird nach Ammar[243] als Gottes Wille angesehen. Aus der Sure 22,5 - "Und Wir lassen, was Wir wollen, im Mutterleib auf eine festgesetzte Frist ruhen. Dann lassen Wir euch als Kind herauskommen. Dann (sorgen Wir für euch), damit ihr eure Vollkraft erreicht ..." - schliesst Ammar[244], dass die Menschen nicht in den natürlichen Zyklus eingreifen sollen. Gott sei allmächtig, und bestimme, wessen Kind ein Mädchen, wessen ein Junge sei[245]. Gott kontrolliert auch die verschiedenen Stadien der Schwangerschaft[246]. Nach Ammar ermutigt der Koran zur Zeugung von Kindern. Ausserdem verbietet er ganz klar die Kindstötung[247]. Verschiedene Hadith begrüssen die Zeugung einer zahlreichen Nachkommenschaft als Mittel zur Verbreitung und Ausdehnung des islamischen Glaubens[248]. Interessant ist der Hinweis von Nawal H. Ammar[249] auf die Tatsache, dass die islamische Praxis keine legale Adoption von Kindern kennt. Uneheliche Kinder können weder erben, noch enterbt werden.

---

[241] Zur den allgemeinen Positionen des Islam zu Umwelt und Ökologie vgl. Kapitel 6.2 in diesem Band sowie Jäggi 1993b:2-22.

[242] Ammar 1994:90.

[243] Ammar 1994:90.

[244] Ammar 1994:90.

[245] Vgl. Koran 42,49.

[246] Vgl. Koran 39,6. Ammar gibt diese Koranstelle folgendermassen wider: "Er schafft euch in den Schössen eurer Mütter, von Entwicklungsstufe zu Entwicklungsstufe, eine nach der anderen" (Ammar 1994:90)

[247] Koran 17,31.

[248] Ammar 1994:91.

[249] Ammar 1994:91.

Eine andere Muslima, Riffat Hassan[250], kritisierte die Meinung vieler Muslime, wonach der Koran ein vollständiger Kodex des Lebens sei. Der Koran sei weder eine Enzyklopädie noch ein Gesetzbuch. Primäre Absicht des Koran sei vielmehr, "das Bewusstsein seiner Beziehung zu Gott und dem Universum im Menschen zu erwecken"[251].

Muslimische Gelehrte haben - laut Ammar - aber zwischen Fruchtbarkeitskontrolle - *Tahdid Al Nasl* - und Fruchtbarkeitsregelung - *Tanzim Al Nasl* - unterschieden. Obwohl generell eine Fruchtbarkeitskontrolle abgelehnt werde, seien Methoden und Mittel empfohlen worden, um die Fruchtbarkeit zu regulieren und um die Gesundheit der Frau während der Stillzeit zu verbessern. Deshalb werde die Verwendung von Kondomen und Pessaren für die Fruchtbarkeitsregelung klar bejaht[252]. Demgegenüber vertreten einzelne muslimische Denker - so Sha'rawi - die Meinung, dass chemische Substanzen zur Empfängnisverhütung verboten seien. Auf jeden Fall sei aber die Empfängnisverhütung nach dem islamischen Grundsatz der "Förderung statt Verschlimmerung"[253] anzuwenden. Nach Nawal H. Ammar[254] ist Abtreibung im Islam dann erlaubt, wenn "das Wohlbefinden der Mutter bedroht" ist[255]. Weil nach islamischer Tradition der Fötus erst dann beseelt sei, wenn er sich bewege, sei die Abtreibung bis zum 120. Schwangerschaftstag erlaubt. Die Verwendung der Spirale oder die Sterilisation seien abzulehnen, da sie in den natürlichen Zyklus eingreifen[256].

---

[250] Riffat Hassan in EPD - Entwicklungspolitik 16/1994c:55.

[251] Muhammad Iqbal, zitiert nach Riffat Hassan in EPD - Entwicklungspolitik 16/1994c:55.

[252] Vgl. Ammar 1994:91.

[253] Ammar 1994:92.

[254] Ammar 1994:92.

[255] Also nicht das Leben, sondern bereits das "Wohlbefinden".

[256] Ammar 1994:92.

### 5.4.3  Buddhistische Positionen

Mettanando Bhikkhu[257] weist darauf hin, dass der Theravada Buddhismus aus mehreren verschiedenen Schulen besteht, die über einzelne soziale Fragen völlig verschiedene Auffassungen vertreten. Für alle buddhistischen Richtungen gelte aber, dass sie ein Gleichgewicht zwischen Moral und Macht aufwiesen. Für Buddhisten besteht in der Natur eine "certain kind of impartial and non-personified 'Absoluteness', which rewards those who are good and punishes those who are fallen, that which keeps things as they are, and that which maintains what we see as reality"[258].

Es lohnt sich, vom allgemeinen Verständnis des Menschen im buddhistischen Denken auszugehen:

"The state of humanity is highly valued in all schools of Buddhism alike. It is generally perceived as the result of a successful accumulation of merit, during the wandering of many lives of a person in the endless ocean of *Samsara*. In order to maintain this blessed state as a human being, one should follow the Ten Habits of humanity, namely, abstinence from killing, from stealing, from sexual misconduct, from telling lies and sarcastic speech, from abusive language, from gossiping, from covetousness, from vindictive thought, and to cultivate the Right View. Born as a human being, a person has certain code of morality to follow, which make him/her a fully responsible and mature individual. In Buddhism, a person never stands alone in a vacuum: he/she is three dimensional bonded to his fellows people by moral obligations, which need to be cultivated and properly maintained. According to the Buddhist perception, population is not merely a collection of independent individuals; rather, an aggregate of active moral agents who are bounded to each other and are dependent on each other, sharing common morality and obligation among each other"[259].

---

[257]  Mettanando Bhikkhu in WCRP 1994f:15.

[258]  Mettanando Bhikkhu in WCRP 1994f:16.

[259]  Mettanando Bhikkhu in WCRP 1994f:17.

Diese Sichtweise geht davon aus, dass die persönliche Entwicklung des einzelnen nicht ohne soziale Entwicklung stattfinden kann.

In der buddhistischen Denkweise gibt es zwei Arten von Veränderungen: "Dependent Origination of Becoming (*Paticcasamuppada Samudayavara*) and the Dependent Origination of Cessation (*Paticcasamuppada Nirodhavara*)"[260], wobei beide Zyklen für Veränderungen in unserem Geist und in der äusseren Umwelt verantwortlich sind. Damit besteht "Entwicklung" im buddhistischen Denken nicht in der Einführung von Neuerungen, oder in der Ersetzung eines Dinges durch ein anderes. Vielmehr ist mit Entwicklung "the causality for a change through social interactions which results in an improvement of personal attitude, social/self awareness, family integrity and responsibility, environment and mental well-being of the members of the society" gemeint.

Daneben gibt es aber auch praktische Anwendungshinweise dieser Prinzipien. Dabei ist zu berücksichtigen, dass es im buddhistischen Denken kein "ideales Modell" im Sinne eines Zieles von Entwicklung gibt, sondern eine Grundhaltung, die pragmatisch ist. "As pragmatism is one of the main principles of the religion: the religion put its emphasis on 'the Middle Way', which avoid extreme views of everything"[261]. Dabei wird erwartet, dass die soziale Anwendung der Grundsätze Buddhas die menschliche Gesellschaft schliesslich zu ihrem höchstmöglichen Stand führen wird - egal wie dieser auch genannt wird.

In Bezug auf die Sichtweise menschlicher Entwicklung im buddhistischen Denken ist von Bedeutung, dass die Entwicklung der Erde und der Menschheit als langer Prozess ethisch-moralischen Verfalls einer ursprünglich idealen geistig-spirituellen Gesellschaft bis zum heutigen Zustand aufgefasst wird:

"The story of Buddhist Genesis, ..., is the story of degradation of the ideal society to the present world of reality. Without the concept of the Supreme Being, the story fit in very well with the model of mutual causality, Dependent Origination, wherein, the mechanism of *Mangala*, was working in its reversed fashion. Sin and social discrimination are Bad Omens, which facilitated the

---

[260]  Mettanando Bhikkhu in WCRP 1994f:18.

[261]  Mettanando Bhikkhu in WCRP 1994f:19.

further decline of society and environment. To encounter the effect of Bad Omens, a Good Omen was introduced to prevent the further decline - the election of the first king who had the authority to discipline human society, so that rights and dignity of a person be respected"[262].

In der buddhistischen Vorstellung gelten Menschenrechte und menschliche Würde als Teil der natürlichen Welt. Menschenrechte und menschliche Würde sind also nicht Erfindungen oder Errungenschaften der menschlichen Gesellschaft. Jede Verletzung menschlicher Rechte und menschlicher Würde verstärken ihrerseits wiederum den Verfall sowohl der Gesellschaft als auch der Umwelt und Natur. Jeder einzelne Mensch sollte als "Good Omen" in der Gesellschaft wirken.

Somit setzt der *Mangala*-Buddhismus Entwicklung nicht mit Wirtschaftswachstum gleich, sondern mit "growth of healthy social interactions"[263]. Und zwar soziale Interaktionen, die Selbstverantwortung und die soziale Verantwortung, Intelligenz, persönliche Fähigkeiten, Kommunikationsfähigkeit, Harmonie in der Familie, soziale Wohlfahrt und Nächstenliebe, soziale und persönliche Disziplin, spirituelles Glück und geistiges Wohlergehen stärken. Aus diesem Blickpunkt sind wirtschaftliche Produktion und Konsum sekundär für menschliches Wohl und Umwelterhaltung. Die Weltbevölkerung kann bei grösserer sozialer Vorsorge mit geringerem Verbrauch natürlicher Ressourcen leben.

Was bedeutet dies alles aber nun für die Thematik der ICPD?

Zuerst einmal sieht der Mangala-Buddhismus - im Unterschied zu anderen Formen des Buddhismus - die Familie niemals als Last für eine Person an, sondern er betont die Bedeutung der Familie als "Good Omen" im Leben. Auch Fortschritte in Kunst, Wissenschaft und Technologie gelten als positiv für die Gesellschaft und für die gesamte Menschheit. Doch müssen sie allen Menschen zugute kommen.

Im buddhistischen Denken ist die Familie für alle Menschen eine spirituelle Schule für (ethisch) gutes Leben. Die kanonisierten buddhistischen Schriften erwähnen weder eine wünschenswerte

---

[262] Mettanando Bhikkhu in WCRP 1994f:25/26.

[263] Mettanando Bhikkhu in WCRP 1994f:28.

Zahl von Kindern, noch machen sie Angaben zum Sexualverhalten[264]. Jedoch sollen Vater und Mutter gemeinsam für das Wohlergehen der Kinder sorgen. Weil es klug ist, die Zahl der Kinder zu begrenzen, ist die häufigstes Technik zur Beschränkung der Kinderzahl die freiwillige Enthaltsamkeit in Form eines zeitlich beschränkten Enthaltsamkeitsgelübdes. Ausserdem gibt es Meditationsübungen zur Befreiung von sexuellen Begierden. Jedoch hat der Buddhismus keine Einwände gegen künstliche Verhütungsmittel, abgesehen von der Abtreibung, die als Mord betrachtet wird[265]. Dies darum, weil nach buddhistischer Auffassung menschliches Leben mit der Empfängnis beginnt. Einzige Ausnahme, in welcher eine Abtreibung erlaubt sei, bestehe dann, wenn das Leben der Mutter durch die Schwangerschaft bedroht ist[266].

Nach Meinung von Mettanando Bhikkhu[267] sollten die Eltern in voller Verantwortung über die Zahl ihrer Kinder entscheiden, während die Regierungen und NGOs ohne Einschränkungen für die Familienerziehung und die öffentliche Aufklärung und Beratung verantwortlich sein sollten. Regierungen und NGOs sollten aber auf keinen Fall die Zahl der Kinder festlegen können.

Ein anderer Vertreter des Buddhismus, P. D. Premasiri[268], unterstrich die Bedeutung guter Gesundheit in traditionellen buddhistischen Gemeinschaften: "In Buddhist communities good health has traditionally been considered one of the greatest gains of a human being (*arogya parama labha*). A lengthy span of life beyond at least eighty years is considered a great blessing". Weil der Buddhismus sehr wohl die Bedeutung materiellen Wohlergehens betont, und weil die Eltern moralisch für das Wohlergehen der Kinder verantwortlich sind, schliesst Premasiri[269], dass es unverantwortlich sei, Kinder zu erzeugen, wenn die Mittel fehlten, diese auf genügende Art und Weise zu versorgen. Doch sei die klare Einschränkung zu machen, dass sowohl das Ziel der Bevölkerungskontrolle als auch die Mittel ethisch einwandfrei sein müssten. Unmoralisch sei nach

---

[264] Vgl. Mettanando Bhikkhu in WCRP 1994f:31.

[265] Mettanando Bhikkhu in WCRP 1994f:32.

[266] Allerdings gibt es andere Meinungen zur Abtreibungsfrage. Vgl dazu weiter unter Gross 1994:99.

[267] Mettanando Bhikkhu in WCRP 1994f:32.

[268] Premasiri in WCRP 1994i:46.

[269] Premasiri in WCRP 1994i:49.

buddhistischer Auffassung etwa die Abtreibung, weil sie gegen das Prinzip der Unverletzbarkeit des Lebens verstosse. Es gebe aber keinen sinnvollen Einwand gegen den Einsatz von Verhütungsmitteln in einer buddhistischen Gemeinschaft. Jedoch hätte der Buddhismus Einwände gegen den Einsatz von Verhütungsmitteln zum Zwecke der Erhöhung sinnlichen Genusses[270].

Gier, Bosheit und Unwissen sind nach Meinung des Buddhismus die Ursachen von allen falschen Verhaltensweisen. Sie sind die Wurzeln des menschlichen Elends. Deshalb muss jede nachhaltige Entwicklung darauf abzielen, Gier, Bosheit und Unwissen zu verringern. Letztes Ziel der menschlichen (und spirituellen) Entwicklung ist "peace of mind"[271].

Einen etwas anderen Gesichtspunkt vertritt die nordamerikanische Buddhistin Rita M. Gross, Professorin an der University of Wisconsin in Eau Claire. Ihrer Ansicht nach bezweckt der Buddhismus unter anderem, alles sexuelle Fehlverhalten zu vermeiden, unter anderem ausbeuterische sexuelle Beziehungen und die Zeugung von unerwünschten Kindern oder von Kindern, um die sich die Eltern nicht genügend kümmern können[272]. Aus diesem Grund vertritt sie eine Beschränkung der Fruchtbarkeit auf globaler, gesellschaftlicher und individueller Ebene. Vor allem seien bei der Fortpflanzung Mass zu halten, ein "mittlerer Fortpflanzungsweg" anzustreben, alle egozentrischen Motive aufzugeben und das Wohl aller Lebewesen im Auge zu behalten. Das bedeute für buddhistische Nonnen und Mönche das Zölibat, bei Laien die Einhaltung der entsprechenden kulturellen Normen. Deshalb werde Polygynie (Ehe eines Mannes mit mehreren Frauen), Polyandrie (Ehe einer Frau mit mehreren Männern) und Monogamie immer dort erlaubt, wo die betreffende Gesellschaft dies ebenfalls tue. Nach Gross[273] ist "achtsame Sexualität" wünschenswert, einschliesslich der Empfängnisverhütung. Ob Abtreibung bei unerwünschten Schwangerschaften erlaubt sei, ist - laut Gross[274] - bei den Buddhisten umstritten. Viele buddhistische Lehrer vertreten allerdings die Meinung, es sei unmöglich, feste Regeln betr.

---

[270] Premasiri in WCRP 1994i:50.

[271] Premasiri in WCRP 1994i:51.

[272] Gross 1994:98.

[273] Gross 1994:99.

[274] Gross 1994:99.

Abtreibung zu formulieren. Zentrale Norm in buddhistischen Augen ist das Prinzip des Nicht-Schaden-Zufügens, was je nach Situation für oder gegen eine Abtreibung sprechen kann.


### 5.4.4   Hinduistische Positionen

Der Hindu Anand Mohan[275] nannte in seinen Überlegungen zur ICPD zwei zentrale Ziele, welche der *grihasta* - der Haushälter - zu verfolgen habe: Nämlich *artha*, Reichtum, und *kama*, Liebe und Vergnügen. Bereits mittelalterliche hinduistische Denker betonten die Bedeutung von Reichtum: Nicht nur führe Reichtum zu körperlich-physischem Wohlbefinden, sondern er verschaffe Macht, Prestige und soziale Anerkennung. Deshalb sei das hinduistische Denken weit davon entfernt, Geld als die Wurzel allen Übels anzusehen. Kama sei das Ziel eines jeden normalen Menschen. Es bestehe im Vergnügen, das von den fünf Sinnen und vom Geist (mind) her komme. Deshalb wird die Sexualität bejaht und genossen: "Sexual activity was considered the most desirable and legitimate form of seeking pleasure"[276]. So schrieben etwa Autoren der *kama shastra* - so Vatsyayana - systematisch und explizit über Sex. Entsprechend waren Gesundheit, Kraft und langes Leben in den Augen der hinduistischen Medizin, der *Ayurveda*, sowohl aus spirituellen Überlegungen als auch zum Zweck menschlichen Glücks zentrale Werte.

In bezug auf Empfängnisverhütung gilt die *Caraka Samhita* als hinduistisches Standardwerk der klassischen Periode des Hinduismus. Die hinduistischen Frauen kannten eine lange Tradition von natürlichen Methoden der Empfängnisverhütung. Demgegenüber verurteilen alle - kanonisierten - *sruti* Texte, so etwa die *Veden* und die *Upanishaden*, aber auch alle *smrti*-Texte, also die kommentierenden und nicht-kanonisierten Texte, die Abtreibung als moralisch unzulässig und als verabscheuungswürdige Tat[277]. Die Upanishaden und viele kommentierende Texte verurteilen die Abtreibung einhellig und vehement als *himsa* oder gewaltsame Verletzung.

---

[275]   Mohan in WCRP 1994g:2.

[276]   Mohan in WCRP 1994g:2.

[277]   Vgl. Mohan in WCRP 1994g:4/5.

Demgegenüber gilt eine Missgeburt als ethisch neutrales Ereignis. Einzig an einer Stelle der *Susruta Samhita* wird die Abtreibung als Ausnahme zugelassen, wenn nur so das Leben der Mutter gerettet werden kann[278].

Der Hinduismus betont die Notwendigkeit, Frauen zu respektieren und zu ehren: "Women must be honored and adorned by their fathers, brothers, husbands, and brothers-in-law who desire great good fortune. Where women, verily, are honored, there the gods rejoice; where, however, they are not honored, there all sacred rites prove fruitless"[279].

Im Hinduismus war (und ist) die Erzeugung von Kindern nicht Privatsache, sondern eine öffentliche Pflicht[280]. Die gesellschaftlichen Normen legten seit je her Wert auf grosse Furchtbarkeit. Hohe Fruchtbarkeit galt unter anderem deshalb als notwendig, weil sich die Stärke einer Familie in der Zahl ihrer Mitglieder zeigte. Hohe Fruchtbarkeit erhielt im Laufe der Zeit religiös verpflichtenden Charakter[281]. So bejaht die hinduistische Hochzeitszeremonie *Dharma* (die Erfüllung der religiösen Verpflichtungen), *Praja* (Nachkommen) und *Rati* (sexuelles Verlangen)[282]. Die indische Soziologin Ramala M. Baxamusa[283] umschrieb den Stellenwert vorehelichen Geschlechtsverkehrs im Hinduismus folgendermassen: "Im Hinduismus ist vorehelicher Geschlechtsverkehr eine Sünde. Der Weg des Karma konnte nur innerhalb der Ehe begangen werden. Sollte es aber dennoch zu einer vorehelichen Schwangerschaft kommen, galt aufgrund des Gewohnheitsrechtes die Regel, dass die erste Fruchtbarkeit nicht verschwendet werden sollte. Deshalb wurde auf der Heirat mit dem Liebhaber bestanden, und wenn dies nicht möglich war, wurde die Frau mit einem Mitglied der erweiterten Familie verheiratet". Bis vor kurzem waren ausserdem Glaubensüberzeugungen verbreitet, welche die Verheiratung der Mädchen vor

---

[278] Mohan in WCRP 1994g:6.

[279] Manusmriti, zitiert nach Mohan in WCRP 1994g:6.

[280] Mohan in WCRP 1994g:7.

[281] Vgl. Baxamusa 1994:94.

[282] Vgl. Baxamusa 1994:95.

[283] Baxamusa 1994:95.

Einsetzen der Pubertät verlangten. So glaubten nicht wenige Hindus, der Vater sei verantwortlich für den "Mord" an jedem Fötus, der infolge Monatsmenstruation nicht ausgetragen wurde[284]. Im 19. Jahrhundert wurden Mädchen im Alter zwischen 5 und 7 Jahren verheiratet. 1929 erkämpften Sozialreformerinnen in Indien das erste Gesetz zur Einschränkung der Kinderheirat, das jedoch kaum befolgt wurde. 1955 wurde ein Gesetz in Kraft gesetzt, welches das Heiratsalter für Frauen auf 15 und für Männer auf 18 Jahre anhob[285].

Im hinduistischen Denken hat die Ehe für Männer und für Frauen unterschiedliche Bedeutung. Für beide bleibt der Eintritt ins Leben ohne Ehe unvollständig. Für die Männer der Brahmanenkaste steht die Heirat an oberster Stelle. Nach der Phase des Lernens - *Bramhacharyashram* - folgt die Phase des Haushälters - *Grihathashram* -, in der er für seine Frau und seine Kinder zu sorgen hat. Während aber dem Mann Wiederheirat erlaubt ist, verbietet der Hinduismus der Frau eine zweite Heirat[286]. Von einer Witwe wird erwartet, ein Leben voll Askese und Kummer zu führen. Scheidung und auch Wiederverheiratung für Witwen sind erlaubt, aber nach wie vor äusserst selten.

Mahatma Gandhi empfahl, im Einklang mit dem Hinduismus keine Kontrazeptiva zu benutzen. Das Ehepaar sollte vielmehr die Rhythmusmethode anwenden und sich dann, wenn die gewünschte Familiengrösse erreicht war, des Geschlechtsverkehrs enthalten[287].

Wenn der Mann das vierte spirituelle Entwicklungsstadium, das Sanyasi, erreicht, lebt er zölibatär[288]. Daneben gibt es auch rituelle Gebote, um die Fruchtbarkeit zu begrenzen. So soll gemäss des Shastras jedes Paar während 100 Tagen im Jahr enthaltsam sein[289].

---

[284]  Nach Baxamusa 1994:95.

[285]  Vgl. Baxamusa 1994:95/96.

[286]  Vgl. Baxamusa 1994:96.

[287]  Vgl. Baxamusa 1994:97.

[288]  Vgl. Baxamusa 1994:97.

[289]  Vgl. Baxamusa 1994:97.

## 5.4.5   Jüdische Positionen

Nach Meinung von Blu Greenberg[290] zieht sich das Anliegen, die Erde zu bevölkern und das Leben heilig zu halten, wie ein roter Faden durch die heiligen Schriften des Judentums. Eine grosse Nachkommenschaft gilt als Versprechen für die Zukunft:

"In the very first encounter with Abraham, God said, 'Go out from your land and the place of your birth and the house of your father unto the land that I shall show you. And I will make of you a great (large) nation, and I will bless you ... (Genesis 12:1 ff). In return for an act of faith by Abraham to set off into the unknown, he is promised the reward of a large population. Indeed, when Abraham despairs of the continuity of his line, God reassures him: 'Look up at the sky and count the stars, if you can possibly count them ...That is how numerous your descendants will be.' (Genesis 15:5) The need to populate the world as a statement of importance and sacredness of life is a central thread throughout the narrative of Genesis: the first instruction to Noah and his family after the flood; the substance of the Abrahamic covenant, ' ... and I will increase you greatly ... and you will be the father of a multitude of nations' (17:2ff.); the plea bargaining of Abraham with God to save each individual righteous soul of Sodom; the tale of the two daughters of Lot who lie with their drunken father in order to repopulate the world; the trauma of barrenness of three of the matriarchs and the celebration of fecundity of the other; the sin of Onan who spilled his seed outside of the womb instead of using it to procreate. All of these stories can be understood at many different levels, but one of them is the elemental value of life, i.e., the sheer need for numbers"[291].

Das erste der 613 Gebote der Torah betrifft selbst die Fortpflanzung: "Seid fruchtbar, vermehrt euch, erfüllt die Erde und erobert sie!"[292].

---

[290]   Greenberg in WCRP 1994b:135.

[291]   Greenberg in WCRP 1994b:135.

[292]   Nach der englischen Übersetzung von Greenberg in WCRP 1994b:135.

Die Meinungen in der jüdischen Tradition und unter den jüdischen Rabbis ist unterschiedlich was die Zahl der wünschbaren Kinder in der Familie betrifft. Während einzelne zwei Kinder - wenn möglich ein Mädchen und ein Junge - als optimal ansehen, schlagen andere bis vier Kinder vor. Mehrheitlich wird die Meinung vertreten, dass jeder Mensch sich selbst ersetzen solle auf der Erde, damit bei seinem Tod nicht weniger Leben auf der Erde ist als bei seiner Geburt. "One who has not engaged in the mitzvah of procreation, it is as if he has diminished the image of God in the World", sagten die Rabbis in einem Kommentar[293]. Die Unmöglichkeit eines Paares, Kinder zu bekommen, war ein legitimer Scheidungsgrund, wenn ein Ehepartner dies wünschte[294].

Auch die jüdischen Gesetze der Familienreinheit, der Regelung der sexuellen Beziehungen zwischen Ehemann und Ehefrau, sind - laut Greenberg[295] - klar auf eine Bevölkerungszunahme hin ausgerichtet. Nicht nur während der Monatsblutung der Frau, sondern zusätzlich während einer anschliessenden Zeitdauer von zwölf Tagen - der *niddah* - ist sexuelle Abstinenz vorgeschrieben. Diese Phase sexueller Enthaltsamkeit endet mit dem Ritual des Eintauchens in das *mikveh*, in das reinigende Wasser. Danach wird der Geschlechtsverkehr wieder aufgenommen. Interessant daran ist - nach Meinung von Greenberg[296] - die Tatsache, dass die *niddah* genau mit den unfruchtbaren Tagen der Frau zusammenfallen.

Im Zusammenhang mit dem (religiösen) jüdischen Konzept von sozialer und ökonomischer Entwicklung weist Greenberg[297] darauf hin, dass in jüdischen Augen wirtschaftliche Entwicklung und soziale Gerechtigkeit unerlässlich sind im Königreich Gottes.
"In its projection of the model society in which Israel should live in the land of Israel, the Pentateuch recognizes private property and the inescapable inequality which accompanies it. But it makes clear that its ideal is the equality of all humans. The Torah's equality principles include: equal justice before the law and equal start in the race of life. Each family was given an equal share

---

[293]   Vgl. Greenberg in WCRP 1994b:136.

[294]   Vgl. Greenberg in WCRP 1994b:136.

[295]   Greenberg in WCRP 1994b:136.

[296]   Greenberg in WCRP 1994b:136.

[297]   Greenberg in WCRP 1994b:140.

of land corresponding to its numbers; so as to eliminate extreme poverty and inequality, loans without interest were given to the needy and debt was wiped out every sabbatical year lest the debtor become enslaved. The family was enjoined to help during economic adversity so that the individual would not need to resort to selling the land. The land was not permitted to be sold permanently and was redistributed to all, equally, every fifty years in the Jubilee"[298].

Welche Haltung vertreten nun aber Angehörige der jüdischen Glaubenstradition gegenüber der Familienplanung und gegenüber den Verhütungsmitteln? Greenberg[299] weist darauf hin, dass die heilige Schrift der Juden für den sexuellen Höhepunkt beim Geschlechtsverkehr zwischen Ehemann und Ehefrau und für die letzte religiöse Erfahrung in der Gotteserfahrung das gleiche Wort, nämlich *yadoah*, benutzt wird. Die Liebesvereinigung zwischen Mann und Frau bringt gleichsam "the fullness of their own image of God" hervor[300]. Entsprechend werden Familie und Kinder als die höchste menschliche Erfüllung gepriesen. Doch sollten Liebe, Sexualität und Beziehungen - als Grundpfeiler der Lebensqualität - nicht durch die Zahl der Kinder ausser Kraft gesetzt werden. Wäre dies der Fall, würden die Kinder nicht den ihnen zustehenden Respekt als Ebenbilder Gottes bekommen. Die Kinder würden ihre Würde als Menschen nicht voll realisieren können. Aus diesem Grund erlaubt der Judaismus trotz seiner klaren Lebensbejahung Geburtenkontrolle und - unter gewissen Umständen - die Abtreibung. Die jüdische Tradition definiert Sexualität unabhängig von der Erzeugung von Nachkommen[301].

Interessant in der jüdischen Tradition ist die Tatsache, dass die sexuelle Befriedigung der Frau eine von vielen anderen Verpflichtungen ihres Ehemannes ist[302]. Das Gesetz der *onah* geht davon aus, dass die Frau sexuelle Bedürfnisse hat, die unabhängig von der Erzeugung von Nachkommen sind. Weil das Prinzip sexueller Lust der Frau von Bedeutung ist, wird die Rhythmus-Methode zur

---

[298] Greenberg in WCRP 1994b:140.

[299] Greenberg in WCRP 1994b:141.

[300] Greenberg in WCRP 1994b:141.

[301] Vgl. Greenberg in WCRP 1994b:142.

[302] Und den in Exodus 21,7-11 genannten Pflichten gleichwertig.

Geburtenkontrolle abgelehnt[303]. Ein weiterer Faktor ist *hash'kha'tat zeh'rah,* "the improper emission of semen. This was linked both to Onanism, wasting of seed, and to onah, a woman's sexual pleasure. Thus coitus interruptus was disallowed as a measure of birth control"[304]. Während die jüdische Tradition eingenommene pflanzliche und chemische Mittel zur Empfängnisverhütung kennt und bejaht, wurde und wird die Sterilisation abgelehnt, weil sie als Verstümmelung des Körpers angesehen wird[305].

Weil dies als "Vergeudung von Samen" gilt, dürfen die Männer keine auf sie bezogenen Verhütungsmittel anwenden. Einige Rabbis haben allerdings die Benutzung von Kondomen mit dem Argument erlaubt, dass ein derartiges Verbot der Anwendung von Kondomen in der gegenwärtigen Situation (AIDS) ein Risiko für das Leben darstelle[306].

In der jüdischen Tradition wird Abtreibung nicht als Mord verstanden und geht auf Exodus 21,22 zurück. Wenn ein Mann eine schwangere Frau verletzt und das ungeborene Kind stirbt, zahlt er lediglich Schadensersatz[307]. Trotzdem ist Abtreibung im allgemeinen nicht erlaubt, ausser unter bestimmten Bedingungen: "If a woman suffers hard (life endangering) childbirth, we are, if necessary, to dissect the child in her womb and bring it out piece by piece, for her life takes precedence over its life. If the greater part of the child has emerged, we may not touch it, for we are not permitted to take one life for another"[308]. Weil bis zur Geburt des Kindes das Leben der Mutter das Primäre ist, gibt es im Judentum keine Diskussion über das Recht des Fötus auf Leben. Die Tradition betont ganz klar, dass zwischen dem Leben des Fötus und dem Leben des Neugeborenen ein bedeutender Unterschied besteht.

---

[303]　Nach Greenberg in WCRP 1994b:143.

[304]　Greenberg in WCRP 1994b:143.

[305]　Greenberg in WCRP 1994b:143.

[306]　Greenberg in WCRP 1994b:143.

[307]　Nach Greenberg in WCRP 1994b:144.

[308]　Talmud, Mishnah Ohalot 7,6, zitiert nach Greenberg in WCRP 1994b:144.

## 5.4.6 Baha'i-Positionen

Baha'i-Vertreter weisen darauf hin, dass alle grossen Religionen die göttliche und heilige Natur der Ehe zwischen Mann und Frau betont haben[309]. Das gilt auch für den Baha'i-Glauben: "The Bahá'í teachings state that monogamous marriage betweeen man and woman will remain, now and into the future, the cornerstone for the creation of a family, and that sexual activity outside of marriage is detrimental to spiritual progress and, accordingly, contrary to the laws of God"[310]. Hauptzweck der Ehe ist nach Baha'i-Auffassung das Aufziehen von Kindern, welche ihrerseits dazu anzuhalten sind, Gott kennenzulernen und zu lieben. Die Familie ist also der Ort, an dem das Individuum sozialisiert wird und wo ethisch-moralische Werte übermittelt werden: "... the importance of marriage lieth in the bringing up of a richly blessed family, so that with entire gladness they may, even as candles, illuminate the world. For the enlightenment of the world dependeth upon the existence of man. If man did not exist in this world, it would have been like a tree without fruit"[311]. Der Baha'i Brad Pokorny postulierte einerseits gegenüber der traditionellen männlich-dominierten, autoritären Familie, und anderseits gegenüber modernen, humanistisch-permissiven Familien eine "auf Einheit aufgebauten Familie":
"... the unity-based family is firmly founded on the equality of the two marriage partners, on their constant consultation in all aspects of family decision-making, and on respect for children and their rights (as well as respect by children for the authority and wisdom vested in their parents). All forms of violence or coercion in family relationships are forbidden"[312].

Die Baha'i-Lehren unterstreichen, dass die grossen Probleme der Welt nicht länger aus einer rein sektoriellen und/oder regionalen/nationalen Perspektive angegangen werden können. Sowohl das Problem des Weltfriedens, als auch Umweltprobleme und Gesundheitsvorsorge sind übergreifende

---

[309] Vgl. Brad Pokorny in WCRP 1994h:119.

[310] Brad Pokorny in WCRP 1994h:119.

[311] Abdu'l-Baha 1982:120, zitiert nach Pokorny in WCRP 1994h:119.

[312] Brad Pokorny in WCRP 1994h:120.

Problemfelder. Zwar sind nach Ansicht von Baha'i[313] wirtschaftliche und soziale Entwicklung und Prosperität die besten Mittel, um die Bevölkerung zu stabilisieren. Dies darum, weil demografische Statistiken zeigen, dass ein Zusammenhang zwischen Armut und Geburtenrate besteht. Dehalb hätten Baha'i-Gemeinden auf der ganzen Welt seit 1983 mehr als 1'300 kleinräumige Erziehungs- und Entwicklungsprojekte durchgeführt oder lanciert. Zentral sei dabei - neben der Betonung der Tatsache, dass die Menschheit eins sei - eine grundlegende Förderung der Frauen, eine Intensivierung ihrer Ausbildung und allgemein bessere Information[314]. Die Baha'i-Religion betont immer wieder die Gleichwertigkeit von Mann und Frau. So schrieb Baha'u'llah, der Gründer der Baha'i-Religion: "All should know, and in this regard attain the splendors of the sun of certitude, and be illumined thereby: Women and men have been and will always be equal in the sight of God"[315].

In bezug auf Verhütung und Abtreibung vertreten die Baha'i folgende Position: Nach der Baha'i-Lehre beginnt das menschliche Leben bei dem Empfängnis. Deshalb ist Abtreibung grundsätzlich abzulehnen und als Methode der Familienplanung ungeeignet. Ausnahme sind jedoch möglich, wenn die Schwangerschaft das Leben und die Gesundheit der Mutter gefährdet oder nach Vergewaltigung oder Inzest[316]. Wenn in einem solchen Fall nach eingehenden ethisch-moralischen Überlegungen gestützt auf die Baha'i-Lehren eine Abtreibung notwendig ist, haben die anderen Gemeindemitglieder kein Recht, dies zu verurteilen.

Alle anderen Fragen der Familienplanung und Geburtenkontrolle werden in der Baha'i-Lehre den einzelnen Gläubigen überlassen. Allerdings ist der Zweck der Ehe das Aufziehen von Kindern, deshalb wird die Anwendung von Verhütungsmitteln in der Ehe mit dem Ziel, gar keine Kinder

---

[313]  Vgl. z.B. Brad Pokorny in WCRP 1994h:122.

[314]  Ausführlich zur Baha'i-Auffassung über Natur und Umwelt vgl. Kapitel 6.3 dieses Bandes sowie Jäggi 1993b:23-37.

[315]  Bahá-u'lláh et al. 1986:26. Zitiert nach Pokorny in WCRP 1994h:123.

[316]  Vgl. Pokorny in WCRP 1994h:125.

zu haben, abgelehnt[317]. Die Zahl der Kinder ist jedoch Sache des jeweiligen Ehepaars. Auch werden Verhütungsmethoden abgelehnt, die dauernde Sterilität verursachen, es sei denn, dies dränge sich aus gesundheitlichen Gründen auf[318].

Laut Brad Pokorny[319] sind viele Baha'i der Meinung, dass Malthus Voraussage, wonach die Kapazität der Welt in bezug auf die Anzahl Menschen, die auf ihr leben können, begrenzt und möglicherweise bereits erschöpft sei, im Prinzip zutreffe. Allerdings äussern sich die Baha'i-Schriften nicht zu dieser Frage. Deshalb unterstützen die Baha'i Bemühungen zur wirtschaftlichen Entwicklung und Familienplanung, damit die Bevölkerungszahl stabilisiert werden könne. Die Haltung der Baha'i zur ICPD war denn auch grundsätzlich positiv, trotz einzelnen Vorbehalten.

So formulierte denn auch eine der beiden Beobachterinnen der Internationalen Baha'i Gemeinde an der Kairoer Konferenz, Beth Bowen, ihren Eindruck von der ICPD folgendermassen: "Perhaps the most significant outcome of the Conference was the near universal recognition that the first order of business on the population and development agenda is to raise the status of women and to view them as equal partners with men". Und: "The acceptance of this principle alone opens the door to far better consultation and unity on every level, from the family to the nation to the planet"[320].


## 5.4.7 New Age-Positionen


Im Unterschied zu anderen, älteren religiösen Traditionen vertritt die New Age-Bewegung eine deutlich individualistischere Haltung. Im Zentrum des New Age Denkens steht die spirituelle Entwicklung und die persönliche Selbstverwirklichung eines jeden einzelnen. Auch die Sexualität

---

[317] Vgl. Pokorny in WCRP 1994h:125. Weil die Baha'i-Lehre Geschlechtsverkehr ausserhalb der Ehe grundsätzlich ablehnt, werden Verhütungsmittel nur in der Ehe zugelassen. Ebenso untersagt die Baha'i-Lehre Homosexualität, vgl. Bahá-u'lláh 1992:158 und 223.

[318] Vgl. Pokorny in WCRP 1994h:126.

[319] Vgl. Pokorny in WCRP 1994h:128.

[320] Zitiert nach One Country Oktober-Dezember 1994:7.

wird primär von daher betrachtet und verstanden. Durch die fortschreitende persönliche Transformation ändern sich auch die persönlichen Beziehungen. Laut Marilyn Ferguson werden dabei

"eingefahrene Muster in bezug auf Ehe, Familie, Sexualität und soziale Institutionen ... durch radikal neue und radikal alte Alternativen erschüttert. ... So, wie Frauen bei der Transformation ihren Sinn für ihr Selbst und ihren Beruf entdecken, so entdecken Männer die Wohltaten sensibler Beziehungen. Während dieser ausgleichenden Veränderungen wird die Basis der Mann-Frau-Interaktion neu definiert. Männer werden sensibler: Frauen autonomer und zweckgerichteter"[321].

Angehörige der New Age-Bewegung gehen also davon aus, dass sich die Mann-Frau-Beziehungen verändern, und zwar in Richtung grösserer Autonomie, Selbstverantwortung, weniger starrer Geschlechterrollen und grösserer persönlicher Freiheit. Ausserdem wird erwartet, dass die Sexualität, die menschlichen Beziehungen und alle Menschen in grösserer Harmonie mit der Natur einhergehen werden[322].

### 5.4.8  Positionen von Angehörigen ethnischer Religionen

Angesichts der grossen Zahl ethnischer Religionen und deren äusserst unterschiedlichen Vorstellungen von Natur, Welt, Mensch und Sexualität, beschränken wir uns im folgenden darauf, gleichsam als Beispiel die Äusserungen eines afrikanischen Naturheilers wiederzugeben[323]. Diese Äusserungen können aber auf keinen Fall als repräsentativ für andere Stammesreligionen - nicht einmal in Afrika - angesehen werden.

---

[321] Ferguson 1982:448/449.

[322] Vgl. dazu auch das Kapitel 7.1 dieses Bandes sowie Jäggi 1994a:14-18.

[323] Zum Verhältnis von Gott-Mensch-Natur bei afrikanischen und indianischen Stammesreligionen vgl. Kapitel 7.2. in diesem Band sowie Jäggi 1994a:31ff.

Rodwell S. Mwandila Vongo[324], Generalsekretär der Traditional Health Practitioners Association in Lusaka, Sambia, wies darauf hin, dass viele afrikanische Kulturen grosse Familien kennen, mit mehreren Frauen und vielen Kindern. Traditionelle Heiler in Sambia wenden sich seit der grossen Bedrohung durch AIDS gegen Gelegenheitssex. Allgemein wird die Frage der Empfängnisverhütung und Familienplanung in Afrika sehr privat behandelt[325]. Bisher wurde das Thema Sexualität und Verhütung vor allem zwischen älteren Frauen und Jugendlichen besprochen, die ins sexuell aktive Alter kommen. Angesichts der AIDS-Gefahr scheint sich das nun zu ändern. In verschiedenen afrikanischen Kulturen sind Methoden der natürlichen Verhütung bekannt: Die Beachtung der Phasen, in denen die Frau unfruchtbar ist, und Coitus interruptus werden praktiziert. Andere Methoden - zum Beispiel in Sambia - sind der Schutz einer Familie durch eine Schnur mit Kräutern um die Hüfte, das Schlucken von Pillen oder gut präparierten Stöckchen für zwei, drei oder fünf Jahre ohne Empfängnis. Diese Methoden der Geburtenplanung sind sehr alt, aber schlecht dokumentiert und gehen immer mehr verloren. Daneben gibt es magische Praktiken und andere natürliche Mittel. Nach Einschätzung von Rodwell S. Mwandila Vongo[326] sind einige davon nutzlos, einige schädlich, ein paar aber sehr nützlich. Vor allem die erwähnte Methode der Hüftschnur sei sehr wirksam und ohne Nebenwirkungen.

## 5.4.9 Interreligiöse Positionen

Im September 1994 nahmen Mitglieder von sieben verschiedenen religiösen Gemeinschaften in einem gemeinsamen Statement zur ICPD Stellung[327]. Zuerst appellierten die Unterzeichnenden an

---

[324] Vongo in EPD - Entwicklungspolitik 16/1994f:61.

[325] Vongo in EPD - Entwicklungspolitik 16/1994f:62.

[326] Vongo in EPD - Entwicklungspolitik 16/1994f:62.

[327] Vgl. WCRP 1994l. Ausgearbeitet wurde das Statement von folgenden Personen: Yahia Basalamah, Saudi-Arabien/Schweiz, Muslim World League, Genf (sunnitischer Muslim); Mettanando Bhikkhu, Thailand, Wat Phra Dhammakaya, Pathum Thani (Theravada-Buddhist); Blu Greenberg, USA/Israel, New York (orthodoxe Jüdin); Daniel Heimbach, USA, Southeastern Baptist Theological Seminary, Wake Forest, NC (baptistischer Christ); Ingo Hofmann, Deutschland, Internationale Baha'i Gemeinschaft, Genf (Baha'i); Anand Mohan, Indien/USA, Cuny

das Gewissen und an die Verantwortlichkeit aller Gläubigen für die an der Konferenz zur Sprache kommenden Fragen. Sie hoben in ihrem Statement zum Entwurf für das ICPD-Aktionsprogramm insgesamt 10 Punkte hervor: Erstens sei das ICPD-Dokument zu individualistisch ausgerichtet und schreibe der Familie nicht die gleiche zentrale Rolle als "primary agency that shapes individuals during their most formative stages of development"[328] zu, wie die sieben Religionsvertreter und Verfasser des gemeinsamen Statements. Positiv hoben die Autoren - zweitens - hervor, dass das Dokument keine "engen demografischen" Konzepte vertrat, sondern die Interessen, Bedürfnisse und Rechte der Personen - und vor allem der Frauen - ins Zentrum stellte. Doch wurde - drittens - kritisiert, dass beim Lesen des Dokuments der Eindruck entstehen könnte, dass eine Bevölkerungsabnahme automatisch zu gesteigertem wirtschaftlichen Wachstum führe. In Wahrheit hingen Bevölkerungsentwicklung und wirtschaftliche Entwicklung eng zusammen, ja die wirtschaftliche und soziale Entwicklung sei "one of the strongest factors in reducing birth rates"[329]. Viertens warfen die sieben unterzeichnenden Personen dem ICPD-Dokument vor, die Verschiedenheit der jeweiligen Bevölkerungssituation zu ignorieren: "For example, in the case of minority groups such as indigenous peoples, their unique cultural and economic ways of life, indeed their collective survival, may well depend on an increase in their populations"[330]. Fünftens sei die tiefe Bedeutung von Zeugung von Nachkommen in der religiösen Grundüberzeugung und in der Familie verwurzelt. Das Recht auf Zeugung von Nachkommen müsse - sechstens - immer beim Elternehepaar bleiben, wobei beide - Vater und Mutter - freies Entscheidungsrecht und Verantwortung in bezug auf mögliche Kinder hätten. Das gelte - siebtens - auch für die Zahl der

---

Queens College und Generalsekretär der Adhyayana Universal Mission, New York/Laurelton (Hindu); Ulrich Pöner, Deutschland, Zentralstelle Weltkirche, Bonn (römisch-katholischer Christ); P. D. Remasiri, Sri Lanka, Peradeniya University, Sri Lanka, (Theravada-Buddhist); Ayatollah Mehdi Rouhani, Iran/Frankreich, Schiitisch-Muslimische Gemeinschaft Europas, Paris (schiitischer Muslim): Marilia Schüller, Brasilien/Schweiz, Program to Combat Racism, Ökumenischer Rat der Kirchen, Genf (protestantische Christin); Karen Snowshoe, Kanada, United Native Nations, Vancouver (Vertreterin der gwich'in Nation, einer indigenen Religion in Nordkanada); John J. Strynkowski, USA, Diocesan Seminary of the Immaculate Conception, Huntington, NY (römisch-katholischer Christ).

[328]  WCRP 1994l:i.

[329]  WCRP 1994l:i.

[330]  WCRP 1994l:i.

Kinder: "Decisions to space births should reside in the free, well informed consciences of married couples"[331]. Achtens hätten zwar die Regierungen - zusammen mit den Nicht-Regierungs-Organisationen - die Verpflichtung, ihre Bevölkerungen in Richtung verantwortungsvolles Verhalten - auch als Eltern - zu erziehen, doch müsse dies ohne Zwang bezüglich Anzahl Kinder und Art der Geburtenplanung geschehen. Neuntens betonten die Vertreter der sieben religiösen Gemeinschaften ihre Ablehung der Abtreibung als Mittel zur Familienplanung, weil diese eine Verletzung des Lebens von Ungeborenen bedeute. Und schliesslich - zehntens - wurde verlangt, dass Regierungsprogramme zur Familienplanung "should place emphasis on the virtues of abstinence and responsible sexual behaviour"[332]. Auch müsse vermieden werden, minderjährige Kinder dem moralischen Einfluss ihrer Eltern zu entfremden. Den Eltern stehe die Verantwortung für das Sexualverhalten ihrer minderjährigen Kinder zu.


### 5.4.10 Schlussfolgerungen


Am 12. September 1994 wurde das bereinigte Schlussdokument der ICPD in einem mehrstündigen Prozedere von den Anwesenden angenommen. Keines der 170 vertretenen Länder lehnte das bereinigte Dokument als ganzes ab. Jedoch brachte eine ganze Reihe von muslimischen und katholischen Regierungen Vorbehalte an. Während von muslimischen Delegationen vor allem der Vorbehalt gemacht wurde, die im Kapitel 7 genannten Rechten im Fortpflanzungsbereich und in bezug auf die Gesundheit bezögen sich nur auf Individuen innerhalb einer Ehe, unterstrichen katholische Delegationen aus Lateinamerika vor allem die Unzulässigkeit der Abtreibung. Zwar war der lange umstrittene Paragraph 8.25 so formuliert worden, dass daraus nirgends ein Recht auf Abtreibung postuliert werden kann oder dass Abtreibung als Methode der Familienplanung erscheint. Weiter wurde von lateinamerikanischen Ländern Vorbehalte dagegen angebracht, dass

---

[331]  WCRP 1994l:ii.

[332]  WCRP 1994l:ii.

mit Ehepaaren auch gleichgeschlechtliche Paare gemeint werden könnten. Der Vatikan schloss die Kapitel 7 und 8 aus seiner Zustimmung aus[333].

Welche Konsequenzen für die Durchsetzung umweltethischer Postulate ergeben sich nun aus den Erfahrungen der ICPD?

Zuerst einmal zeigen die meisten Statements, dass praktisch alle Religionen umweltspezifische Anliegen (z.B. das Problem der Bevölkerungsexplosion) nicht losgelöst für sich, also konzentriert auf die einzelnen Sachforderungen angehen, sondern grosses Gewicht darauf legen, jede einzelne Forderung (z.B. Verhütung, Abtreibung usw.) im grösseren Rahmen ihres jeweiligen religiösen und ethischen Weltbildes anzugehen. Religiöse Grundvorstellungen und Sichtweisen bilden also bei allen konkreten Fragen die Orientierungsgrundlage. Das gilt besonders auch für Umwelt-anliegen.

Damit haben einzelne, isolierte alltagspragmatische Forderungen, wie sie zum Teil auch im ICPD-Dokument aufgeführt sind, wenig Chancen, die Zustimmung der religiösen Autoritäten und Opinion Leader zu finden. Dies ist vor allem dann der Fall, wenn solche Forderungen zentralen Werten und Normen der betreffenden Religion widersprechen.

Umfassendere religiöse und weltanschauliche Konzepte - wie z.B. die von Gott geoffenbarte Ordnung, Verantwortung Gott gegenüber, exemplarische Aussagen der heiligen Schriften - stehen im Zentrum. Umgekehrt besteht bei vielen allgemeinen und abstrakten Postulaten (z.B. paradigmatische Rolle der heterosexuellen Familie in bezug auf körperliche Sexualität, Erzeugung von Kindern, Erziehung von Kindern usw.) weitgehende Übereinstimmung, wobei auf dieser allgemeinen, abstrakten - und oft auch unverbindlichen - Ebene zum Teil sogar Forderungen geteilt werden - wie zum Beispiel Gleichberechtigung der Frauen in bezug auf die Entscheidung ob und wieviele Kinder gezeugt werden - , die der patriarchalischen Familienstruktur der jeweiligen religiösen Weltanschauung widersprechen[334]. Mit anderen Worten: umweltspezifische Forderungen müssen einerseits konkret genug sein, um Alltagsrelevanz zu bekommen und sich nicht in

---

[333] Vgl. Neue Zürcher Zeitung vom 14. 9. 1994.

[334] Z.B. Rolle des Mannes in der islamischen Familie, Vorstellungen über die Familie bei den Baptisten und Katholiken.

unverbindlichen und wohlmeinenden Formeln zu erschöpfen, anderseits müssen solche Forderungen in den verschiedenen religiösen Kontexten an jeweils unterschiedliche zentrale Glaubenskonzepte angebunden werden, wenn sie allgemeine Akzeptanz finden sollen.

Dazu kommt, dass die religiösen Autoritäten und religiösen Opinion Leader je nach Land, Kultur und Ausmass der Säkularisierung mehr oder weniger wichtig in der Meinungsbildung sind. In einem säkularen Land, in welchem die Religionen vor allem privaten Charakter haben, muss anders - möglicherweise näher an wissenschaftlich-rationalen Fakten - argumentiert werden als in Ländern, die stark von einer oder mehreren Religionen geprägt sind. Von Bedeutung ist zweifellos auch, gruppenspezifische kulturelle und religiöse Besonderheiten einzubeziehen, andernfalls kann die Akzeptanz für umweltspezifische Forderungen stark sinken. Umweltkampagnen sollten also regional und gruppenspezifisch ausgerichtet werden, wobei die jeweilige Argumentation äusserst unterschiedlich sein kann.

Erstaunlich ist die verbreitete vernetzte Sichtweise einzelner, konkreter Probleme. So stellen die meisten Sprecherinnen und Sprecher - unabhängig von der "Orthodoxie" ihrer jeweiligen religionsinternen Position - komplexe, ökologische Zusammenhänge ins Zentrum[335].

Konkrete, verständliche Forderungen etwa im Bereich der Umweltzerstörung, des Arten-schutzes, der Vermeidung von Risiken usw. sind verhältnismässig unbestritten. Problematisch wird es aber dann, wenn Tabubereiche berührt oder angesprochen werden, wie z.B. die Geschlechter-rolle, die Sexualität usw. Oder aber, wenn zentrale Wertvorstellungen oder Normen der betreffenden Religion betroffen sind. Das bedeutet, dass im allgemeinen weniger das konkrete Anliegen oder die konkrete Forderung das Problem sind, sondern ihr Bezug zur jeweiligen gängigen religiösen Tradition. Deshalb muss vor allem eine breite und systematische religions-spezifische Erklärungs- und Begründungsarbeit geleistet werden.

Von einer zu vordergründigen, allzu einseitig alltagspragmatischen Argumentationsweise - z.B. der Begründung der Einführung einer bestimmten Getreideart mit rein wirtschaftlichen Gründen - ist eher abzuraten, weil rein wirtschaftliche oder praktische Gründe gerade in religiösen Umfeldern

---

[335] So verknüpfen etwa die Muslim-Brüder, aber auch die Evangelische Kirche die Bevölkerungszunahme im Süden mit dem Überkonsum im Norden und darausfolgend der Armut im Süden (vgl. Al-Ahram Weekly vom 25. 8. 1994b und Peter 1994:11, bzw. Kammer der EKD für kirchlichen Entwicklungsdienst 1994:§ 19).

kaum als ausreichend für eine auch weltanschaulich-religiös abgestützte Nachhaltigkeit empfunden werden.

In bezug auf Fragen des Bevölkerungswachstums und der Bevölkerungsplanung scheint es kaum eine Chance zu geben, zu einem allgemeineren Konsens der grösseren Religionen zu gelangen: So stellt etwa ein Teil der muslimischen Denker grundsätzlich in Frage, ob eine Einschränkung des Bevölkerungswachstums wünschenswert sei und nicht der göttlichen Offenbarung widerspreche. Im Hinduismus ist die Erzeugung von Kindern von öffentlichem Interesse, in einzelnen westlich-säkularen Staaten gilt die Entscheidungsfreiheit über die Zahl der Kinder als ausschliesslich private Angelegenheit.

Das bedeutet, dass offensichtlich die ganze Frage der Familienplanung, sofern sie im Dienste einer Regelung des Bevölkerungswachstums steht, kaum eine Chance hat, einen interreligiösen Konsens zu finden. Dazu kommt, dass einzelne religiöse Traditionen - zum Beispiel die jüdische[336] - mit dem oft als selbstverständlich vorausgesetzten Ziel der Beschränkung der Bevölkerungszahl auf der Erde gar nicht einverstanden sind. Ähnliches dürfte auch für andere Fragestellungen gelten, vor allem für solche, die mit Tabubereichen in Verbindung stehen (wie zum Beispiel die Familienplanung mit Fragen der Sexualität).

Auf der anderen Seite gibt es aber zweifellos auch Bereiche, in denen ein breiter, transreligiöser Konsens möglich ist, etwa in bezug auf die Ablehnung und Bekämpfung von Armut, Förderung der Gesundheit und Ausbau von Bildungsangeboten[337].

Allgemein scheinen transreligiöse Konsensfindungen vor allem dann erfolgversprechend, wenn es gelingt, auf der Ebene ethischer Grundwerte und -normen einen gemeinsamen Boden zu finden[338]. Umweltpolitikerinnen, Umweltaktivisten und NGOs wären besser beraten, mehr Gewicht auf diese Ebene zu legen, um dann bei den konkreten Forderungen verschiedene - alternativ einsetzbare - Möglichkeiten zur Durchsetzung dieser allgemeinen Normen und Ziele

---

[336]  Vgl. Kapitel 5.4.5 dieses Textes.

[337]  Hier allerdings mit dem Vorbehalt geschlechtsspezifischer Unterschiede (z.B. Koedukation versus geschlechtsgetrennte Erziehung).

[338]  Vgl. dazu auch WCRP 1994l.

vorzuschlagen[339]. Vor allzu technischen Lösungsvorschlägen - vor allem wenn diese allgemein-verbindlich und ausschliesslich formuliert werden - ist eher zu warnen.

Eher problematisch als Basis für transkulturelle Umweltethiken scheinen auch ethische Konzepte wie etwa das Konzept der "verantwortlichen Elternschaft", das von verschiedenen evangelisch-reformierten Theologen vertreten wurde[340]. Dieses Konzept ist einerseits zu allgemein und deshalb wenig nützlich[341], anderseits beruht es allzu stark auf der individuellen Autonomie und Selbstverantwortung von Individuen: Weil nicht in allen Kulturen (und Religionen) das einzelne Individuum als zentrales eigenverantwortliches Subjekt fungiert, sondern die Familie oder die grössere Verwandtschaft (Südostasien), der Clan (einzelne afrikanische Kulturen, einzelne Kulturen im Balkan) oder gar der grössere Gemeinschaftsverbund (Japan), müssen umweltethische Forderungen und Handlungsrichtlinien *jeweils auf das zentrale Subjekt der betreffenden Kultur* ausgerichtet werden, sei das der oder die einzelne, das Ehepaar, die Familie, die grössere Familie, die Verwandtschaftsgruppe oder die grössere Gemeinschaft.

Die Formulierung "harter" technischer Verhaltensforderungen ist gerade dann problematisch, wenn die entsprechende Problematik einen Tabu-Bereich in der betreffenden Kultur berührt. Gerade deshalb ist es - wie in der Entwicklungszusammenarbeit längstens bekannt - von entscheidender Bedeutung, die "richtigen" bzw. optimalen Kommunikationskanäle (Personen, Institutionen usw.) für die Vermittlung ökologischer Inhalte und gewünschter Verhaltens-änderungen zu finden. Ausserdem muss garantiert sein, dass die zur Diskussion stehenden ökologischen Inhalte und verlangten Verhaltensänderungen keinen zentralen soziokulturellen Codes der betreffenden Gesellschaft widersprechen.

Es scheint, dass die Bedeutung eines *kultur- und religionsübergreifenden* Wertekonsenses für die Durchsetzung konkreter umweltspezifischer Forderungen allgemein unterschätzt wird. So taucht zwar das Problem des Konsenses auf einer allgemeineren Werteebene im oben diskutierten

---

[339] Vgl. dazu auch WCRP 1994l:i.

[340] Vgl. Honecker in EPD - Entwicklungspolitik 16/1994d:74ff und Peter 1994:16.

[341] Welche Kultur würde bestreiten, dass die Eltern zentrale Aufgaben gegenüber ihrer Kindern haben - anderseits wird aber die Elternrolle, bzw. die Mutter- und die Vaterrolle je nach Kultur und sozialem Umfeld äusserst unterschiedlich definiert.

Sinn etwa bei den von Gessner und Kaufmann-Hayoz[342] zusammengestellten 12 Problemtypen im Zusammenhang mit Verhaltens- und Handlungsänderungen im Umweltbereich zwar innerhalb des Problemtyps 1 (Probleme der evaluativen Orientierung), des Problemtyps 9 (Probleme der Wissens- und Wertevermittlung) und des Problemtyps 11 (Probleme der externen Handlungssteuerung durch rechtliche Normen) auf, doch wird hier jeweils weniger ein transkultureller oder transreligiöser Konsens angesprochen, sondern offensichtlich konsensfähige Werte *innerhalb des gleichen kulturellen Horizonts*. Doch genau das genügt bei der globalen Durchsetzung von verbindlichen Umweltforderungen und Minimalstandards im Umweltverhalten offensichtlich nicht.

Für die Durchsetzung transkultureller und transreligiöser umweltpolitischer und "umweltgerechter" Verhaltensweisen braucht es eine Reihe von Schritten.

### 5.4.10.1    *Erster Schritt: Finden eines tragfähigen ethischen Konsenses zu grundsätzlichen Fragen*

Hans-Balz Peter hat in Anlehnung an H.E. Tödt[343] und A. Rich[344]  sechs Teilschritte zur Entwicklung einer ethischen Stellungnahme zu einer bestimmten Fragestellung entwickelt, die wir im folgenden wiedergeben:

"(1) eine allgemeine *Problemerfassung* des Zusammenhangs von menschlichem Wohlergehen, wirtschaftlicher, sozialer und kultureller Entwicklung, Ressourcen und Umweltproblematik und Bevölkerungsdynamik;

(2) die Aufarbeitung dieses Zusammenhangs in vertiefter, insbes. sachwissenschaftlicher *Wirkungsanalyse*; es folgt im Bezug auf diese eine möglichst differenzierte Situationsanalyse und -darstellung;

(3) das Herausarbeiten der sachlich offenstehenden *Handlungsalternativen*; und nun im Bezug auf Analyse und Handlungsalternativen eine

---

[342] Gessner/Kaufmann-Hayoz 1995:15-24.

[343] Tödt 1979.

[344] Rich 1984.

(4) kritische theologisch-ethische *Normenklärung und -prüfung*: Welche Werte und Normen stehen zur Frage? Welche für die christliche Gemeinde verbindlichen Gesichtspunkte können namhaft gemacht werden? Welche Wertungen, gegebenenfalls welche Wert- und Zielkonflikte ergeben sich für das praktische Handeln, wenn Sach- und Orientierungswissen aufeinander bezogen, vermittelt, 'integriert' werden?

(5) Welches *sittliche Urteil*, welche *Empfehlungen* lassen sich auf dieser Referenzgrundlage allenfalls formulieren zuhanden der einzelnen, der Paare und der Familien und namentlich zuhanden der Kirchen und Staaten für ihre konkreten Entscheide, sog. 'politische' Entscheide, die zwangsläufig stets auch moralische Urteile enthalten?

Schon hierbei wird klar, dass sich weder die Analyse der Handlungssituationen noch die Handlungsalternativen noch die Empfehlungen auf den Bereich des individuellen und familiären Verhaltens, also auf den Bereich der *Personalethik* reduzieren lassen; vielmehr stehen stets auch Fragen der politisch-gesellschaftlichen Strukturgestaltung, der öffentlichen Institutionen, des Rechts zur Lösung an, d.h. dass stets auch eine *sozialethische* Dimension im Spiel und damit sozialethische Folgerungen von grosser Bedeutung sind.

(6) Schliesslich ist daran zu erinnern, dass Ergebnisse ethischer Reflexion stets relativ sind, Resultate des Ermessens und der angemessenen Kenntnis der Situation und der komplexen sachlichen Zusammenhänge - sie sind mithin provisorisch, revisionsbedürftig: rückgekoppelte Kontrolle der ethischen Maximen im konkreten Vollzug ist unabdingbar - denn es geht ja nicht um sittliches Besserwissen und Rechthaben, sondern um dem Guten dienliches Handeln"[345].

Auch für eine interreligiöse Annäherung an Fragestellungen einer Umweltethik scheinen diese Teilschritte sehr brauchbar. Allerdings mit einer Modifikation der Schritte 4 und 5: Alle einbezogenen Religionen müssen jeweils aus ihrem Gesichtswinkel die zur Frage stehenden Werte und Normen formulieren und mit Blick auf ihr Verständnis von Glaubensgemeinschaft konkretisieren.

---

[345] Peter 1994:9/10.

Es wäre wünschenswert, eine permanente Institution oder Stelle einzurichten, in welcher sich repräsentative Vertreterinnen und Vertreter der Religionen mit den zentralen umweltethischen Fragen befassen. Ziel dieser Institution wäre die Erarbeitung bzw. Weiterentwicklung gemeinsamer Positionen zu allgemeinen umweltrelevanten Themen (z.B. Gentechnologie, Atomenergie, Klimaänderungen usw.).

### 5.4.10.2 *Zweiter Schritt: Ausarbeitung praxisnaher, alltagsorientierter Lösungsvorschläge für das konkrete Verhalten*

Dabei ist darauf zu achten, dass für die gleiche Problematik redundante, das heisst austauschbare Lösungen angeboten werden, die je nach kulturellen und religiösen Vorstellungen und Codes als Umsetzungsmöglichkeit eingesetzt werden können.

### 5.4.10.3 *Dritter Schritt: Rückbindung der gewählten Lösungsvorschläge an den jeweiligen religiösen und kulturellen Kontext*

Die zentralen religiösen und nationalen Institutionen müssen dafür gewonnen werden, sowohl den allgemeinen Konsens zu einzelnen Themen[346], als vor allem auch die gewählten alltagsorientierten Lösungsvorschläge[347] durch ihre zentralen weltanschaulichen und glaubensmässigen Inhalte zu begründen und zu unterstützen.

Erst die Verwirklichung aller drei Schritte lassen eine optimale und dauerhafte Durchsetzung einzelner Umweltanliegen quer durch die verschiedenen religiösen und kulturellen Umfelder hindurch erwarten.

---

[346]  Vgl. Punkt 5.4.10.1.

[347]  Vgl. Punkt 5.4.10.2.

## 5.4.11 Brückenkonzepte als Instrument zur Durchsetzung von Umweltanliegen

Neben der Verankerung alltagsorientierter Umweltforderungen in den zentralen religiösen Wertvorstellungen und Glaubensinhalten einzelner Religionen gibt es eine weitere Möglichkeit, Umweltanliegen transreligiös und transkulturell zu verankern: Durch Verbindung von Umweltforderungen mit allgemeinen zentralen Vorstellungen, die in zwei oder mehreren Religionen als grundlegend angesehen werden. Oft werden solche religionsübergreifenden Grundvorstellungen metaphorisch, also bildhaft, ausgedrückt und besitzen gerade deshalb eine grosse Anziehungs- und Durchsetzungskraft.

Das metaphorische oder begriffliche Kondensat solcher Grundvorstellungen, nennen wir im folgenden Brückenkonzepte.

Brückenkonzepte erfüllen also drei Bedingungen: Erstens symbolisieren sie zentrale Inhalte zweier oder mehrerer religiöser Weltanschauungen, zweitens sind sie relativ autonom gegenüber den einzelnen (religiösen) Weltanschauungen, in deren Umfeld sie präsent und bekannt sind, und drittens enthalten sie - explizit oder implizit - immer auch ethisch-normative Handlungs-anweisungen.

Wie die Erfahrung des interreligiösen Dialogs zeigt, ist es schwierig bis unmöglich, Brückenkonzepte zu finden, die in allen oder in den meisten religiösen Kontexten verankert sind. Religions- oder kulturübergreifende Brückenkonzepte entstehen vor allem zwischen Religionen und Kulturen, die im Laufe ihrer Geschichte immer wieder miteinander konfrontiert wurden, sich beeinflusst und - in einzelnen Punkten - auch durchdrungen haben.

Im folgenden werden wir versuchen, einige mögliche Brückenkonzepte herauszugreifen und zu diskutieren.

### 5.4.11.1    *Das Mutter Erde-Konzept*

Die feministische Philosophin Sandra Harding[348] wies darauf hin, dass sich die Naturrezeption vor allem seit der kopernikanischen Wende konzeptionell und terminologisch analog zur asymmetrischen Geschlechtersymbolisierung von Männern gegenüber den Frauen entwickelte, wobei der "Erde" die gleiche Stellung wie den "Frauen" zugeschrieben wurde. Wissenschaftliche und philosophische Aussagen, die sich an eine männliche Leserschaft richteten, sollten "nach dem Vorbild höchst misogyner Beziehungen von Männern zu Frauen geformt werden ... - Vergewaltigung, Folter, Mätressentum, Mutterschaftsideologie". Harding verweist etwa auf die zahlreichen Vergewaltigungs- und Foltermetaphern, die sich bei Bacon und seinen begeisterten Anhängern, aber auch bei Machiavelli und anderen finden lassen. In Bezug auf die Newtonschen Naturgesetze macht sie den rhetorischen Vorschlag, von Newtons "Handbuch der Vergewaltigung" zu sprechen[349].

Harding[350] stellte auch die heutige - und oft unkritische - Sicht der Mutter-Erde-Metapher in Frage: "Als die kopernikanische Theorie das geozentrische durch das heliozentrische Universum ersetzte, trat damit auch ein androzentrisches[351] Universum an die Stelle eines gynozentrischen[352]. Für die organische Naturauffassung der Renaissance und früherer Denkweisen verband sich die Sonne mit Männlichkeit und die Erde mit zwei entgegengesetzten Aspekten von Weiblichkeit. Einerseits wurde die Natur (und besonders die Erde) mit einer nährenden Mutter identifiziert - mit einem 'freundlichen, wohlwollenden weiblichen Wesen, das für die Bedürfnisse der Menschheit in einem geordneten und geplanten Universum Sorge trug' -, andererseits galt sie als die 'wilde und unkontrollierbare (weibliche) Natur, welche Gewalt, Stürme, Dürren und allgemeines Chaos verbreiten konnte' (Merchant 1980:2). In der kopernikanischen Theorie wurde die weibliche Erde,

---

[348]  Harding 1990:119.

[349]  Harding 1990:120.

[350]  Harding 1990:121.

[351]  androzentrisches Universum = männerzentriertes, den Mann in den Mittelpunkt stellendes Universum.

[352]  gynozentrisches Universum = frauenzentriertes, die Frau in den Mittelpunkt stellendes Universum.

von Gott eigens für die Bedürfnisse des Menschen (man) geschaffen, zum winzigen, von aussen bewegten Planeten, der seine unbedeutende Kreisbahn um die männliche Sonne zog".

Nach Meinung von Rosemary Radford Ruether[353] hat die christliche Schöpfungsgeschichte immer mehr versagt und ist von einer neuen Schöpfungsgeschichte der Naturwissenschaften abgelöst worden. Ausgehend von der Gaia-Metapher von Lynn Margulis und James Lovelock[354] verlangte Radford Ruether[355] eine neue menschliche Ethik im Sinne einer verfeinerten, bewussten Version der "natürlichen gegenseitigen Abhängigkeit", "die den Menschen nötigt, sich die Leiden anderer vor Augen zu führen und sie mitzufühlen, und Wege zu finden, damit die wechselseitige Beziehung zu einem Zusammenspiel und für beide Seiten lebensfördernd wird". Dabei ist nicht nur das Zusammenspiel unter den Menschen, sondern auch mit der Natur oder der Erde gemeint. Ziel wäre, wieder "zu staunen, dem Leben Ehrfucht entgegenzubringen und eine Vision von einer Menschheit zu entwickeln, die in Gemeinschaft mit allen Wesen als ihren Schwestern und Brüdern lebt"[356]. Diese Gemeinschaft aller Wesen schliesst nicht nur Menschen, Tiere und Pflanzen ein, sondern alle Lebewesen - und auch die Erde und Natur.

Diese Lebensgemeinschaft wurde wiederholt durch die Mutter-Erde-Metapher verbildlicht, und zwar in verschiedenen kulturellen und religiösen Umfeldern.

Es stellt sich daher die Frage, ob das Mutter-Erde-Konzept als Ansatz für ein bestimmtes Verhalten zur Umwelt benutzt werden kann, das religions- und kulturübergreifend ist.

In den biblischen Schriften gibt es verschiedene Hinweise auf die Gleichsetzung der Erde mit einer Mutter[357]. So steht etwa in Psalm 139, 13-15:
"Denn du hast meine Nieren geformt,
du hast mich geworben *im Schoss meiner Mutter*.

---

[353]  Radford Ruether 1994:43ff.

[354]  Zur Gaia-Hypothese vgl. auch Kapitel 7.1.3. dieses Bandes sowie Jäggi 1994a:26ff.

[355]  Radford Ruether 1994:68.

[356]  Radford Ruether 1994:69.

[357]  Die folgenden biblischen Textstellen verdanke ich einem Vortrag von Daria Pezzoli-Olgiati, den sie am 28. 1. 1995 an der Evangelischen Studiengemeinschaft an den Zürcher Hochschulen hielt.

Ich danke dir, dass ich wundersam bereit bin,

wunderbar sind deine Werke,

meine Seele erkennt sie ganz (?).

Nicht verborgen waren dir meine Knochen,

als ich im Geheimen gemacht wurde,

als ich gestickt wurde *in den Tiefen der Erde*"[358].


Die Erde wird hier also mit dem Mutterschoss gleichgesetzt. Das trifft auch für Hiob 1,20f zu:

"Hiob stand auf, zerriss sein Kleid, schor seinen Kopf, fiel auf die Erde, warf sich nieder und sagte:

*Nackt kam ich aus dem Schoss meiner Mutter*

*und nackt werde ich dorthin zurückkehren.*

Jahwe hat gegeben, Jahwe hat genommen,

gelobt sei der Name Jahwes"[359].


Nackt werde ich also in den Schoss meiner Mutter (Erde) zurückkehren, so wie ich aus meiner

Mutter geboren wurde.

Noch deutlicher ist die Gleichsetzung der leiblichen Mutter mit der Erde als Mutter allen Lebenden

in Sirach 40, 1-11:

"Grosse Mühsal hat Gott den Menschen zugeteilt,

ein schweres Joch ihnen auferlegt

*vom Tag, an dem sie aus dem Schoss ihrer Mutter hervorgehen,*

*bis zum Tag ihrer Rückkehr zur Mutter aller Lebenden:*

ihr Grübeln und die Angst ihres Herzens,

---

[358] Nach einer Arbeitsübersetzung von Daria Pezzoli-Olgiati (Pezzoli-Olgiati vom 28. 1. 1995).

[359] Nach einer Arbeitsübersetzung von Daria Pezzoli-Olgiati (Pezzoli-Olgiati vom 28. 1. 1995). Vgl. dazu auch
Qohelet 5,14:
*"So wie er aus dem Schoss seiner Mutter kam,*
*nackt wird er (dahin) zurückkehren, wie er kam,*
nichts wird er mitnehmen von seiner mühevollen Arbeit,
von dem, was mit seiner Hand erzeugt wurde (?)" (nach Pezzoli-Olgiati vom 28. 1. 1995).

der Gedanke an die Zukunft, an den Tag ihres Todes ..."[360].

Carolyn Merchant[361] wies darauf hin, dass das Mutter-Erde-Konzept auch in der westlich-abendländischen Literatur sehr verbreitet war. So kannte etwa die populäre Literatur der Renaissance Hunderte von Bildern, in welchen Natur, Materie und Erde mit der Frau oder dem weiblichen Geschlecht verknüpft wurden. Auch die griechische Mythologie berichtet von Ungeheuern, die aus der Vergewaltigung der Mutter Erde entstanden[362].

Viele indianische Mythen sehen die Erde und die Natur grundsätzlich als belebt oder sogar als Geistwesen an[363]. Wenn auch die heutige Forschung davon ausgeht, dass das Mutter-Erde-Konzept als solches nicht als zentrale traditionelle "indianische" Glaubensvorstellung angesehen werden kann, sondern erst in der Folge von europäisch-indianischen Auseinandersetzungen und Begegnungen in Nordamerika entstand[364], so scheint diese Vorstellung doch ein integrierter Bestandteil des neueren, seit Ende des 19. Jahrhunderts entstandenen "indianischen Nationalbewusstseins" zu sein. Allerdings waren bereits vorher Allegorien bekannt, in denen die Erde mit einer Frau verglichen wurde. So formulierte etwa Smohalla von den Stämmen des Columbia-Beckens um 1800 seine Einstellung zur Landwirtschaft - und bezeichnenderweise gegenüber Europäern - folgendermassen: "Ihr verlangt von mir, dass ich den Boden pflüge! Soll ich ein Messer nehmen und die Brust meiner Mutter zerfleischen? Dann wird sie mich, wenn ich sterbe, nicht an ihren Busen nehmen, dass ich ausruhe.

Ihr verlangt von mir, dass ich nach Steinen grabe? Soll ich unter meiner Mutter Haut nach ihren Knochen graben? Dann kann ich, wenn ich sterbe, nicht in ihren Leib zurückkehren, um wiedergeboren zu werden.

---

[360] Einheitsübersetzung.

[361] Merchant 1987:40ff.

[362] Vgl. Merchant 1987:43ff.

[363] Vgl. dazu Kapitel 7.2.2. dieses Bandes sowie Jäggi 1994a:43-57.

[364] Vgl. dazu Kapitel 7 dieses Bandes sowie Jäggi 1994a:30.

Ihr verlangt von mir, dass ich das Gras schneide und Heu mache und es verkaufe, um reich zu werden wie weisse Männer! Aber wie kann ich es wagen, meiner Mutter Haare abzuschneiden?"[365]

Auch der islamische Sufismus kennt das Bild der Natur als Lebensgemeinschaft mit dem Menschen. So schrieb der in den USA lehrende Muslim Seyyed Hosein Nasr in seinem Buch "Man and Nature":

"In fact man is the channel of grace for nature; through his active participation in the spiritual world he casts light into the world of nature. *He is the mouth through with nature breathes and lives.* Because of the intimate connection between man and nature, the inner state of man is reflected in the external order"[366]. In der Sicht der Sufi ist Gott gleichsam die endgültige Umwelt ("ultimate environment")[367].

Die Mutter Erde-Metapher scheint somit für einzelne Stammesreligionen (Nordamerika), Vertreterinnen des neueren "indianischen Bewusstseins", für die jüdische Tradition, für Christen, für Menschen im Umfeld der New Age-Bewegung, für (sufistische) Muslime und ganzheitlich ausgerichtete Wissenschaftlerinnen und Wissenschaftler (Gaia-Hypothese) als Brückenbegriff in Frage zu kommen.

### 5.4.11.2        Das Reinkarnationskonzept

Wie verschiedentlich gezeigt wurde[368] gibt es das Reinkarnationskonzept in verschiedenen religiösen und weltanschaulichen Kontexten. Neben dem klassisch hinduistischen Reinkarnations-

---

[365]   Zitiert nach Merchant 1987:40.

[366]   Nasr 1976:96. Hervorhebung durch mich.

[367]   Nasr 1990:219.

[368]   Vgl. Friedli 1986 und Bischofberger 1995.

glauben[369] ist heute in New Age-nahen Kreisen - aber auch darüber hinaus in christlichen Kreisen - die Reinkarnationsidee verbreitet, wenn auch deutlich anders konnotiert. Bereits im frühen Christentum sprachen sich Theologen gegen die Lehre der Seelenwanderung aus, die im 2. Jahrhundert unter anderem von Basilides und Karpokrates vertreten wurde[370]. Das bedeutet, dass zumindest in der Zeit des Frühchristentums die Reinkarnationsidee zumindest bekannt war. Für unsere Fragestellung aber näherliegend ist die Tatsache, dass heutzutage unter den Menschen christlichen Glaubens das Reinkarnationskonzept ziemlich verbreitet ist. So gaben Anfang der 80er Jahre im Rahmen einer repräsentativen Umfrage in neun europäischen Ländern 21% an, an Reinkarnation zu glauben[371]. Dies ist umso erstaunlicher, als bei den verschiedenen christlichen Gemeinschaften und Kirchen eine "praktisch einmütige Ablehnung" der Reinkarnationsidee zu konstatieren ist[372].

Von der Umweltethik her liesse sich das Reinkarnationskonzept dazu einsetzen, um die *Verantwortung* gegenüber anderen Lebewesen und der Natur religiös zu verankern: Wer sich verantwortungslos gegenüber Natur und Umwelt verhält - so könnte argmentiert werden - wird an der Zerstörung der Natur und der Erde - sowie am Leiden anderer Wesen - mitschuldig, wodurch er das Rad der Wiedergeburt nicht überwinden bzw. in späteren Leben den angerichteten Schaden am eigenen Leib wieder erleben muss. Weil nun aber das Reinkarnationsmodell von einzelnen Religionen (Christentum, Islam, Baha'itum) ohne Einschränkung abgelehnt wird, taugt es in den betreffenden Religionen nicht dazu, umweltethische Forderungen und Verhaltensweisen religiös zu begründen. Das gilt auch dort, wo - wie im westeuropäisch-christlichen Gebiet - die Reinkarnationsidee zwar verbreitet ist, aber im Gegensatz zur offiziellen Lehrmeinung steht.

---

[369]  Bzw. den verschiedenen Ausformungen des Reinkarnationskonzeptes in der Vielzahl religiöser Strömungen und Bewegungen innerhalb dessen, was gemeinhin als "Hinduismus" zusammengefasst wird.

[370]  Vgl. Friedli 1986:39.

[371]  Vgl. Friedli 1986:22.

[372]  Vgl. Friedli 1986:56.

In anderen religiösen Kontexten, so etwa im hinduistisch-buddhistischen Umfeld und in New Age-nahen Kreisen könnte das Reinkarnationskonzept (allenfalls verbunden mit der Karma-Idee) durchaus dazu beitragen, umweltethische Forderungen durchzusetzen.

Jedoch die *Frage der menschlichen Verantwortung* gegenüber der Natur lässt sich in den meisten religiösen Kontexten sehr gut thematisieren. Dies deshalb, weil alle Religionen sich zentral mit der Frage des Bezugs und der Unterordnung des Menschen zum Göttlichen oder Transzendenten befassen.

Diese Verantwortlichkeit muss aber je nach religiösem Kontext anders thematisiert werden. Im Islam zum Beispiel könnte dabei einerseits mit dem *khalifa*-Konzept, d.h. mit der Idee des Menschen als Stellvertreter Gottes, der Gott Rechenschaft über seine Handlungen schuldig ist, gearbeitet werden, anderseits - und verbunden damit - auch mit der Verantwortung eines jeden Menschen vor Gott anlässlich des Gerichts nach dem Tod.

### 5.4.11.3     *Das Konzept des "rechten Masses"*

Als weiteres Konzept in einzelnen Religionen zur Begründung grösserer Umweltverantwortung könnte die Idee des rechten Masses fungieren. Im Buddhismus ist der *mittlere Weg* zentrales Thema der persönlichen Erlösung. Im Islam[373] wird grosser Wert auf das *rechte Mass* gelegt, das durchaus auch in bezug auf die Nutzung der materiellen Welt zu beachten ist. Auch die christliche Tradition kennt Vorstellungen über das *Masshalten*.

Selbstverständlich gibt es eine ganze Reihe weiterer Konzepte, die in zwei oder mehreren Religionen als Brückenkonzepte zur Anwendung kommen können. Brückenkonzepte können dazu beitragen, alltagsorientierte Umweltforderungen und nachhaltiges Handeln nicht nur religionsspezifisch, sondern religionsübergreifend zu verankern. Die Gültigkeit solcher Brückenkonzepte ist aber einerseits begrenzt, anderseits zwischen zwei oder mehreren Religionen oft nicht deckungsgleich.

---

[373] Vgl. z.B. Sure 15,19-20.

## 5.4.12 Grenzen einer konsensorientierten transreligiösen Umweltethik

Auch wenn einmal davon abgesehen wird, dass alle religiösen Kontexte in eine Vielzahl von Subgruppen und -positionen zerfallen und somit von *der* islamischen, *der* christlichen, *der* buddhistischen Umweltethik usw. nur unter Vorbehalten gesprochen werden kann, muss unterstrichen werden, dass die Umweltthematik im heute gängigen Sinn *in keiner einzigen traditionellen Religion das zentrale Anliegen* ist - mit der teilweisen Ausnahme neuerer religiöser und spiritueller Bewegungen etwa im Umfeld der New Age-Bewegung. Der einfache Grund liegt darin, dass die heute aktuelle Umweltthematik kaum älter als höchstens 100 oder 150 Jahre ist - und zur Zeit der Entstehung der klassischen Religionen gar kein Thema war.

Umgekehrt kennen aber alle Religionen implizite und explizite Haltungen zu Fragen und Bereichen, die umweltethisch relevant sind. Diese Haltungen sind aber zumeist Sekundärinterpretationen der ursprünglichen Texte oder Inhalte. Das bedeutet, dass religiös basierte Begründungen für *praxisnahe, alltagsorientierte Verhaltensweisen und* Umweltforderungen *zumeist vorläufigen Charakter* haben - und damit auch jederzeit wieder umgestossen werden können. Damit liegt die religiöse Begründung von Umweltverhalten und -forderungen wiederum auf einer argumentativen Ebene, die kaum bis zum primären religiösen Code, d.h. bis zu den zentralen religiösen Inhalten reicht. Genau aus diesem Grund ist in allen Religionen ein genauso breites Argumentationsspektrum in bezug auf Umweltfragen festzustellen, wie in säkularen, nicht-religiösen Kontexten.

Damit scheint die Chance einer konsensorientierten transreligiösen Minimalethik zu Umweltfragen, die auf dem religiösen Pluralismus beruht, nicht sehr erfolgversprechend - zumindest nicht erfolgversprechender, als im gängigen nicht-religiösen Umweltethik-Diskurs.

Etwas erfolgversprechender ist die Durchsetzung von alltagsorientierten Umweltforderungen und nachhaltigem Handeln, wenn diese an religionsübergreifende Brückenkonzepte gebunden werden können, allerdings mit der Einschränkung, dass viele Brückenkonzepte ebenfalls ambivalent sind: So kann die Mutter-Erde-Metapher sowohl eine konsumistische und patriarchalische Grundhaltung gegenüber der (Mutter) Natur nahelegen, als auch nachhaltiges Handeln fördern, je nachdem, wie die Mutter-Erde-Metapher rezipiert wird.

## 5.5 Eine kohärente, transreligiöse Ökospiritualität als weltanschaulicher Motivationsrahmen

Wie wir gesehen haben[374], ist die Rückbindung umweltbezogener Forderungen und nachhaltiger Verhaltensweisen an spezifisch religiöse Werte und Glaubensvorstellungen möglich und sinnvoll. Jedoch können solche Forderungen und Verhaltensweisen immer nur soweit an zentralen religiösen Werten und Glaubensvorstellungen verankert werden, als diese Forderungen mit den entsprechenden religiösen Werten und Glaubensvorstellungen kompatibel sind. Damit wird einerseits die Zahl durchsetzbarer Umweltforderungen eingeschränkt. Anderseits können neue oder veränderte religiöse Lehrmeinungen immer wieder tolerierte oder empfohlene Verhaltensweisen reinterpretieren und - im schlimmsten Fall - mühsam durchgesetzte umweltorientierte Verhaltensweisen von einem Tag auf den anderen wieder ablehnen. Anders gesagt: Die pluralistische, religionsspezifische Durchsetzung von alltagsorientierten Umweltforderungen und von nachhaltigem Handeln ist einerseits begrenzt, anderseits unsicher.

Aus diesem Grund - und weil eine Minderheit von besonders umweltengagierten Menschen offenbar eine eigene, ökologische Weltanschauung besitzt - gehen wir nun im folgenden der Frage nach, inwieweit ein universalistischer Zugang bei der transreligiösen und transkulturellen Durchsetzung von alltagsorientierten Umweltforderungen und nachhaltigem Handeln erfolgversprechend ist[375].

Weil wahrscheinlich die grünen Aktivistinnen und Aktivisten am ehesten über eine kohärente ökologische Weltanschauung verfügen, werden wir uns mit der Frage beschäftigen, welche Religion, welche religiöse Weltanschauung sie vertreten.

---

[374]  Vgl. Kapitel 5.3.

[375]  Vgl. dazu auch Kapitel 4 in diesem Band.

### 5.5.1    Weltanschauliche und religiöse Grundhaltungen bei den Grünen

Christa Nickels war Gründungsmitglied der Grünen in Nordrhein-Westfalen und 1980 bis 1983 Sprecherin im Kreisverband Heinsberg. 1983 bis 1985 war sie Bundestagsabgeordnete der Grünen und zwar während eines Jahres Geschäftsführerin im Frauenvorstand der Fraktion. 1985 bis 1987 war Nickels Nachrückerin bei den Grünen im Bundestag mit Schwerpunkt Frauenpolitik, und seit Februar 1987 wiederum Mitglied des deutschen Bundestages als grüne Abgeordnete. Sie beschreibt ihr Verhältnis zur Religion folgendermassen:

"... Religion ist für mich überhaupt nicht benutzbar wie ein Besteck, mit dem man den unverdaulichen Brocken von Leben, an denen alle oft zu kauen haben, zu Leibe rücken könnte. Sie ist kein Schlummerkissen und auch kein dickes Plumeau, in das ich mich verkriechen könnte gegen die Kälte. Bei mir schlägt sie auch nicht als Droge an, von der ich mir nur regelmässig, aber wohldosiert einige Löffelchen zuzuführen bräuchte, um gegen so viele unterschwellige Entsetzen gewappnet zu sein. Eher fühle ich mich darin dünnhäutiger, wehrloser und ausgesetzter. Manchmal weckt sie sehr zärtliche Gefühle, weil die Erde so schön gemacht ist, aber oft auch einen scharfen Schmerz wegen des grossen Leids. Da bin ich manchmal wie ein Schwamm, der vollgesogen ist mit Traurigkeit, weil unsere Kirche und viele Christen sich weigern, eine klare Sprache zu sprechen und sich mit der Kraft, die sie eben haben, dann auch wirklich einzusetzen für das 'Reich Gottes unter den Menschen'"[376].

Ihre ökospirituelle Grundhaltung umschrieb Nickels[377] folgendermassen:

"Für mich war Glaube auch immer so etwas wie ein Zugseil, das mich in eine bestimmte Richtung gezogen, gelockt, manchmal auch geschleppt hat, und eine Spur im dicken Nebel. Und mein Glaube hat Namen: Vater, Mutter, Du. Wenn ich empört bin und wütend, wenn ich nichts mehr verstehe, streite ich mit ihm. Wenn ich nicht mehr kann, ratlos bin, beschämt und allein, dann geh' ich zu ihr. Und wenn ich mich freue, dann funk' ich es 'rüber. Er ist nie etwas Abstraktes für mich

---

[376]   Nickels 1988:18.

[377]   Nickels 1988:18.

gewesen, sondern schon immer, auch sinnlich, eng mit meinem Leben verknüpft und verwoben. Ganz klar, 'mein Glaube' ist 'in dieser Welt' und betrifft mich als lebendige Frau hier und jetzt".


Die bekannte deutsche Grüne Petra Kelly schrieb zum Einfluss ihrer religiösen Orientierung auf ihr grünes Engagement folgendes: "Mein Engagement bei den Grünen hat von erster Stunde an sehr, sehr viel mit meiner zutiefst religiös-spirituellen Orientierung zu tun, denn ich halte die authentische Grüne Internationale Bewegung nicht nur für eine politische, sondern für eine *politisch-spirituelle Bewegung*"[378].

Eine andere grüne Aktivistin, Eva-Maria Quistorp, die nach 1986 im Bundesvorstand der Grünen in Deutschland war und über langjährige aussenparlamentarische Erfahrung verfügt, schrieb zu ihrer spirituellen Grundhaltung:

"Die Auseinandersetzung mit dem Tod und der Vergänglichkeit des Lebens, seinen Grenzen, die Wiederverzauberung der Welt und das Glück in der Selbstfindung der Menschen - diesen Wesen zwischen Erde und Kosmos, dieser Einheit von Leib-Seele-Geist -, das sind Themen, die nicht in düstere Kirchen oder Philosophieseminare gehören, sondern in den Alltag, und die die Kritik am technologischen Machbarkeitswahn und an der Selbstentfremdung des Menschen in der herrschenden Weltwirtschaft einschliessen"[379].

Manon Maren-Grisebach[380] schrieb in ihrer "Philosophie der Grünen":

"Dem sinnentleerten Leben kann dieses Tun [der grünen Aktivistinnen und Aktivisten, Anm. C.J.] vielleicht Sinn verschaffen. Das Lebensgefühl, zu nichts nutze sein zu können in der von oben verwalteten Welt, kann umgemodelt werden, wenn ich es nur in die eigene Hand nehme und mich mit Gleichgesinnten zusammensetze". Also soll Eigenaktivität und gemeinsames Handeln von allen besorgten und von der Umweltzerstörung und von Krieg betroffenen Menschen neuen Lebenssinn schaffen. Auch die Frage von Leben und Tod sind nach Meinung der Autorin Inhalt des "grünen" Engagements:

---

[378]  Kelly 1988:35.

[379]  Quistorp 1988:76.

[380]  Maren-Grisebach 1982:13.

"Aber die Grünen sind nicht eine Partei des Lebens im Sinne seichter Lebenslust, als Oberfläche banaler, todloser Freude. Das Leben soll wieder Orte haben, wo es herrlich ist, aber niemals durch Ausschalten des Todes. Der Tod tritt näher heran. Die Zerstörungen greifen nach uns. Angst treibt uns um. Genau im Wissen um unsere Vergänglichkeit und die erhöhten Gefahren sind wir die Lebensmächtigen. Unser Gegner ist die *Zerstörung* und nicht der *Tod* als Natur. Gerade weil zum Beispiel die Bäume, die wir schützen wollen und unser Zeichen der Sonnenblume Symbole des Lebens sind, fragen wir nach dem Sinn des Todes: Der Kreislauf des Lebens und der des Todes fliessen in einen grösseren, die erdhaften Erscheinungen alle miteinschliessenden Kreis. Unabgegrenzt"[381].

Interessant für unsere Fragestellung ist die folgende Äusserung des grünen Aktivisten Henning Schierholz[382] über das ethische Selbstverständnis der Grünen in Deutschland: "Die Kritik der neuen sozialen Bewegungen an den vorgefundenen Herrschaftsverhältnissen beruht keineswegs auf einer blossen 'Ein-Punkt-Strategie', sondern auf einer Infragestellung der gegenwärtig propagierten Lebensethik und -philosophie. Dementsprechend tendieren viele der Grünen (sowohl aus der Partei als auch aus den Bewegungen) zum *Aufbau einer anderen Lebensethik*, die mit der Veränderung von Besitz- und Eigentumsform, der Abkehr von einer quantitativ orientierten Wachstums- und Konsumorientierung, der Wiederherstellung einer Arbeitswelt, in der Menschen (auch) für ihre eigenen Bedürfnisse produzieren, die Schaffung von 'kleinen Netzen' der gemeinsamen Produktion und Kommunikation, einer Landwirtschaft und Ernährung ohne Raubbau und der Wiederein-stellung der Menschen auf die Erfordernisse der natürlichen Umwelt einhergeht"[383].

Bedeutet das nicht - zumindest implizit -, dass kohärente weltanschauliche Grundvorstellungen sowohl als Motivation der Grünen, als auch als Zielvorstellung grüner Politik fungieren? Anders gesagt: Grüne Aktivistinnen und Aktivisten verstehen sich und ihr Engagement offensichtlich in Verbindung mit einer kohärenten "grünen" Weltanschauung, die aufgrund der mit ihr verbundenen

---

[381]  Maren-Grisebach 1982:15. Hervorhebungen durch die Autorin.

[382]  Schierholz 1988:99.

[383]  Hervorhebung durch mich.

Ethik und gesellschaftspolitischen Vorstellungen auch - mehr oder weniger ausgeprägten - "religiösen" oder "quasi-religiösen" Charakter hat.

Obwohl sich Schierholz[384] dagegen wehrt, dass die Grünen eine Weltanschauungspartei seien oder sein sollen, betont er die Bedeutung religiöser und spiritueller Einflüsse und Gedanken in dieser Partei. Obwohl selbst Mitglied der Strömung "Christen bei den Grünen" sieht er in den letzten Jahren eine wachsende Bedeutung des Konzepts eines "ökologischen Humanismus", der teilweise dezidierte nicht-christliche Motive hat. Diese Strömung - die aus den USA stamme - gewinne vor allem auch bei jüngeren Mitgliedern und Sympathisanten der Grünen an Bedeutung.

Obwohl eine ganze Reihe grüner Exponentinnen und Exponenten aus der (Amts-)Kirche ausgetreten sind[385], betonten viele von ihnen ihr grosses spirituelles und religiöses Grundverständnis. Ein Teil der in der grünen Bewegung Involvierten brachte eine klar spirituelle Motivation mit. So schrieb etwa die ehemalige grüne Bundestagsabgeordnete Karin Zeitler[386]:
"... Ich startete neue Versuche in den Basisgruppen, Bürgerinitiativen und Frauengruppen. Mein Wunsch war, *Leben, Arbeit und Lieben zueinanderzubringen*. Gelernt habe ich dabei, dass ich zu einer Minderheit gehörte und dass ich damit leben kann. Direkt im Anschluss kam die Gründungsphase der Grünen. Endlich kam es zu einem relevanten Zusammenschluss von Menschen mit den gleichen Idealen, Menschen, die die Welt zum Besseren verändern wollten ..."[387].


Unter anderem weil die Arbeit im Bundestag und im Politalltag ihrer spirituellen Grundhaltung und ihren Idealen nicht entsprach, konzentrierte sich Karin Zeitler zunehmend auf spirituelle Anliegen und engagierte sich in einem spirituellen Zentrum.

Im Unterschied zu konfessionellen Parteien bestehen bei den Grünen Deutschlands verschiedene implizit oder explizit religiöse Strömungen. Jürgen Lott[388] nannte vier Hauptströmungen: Erstens

---

[384] Schierholz 1988:103.

[385] So z.B. in Deutschland Karin Zeitler (Zeitler 1988:106) und Petra Kelly (Kelly 1988:28).

[386] Zeitler 1988:107.

[387] Hervorhebung durch Zeitler.

[388] Lott 1988:193-214.

die Bewegungsanthroposophen, d.h. Anthroposophen, denen die Anthroposophische Gesellschaft zu wenig dynamisch, zu "bürgerlich, konservativ oder auch 'versteinert'" ist und die sich vor allem auch den Ideen der Dreigliederung Steiners verpflichtet fühlen; zweitens die Arbeitsgemeinschaft Christen bei den Grünen, zu denen laut Lott[389] Ende der 80er Jahre von insgesamt 40'000 Mitgliedern rund 900 Mitglieder zählten; drittens - mit der prominentesten Vertreterin Petry Kelly - die Strömung "'Post-patriarchale' Religiosität und Spiritualität" - und viertens die Strömung, die sich für Naturmystik und Ganzheitlichkeit einsetzt[390]. Rolf Schwendter[391] nennt ausserdem noch die Bundesarbeitsgemeinschaft "Spiritualität" bei den deutschen Grünen.

Zwar dürfte es zutreffen, dass die Grünen vermutlich im konfessionellen und traditionell religiösen Sinn pluralistischer sind als die meisten anderen Parteien - auch die Sozialdemokraten. Doch zweifellos besitzen viele Grüne eine öko-spirituelle Grundhaltung, deren Prinzipien oder Grundelemente zumindest teilweise von den meisten Grünen geteilt werden. Die konkrete, äussere religiöse Denomination bei den Grünen reicht von atheistisch, agnostisch, christlich, hinduistisch, anthroposophisch, New-Age-nah bis "natur-mystisch".

Nach Meinung von Schwendter[392] verstehen sich viele Grüne in Deutschland als "spirituell": "Gewiss, ein hoher Anteil sowohl der Mitglieder der grünen Partei als auch ihres Umfeldes würde sich in der einen oder anderen Weise als 'spirituell' bezeichnen (mich würde es nicht wundern, wenn es ein Viertel, wenn nicht ein knappes Drittel wäre) ...". Zweifellos trifft es zu, dass - nicht nur in Deutschland - "die religiösen Präferenzen von Grünen ziemlich heterogen sind"[393]. Doch scheint es zum einen eine ganz bestimmte Art von Religiosität zu sein, nämlich eine Religiosität des persönlichen Engagements, der Eigenverantwortung und der Verantwortung gegenüber Natur und Umwelt und kaum einer orthodox-kirchlichen Ausrichtung. Zum anderen gibt es zweifellos

---

[389] Lott 1988:195.

[390] Von den genannten vier Strömungen besitzen die "Christen bei den Grünen" den Charakter einer Bundesarbeitsgemeinschaft. Vgl. Schwendter 1988:218.

[391] Schwendter 1988:218.

[392] Schwendter 1988:218.

[393] Schwendter 1988:221.

weit verbreitete grüne Grundüberzeugungen durch alle Gruppen verschiedener religiöser Präferenz hindurch.

Obwohl einzelne[394] Grüne - vor allem solche aus dem ultralinken Bereich - einzelne oder alle dieser Strömungen scharf kritisieren, besteht offenbar bei einem erheblichen Teil der aktiven Grünen - und wahrscheinlich auch beim grünen Wählerpublikum - eine in zentralen Punkten gemeinsame Weltanschauung, in welcher ökospirituelle Konzepte eine wichtige Rolle spielen. So etwa die Idee der Mutter Erde, der Verbundenheit aller Lebewesen und mit der Natur, der Erde als organische Einheit (Gaia-Idee) usw.[395]. Dieser Meinung scheint auch Gottfried Küenzlen, ein Kritiker sowohl der New Age-Bewegung als auch der Grünen, zu sein: "Der Zusammenhang von Politik und Weltanschauung, Politik geradezu als Konfession, die Dominanz moralischer Argumentation und Gesinnungsethik gegenüber zweckrational-programmatischem Vernunft- denken scheinen hier, zumindest im eigenen Anspruch, programmatischer zu sein als in den anderen Parteien - so sehr die 'Grünen' auf der Klaviatur des politischen Alltagsgeschäftes zu spielen wissen"[396]. Küenzlen[397] ortet bei den Grünen einen Weltanschauungsbedarf, also eine Art weltanschauliches Vakuum, welches seiner Meinung nach vom New Age-Denken gefüllt wird.

Interessant ist, dass ein Teil der engagierten Grünen offenbar diese weltanschaulich-religiöse Dimension entweder nicht wahrnimmt oder sogar ausdrücklich ablehnt. So meint etwa Mary Radford Ruether, dass sogar viele Ökologinnen und Ökologen "die spirituelle und ethische Bedeutung der Ökologie ignoriert"[398] hätten und ignorierten.

---

[394] Z.B. gegenüber den Christen bei den Grünen, vgl. das Interview mit Thomas Ebermann 1988:130-145.

[395] Hans-Hermann Wiebe (1988:276) kommt in seiner Analyse verschiedener Programme der Grünen Deutschlands zum Schluss, dass auch der Begriff des Lebens zentral im Denken der Grünen ist.

[396] Küenzlen 1988:244.

[397] Küenzlen 1988:255.

[398] Radford Ruether 1994:69.

Wenn es stimmt, dass jedes (soziale) System die Umweltkomplexität reduzieren muss[399] und sich "kein System ... auf Punkt-für-Punkt-Beziehungen zur Umwelt stützen" kann, dann bedeutet dies, dass ökologische Probleme (z.B. langfristige Ressourcenzerstörung jeglicher Art) direkt auf das jeweilige soziale System zurückwirken, und zwar in dem Sinne, dass sich das System mehr oder weniger stark verändern muss, um angesichts der veränderten Umwelt weiterbestehen zu können. Das bedeutet, dass Weltanschauungen, welche die Umweltproblematik explizit und zentral thematisieren, langfristig erfolgreicher im Umwelt- und damit auch im Systemmanagement sein werden, als Weltanschauungen, die dies nicht oder nur marginal tun[400]. Weil jedes Subsystem über seinen Code mit dem Gesamtsystem verbunden ist, scheint es auch problematisch, Religion lediglich als gesellschaftliches Subsystem aufzufassen: Viel eher ist Religion - und im weiteren Sinn jede Weltanschauung - eine spezifische Ausbildung des gesamtgesellschaftlichen Codes, die ausserdem mit konstituierend für das Gesamtsystem ist, möglicherweise stärker als wirtschaftliche, rechtliche oder politische Subsysteme.

Was heisst das nun aber in bezug auf die Durchsetzung von umweltspezifischen Forderungen und Anliegen? Weil der weltanschauliche (oder religiöse) Aspekt Teil einer "grünen" oder "ökologischen" Grundhaltung oder eines entsprechenden Engagements ist, sollte bei der Durchsetzung von umweltspezifischen Anliegen und Forderungen immer auch der weltanschauliche Aspekt - d.h. die Bedeutung eines kohärenten ethischen Weltbildes, das umweltspezifische Werte und Anliegen zumindest integriert - nicht ausser Acht gelassen werden. Ja, es ist zu vermuten, dass eine systematische Verstärkung ökologischer Weltanschauungen in breiten Teilen der Bevölkerung deren umweltgerechtes und nachhaltiges Verhalten sprunghaft steigern würde.

---

[399]   Vgl. Luhmann 1986:33. Es ist zu beachten, dass hier "Umwelt" systemtheoretisch verstanden wird, d.h. Umwelt ist alles, was nicht Teil des betreffenden Systems ist.

[400]   Im Gegensatz zu Luhmanns (1986:42) Ansicht, dass die sozio-kulturelle Evolution darauf beruhe, dass die Gesellschaft nicht auf ihre Umwelt reagieren müsse, denke ich, dass die gesamte sozio-kulturelle Entwicklung als permanente autopoietische Selbstorganisation und damit einer permanenten Re- und Umdefinition von Umwelt aufgefasst werden kann, deren Rückwirkungen über die systemtheoretische "Umwelt" das "System" immer wieder von neuem zu einer neuen Selbstorganisation gezwungen hat.

Weitere Forschungen werden zeigen müssen, inwieweit diese Schlussfolgerung stimmt und wie erfolgreich Veränderungen im Umweltverhalten über eine Vertiefung einer ökologischen Weltanschauung möglich sind.

*Der Bezug des Menschen zur Natur in verschiedenen Religionen*

# 6. Der Bezug des Menschen zur Natur im Islam und im Baha'itum[401]

## 6.1 Einführung

Im nachstehenden Text über den Islam und das Baha'itum geht es darum, den Bezug Mensch - Gott - Natur/Welt in diesen beiden Religionen herauszuarbeiten und die zentralen Inhalte in bezug auf die Umwelt in diesen beiden Religionen zu bestimmen. Im besonderen interessierten dabei zentrale Inhalte und Beziehungen im Rahmen des "primären Codes"[402] bezogen auf das Naturverständnis im betreffenden religiösen Kontext.

Beide Kapitel wurden durch überzeugte Gläubige der jeweiligen Religion durchgelesen und aufgrund ihrer Bemerkungen und Kritiken nochmals überarbeitet. In beiden Fällen waren danach die Betreffenden der Meinung, inhaltlich hinter den darin geäusserten Aussagen stehen zu können.

## 6.2 Islam[403]

Der gläubige Muslim ist davon überzeugt, dass sich Gott im Laufe der menschlichen Geschichte durch eine Reihe von Propheten geoffenbart hat, zu denen Abraham, Jesus und Mohammed gehören. Mohammed gilt als "das Siegel der Propheten", weil er als letzter Prophet die Reihe der

---

[401] Autor dieses Kapitels ist Christian J. Jäggi.

[402] Vgl. dazu Kapitel 3 in diesem Band.

[403] Wir benutzen im folgenden Kapitel in der Regel die Koran-Übersetzung von Adel Theodor Khoury (Koran 1987) und als Ergänzung die ältere Übersetzung von Ludwig Ullmann und L.W.-Winter (Koran 1959) sowie die deutsche Koran-Übersetzung der Ahmadiyya-Bewegung (Koran 1980).

Propheten gleichsam "besiegelt"[404]. Der durch seinen Mund geoffenbarte Text, die Suren des heiligen Korans, sind in den Augen der Muslime direkt von Gott verfasste Schrift und nicht Werk Mohammeds. Der Prophet war nur Werkzeug der göttlichen Offenbarung.

Der islamische Glauben besteht aus den sogenannten fünf Säulen[405]:

1. Das Glaubensbekenntnis:

Das Glaubensbekenntnis besteht aus folgender offiziellen Formulierung: "Aschadu allâ ilâha illal-lâh! Aschadu anna Muhammadar-rasûlul-lâh" ("Ich bezeuge, es gibt keine Gottheit ausser Gott (Allah)! Ich bezeuge, Mohammed ist der Gesandte Gottes!"). Spricht jemand dieses Bekenntnis in arabischer Sprache vor zwei Zeugen aus, erklärt die betreffende Person die Annahme des islamischen Glaubens.


2. Das Fasten im Monat Ramadan:

Während eines Monats im Jahr ist allgemeines Fasten vorgeschrieben. Der Ramadan ist der Monat der religiösen Besinnung und des Gedenkens an die von Gott geoffenbarte Ordnung: "Der Monat Ramadan ist es, in dem der Koran herabgesandt wurde als Rechtleitung für die Menschen und als deutliche Zeichen der Rechtleitung und der Unterscheidungsnorm" (Koran 1987:2,185).

Weil das Mondjahr, nach welchem sich der muslimische Kalender richtet, rund 12 Tage kürzer ist als das Sonnenjahr, verschiebt sich der Ramadan jedes Jahr und fällt je nach Jahr auf den Winter, Frühling, Sommer oder Herbst. Sobald nach dem Neumond die Mondsichel zum ersten Mal sichtbar wird, beginnt der Ramadan. Der Koran schreibt vor, jeweils mit der Morgendämmerung mit dem Fasten zu beginnen, und bis zum Sonnenuntergang nichts zu essen, nichts zu trinken,

---

[404] Vgl. dazu Antes 1982:25. Dazu gibt es zwei Interpretationen: Die meisten Muslime verstehen "besiegelt" im Sinne von "abgeschlossen": Mit Mohammeds Tod ist seine Offenbarung abgeschlossen. Demgegenüber verstehen die Ahmadi-Muslime den Begriff "besiegelt" so, dass jeder Prophet nach Mohammed gleichsam dessen Siegel trägt, also die von Mohammed geoffenbarten Texte und Gesetze nicht abschaffen kann, aber neu interpretiert.

[405] Vgl. dazu Antes 1982:37/38 und Baumann/Jäggi 1991:13-17.

nicht zu rauchen und keinen Geschlechtsverkehr zu haben. Ziel des Fastens liegt darin, den Fastenden näher an Gott heranzuführen[406].

3. Die jährliche Sozialabgabe:

Die Unterstützung der Armen und Bedürftigen ist im Islam zentrales Gebot. Zakat, d.h. die Unterstützungspflicht oder "Sozialsteuer" - die aber nicht an den Staat geht - , gehört zu den fünf Säulen, ist also ebenso wichtig wie das Glaubensbekenntnis oder das Fasten im Ramadan. "Und denen, die das Gebet verrichten und die Abgabe entrichten und an Gott und den Jüngsten Tag glauben, denen wird Er einen grossartigen Lohn zukommen lassen" (Koran 1987:4,162). Zakat ist damit ein Dienst an Gott in Form der Solidarität mit den Armen. Zakat beträgt 2,5% des Überschusses, der am Ende des Jahres nach Abzug der Lebensbedürfnisse wie Nahrung, Wohnen, Kleidung usw. verbleibt[407]. Auf diese Sozialabgabe hat der Bedürftige ein Recht, während sie für den Vermögenden eine Pflicht ist. Daneben gibt es noch das (freiwillige) Almosengeben (Sadaqah), das dem freien Ermessen der Gläubigen überlassen ist.

4. Die Pflichtgebete

Der Muslim ist gehalten, fünfmal täglich zu Gott zu beten. Dieses Pflichtgebet ist völlig durchstrukturiert und verlangt den Einsatz des ganzen Menschen, der Seele, des Geistes und des Körpers. Die richtigen Gebetszeiten sind für das Morgengebet zwischen der Morgendämmerung und dem Sonnenaufgang, für das Mittagsgebet wenn die Sonne den Zenit überschritten hat, für das Nachmittagsgebet ungefähr in der Mitte zwischen Mittags- und Abendgebet, für das Abendgebet nach Sonnenuntergang und für das Nachtgebet zwischen Anbruch der Dunkelheit und der Morgendämmerung. Mit dem Gebet verbunden sind genau vorgegebene Gebetshaltungen. Voraussetzung für das Gebet ist rituelle Reinheit, die entweder in Form der grossen Waschung

---

[406] Verschiedene Gruppen sind vom Fasten ausgenommen, so geistig Behinderte, kleine Kinder, Kranke und schwangere oder menstruierende Frauen. Reisende dürfen selber entscheiden, ob sie das Fasten einhalten wollen; vgl. Baumann/Jäggi 1991:16.

[407] Vgl. dazu Baumann/Jäggi 1991:16/17.

(nach dem Geschlechtsverkehr) oder der kleinen Waschung vorgenommen wird[408]. Die laut gesprochenen Gebete werden arabisch gehalten, während es im stillen Gebet jedem Muslim frei steht, in seiner Muttersprache zu beten.


5. Die Wallfahrt nach Mekka

Jeder Mann und jede Frau sollte einmal im Leben an einer Pilgerfahrt nach Mekka teilnehmen, sofern die betreffende Person gesund ist und über die finanziellen Mittel dafür verfügt. Für die Pilgerfahrt darf kein Kredit aufgenommen werden, und Ehepaare sollten miteinander gehen. Die Pilgerfahrt erinnert an Abraham, der von Gott auf die Probe gestellt wurde und seinen Sohn opfern sollte.


Diese fünf Säulen bilden das zentrale und allgemeinverbindliche[409] Gerüst der islamischen Glaubenspraxis. Welchen Platz nehmen nun aber die Natur und die Umwelt in den islamischen Glaubensvorstellungen und im islamischen Alltagsleben ein?

Die Muslime sind davon überzeugt, dass die ökologische Krise der Erde vor allem geistige Ursachen hat: "Die ökologische Krise, mit der viele entwickelte und weniger entwickelte Nationen konfrontiert sind, ist in Wirklichkeit eine moralische Krise". Dies ist zum Beispiel die Meinung des pakistanischen Geographen Iqtidar H. Zaidi (1981:35ff[410]). Auch der an der George Washington Universität in Washington lehrende Seyyed Hossein Nasr (1976:156[411]), schrieb dazu: "Nur die Wiederbelebung einer geistlichen Naturkonzeption, die auf intellektuellen und metaphysischen Prinzipien basiert, kann die von den Anwendungsgebieten der modernen Wissenschaft hervorgerufene Verheerung neutralisieren und diese Wissenschaft selbst in eine universalere Perspektive eingliedern". Und mit Blick auf die Umweltkrise schrieb Nasr (1990:219): "Es kann

---

[408] Ausführlich dazu vgl. Baumann/Jäggi 1991:18.

[409] Einzelne muslimische oder aus dem Islam hervorgegangene Strömungen und Gemeinschaften relativierten die Gültigkeit der fünf Säulen, so etwa die Alewiten.

[410] Zitiert nach der Übersetzung von Ludwig Hagemann 1990:21.

[411] Zitiert nach der deutschen Übersetzung von Ludwig Hagemann 1990:21.

gesagt werden, dass die Umweltkrise durch die Weigerung des Menschen, Gott als wirkliche 'Umwelt' zu sehen, verursacht wurde"[412]. Nach Meinung von Nasr ist die Zerstörung der Umwelt das Resultat einer menschlichen Weltsicht, welche die Natur als ontologisch unabhängige Wirklichkeitsordung aufzufassen versuchte, getrennt von der göttlichen Umwelt.

Mit Blick auf die Krise des islamischen Denkens fasste Ziauddin Sardar (1989a:5) in seiner Einführung zu dem von ihm herausgegebenen Band "An Early Crescent - The Future of Knowledge and the Environment in Islam" zusammen, dass die drei vorherrschenden historischen Trends im muslimischen Denken, nämlich das Scharia-zentrierte Rechtsdenken, der Sufismus und die Philosophie gescheitert seien, die Probleme des Westens zu lösen. Die Scharia sei nicht mehr länger ein geschichtsbildendes Unternehmen des Islam, sondern selbst ein Produkt der Geschichte, nicht mehr die Methode, welche Gottes Wille den Menschen bekannt mache, sondern der aktuelle Wille Gottes ausgedrückt in Form von gerichtlichen Verfügungen und Verboten. Anwar Ibrahim (1989:19) wies darauf hin, dass aus islamischer Sicht Werte nicht von Menschen gemacht sind, sondern a priori gegeben sind. In muslimischen Augen sind Werte und Normen nicht veränderlich, sie sind ewig. Darüber besteht in der *ummah*, also in der Gemeinschaft der Gläubigen, Einhelligkeit: Als Muslim wird derjenige verstanden, der die Werte und Normen akzeptiert, welche im Koran und in der Sunna (d.h. der überlieferten Tradition) des Propheten Mohammed niedergelegt sind. Allerdings versuche die internationale muslimische Gemeinschaft, "Dinge" innerhalb eines allgemeinen Wertekonsens zu ändern. Denn sowohl der Koran als auch die Überlieferung kennen den Begriff "Dinge ändern". Auch die Gläubigen werden im Koran verschiedentlich aufgefordert, sich selbst zu ändern[413]. Auch an ganze Völker ergeht der göttliche Befehl, sich zu ändern: "Gott verändert nicht den Zustand eines Volkes, bis sie selbst ihren eigenen Zustand verändern" (Koran 1987:13,11).

---

[412] Übersetzung aus dem Englischen durch CJ.

[413] Ibrahim (1989:20) verweist in diesem Zusammenhang etwa auf Koran (1987) 53,39-41: "Dass für den Menschen nur das bestimmt ist, wonach er strebt, dass sein Streben sichtbar werden wird und dass ihm hierauf voll dafür vergolten wird".

Im Islam hat bisher keine breite Umweltdiskussion stattgefunden[414]. Grosse und bekannte Ausnahme ist aber Seyyed Hossein Nasr, der bereits 1968 ein Buch mit dem Titel "Man and Nature. The Spiritual Crisis of Modern Man"[415] veröffentlichte. In diesem Buch stellte Nasr (1976:17) fest, dass immer mehr Menschen in einer künstlichen Umwelt leben, in welcher die Natur weitgehend ausgeschlossen sei. Dadurch habe sogar der religiöse Mensch den "Sinn für die spirituelle Bedeutung der Natur verloren". Als Grund dafür sieht Nasr unter anderem die Tatsache, dass die Natur entsakralisiert wurde und dass immer stärker versucht wurde, die Natur zu dominieren und sie zu beherrschen. Diese Beherrschung der Natur habe unter anderem zur Überbevölkerung, zu fehlenden Lebensräumen und zur Erschöpfung der natürlichen Rohstoffe geführt, weil sie der tierischen Natur im Menschen völlige Freiheit gegeben habe[416]. Die Beherrschung der Natur und ein materialistisches Naturverständis seien eng mit einer wachsenden Lust und Gier des Menschen verbunden, die sich als immer grössere Forderungen an die Natur zeigten. Nasr kritisierte am modernen Denken, dass es auf einer Weltsicht beruhe, die das Universum auf ausschliesslich physikalische und mathematische Vorstellungen reduziere[417]. "Das Verschwinden einer wirklichen Kosmologie im Westen ist die allgemeine Folge der Vernachlässigung der Metaphysik und im besonderen der Unfähigkeit, sich an die Seins- und Wissenshierarchien zu erinnern" (Nasr 1976:23[418]).

In den Augen Nasrs (1976:96) hat der Mensch gegenüber der Natur folgende Stellung: "In fact man is the channel of grace for nature; through his active participation in the spiritual world he casts light into the world of nature. He is the mouth through which nature breathes and lives. Because of the intimate connection between man and nature, the inner state of man is reflected in the external order". Der Mensch wird also in seiner spirituellen Rolle als Vermittler zwischen Gott und Natur gesehen. Der Mensch vergeistigt die Natur. Der Zustand seiner Vergeistigung spiegelt

---

[414] Vgl. Monika Tworuschka 1986:42.

[415] Von uns benutzte Ausgabe vgl. Nasr 1976.

[416] Vgl. Nasr 1976:18.

[417] Hier ist daran zu erinnern, dass das Buch in den 60er Jahren verfasst wurde.

[418] Übersetzung aus dem Englischen durch CJ.

sich in der äusseren Ordnung. Diese Vision steht dem mystischen Sufismus näher als dem klassischen Islam. Sie zeigt aber, dass es auch im islamischen Umfeld eine starke mystische Tradition gibt.

Demgegenüber haben in den letzten Jahren vereinzelte muslimische Autoren verschiedene Koranstellen zunehmend auch ökologisch zu deuten versucht, und zwar so, dass Koranstellen als Warnung vor ökologischen Katastrophen oder Umweltproblemen interpretiert wurden. Dies war vor allem bei Muslimen in den westlichen Ländern festzustellen. Unabhängig von solchen Versuchen, die zweifellos vom Zeitgeist beeinflusst wurden[419], ist aber auch im Islam von Anfang an das Verhältnis zwischen Gott, Mensch und Natur im Zentrum der Offenbarung gestanden.

Muhammad S. Abdullah (1987:101) betont die Besitzrechte Gottes über die Schöpfung. Gestützt auf die Eröffnungssure: "Aller Preis gehört Gott, dem Herrn der Welt"[420] schreibt dieser Autor: "... Herr der Welten, Herr der Weltenbewohner, ist das wichtigste Attribut Gottes. Ihm ist implizit: Der seine Sache derart hegt, pflegt und lenkt, dass sie durch ihn von Stufe zu Stufe höherentwickelt wird, bis zur Vollkommenheit" (Abdullah 1987:101).

Im Islam ist nach Meinung von muslimischen Autoren[421] eine grundsätzliche Trennung zwischen Gesetz und Ethik weder nötig noch sinnvoll. In der Entwicklung islamischer Ethik muss aber klar zwischen zwei Ebenen unterschieden werden: Nämlich zwischen dem Ethos des Koran und der Tradition, also ihrer "nicht interpretierten Form" (Fakhry 1991:11) auf der einen und den ethischen

---

[419] So vertritt der deutsche Muslim Ahmad von Denffer in seiner Schrift "Koran und Umwelt" die Meinung, dass viele Umweltprobleme von heute bereits im Koran vorweggenommen werden. So z.B. "Unheil ist auf dem Festland und auf dem Meer erschienen aufgrund dessen, was die Hände der Menschen erworben haben. Er will sie damit einiges kosten lassen von dem, was sie getan haben, auf dass sie (dann) umkehren" (Koran 1987:30,41). Auch vor dem Smog werde - laut Denffer - bereits im Koran gewarnt (Koran 1987:44,10-11): "Erwarte nun den Tag, an dem der Himmel einen offenkundigen Rauch herabkommen lässt, der die Menschen überdecken wird. Das ist eine schmerzhafte Pein". Die 56. Sure prophezeie den sauren Regen: "Habt ihr denn das Wasser gesehen, das ihr trinkt? Habt ihr es von den Wolken herabkommen lassen, oder sind nicht vielmehr Wir es, die (es) herabkommen lassen? Wenn Wir wollten, Wir könnten es bitter machen" (Koran 1987:56,68-70;). Ausserdem werde (Koran 23,18) der Mensch aufgefordert, das Grundwasser zu schützen: "Und Wir liessen vom Himmel Wasser in einem bestimmtem Mass herabkommen und liessen es sich in der Erde aufhalten. Und Wir vermögen wohl, es wieder wegzunehmen."

[420] Zitiert nach Abdullah 1987:101. Diese Stelle wurde auch folgendermassen übersetzt (Koran 1987:1,2): "Lob sei Gott, dem Herrn der Welten".

[421] Vgl. z.B. Deen 1990:189.

Theorien, die durch die verschiedenen Schulen und Autoren entwickelt wurden, auf der anderen Seite.

In der 2. Sure des Koran (1959:2,31) steht über die Rolle des Menschen folgendes zu lesen: "Dann sprach dein Herr zu den Engeln: 'Ich will auf Erden einen Statthalter (den Menschen) setzen'. Sie antworteten: 'Willst du dort einen einsetzen, der zerstörend wütet und Blut vergiesst? Wir aber singen dir Lob und heiligen dich.' Er aber erwiderte: 'Ich weiss, was ihr nicht wisst.'[422]" Der Mensch (Adam) wurde also von Gott als Statthalter eingesetzt. Doch damit stellte sich die Frage, in welcher Stellung der Mensch zu Gott und zu den Engeln stehen würde. Diese Frage wird gleich im nächsten Vers geklärt: "Daraufhin lehrte er Adam die Namen von allem Sein, zeigte alles den Engeln und sprach: 'Nennet mir die Namen dieser Dinge, wenn ihr recht habt!' Sie antworteten: 'Lob dir! Wir wissen nur das, was du uns gelehrt hast, denn du nur bist der Allwissende und Allweise!' Dann sprach er: 'Adam, verkünde du ihnen die Namen!' Als dieser sie genannt hatte, fuhr er fort: 'Habe ich euch nicht gesagt, dass ich die Geheimnisse der Himmel und der Erde kenne und weiss, was ihr bekennt und was ihr verheimlicht.' Daraufhin sagten wir zu den Engeln: 'Fallt vor Adam nieder!' Und sie taten es; nur Iblis, der hochmütige Teufel, weigerte sich: Er war einer der Ungläubigen" (Koran 1959:2,32-35[423]). Der Mensch wurde also über die Engel gesetzt - und über die Natur -, aber er untersteht Gott. Anders gesagt: Die Menschheit ist die letzte und grösste Schöpfung Gottes. Während alle anderen Geschöpfe nur ihrer Natur folgen, besitzen Menschen und "Dschinns" ihren freien Willen[424].

---

[422] Vgl. dazu die entsprechende Stelle (2,30-34) in der Koranübersetzung (1987) von A. Khoury: "Und als dein Herr zur den Engeln sprach: 'Ich werde auf der Erde einen Nachfolger einsetzen.' Sie sagten: 'Willst Du auf ihr einen einsetzen, der auf ihr Unheil stiftet und Blut vergiesst, während wir dein Lob singen und deine Heiligkeit rühmen?' Er sprach: 'Ich weiss, was ihr nicht wisst.' Und Er lehrte Adam alle Dinge samt ihren Namen. Dann führte Er sie den Engeln vor und sprach: 'Tut mir die Namen dieser kund, so ihr die Wahrheit sagt.' Sie sagten: 'Preis sei Dir! Wir haben kein Wissen ausser dem, was Du uns gelehrt hast. Du bist der, der alles weiss und weise ist.' Er sprach: 'O Adam, tu ihnen ihre Namen kund.' Als er ihre Namen kundgetan hatte, sprach Er: 'Habe ich euch nicht gesagt: Ich weiss das Unsichtbare der Himmel und der Erde, und Ich weiss, was ihr offenlegt und was ihr verschweigt?' Und als Wir zu den Engeln sprachen: 'Werft euch vor Adam nieder.' Da warfen sie sich nieder, ausser Iblis. Der weigerte sich und verhielt sich hochmütig, und er war einer der Ungläubigen."

[423] In der Ahmadi-Koranübersetzung (Koran 1980:2,35) heisst diese Stelle: "... und sie alle gehorchten, nur Iblis nicht. Er weigerte sich und war zu stolz, denn er war der Ungläubigen einer".

[424] Vgl. dazu Palmer 1990:60.

In den Augen des Islam kann der Mensch nur durch die Unterwerfung unter Gottes Willen und durch die Ergebung in seine Ordnung Frieden finden, und zwar Frieden mit den Menschen und Frieden mit der Natur. Die Menschen nehmen die Rolle eines Khalifa, also eines Nachfolgers, Statthalters, Stellvertreters und Treuhänders[425], aber auch Diener Gottes[426] ein: "Für die Muslime ist die Rolle der Menschheit auf Erden diejenige eines *khalifa*, eines Vizeregenten oder Treuhänders Gottes. Wir sind Gottes Verwalter und Agenten auf der Erde. Wir sind nicht Meister dieser Erde; sie gehört nicht uns, [wir können nicht] tun, was wir wollen ... Der *khalifa* ist verantwortlich für seine/ihre Handlungen, für die Art, wie er/sie das Vertrauen Gottes gebraucht oder missbraucht" (Abdullah Omar Nasseef in The Muslim Declaration on Nature 1986:23[427]). Dafür werden die Menschen vor dem Gericht Gottes beurteilt werden. Der Mensch ist also *nicht der unbeschränkte Herrscher der Erde,* sondern besitzt nur das *Recht auf "Aufenthalt und Nutzniessung für eine Weile"* (Koran 1987:2,36[428]). Obwohl der Mensch Stellvertreter und Treuhänder Gottes ist, *gehört die Erde letztlich Gott.*

Der Koran warnt davor, dass die Menschen sich an die Stelle Gottes setzen: "... sind sie [die Menschen] aus etwas anderem erschaffen worden oder sind sie gar selbst die Schöpfer?" (Koran 1987:52,35). Die Antwort - z.B. in Koran 1987:43,9 - ist klar und deutlich: "Und wenn du sie fragst, wer die Himmel und die Erde erschaffen hat, sagen sie bestimmt: 'Erschaffen hat sie der Mächtige, der Bescheid weiss'".

Nach Ludwig Hagemann (1990:25) besteht "die Sonderstellung des Menschen ... darin, dass er einerseits zwar selbst Geschöpf ist und so zur Natur gehört, zugleich aber auch Herr und Wächter dieser Natur ist. ... Dabei darf der Mensch aufgrund seiner Sonderstellung in Ausübung seiner Herrschaft über die Natur nie ihren göttlichen Bezug vergessen. Denn, so Nasr: 'Dem

---

[425]  Vgl. dazu Hagemann 1990:22.

[426]  "Niemand in den Himmeln und auf der Erde wird zum Erbarmer anders denn als Diener kommen können" (Koran 1993:19,93). Der Mensch ist 'abd allah, also Diener Gottes, vgl. Hagemann 1990:23, aber auch Nasr 1990:222.

[427]  Übersetzung aus dem Englischen durch CJ.

[428]  Vgl. dazu Hagemann 1990:22.

Menschen ist das Recht gegeben, nur aufgrund seiner Gottebenbildlichkeit über die Natur zu herrschen, und nicht als Rebell gegen den Himmel'[429]'" (Hagemann 1990:25).

Der Islam betont, dass das gesamte Universum Schöpfung Gottes ist: "Er ist es, der für euch alles, was auf der Erde ist, erschaffen hat, dann hat Er sich zum Himmel aufgerichtet" (Koran 1987:2,29) und "Siehe, ihm allein steht das Erschaffen und der Befehl zu. Gesegnet sei Gott, der Herr der Welten" (Koran 1987:7,54). In der 41. Sure steht ausserdem: "Sprich: Wollt ihr wirklich den verleugnen, der die Erde in zwei Tagen erschaffen hat, und Ihm andere als Gegenpart zur Seite stellen? Das ist doch der Herr der Welten" (Koran 1987:41,9[430]). Gott lässt Wasser über die Erde fliessen, Regen fallen und hält die Grenze zwischen Tag und Nacht aufrecht. Das ganze Universum gehört Gott, dem Erschaffer. Nach den Pflanzen und Tieren schuf Gott die Menschen. Er stattete sie mit einer besonderen Gabe aus: Dem Verstand und der Fähigkeit zu denken.

Seyyed Hossein Nasr (1990:218) betont die kosmische Dimension des Koran. Für Nasr "beschreibt der Koran die Natur letztlich als Theophanie, die Gott sowohl verhüllt als auch enthüllt"[431]. In der Sufi-Sicht sind die Formen der Natur "Masken" oder "Schleier", welche die verschiedenen göttlichen Eigenschaften verbergen. Jene, deren innere Sicht nicht durch das Ego getrübt ist, können aber die göttlichen Eigenschaften erkennen. In dieser Sicht ist Gott die endgültige Umwelt ("ultimate environment", Nasr 1990:219), welche den Menschen umfasst.

Alles Geschaffene, also die Welt, Tiere, Pflanzen, Gestirne, Gezeiten, der Tag und die Nacht sind "Zeichen" (Aya) Gottes für die Menschen[432]: "Gott ist es, der die Körner und die Kerne spaltet. So bringt Er das Lebendige aus dem Toten und das Tote aus dem Lebendigen hervor. Das ist Gott - wie leicht lasst ihr euch doch abwenden! -, Er, der die Morgendämmerung anbrechen lässt. Er hat die Nacht zur Ruhezeit und die Sonne und den Mond zur Zeitberechnung gemacht. Das ist das Dekret dessen, der mächtig ist und Bescheid weiss. Er ist es, der euch die Sterne

---

[429] Nasr 1976:96, deutsche Übersetzung nach Hagemann 1990:25.

[430] In der Ahmadi-Koranübersetzung (Koran 41,9) heisst es allerdings: "Sprich; 'Leugnet ihr Den wirklich, Der die Erde schuf in zwei Zeiten? ...'".

[431] Nasr 1990:219. Übersetzung aus dem Englischen durch CJ.

[432] Vgl. Monika Tworuschka 1986:44/45.

gemacht hat, damit ihr euch durch sie die gute Richtung in den Finsternissen des Festlandes und des Meeres findet. Wir haben die Zeichen im einzelnen dargelegt für Leute, die Bescheid wissen. Und Er ist es, der euch aus einem einzigen Wesen hat entstehen lassen. Dann gibt es einen Aufenthaltsort und einen Aufbewahrungsort. Wir haben die Zeichen im einzelnen dargelegt für Leute, die begreifen. Und Er ist es, der vom Himmel Wasser herabkommen lässt. Und wir bringen damit Pflanzen jeglicher (Art) hervor; und dann bringen wir aus ihnen Grün hervor, aus dem wir übereinandergereihte Körner hervorbringen - und aus den Palmen, aus ihren Blütenscheiden entstehen herabhängende Dattelbüschel -, und (auch) Gärten mit Weinstöcken, und die Öl- und Granatapfelbäume, die einander ähnlich und unähnlich sind. Schaut auf ihre Früchte, wenn sie Früchte tragen, und auf deren Reifen. Darin sind Zeichen für Leute, die glauben" (Koran 1987:6,95-99). Gott hat alles, was er geschaffen hat, auf den Menschen hin abgestimmt[433]. In der 16. Koransure[434] steht zu lesen: "Er ist es, der vom Himmel Wasser hat herabkommen lassen. Davon habt ihr etwas zu trinken, und davon wachsen Sträucher, in denen ihr weiden lassen könnt. Er lässt euch dadurch Getreide spriessen, und Ölbäume, Palmen, Weinstöcke und allerlei Früchte. Darin ist ein Zeichen für Leute, die nachdenken. Und Er hat euch die Nacht und den Tag, die Sonne und den Mond dienstbar gemacht. Auch die Sterne sind durch seinen Befehl dienstbar gemacht worden. Darin sind Zeichen für die Leute, die verständig sind. Und (da ist) auch, was Er euch auf der Erde in verschiedenen Arten geschaffen hat. Darin ist ein Zeichen für Leute, die es bedenken. Und Er ist es, der euch das Meer dienstbar gemacht hat, damit ihr frisches Fleisch daraus esst und Schmuck aus ihm herausholt, um ihn anzulegen. Und du siehst die Schiffe es durchspalten, ja, damit ihr nach etwas von seiner Huld strebt, auf dass ihr dankbar werdet. Und Er hat auf der Erde festgegründete Berge gelegt, dass sie nicht mit euch schwanke, und Flüsse und Wege - auf dass ihr der Rechtleitung folget - und Wegzeichen. Und mit Hilfe der Sterne finden sie die Richtung. Ist denn der, der erschafft, wie der, der nicht erschafft? Wollt ihr es nicht bedenken? Und wenn ihr die Gnade Gottes aufzählen wolltet, könntet ihr sie nicht erfassen. Wahrlich, Gott ist voller Vergebung und barmherzig."

---

[433]  Vgl. dazu Hagemann 1990:22.

[434]  Koran 1987:16,10-18.

Gestützt auf den Koran (1987:16,68-69[435]) unterstrich der Imam Medhi Razwi (1986/87:17) vom Islamischen Zentrum Hamburg, dass der Islam unter anderem die Schaffung von Bedingungen und Voraussetzungen für eine "harmonische und aufeinander abgestimmte Existenz aller Lebewesen" bezwecke: "Der Islam hat stets das Ethische vor dem Ökonomischen als vorrangig betrachtet. Dementsprechend dürfen die wirtschaftlichen Interessen nicht auf Kosten der Umwelt vorgezogen werden" (Razwi 1986/87:19).

Zentrales Konzept im Islam ist nach Meinung von Abdullah Omar Nasseef[436], dem Generalsekretär der Muslim World Liga, die Einheit Gottes: "Gott ist Einheit, und Seine Einheit wird auch von der Einheit der Menschheit reflektiert, und der Einheit von Menschheit und Natur. Seine Treuhänder sind verantwortlich für die Aufrechterhaltung der Einheit Seiner Schöpfung, der Integrität der Erde, ihrer Flora und Fauna, ihrer Tierwelt und ihrer natürlichen Umwelt. ... Sie [die Einheit, Anm. CJ.] wird durch Gleichgewicht und Harmonie aufrechterhalten ..."[437]. Nach Meinung von Seyyed Hossein Nasr "... [setzt] der Islam ... in seiner Naturbetrachtung bei der Idee der Einheit an und bietet - darauf aufbauend - ein ganzheitliches und umfassendes Erklärungsprinzip für alle Lebensbereiche an" (nach Ludwig Hagemann 1990:34). Dabei ist interessant, dass Nasr "den 'niedergeschriebenen Koran' und den 'Koran der Schöpfung' [unterscheidet], der die Idee oder den Archetyp aller Dinge enthält. Er führt aus, dass die Urbedeutung von 'Koranvers' Wunder, Zeichen und Ereignis ist, das sich sowohl in der Natur als auch im Inneren des Menschen abspielt. Die genaue Kenntnis der Natur hängt damit von dem Wissen und der Interpretation der inneren Bedeutung des Korantextes ab" (Monika Tworuschka 1986:62).

Einheit, Statthalterschaft und Verantwortlichkeit gegenüber Gott sind drei zentrale Konzepte des Islam, Abdullah Omar Nasseef[438] nennt sie die "Säulen der Umweltethik des Islam".

---

[435] "Und dein Herr hat der Biene eingegeben: 'Nimm dir Häuser in den Bergen, in den Bäumen und in den Spalieren. Dann iss von allen Früchten, wandle auf den Wegen deines Herrn, die (dir) leicht gemacht sind'. Aus ihren Leibern kommt ein Trank von verschiedenen Arten, in dem Heilung für die Menschen ist. Darin ist ein Zeichen für Leute, die nachdenken" (Koran 1987:16,68-69).

[436] In The Muslim Declaration on Nature 1986:24.

[437] Abdullah Omar Nasseef in The Muslim Declaration on Nature 1986:23/24; Übersetzung aus dem Englischen durch CJ.

[438] In The Muslim Declaration on Nature 1986:24.

Nach Mawil Y. Izzi Deen (1990:189) unterscheidet das islamische Gesetz bezüglich der Regelung menschlichen Handelns folgende Kategorien:

"... obligatory actions (wajib), - those which a Muslim is required to perform; devotional and ethical virtues (mandub), - those actions a Muslim is encouraged to perform, the non-observance of which, however, incurs no liability; permissible actions (mubah), - those in which a Muslim is given complete freedom of choice; abominable actions (makruh), - those which are morally but not legally wrong; and prohibited actions (haram), - all those practices forbidden by Islam".

Nach Meinung von Seyyed Hossein Nasr (1990:223) dehnt das göttliche Gesetz - die *Sharia* - die religiösen Pflichten des Menschen ausdrücklich auf die Naturordnung und die Umwelt aus.

Das islamische Gesetz versteht sich als göttliche Anordnung zur Realisierung dieser Rolle der Menschen. "... die Einheit Gottes und die Statthalterschaft wurden in der *Shariah* in praktische Anordnungen übersetzt. *Shariah*-Einrichtungen, wie *haram* Bereiche, als unverletzbare Orte, in denen Entwicklung verboten ist, um die natürlichen Ressourcen zu beschützen, und *hima*, Reserven begründet einzig und allein für die Bewahrung der Tierwelt und der Wälder, bilden das Herzstück der Umwelt-Gesetzgebung des Islam" (Abdullah Omar Nasseef[439]). Das *hima*-Konzept besteht seit der Zeit Mohammeds und bestand darin, dass besondere ungenutzte Gebiete unter den Schutz des Herrschers oder der Regierung gestellt wurden. Niemand durfte in diesen Gebieten bauen oder diese in irgendeiner Form "entwickeln". Die Maliki-Rechtsschule des Islam formulierte vier Hauptpunkte für *hima*-Gebiete: Erstens ein Bedarf der muslimischen Öffentlichkeit, Land in ungenutztem Zustand zu belassen, zweitens eine Begrenzung des ungenutzten Landes, drittens Verzicht auf das Errichten von Bauten oder auf landwirtschaftliche Nutzung des Gebiets und viertens eine - begrenzte - Nutzung des *hima*-Gebiets durch Bedürftige, z.B. als Weide für die Tiere der Armen[440]. Muslimische Staaten, so zum Beispiel Saudiarabien, praktizieren *hima*, um die Tierwelt zu schützen.

---

[439] In The Muslim Declaration on Nature 1986:24.

[440] "First, the need of the Muslim public for the maintenance of land in an unused state. Protection is not granted to satisfy an influential individual unless there is a public need. Second, the protected area should be limited in order to avoid inconvenience to the public. Third, the protected area should not be built on or cultivated. And fourth, the aim of protection ... is the welfare of the people, for example, the protected area may be used for some restricted grazing by the animals of the poor" (Deen 1990:196).

Bereits im 13. Jahrhundert formulierte ein islamischer Rechtsgelehrter, Izz ad-Din ibn Abd as-Salam, eine Charta der gesetzlichen Rechte der Tiere[441].

Die von Nasseef erwähnte Institution von haram oder *harim* geht auf den Propheten zurück. Sie ist eine unverletzbare Zone, welche nicht benutzt oder verändert werden darf - es sei denn mit einer besonderen staatlichen Erlaubnis. Als *harim*-Zonen gelten Quellen, natürliche Brunnen, unterirdische Wasserläufe, Flüsse und in Wüstengebieten gepflanzte Bäume[442].

Der deutsche Muslim Bernhard Omar Priesmeier (1989:17) vertrat in einem Referat die Auffassung, dass sich der Islam als "eine von Gott gestiftete Religion" "kritischen Fragestellung des Menschen" entziehe. Demgegenüber hätten "die Menschen bei der Beachtung ethischer Grundwerte und Grundnormen versagt und dadurch die globalen Krisen der Gegenwart verursacht". Auch der in Hannover lehrende Religionswissenschaftler Peter Antes (1982:26) wies darauf hin, dass es nur in einer Hinsicht und auch nur ansatzweise eine historisch-kritische Betrachtungsweise des Koran gibt: Es ist unter Muslimen gebräuchlich, einzelne Suren jeweils einer der beiden Hauptverkündigungsphasen Mohammeds - nämlich der Zeit, die er in Mekka verbrachte (610 bis 622 n. Chr.) oder der späteren Verkündigungszeit in Medina (622 bis 632 n. Chr.) zuzuordnen und entsprechend zu interpretieren. Nicht selten werden dabei in eher unversöhnlich gehaltenem Ton verfasste Suren dabei relativiert oder entschärft, vor allem, wenn sie aus der ersten Zeit stammen, in der Mohammed unter Anfeindungen und Verfolgungen durch die regierenden Mekkaner zu leiden hatte[443]. Dieser Ansatz textkritischer Haltung ist interessant und nicht zu unterschätzen.

Ziel des Islam als Glaube und Lebenshaltung ist nach Priesmeier (1989:17) die Harmonie von Mensch und Schöpfung. Nur wenn der Mensch die Grenzen und Ziele der von Gott geoffenbarten Ordnung, also die göttlichen Gesetze, einhalte, könne er im Sinne einer Statthalterschaft Gottes die Herrschaft über die Schöpfung ausüben. Nach Meinung von Priesmeier (1989:17) ist die

---

[441] Vgl. Abdullah Omar Nasseef in The Muslim Declaration on Nature 1986:23/24.

[442] Vgl. dazu Deen 1990:196.

[443] Für Aussenstehende stellt sich hier allerdings die Frage, wieso Gott diese Textstellen nicht bereits selber entsprechend anders formuliert hat, da Gott ja allmächtig und allwissend ist.

ökologische Krise ein Werk des Menschen, der sich von Gott losgesagt hat: "Statt seine Verfügungsgewalt *in* der Schöpfung recht auszuüben, masst er sich zu Unrecht Verfügungsgewalt *über* die Schöpfung an, will die Schöpfung Gottes verändern." Im Zusammenhang mit der Frage, wie der Widerspruch zwischen der koranischen Aufforderung an die Menschen, Verstand zu gebrauchen und Wissen und Kenntnisse zu erwerben, und dem Verbot, den Koran kritisch zu hinterfragen, aufzulösen sei, ist der Ansatz von Seyyed Hossein Nasr interessant: Nasr vertrat - wie auch andere Muslime schon vor ihm - die Meinung, wonach hinter dem "niedergeschriebenen Koran" ein "Koran der Schöpfung" gesucht werden müsste, um so der von Mohammed intendierten inneren Haltung der Hingabe an den göttlichen Willen und den damit verbundenen Verhaltensweisen näher zu kommen.

Viele Muslime sehen die heutige Umweltsituation als Ausdruck und Folge einer tiefen moralischen Krise der Menschheit. In ihren Augen hat der Mensch vergessen, dass er *und die Umwelt* Schöpfung Gottes sind, und dass Gott die Welt nur auf Zeit zur Verfügung gestellt hat. Der pakistanische Geograf Iqtidar H. Zaidi[444] wies darauf hin, dass sich das menschliche Verhalten durch Ausgewogenheit auszeichnen solle. Er verwies dabei unter anderem auf Koran (1987:15,19-20): "Auch die Erde haben Wir ausgebreitet und auf ihr festgegründete Berge angebracht. Und wir haben auf ihr allerlei Dinge *im rechten Mass* wachsen lassen. Und Wir haben auf ihr für euch Unterhaltsmöglichkeiten bereitet, und (auch) für diejenigen, die ihr nicht versorgt.[445]" Ökologisches Handeln bedeutet somit für Muslime, das Gleichgewicht zwischen den Kräften der Natur und den Interessen der Menschen zu bewahren oder wieder herzustellen, aber auch im eigenen Handeln massvoll zu sein.

Der Koran spricht in verschiedenen Zusammenhängen und auf verschiedene Art von den Tieren. Einerseits steht der Mensch über den Tieren, denn er hat Verstand und kann sich für Glauben oder Unglauben entscheiden. Andererseits besteht eine grundsätzliche Gleichheit zwischen Menschen und Tieren: "Es gibt keine Tiere auf der Erde und keine Vögel, die mit ihren Flügeln fliegen, die nicht Gemeinschaften wären gleich euch" (Koran 1987:6,38). Moderne

---

[444] Vgl. Zaidi 1981 und Hagemann 1990:26.

[445] Hervorhebung durch C.J.

Koranexegeten verstehen diesen Vers als Gebot, die Tierwelt als Teil der göttlichen Schöpfung zu respektieren und durch die Liebe zu Gottes Geschöpfen Gott Ergebenheit zu beweisen[446]. Gott hat die Tiere vor allem aus zwei Gründen geschaffen: zum Nutzen der Menschen[447] und zur Verherrlichung Gottes. Dabei steht die Nutzniessung über die Tiere stärker im Vordergrund als ihre Pflege und ihr Schutz[448]. Einzelne Tiere werden besonders geschützt: Die Verletzung von Kamelen wird unter Strafe gestellt[449] und Quälerei von Tieren wird verschiedentlich verurteilt[450].

Ein wichtiges Thema des Koran mit einer ökologischen Dimension ist der Paradiesgarten, der den Gottesfürchtigen verheissen wird: "Mit dem Paradies, das den Gottesfürchtigen versprochen ist, ist es wie folgt: Darin sind Bäche mit Wasser, das nicht faul ist, und Bäche mit Milch, deren Geschmack sich nicht ändert, und Bäche mit Wein, der genussvoll ist für die, die davon trinken, und Bäche mit gefiltertem Honig. Und sie haben darin allerlei Früchte und Vergebung von ihrem Herrn ..." (Koran 1987:47,15).

Die deutsche Islamwissenschaftlerin Monika Tworuschka (1986:65) zieht folgendes Fazit: "Da der Mensch ungeachtet seiner Verfügungsgewalt über die Umwelt letztlich auf seinen Schöpfer als den Ursprung aller Dinge verwiesen wird, kann man die islamische Umweltethik trotz anthropozentrischer Teilaspekte insgesamt als theozentrisch bezeichnen[451]. Ein islamisch motivierter Umweltschutz bewahrt die Erde nicht um ihrer selbst willen, sondern aus Achtung vor Gottes Geboten. Mensch und Erde bilden als Geschöpfe Gottes eine Einheit und sind Gott

---

[446]  Vgl. Monika Tworuschka 1986:57.

[447]  Vgl. Koran 1959:16,6: "Ebenso hat er auch die Tiere zu euerem Nutzen, zu euerer Erwärmung (Wolle und Felle) und Bequemlichkeit (Haus- und Reittiere) und zu euerer Nahrung geschaffen".

[448]  Vgl. Monika Tworuschka 1986:57. Ein befreundeter Muslim vertrat mit gegenüber allerdings die Meinung, Nutzniessung und Pflege/Schutz von Tieren sei gar nicht voneinander zu trennen.

[449]  Koran 1959:26,157.

[450]  Vgl. Koran 1987:4,119. Dort werden Menschen kritisiert, die ihren Tieren die Ohren abschneiden (Khoury interpretiert dies als Kritik an einem altarabischen Brauch, bestimmte Tiere als tabu zu kennzeichnen und sie nicht mehr als Lasttiere zu benutzen) und die Schöpfung Gottes verändern. Fällt unter letzteres auch die moderne Gentechnologie?

[451]  Den gleichen Schluss zieht Ludwig Hagemann 1990:22.

unterstellt, auch wenn der Mensch einen Niessbrauch auf Zeit (Sure 2,34) über die ihm anvertraute Schöpfung besitzt".

Schon Ende der 60er Jahre kritisierte der Muslim Seyyed Hossein Nasr (1976:114) mit Blick auf die Stellung des Menschen zur Natur, dass es in der modernen Welt - im Gegensatz zu Kunst-, Literatur-, Politik-, Philosophie- und sogar Religionskritik keine Wissenschaftskritik gebe, weshalb die spirituelle Dimension unter anderem auch im Verhältnis zur Natur zu kurz komme oder sogar ausgeblendet werde.

Eine interreligiöse Umweltethik, die von gläubigen Muslimen akzeptiert werden kann, muss deshalb eine Reihe von zentralen spirituellen islamischen Glaubenskonzepten enthalten, bzw. darf ihnen nicht widersprechen. Dazu gehören - wie wir gesehen haben - die *Einheit Gottes und auch des Menschen*, die *Statthalterschaft des Menschen über die Welt* und damit die *Verantwortung des Menschen für die Natur*. Weitere zentrale Begriffe im primären Code[452] des Islam sind ohne Zweifel *die Existenz eines allmächtigen und barmherzigen Gottes, die Unterordnung des Menschen unter den Willen Gottes, die Einheit der Schöpfung, der Dienst der Natur am Menschen und damit an Gott* und die *Verantwortung des Menschen für sein Tun* - und damit auch seinem Verhalten gegenüber der Natur - *gegenüber Gott. Damit gilt also für den Islam das weiter oben diskutierte Gottesgehorsamkeits-Modell[453] vollumfänglich.*

Die Erde und alle ihre Geschöpfe gehören Gott, Gott ist der Herr der Welt. Die Menschen und ihre Stellung in der Natur sind also immer vom Willen Gottes her zu sehen, diesem Willen Gottes sind sie verpflichtet und ihm sind sie nach dem Tod Rechenschaft schuldig. Der *Mensch* hat *gegenüber der Natur* eine *Doppelrolle*: Er ist als Geschöpf Gottes Teil der Natur, gleichzeitig aber auch der von Gott eingesetzte Statthalter (khalifa) über die Natur mit entsprechender Verfügungs-gewalt über sie. Sein *Recht auf die Natur* ist aber *nicht ein Besitzrecht, sondern ein Recht auf Aufenthalt und Nutzniessung*. Die *Umwelt* (oder die Natur) hat in den Augen des Islam *keine eigenständige Rolle*, sondern sie dient dem Menschen und damit auch Gott. Umgekehrt ist der Mensch Gott *für sein Tun gegenüber der Natur verantwortlich*. Die heutige Umweltkrise hat

---

[452] Vgl. Kapitel 3 dieses Bandes und Krieger 1993.

[453] Vgl. Kapitel 3 dieses Bandes und Krieger 1993.

geistige Ursachen und ist auf die Nicht-Befolgung des Willen Gottes zurückzuführen. Nach dem Willen Gottes gibt es *unverletzbare Orte und Bereiche in der Natur* (harim), und *geschützte Orte* (hima). Die *Tiere* sind *mit dem Menschen verwandt* ("sie bilden Gemeinschaften gleich euch") *und* sie *haben im Rahmen der Schöpfung auch Rechte*.

Seyyed Hossein Nasr (1990:231) fasste die Grundhaltung der Muslime zur Natur folgendermassen zusammen: "Der ethische Umgang mit der Natur in der Islamischen Welt ist nur unter Betonung der Lehren des göttlichen Gesetzes und den daraus hervorgehenden ethischen und religiösen Konsequenzen für die Seele des Menschen möglich"[454].

Für eine interreligiöse Umweltethik sind die islamische Gemeinde (ummah) und die starke religiöse Durchstrukturierung des Alltags (Gebete, Waschungen, Freitagsgebet, Festtage, Ramadan usw.) insofern bedeutsam, als gerade in bezug auf das Umweltverhalten die Handlungsebene und das Alltagsverhalten entscheidend sind: Gerade die westliche Gesellschaft leidet infolge des starken Individualismus, der zunehmenden Privatisierung des sozialen Verhaltens und des Verlusts an Verantwortungsgefühl daran, dass ethisch-moralische Werte und Normen (Umweltverhalten!) im Alltag nicht oder nur ungenügend umgesetzt oder befolgt werden. Hier könnte die islamische Praxis einen interessanten Beitrag zur Durchsetzung einer Umweltethik leisten.

## 6.3    Bahai'itum

*"Die von den gelehrten Grössen der Kunst und der Wissenschaft so oft gepriesene Zivilisation wird, wenn man ihr gestattet, die Grenzen der Mässigung zu überschreiten, grosses Unheil über die Menschen bringen. So warnt euch der Allwissende.*

---

[454] Aus dem Englischen übersetzt und leicht redigiert durch CJ.

> *Ins Übermass gesteigert, wird sich die Zivilisation*
> *als eine ebenso ergiebige Quelle des Übels er-*
> *weisen, wie sie, in den Schranken der Mässigung*
> *gehalten, eine Quelle des Guten war ... Es naht der*
> *Tag, da ihre Flamme die Städte verschlingt, da die*
> *Zunge der Grösse verkündet: Das Reich ist Gottes,*
> *des Allmächtigen, des Allgepriesenen."*
>
> *Bahá'u'lláh*[455]

Auf den ersten Blick mag es erstaunen, dass im Rahmen einer Untersuchung, die sich primär mit der Einstellung der grossen, hunderte von Millionen Gläubige umfassenden Weltreligionen zur Natur und deren Umweltethik befasst, eine religiöse Gemeinschaft einbezogen wird, die weder in bezug auf ihr Alter noch auf die Zahl[456] ihrer Gläubigen mit den grossen Weltreligionen verglichen werden kann. Trotzdem ziehen wir aber das Baha'itum in unsere Untersuchung mit ein, und zwar aus folgenden Gründen:

- Die Baha'i-Religion ist eindeutig eine eigenständige Religion, die - wenn auch deutlich minoritär - heute in den meisten Ländern der Welt vertreten ist[457].

- Die Baha'i-Religion ist aus dem Babismus entstanden, der seinerseits aus der sogenannten 12er-Schiia, also des schiitischen Islam in Persien hervorging. Damit stellt sich bis heute das Problem, wie die Exponenten einer bereits bestehenden und weitverbreiteten Religion - in diesem Fall des Islam - auf die neue, aus ihr heraus entstandenen Religion reagiert. Wie ich an anderer Stelle gezeigt habe[458], hat dieses asymmetrische Verhältnis von Religionen zueinander

---

[455]  Zitiert nach Ingeborg Franken 1989:19. Bahá'u'lláh lebte von 1817 bis 1892 und ist der Offenbarer und Gründer der Baha'i-Religion.

[456]  Im Januar 1992 gab es weltweit 4,8 Millionen Baha'i, vgl. Baumann 1992:402.

[457]  Vgl. dazu Jäggi 1987.

[458]  Vgl. Jäggi 1987:34-123.

wichtige Konsequenzen für die Führung interreligiöser Dialoge[459]. Und dies ist gerade auch im Zusammenhang mit der Diskussion um eine interreligiöse Umweltethik von Bedeutung.

- Gerade weil das Baha'itum als neue Religion im letzten Jahrhundert entstanden ist, spiegelt sich in ihr die ganze Problematik der Spannung zwischen modernem, säkularem Denken und traditionellen religiösen Haltungen. Die Offenbarung Bahá'u'lláhs kann als Versuch gelten, traditionelle religiöse Inhalte mit dem modernen abendländischen Denken zu verbinden. Ausserdem haben Vertreter der Baha'i gerade im Zusammenhang mit dem Aufbau internationaler Organisationen - darunter auch im Bereich Menschenrechte, Erziehung und Umwelt - bedeutende Beiträge geleistet.


Die Baha'i sehen den eigentlichen Grund für die drohende Umweltkatastrophe in der Tatsache, dass "die sozialen Strukturen und die Wertmassstäbe, auf denen die Welt aufgebaut ist, nicht mehr den Bedürfnissen der Menschheit entsprechen" (Baha'i Informationen 7:3). Vonnöten ist nach ihrer Ansicht ein "akzeptables Wertesystem" als Grundlage für ein einheitliches Handeln (Baha'i Informationen 7:4). "Nach Bahá'u'lláh ist das Grundübel, an dem die Menschheit leidet und ohne dessen Überwindung sie keine Überlebenschance hat, ihre Zerspaltenheit und Uneinigkeit. Die Umweltkrise wie auch die Nahrungsmittel-, Rohstoff- und Energiekrisen oder die drohende Selbstvernichtung der Menschheit durch den nuklearen Kollektivselbstmord sind nur die Symptome dieser Grunderkrankung" (Baha'i Informationen 7:6/7). "Das Wohlergehen der Menschheit, ihr Friede und ihre Sicherheit sind unerreichbar, wenn nicht zuvor ihre Einigkeit und Einheit (unity) entschieden begründet wird" (Baha'i International Community 1992[460]).

So ist denn auch die internationale Baha'i-Gemeinschaft immer wieder zu Fragen der Ökologie und der Umwelt aktiv geworden. 1987 traten die Baha'i als sechste grössere Religion dem Netzwerk Religion und Erhaltung der Umwelt bei, das vom WWF gegründet wurde. Bei dieser Gelegenheit veröffentlichte die internationale Baha'i-Gemeinschaft eine Baha'i-Erklärung über die

---

[459] Ein ähnliches Verhältnis hat bekanntlich das Christentum zum Judentum oder - zumindest teilweise - der Islam zum Christentum.

[460] Übersetzung aus dem Englischen durch CJ.

Natur[461]. Im Oktober 1988 lancierten die Baha'i zusammen mit dem britischen WWF eine Kampagne "Arts for Nature" und im April 1989 rief das Universale Haus der Gerechtigkeit, die internationale Leitung der Baha'i, alle Baha'i dazu auf, die Umwelt zu bewahren und dies mit dem Leben der Baha'i-Gemeinden zu verbinden[462].

In den Augen der Baha'i wird die Natur durch die Liebe Gottes zusammengehalten: "Liebe ist das grösste Gesetz, welches diesen mächtigen und himmlischen Zyklus regiert, die einzige Kraft, welche die verschiedenen Elemente dieser materiellen Welt zusammenhält, die höchste magnetische Kraft, welche die Bewegungen der Sphären in den himmlischen Welten lenkt" (Abdu'l-Bahá[463]). "Wir können das Herz des Menschen nicht von unserer Umwelt trennen und sagen, dass sobald das eine oder das andere umgestaltet wurde, alles verbessert sein wird. Der Mensch ist organisch mit der Welt verbunden. Sein Geistesleben gestaltet die Umwelt und wird auch selbst stark von ihr beeinflusst. Das eine wirkt auf das andere, und jede dauerhafte Veränderung im Leben des Menschen ist das Ergebnis solch wechselseitiger Reaktionen" (Baha'i International Community 1985:X/8). Für die Baha'i stehen soziale Spannungen und ökonomische Ungleichheiten in engem Zusammenhang mit der Uneinigkeit mit der Natur und der Anmassung, sie beherrschen zu wollen[464].

Die Natur widerspiegelt die "Namen und Attribute Gottes"[465]. Bahá'u'lláh schrieb zum Wesen der Natur: "Die Natur ist in ihrem Wesen die Verkörperung Meines Namens, der Gestalter, der Schöpfer. Ihre Offenbarungen sind verschiedenartig durch verschiedene Ursachen, und in dieser Verschiedenartigkeit sind Zeichen für urteilsfähige Menschen. Die Natur ist Gottes Wille, dessen Ausdruck in der bedingten Welt und durch diese. Sie ist Teil des Waltens der Vorsehung, verordnet von dem Verordner, dem Allweisen" (Bahá'u'lláh 1982:166). Bahá'u'lláh (1978:73)

---

[461] Vgl. Baha'i International Community 1987a + b.

[462] Vgl. Dahl 1990:87.

[463] Zitiert nach White 1989:7; Übersetzung aus dem Englischen durch CJ. Abdu'l-Bahá lebte von 1844 bis 1921 und war nach dem Tod Bahá'u'lláhs das Oberhaupt der Baha'i.

[464] Vgl. dazu White 1989:17/18.

[465] Bahá'u'lláh, zitiert nach Conservation of the Earth's Resources 1990:1.

schrieb bereits in seiner frühen Schrift "Buch der Gewissheit" über das Verhältnis zwischen der göttlichen Offenbarung und der Natur: "... alles in den Himmeln und auf Erden ist ein unmittelbarer Beweis der ihnen innewohnenden Offenbarung der Eigenschaften und Namen Gottes; denn in jedem Atom sind die Zeichen verschlossen, die ein beredtes Zeugnis für die Enthüllung jenes grössten Lichtes ablegen." Die Natur wird also als Spiegelbild der Grösse und der Liebe Gottes aufgefasst. Der Mensch ist Teil der Natur und damit von ihr abhängig: "Eines der Dinge, welches in der Welt des Daseins erschien und eine Naturnotwendigkeit darstellt, ist das menschliche Leben. So betrachtet, wird die Natur zur Wurzel und der Mensch zum Zweig" (Bahá'u'lláh[466]). Darum soll der Mensch die Natur beschützen: "Er sollte zu den Tieren gütig sein ..." (Bahá'u'lláh 1971:173).

Umgekehrt soll sich der Mensch nicht an die Natur klammern: "Die Gott leugnen und sich fest an die Natur als solche klammern, sind wahrlich der Erkenntnis und der Weisheit bar. Sie gehören zu denen, die weitab in der Irre schweifen. Sie haben den hohen Gipfel nicht erreicht und das letzte Ziel verfehlt; deshalb wurden ihnen die Augen geschlossen ..." (Bahá'u'lláh 1982:168).

Nach Ansicht der Baha'i liegen die Ursachen der weltweiten Umwelt- und Entwicklungskrise in einem "Mangel an einem global akzeptierten Zukunftsbild oder -ziel", an einem "Mangel an Einheit unter den Rassen, Stämmen, Nationen, Religionen und Geschlechtern der Weltbevölkerung", dem "Fehlen eines höheren Sittlichkeitsgrades der Menschheit" und daran, dass "die Menschen das fruchtbringende Funktionieren von Gruppen nicht gelernt haben" (Baha'i International Community 1985:X/11). Demgegenüber sieht die Baha'i-Religion alle Menschen als gemeinsamen Organismus: "Ihr seid die Früchte eines Baumes, die Blätter eines Zweiges" (Bahá'u'lláh 1980:52). Die Baha'i-Vision enthält das Bild einer geeinten Menschheit, die über "eine universale Sprache und eine einheitliche Schrift" (Bahá'u'lláh 1980:54) verfügen wird. Nationalistischen Tendenzen wird eine klare Absage erteilt: "Es rühme sich nicht, wer sein Vaterland liebt, sondern wer die ganze Welt liebt[467]. Die Erde ist nur ein Land, und alle Menschen

---

[466] Zitiert nach Ingeborg Franken 1989:20.

[467] An einer anderen Stelle (Bahá'u'lláh 1971:67) lautet diese Aussage folgendermassen: "Es rühme sich nicht der, welcher sein Vaterland liebt, sondern der, welcher die Welt liebt!"

sind seine Bürger" (Bahá'u'lláh 1980:54). Die Vereinigung der Menschheit kann letztlich nur über einen gemeinsamen Glauben, eben den Baha'i-Glauben, geschehen: "Was der Herr als höchstes Mittel und mächtigstes Werkzeug für die Heilung der ganzen Welt verordnet hat, ist die Vereinigung aller ihrer Völker in einer umfassenden Sache, einem gemeinsamen Glauben. Dies kann nicht anders erreicht werden als durch die Macht eines befähigten, allgewaltigen und erleuchteten Arztes. Wahrlich, dies ist die Wahrheit, und alles andere ist nichts als Irrtum" (Bahá'u'lláh 1980:56/57).

Shoghi Effendi (1967:40) - der Nachfolger von Abdu'l-Bahá - sah gar das baldige Ende der bisherigen Weltordnung voraus:

"Wir leben in einer Zeit, in der man zur richtigen Einschätzung zwei Vorgänge auseinanderhalten muss. Erstens: Die letzten Zuckungen einer verbrauchten, gottlosen Ordnung, die sich trotz der Zeichen und Fingerzeige einer hundert Jahre alten Offenbarung hartnäckig geweigert hat, ihre Handlungsweise den Geboten und Idealen dieses vom Himmel gesandten Glaubens anzupassen. Zweitens: Die Geburtswehen einer erlösenden, göttlichen Ordnung, die zwangsläufig die bestehende ablösen wird und in deren Verwaltungsgefüge keimhaft eine unvergleichliche, weltweite Kultur im Stillen heranreift. Die eine ist daran, abgebaut zu werden, und geht in Bedrängnis, Blutvergiessen und Trümmern unter. Die andere eröffnet neue Ausblicke auf Gerechtigkeit, Einigkeit, Frieden und Kultur, wie kein Zeitalter sie je gesehen hat ..."

Die neue Weltordnung betrifft auch das Verhältnis zwischen Natur, Mensch und Gott. Denn "in vergangenen Zyklen konnte, wann auch immer ein Zusammenklang herrschte, doch aus Mangel an Möglichkeiten die Einheit der ganzen Menschheit nicht zustande kommen. Die Erdteile blieben weit voneinander getrennt, ja selbst unter den Völkern eines und desselben Erdteils waren Verbindungen und Gedankenaustausch nahezu unmöglich. Darum waren Verkehr, Verständnis und Einheit unter allen Völkern und Stämmen der Erde noch unerreichbar. Heute aber haben sich die Verkehrsmittel vervielfacht, und die fünf Kontinente sind tatsächlich zu einem verschmolzen ... In gleicher Weise sind alle Glieder der menschlichen Familie, ob Völker oder Regierungen, Städte oder Dörfer, in wachsendem Masse voneinander abhängig geworden ..." (Abdu'l-Bahá, zitiert nach Shoghi Effendi 1967:182). Beinahe glaubt man hier modernes humanökologisches Denken herauszuhören.

Entscheidend in der Baha'i-Religion ist die bedingungslose Unterordnung unter den Willen Gottes: "Wir haben euch eine Frist gesetzt, o Völker! Wenn ihr versäumt, euch bis zur festgesetzten Stunde Gott zuzuwenden, wird Er wahrlich gewaltig Hand an euch legen und schwere Leiden von allen Seiten über euch kommen lassen. Wie streng ist fürwahr die Züchtigung, mit der euer Herr euch dann züchtigen wird!" (Bahá'u'lláh 1980:50). Wie bedingungslos und vollständig diese Unterordnung unter Gottes Willen sein sollte, zeigt die folgende Äusserung Bahá'u'lláhs (1966:49/50): "O Shaykh! Dies ist die Stufe, auf der das Selbst stirbt und man in Gott lebt. Wo immer Ich von Göttlichkeit spreche, bedeutet dies Meine gänzliche, vollständige Selbstauslöschung. Auf dieser Stufe habe Ich keine Gewalt mehr über Mein eigenes Wohl und Wehe, noch über mein Leben oder Mein Wiedererwachen."

Propagiert wird eine direktive Erziehungshaltung, eine Begrenzung der persönlichen Freiheit, ein Verzicht auf alle Exzesse und Auswüchse: "Was die Grenzen der Mässigung überschreitet, hört auf, wohltätigen Einfluss auszuüben. Betrachtet zum Beispiel Gegenstände wie Freiheit, Zivilisation und dergleichen. Wie wohlgefällig verständige Menschen sie auch immer betrachten mögen, ins Übermass gesteigert, werden sie verderblichen Einfluss auf die Menschen haben ..." (Bahá'u'lláh 1980:51). Und: "Betrachtet die Menschen als eine Schafherde, die zu ihrem Schutze eines Hirten bedarf. Dies ist gewiss die Wahrheit, die unumstössliche Wahrheit. Wir billigen die Freiheit unter gewissen Umständen, unter anderen verwerfen wir sie" (Bahá'u'lláh 1980:65).

Umgekehrt soll sich der Mensch auch von der Knechtschaft durch die Natur befreien: "Der Mensch sollte frei und unabhängig von der Knechtschaft der Welt der Natur sein; denn solange der Mensch ein Gefangener der Natur ist, ist er ein Raubtier, ist doch der Daseinskampf eines der Erfordernisse der Natur" (Abdu'l-Bahá 1987:302[468]). Jedoch sei die Natur nur zu schützen, wenn die grundlegenden Ungerechtigkeiten zwischen Reichen und Armen auf der Welt ebenfalls abgebaut würden[469]. Das Verhältnis des Menschen zur Natur ist ein gespanntes, ja gegnerisches: "Alle Dinge werden von der Hand des Menschen beherrscht; er kann der Natur Widerstand leisten, während alle anderen Geschöpfe ihre Gefangenen sind; keines kann sich von den Naturgesetzen

---

[468] Zitiert nach der deutschen Übersetzung nach Baha'i International Community 1988:89.

[469] Baha'i International Community 1987:94.

frei machen. Der Mensch allein kann der Natur widerstehen (Abdu'l-Bahá 1977:188). Das Baha'itum sieht also den Menschen in einer Position über der Natur, er kann - und soll - sich ihr entziehen, ihr widerstehen. Dies kann er dank seinem Geist und seinem Verstand. Der Mensch ist "Herrscher über die Sphäre ... der Natur" (Conservation of the Earth's Resources 1990:2[470]). Der Mensch ist beweglich, erfinderisch und fähig zu Entdeckungen, aber auch fortschreitend und offen. Demgegenüber ist Natur ohne Bewusstsein, unfähig Geheimnisse und Wahrheiten zu entdecken und nicht über Gott informiert. Die Natur kann weder Einflüsse verändern, noch ihre Instinkte. "Insgesamt ist offensichtlich, dass der Mensch edler und überlegen ist, dass in ihm eine geistige Kraft ist, um die Natur zu überwinden ..." (Conservation of the Earth's Resources 1990:2[471]).

Die Bedeutung der Welt und der irdischen Dinge wird aber in der Baha'i-Religion - im Vergleich zum Geistigen, Göttlichen - eher gering geschätzt. Vor allem anderen steht die Hingabe und der Dienst an der göttlichen Sache[472]: "Bei der Gerechtigkeit Gottes! Die Welt und ihre Nichtigkeiten, ihr Ruhm und alles, was sie an Freuden bieten kann, ist vor Gott so wertlos wie Staub und Asche, nein, noch viel verächtlicher ... Die Dinge der Erde stehen euch schlecht an. Werft sie weg für jene, die nach ihnen verlangen, und richtet euere Augen fest auf diese heiligste, diese strahlendste Schau" (Bahá'u'lláh 1980:61). Die physische Welt wird als triebhaft und sinnlich verstanden: "Diese physische, menschliche Welt ist der Macht der Triebe unterworfen, und Sünde ist die Folge dieser Macht der sinnlichen Begierden, die ja den Gesetzen der Gerechtigkeit und Heiligkeit nicht unterstellt sind. Der Körper des Menschen ist ein Sklave der Natur; was immer sie befiehlt wird er tun" (Abdu'l-Bahá 1977:121). Diese Haltung betrachtet das Triebhafte, Instinktive im Menschen als "niedrig" und gleichzeitig als Natur des Menschen:
"Es steht also fest, dass Sünden, wie Zorn, Eifersucht, Streit, Habsucht, Geiz, Torheit, Vorurteil, Hass, Stolz und Herrschsucht, in der körperlichen Welt vorhanden sind. Alle diese niedrigen Eigenschaften finden sich in der Natur des Menschen. Ein Mensch ohne geistige Erziehung ist wie

---

[470] Übersetzung aus dem Englischen durch CJ.

[471] Übersetzung aus dem Englischen durch CJ.

[472] Allerdings gehört auch ein positives Umgehen mit irdischen Dingen im praktischen Leben zum Dienst an der göttlichen Sache.

ein Tier. Wie die Wilden Afrikas, deren Handlungen, Gewohnheiten und Sitten allein von den Sinnen bestimmt werden, benehmen sie sich entsprechend den Ansprüchen der Natur in einem solchen Mass, dass sie einander zerreissen und fressen. So ist klar, dass die stoffliche Welt des Menschen eine Welt der Sünde ist. In dieser physischen Welt steht der Mensch nicht höher als das Tier" (Abdu'l-Bahá 1977:121[473]).

An einer anderen Stelle umschreibt Abdu'l-Bahá (1984:44) diesen Gegensatz zwischen der materiell-triebhaften Seite des Menschen und der geistig-spirituellen Dimension als "zwei Naturen":

"Im Menschen sind zwei Naturen: seine geistige oder höhere und seine materielle oder niedere Natur. In der einen nähert er sich Gott, wogegen er in der anderen nur der Welt lebt. Von beiden Naturen finden sich im Menschen Zeichen. In seiner materiellen Art bringt er Lüge, Grausamkeit und Ungerechtigkeit zum Ausdruck, die alle seiner niederen Natur entspringen. Die Eigenschaften seiner göttlichen Natur erscheinen als Liebe, Erbarmen, Güte, Wahrheit und Gerechtigkeit, und sie sind eine wie die andere Ausdruck seines höheren Wesens. Alles gute Gebaren, jeder edle Zug gehört der geistigen Natur des Menschen an, wogegen alle seine Unzulänglichkeiten und bösen Taten aus seiner materiellen Wesensart heraus geboren werden. Überwiegt bei einem Menschen die göttliche Natur gegenüber der menschlichen, so haben wir einen Heiligen."

Im Denken der Baha'i gibt es also eine deutliche Dichotomie[474]: Die körperliche und sinnhafte Natur entspricht und führt zu Sünde und wird mit dem Tierischen gleichgesetzt. Demgegenüber liegt die Aufgabe des Menschen in einer Vergeistigung, einer Hinwendung zur göttlichen Ordnung, die der (physischen) Natur klar entgegengesetzt wird. Diese Gleichsetzung der Natur mit Sünde wurde von Abdu'l-Bahá (1977:121) folgendermassen umschrieben: "Jede Sünde entspringt den Forderungen der Natur, und diese Ansprüche, die der physischen Erde entstammen, sind beim Tier keine Sünde, während sie für den Menschen Sünde sind. Das Tier ist die Quelle von Unvollkommenheiten, wie Zorn, Gier, Neid, Habsucht, Grausamkeit und Selbstsucht; alle diese Mängel

---

[473] Vgl. dazu auch weiter unten die geistige Hierarchie in der Natur im Baha'i-Glauben.

[474] Auch die Baha'i selber sprechen von einer Dichotomie zwischen Geist und Materialismus: "Diese Dichotomie zwischen Geistigkeit und Materialismus ist ein Schlüssel zum Verständnis des Elends der Menscheit von heute" (Baha'i International Community 1987a:5, Übersetzung aus dem Englischen durch CJ.).

werden in Tieren gefunden, stellen aber keine Sünden dar. Beim Menschen dagegen sind sie Sünde". Damit steht die Frage nach Gut und Böse immer in engem Zusammenhang mit der Entwicklungsstufe des betreffenden Lebewesens. Das gilt vor allem auch für die Menschen.

Deshalb hält Abdu'l-Bahá fest, dass das Böse in der Schöpfung nicht vorkommt und einzig und allein aus der falschen Art, wie die Menschen ihre Eigenschaften und Fähigkeiten anwenden, herrührt: "... alle Eigenschaften und bewunderungswürdigen Vollkommenheiten des Menschen sind ausschliesslich gut ... Das Böse ist einfach ihr Nichtvorhandensein. So ist Unwissenheit das Fehlen von Wissen, Irrtum das Fehlen der Rechtleitung, Vergesslichkeit das Fehlen des Gedächtnisses und Dummheit das Fehlen von Vernunft. Dies alles hat keine wirkliche Existenz" (Abdu'l-Bahá 1977:255). "Somit ist klar, dass es in der Schöpfung und Natur das Böse schlechthin nicht gibt; wenn aber die angeborenen menschlichen Eigenschaften auf unrechte Art angewandt werden, sind sie zu verurteilen ... Es ist daher klar, dass die Schöpfung absolut gut ist" (Abdu'l-Bahá 1977:212). Denn "da Er die Welt und alles, was in ihr lebt und sich bewegt, erschuf, beliebte er, durch das unmittelbare Wirken Seines freien und unumschränkten Willens dem Menschen die einzigartige Auszeichnung und Fähigkeit zu übertragen, Ihn zu erkennen und zu lieben - eine Fähigkeit, die notwendigerweise als der der gesamten Schöpfung zugrunde liegende schöpferische Antrieb und Hauptzweck angesehen werden muss ..." (Bahá'u'lláh 1971:47). Ziel der Schöpfung - und damit nicht nur der Menschen, sondern auch der Natur - ist die Existenz zu Ehren Gottes. Beim Menschen kommt ausserdem die Fähigkeit dazu, Gott zu erkennen und zu lieben. Der göttliche Schöpfungsakt geht ununterbrochen weiter: "Es steht ausser Zweifel, dass die Welt völlig unterginge, wenn ihr einen Augenblick lang der Strom Seiner Barmherzigkeit und Gnade entzogen würde" (Bahá'u'lláh 1971:49).

Weil Gott die Menschen aus Staub gemacht hat, und alle Menschen wieder zu Staub werden, "geziemt es ... nicht, sich stolz vor Gott und Seinen Geliebten zu brüsten, sie hochmütig zu verspotten und voll Verachtung und Anmassung zu sein. Nein, vielmehr geziemt es dir und denen, die dir gleichen, euch jenen zu unterwerfen, die die Manifestationen der Einheit Gottes sind, und euch demütig vor den Gläubigen zu beugen, die um Gottes willen allem entsagten und die sich von den Dingen lösten, welche die Aufmerksamkeit der Menschen an sich ziehen und sie vom Pfade Gottes, des Allherrlichen, des Allgepriesenen, ablenken" (Bahá'u'lláh 1971:151).

Nach Meinung des Baha'i Ingo Hofmann (1989:3) soll Natur weder instrumentalisiert noch einfach beherrscht werden. Natur sei vielmehr vom Ziel durchdrungen, Gott zu erkennen und zu lieben. Natur sei so gesehen "göttlich" und durch den Geist Gottes durchdrungen. Nach den Worten Abdu'l-Bahás (1977:17) ist die Natur

"jener Zustand, jene Wirklichkeit, die anscheinend Leben und Tod, oder mit anderen Worten Zusammensetzung und Auflösung aller Dinge umfasst. Diese Natur ist einem vollendeten Gefüge, bestimmten Gesetzen, einer vollständigen Ordnung und einem vollkommenen Plan unterworfen, von denen sie niemals abweicht; und zwar in so hohem Masse unterworfen, dass man in ihr bei sorgfältiger Betrachtung und geistiger Wahrnehmung vom kleinsten unsichtbaren Atom bis zu solch grossen Dingen des Daseins, wie der Sonne oder den anderen grossen Sternen und leuchtenden Himmelskörpern, sei es in ihrer Anordnung und Zusammensetzung, sei es ihrer Form und Bewegung, den höchsten Grad der Ordnung findet und erkennt, dass alles unter einem unausweichlichen, vollkommenen Gesetz steht. Wenn man aber die Natur selbst betrachtet, sieht man, dass sie weder Verstand noch Willen besitzt. ... Daraus geht klar hervor, dass die Natur in ihrem innersten Wesen in der machtvollen Hand Gottes ruht. Der ewig Allmächtige und Eine ist es, Der die Natur in ihren ehernen Bahnen und Gesetzen hält und ihr Herrscher ist."

Der Aufbau der Natur wird im Bahai'tum evolutionistisch[475] und hierarchisch gesehen: "Wenn wir sehenden Auges auf die Welt der Schöpfung blicken, finden wir, dass alle bestehenden Dinge folgendermassen eingestuft werden können: Erstens Mineral - das heisst Materie oder Substanz, die in verschiedenen Formen der Zusammensetzung erscheint. Zweitens: Pflanze - sie besitzt die Vorzüge des Minerals und dazu die Kraft der Mehrung oder des Wachstums, was auf eine höhere und spezialisiertere Stufe als die des Minerals hinweist. Drittens: Tier - das die Eigenschaften des

---

[475] Vgl. Baha'i International Community 1988:88. Allerdings bezieht etwa Abdu'l-Bahá die Evolution, die Entwicklung auf die körperliche Metamorphose beim einzelnen Individuum, wobei er sich dagegen wehrt, darum dem Menschen die Ursprünglichkeit seiner Art abzusprechen: "Wie der Mensch im Mutterleib von Form zu Form, von Gestalt zu Gestalt schreitet, sich verändert und entwickelt und dennoch von Anbeginn der embryonalen Periode zur menschlichen Art gehört, ebenso ist der Mensch seit Beginn seines Daseins im Schosse der Welt eine besondere Art, das heisst Mensch, und hat sich schrittweise von einer Form zur anderen entwickelt. Diese Veränderungen des Aussehens, diese Evolution der Glieder, diese Entwicklung und Entfaltung, auch wenn wir die Wirklichkeit von Entwicklung und Fortschritt einräumen, sind deshalb keine Beweise gegen die Ursprünglichkeit der Art. Der Mensch hatte von allem Anfang an diese vollkommene Form und Zusammensetzung, er hatte die Fähigkeit und Begabung, materielle und geistige Vollkommenheit zu erwerben ... (Abdu'l-Bahá 1977:192/193).

Minerals und der Pflanze besitzt und zusätzlich die Fähigkeit der Sinneswahrnehmung. Viertens: Mensch - der höchstspezialisierte Organismus der sichtbaren Schöpfung, der die Qualitäten des Minerals, der Pflanze und des Tieres in sich vereinigt und dazu noch eine ideale Gabe verkörpert, deren die niederen Reiche vollkommen bar sind und die dort völlig fehlt: Die Kraft des verstandesmässigen Durchdringens der Geheimnisse äusserer Phänomene. Das Ergebnis dieser intellektuellen Begabung ist Wissenschaft, welche in besonderem Masse charakteristisch für den Menschen ist ..." (Abdu'l-Bahá 1956:223[476]).

Dabei ist das Verhältnis von Mineralreich, Pflanzenwelt, Tierwelt und den Menschen ein solches der gegenseitigen Unterordnung, wobei Abdu'l-Bahá (1975:16/17) betonte, dass die jeweils untergeordnete Dimension die über ihr stehende nicht begreifen könne:
"... das Mineralreich kann ja das Wesen und die Vollkommenheiten der Pflanzenwelt nicht verstehen; die Pflanzenwelt begreift nicht das Wesen der Tierwelt, und das Tierreich kann die wesenhafte Wirklichkeit des Menschen ... nicht verstehen. Das Tier ist der Gefangene der Natur, es kann die natürlichen Regeln und Gesetze nicht überschreiten. Im Menschen jedoch ist eine Forscherkraft, die über die natürliche Welt hinausreicht, deren Gesetze beherrscht und beeinflusst. Zum Beispiel sind alle Minerale, Pflanzen und Tiere Gefangene der Natur. Selbst die Sonne mit all ihrer Pracht ist der Natur derart untertan, dass sie keinen eigenen Willen hat und nicht um Haaresbreite von den Naturgesetzen abweichen kann. Ebensowenig können andere Wesen, ob sie nun dem Mineral-, dem Pflanzen- oder dem Tierreich angehören, von den Naturgesetzen abgehen; sie sind vielmehr allesamt Sklaven der Natur. Der Mensch dagegen, wenn auch körperlich ein Gefangener der Natur, ist in seinem Verstand und seiner Seele frei und herrscht über die Natur. ... Nach dem Gesetz der Natur lebt und bewegt sich der Mensch auf der Erde; aber seine Seele und sein Verstand greifen in die Naturgesetze ein, und wie ein Vogel fliegt er über das Meer, und wie ein Fisch taucht er in die Tiefe und treibt dort seine Forschungen. Das ist fürwahr ein grosser Sieg über die Naturgesetze."

---

[476] Zitiert nach der deutschen Übersetzung von Baha'i International Community 1988:88.

An diesem Text sind zwei Dinge interessant: Zum einen spricht Abdu'l-Bahá von "Wesen" in der Natur, die nicht nur der Pflanzen- und Tierwelt, sondern auch der *Mineralwelt* angehören können. Damit betrachtet die Baha'i-Religion die *Natur* als grundsätzlich *belebt*.

Zum anderen unterteilt Abdu'l-Bahá die Welt in zwei Teile: Auf der einen Seite Mineral-, Pflanzen- und Tierreich, welche den Naturgesetzen ohne Einschränkung unterworfen sind, und auf der anderen Seite die Menschen, welche dank ihres Verstandes und ihrer Forschertätigkeit in der Lage sind, den Naturgesetzen zu trotzen oder diese gar zu überwinden. Wie bereits gesagt "herrscht" damit der Mensch "über die Natur". Oder anders ausgedrückt: der Mensch nimmt in der Evolution die höchste Stellung in der Natur ein - über ihm steht nur noch Gott.

Über die Evolution schrieb Abdu'l-Bahá (1977:178):

"Jede dieser unendlich vielen Seinsformen, die die Welt bevölkern, mögen sie Mensch, Tier, Pflanze oder Mineral sein, ist sicherlich aus Elementen zusammengesetzt. Es gibt keinen Zweifel, dass diese Vollkommenheit, die in allem Erschaffenen ist, durch Gottes Schöpfung aus den einzelnen Elementen durch ihre ausgeglichene Vermischung und das richtige Mengenmass, die Art ihrer Zusammensetzung und durch die Beeinflussung der Umwelt entstanden ist. Denn alles Erschaffene ist, den Gliedern einer Kette gleich, miteinander verbunden, und gegenseitige Hilfe, Unterstützung und Beeinflussung, die zu den Eigentümlichkeiten der Dinge gehören, sind die Ursachen des Seins, der Entwicklung und Entfaltung des Erschaffenen".

Über die natürlichen Kreisläufe hielt Abdu'l-Bahá fest:

"In der physikalischen Welt des Seins sind alle Dinge entweder Esser oder werden gegessen: Die Pflanze ernährt sich vom Mineral, das Tier von der Pflanze, die Menschen essen die Tiere und das Mineralreich inkorporiert letztendlich die menschlichen Überreste. Die physikalischen Teile werden also von Daseinsform zu Daseinsform umgewandelt, und alle Dinge werden transformiert und geändert, mit Ausnahme der Essenz aller Dinge, die ewig konstant und unveränderbar ist und auf deren Sein das Leben aller Arten, von jeder bedingten Wirklichkeit der ganzen Schöpfung gegründet ist" (Abdu'l-Bahá 1987:157[477]).

---

[477] Zitiert nach der deutschen Übersetzung von Baha'i International Community 1988:88.

Abdu'l-Bahá betonte die gegenseitige Verknüpfung eines jeden Teils des Universums und damit der Natur: "... jeder Teil des Universums ist mit jedem anderen Teil durch Verbindungen verknüpft, die sehr stark sind und keine Unausgeglichenheit oder irgendwelche Lockerung zulassen ..." (zitiert nach Conservation of the Earth's Resources 1990:4[478]).

Im 1992 auf Englisch erschienenen Kitáb-i-Aqdas[479] verbietet Bahá'u'lláh (1992:40) das übermässige Jagen von wilden Tieren. Im entsprechenden Kommentar[480] wurde in Aussicht gestellt, dass das Universale Haus der Gerechtigkeit in Haifa festlegen werde, was als übertriebenes Jagen anzusehen sei. Wenn die internationale Leitung der Baha'i dieses Gebot nach massvollem Jagen ausdehnt und - im Sinne des allgemeinen Baha'i-Gebots nach Mässigung in den verschiedenen Lebensbereichen - in Richtung eines allgemein massvollen Umgehens mit den natürlichen Ressourcen auslegt, sind nicht zu unterschätzende Impulse für ein ökologisches und umweltgerechtes Denken und Handeln im Alltag der Baha'i zu erwarten.

Zusammenfassend ist also festzuhalten: Der Baha'i-Glaube hat ein doppeltes Verhältnis zur Natur: Natur ist einerseits Ausdruck Gottes, andererseits herrscht sie über Mineral-, Pflanzen- und Tierwelt. Der Natur unterworfen oder von ihr versklavt sind auch die triebhafte Seite und der Körper des Menschen. Der Mensch soll sich von der Abhängigkeit von der Natur befreien. Ziel der individuellen menschlichen Entwicklung ist die Vergeistigung des Menschen und der Kampf gegen die "menschliche Natur", die im Grunde körperlich, und damit triebhaft, böse und schlecht ist. Damit steht das Baha'i-Denken ohne Zweifel in der Tradition des kartesianischen Denkens: Die Welt und der Mensch wird zweigeteilt in "res cogitans" (Geist) und "res extensa" (Körper, Natur, Triebhaftigkeit), wobei ersteres auf-, letzteres abgewertet wird.

Der Bezug Gott - Mensch - Natur ist im Baha'i-Denken ein hierarchisches: Zuoberst steht Gott, ihm ist die Natur untergeordnet und der Mensch unterliegt dieser Natur. Dabei gibt es aber eine Dynamik: Durch den Prozess der Vergeistigung überwindet der Mensch die Knechtschaft der

---

[478] Übersetzung aus dem Englischen durch CJ.

[479] Bis zu diesem Datum existierte auf Englisch nur eine von Shoghi Effendi (1973) herausgegebene "Synopsis and Codification of the Kitáb-i-Aqdas".

[480] Vgl. Bahá'u'lláh 1992:203.

Natur. Denn "die Natur ist gebunden, der Mensch ist frei. ... Die Natur ist ihrer selbst nicht bewusst; der Mensch aber weiss um alle Dinge" (Abdu'l-Bahá 1975:18/19). Der Mensch steht also ausserhalb und über der Natur.

Während das Verhältnis Gott, Natur, Mensch ursprünglich folgendermassen aufgebaut ist:

| Gott |
| --- |
| Natur |
| Mensch |

ändert sich das Verhältnis beim vergeistigten, entwickelten Menschen. Es sieht dann folgendermassen aus:

| Gott |
| --- |
| Mensch |
| Natur |

Damit ist das Verhältnis des Menschen zur Natur ein *dynamisches*: Durch Vergeistigung entzieht sich der Mensch dem Diktat der Natur und beeinflusst und verändert sie teilweise. Diese Stellung zur Natur kann mit dem christlichen Gebot "Macht euch die Erde untertan" verglichen werden. Dabei ist aber zu bedenken, dass die Schöpfung als ganze - und damit auch der Mensch - als Einheit zu sehen ist.

Doch unabhängig davon, ob der betreffende Mensch geistig entwickelt ist oder nicht: Er untersteht in jedem Fall Gott und hat sich dessen Willen zu unterordnen. *Das Baha'itum entspricht damit klar dem Gottesgehorsamkeits-Modell[481] - wenn auch in einem weniger rigiden Sinn als der Islam.*

---

[481] Vgl. dazu Kapitel 4 in diesem Band sowie Krieger 1993.

Natur wird im Baha'itum an vielen Textstellen mit *Materie* gleichgesetzt: "Die Natur ist die materielle Welt. Wenn wir sie anschauen, sehen wir, dass sie dunkel und unvollkommen ist" (Abdu'l-Bahá, zitiert nach Conservation of the Earth's Resources 1990:11[482]). Weil auf der anderen Seite Geistigkeit mit Göttlichkeit gleichgesetzt wird, entsteht so eine gewisse *Abwertung der Natur* als materiell oder nicht geistig oder göttlich. Trotzdem ist die Natur gut, weil sie von Gott geschaffen wurde und Teil der Schöpfung ist.

Im primären Code des Baha'itums sind folgende Begriffe zentral: *Die Existenz eines allmächtigen und barmherzigen Gottes, die Unterordnung der Menschen unter den Willen Gottes, die Natur als Verkörperung oder Spiegelbild der Grösse und Liebe Gottes, die Ambivalenz der Natur einerseits als sünd- und triebhaft (unentwickelter Mensch) und anderseits als Geschenk und Spiegelbild Gottes, die Entgegensetzung von Natur/Triebhaftigkeit einerseits und Vergeistigung/Göttlichkeit anderseits, der hierarchische Aufbau der Natur* (Minerale, Pflanzen, Tiere, Menschen), *die Belebtheit der gesamten Natur, das Ziel und die Aufgabe, eine göttlich vorgegebene Weltordnung zu schaffen, die Aufforderung an die Menschen, sich gegenüber der Natur liebevoll zu verhalten, aber sich auch aus ihrer Knechtschaft zu befreien, Verzicht auf Exzesse jeder Art und Appell zum Masshalten, die ökologische Krise als Krise der geistigen Werte/des Wertesystems allgemein* sowie als *Ausdruck des Mangels an Einheit unter den Menschen.* Dabei ist zu bedenken, dass sich Gott *auf jeder Stufe der Schöpfung unterschiedlich offenbart.*

Ziel der Baha'i-Religion ist die Einheit der Menschen im Rahmen einer von Gott geoffenbarten neuen Weltordnung. Diese Einheit ist die Voraussetzung, aber auch der Garant für die Durchsetzung umweltethischer Normen im Alltag.

---

[482] Übersetzung aus dem Englischen durch CJ.

# 7. Der Bezug des Menschen zur Natur in der New Age-Bewegung und in afrikanischen und indianischen Stammesreligionen[483]

## 7.1 New Age-Bewegung

Die New Age-Bewegung hat sich seit ihrer Entstehung stark verändert und besitzt heute sehr unterschiedliche Erscheinungsformen und -bereiche[484].

Die sehr verschiedenen und teilweise auch widersprüchlichen weltanschaulichen und personellen Wurzeln der New Age-Bewegung, aber auch ihre ungleiche Entwicklung in den verschiedenen Ländern und Bereichen, vor allem aber das Fehlen allgemein anerkannter, gleichsam "kanonisierter" Schriften und Texte, stellen die Forschung vor erhebliche methodische Probleme. Dazu kommt, dass die Forschung über New Age als Bewegung noch nicht sehr weit gediehen ist.

Aus diesem Grund haben wir uns entschlossen, uns auf vier Ebenen mit der New Age-Bewegung zu befassen: Zuerst versuchen wir, das Phänomen der New Age-Bewegung in ihren gesellschaftlichen Auswirkungen zu überblicken und zu analysieren (Kapitel 7.1.1). Besonders interessiert uns die Rolle der Natur und der Umwelt im Denken von Menschen, die durch Ideen beeinflusst oder getragen werden, welche der New Age-Bewegung entstammen oder ihr nahe stehen (Kapitel 7.1.2). Daneben (Kapitel 7.1.3) stellt sich die Frage nach dem Einfluss der New Age-Naturvorsstellungen auf die wissenschaftliche Ökologiediskussion. Und schliesslich stellen

---

[483] Autor dieses Kapitels ist Christian J. Jäggi.

[484] Oswald Eggenberger (1986) vertritt die Meinung, man sollte - weil New Age als Bewegung nicht klar abgrenzbar sei - besser von New Age-Strömungen oder New Age-Spiritualität statt von New Age-Bewegung sprechen. Demgegenüber gibt es aber - wie etwa Farrell Bednarowski (1991) nachweist, klare **inhaltliche und weltanschauliche** Gemeinsamkeiten von New Age-Anhängern und -gruppen, selbst wenn diese nicht immer explizit sind. Aus diesem Grund sprechen wir im folgenden trotzdem von New Age-Bewegung.

wir die Frage nach dem Zusammenhang von New Age-Denken, Alltagsverhalten und Deep Ecology (Kapitel 7.1.4).

### 7.1.1   Zum Phänomen der New Age-Bewegung

> *"Die Suche nach Sinn ist eine bemerkenswerte Entwicklung unserer Zeit. Sie erfasst Menschen jeden Lebensalters und aller Schichten. Sie spiegelt eine tiefgehende Unzufriedenheit und Enttäuschung mit den materialistischen Werten und mit der häufig damit verbundenen Habgier wider. Der Mensch sucht jetzt nach einer Vision, die ihn hinaushebt über eine Perspektive, die sich als unfähig erwiesen hat, Erfüllung zu bringen. Der Wind des Geistes weht erneut durch unser Bewusstsein und bringt ein neues Gefühl der Freude und des Enthusiasmus mit sich - ein Wort, dessen ursprüngliche Bedeutsamkeit wir vergessen haben, das aber einst 'von Gott erfüllt' bedeutete".*
> *George Trevelyan[485]*

Die Begriffe New Age, Neues Zeitalter und Wassermannzeitalter stammen ursprünglich von Alice Bailey und wurden von ihr am Anfang des 20. Jahrhunderts erstmals verwendet[486].

Das New Age-Denken geht - wie der Name bereits andeutet - vom Grundaxiom aus, dass sich die Menschheit und/oder die Erde an der Schwelle oder am Anfang eines Neuen Zeitalters befinden. Dies wird astrologisch begründet (Auslaufen des Fische-Zeitalters und Beginn des Wassermann-Zeitalters) und auf die astronomische Tatsache zurückgeführt, dass sich die Erdachse

---

[485]   Trevelyan 1980:17.

[486]   Vgl. Gruber/Fassberg 1986:152.

ungefähr alle 72 Jahre um 1 Grad verschiebt, so dass die Erdachse in 25'900 Jahren einen 360-Grad-Kreis durchläuft. Das bedeutet, dass der "Frühlingspunkt", der 21. März als Zeichen des Anfangs allen Seins, in diesem Zeitraum durch alle Tierkreise wandert. Pro Tierkreiszeichen macht das rund 2'000 Jahre[487]. Dass ein Zeichen der christlichen Religion - die vor ungefähr 2'000 Jahren entstand - der Fisch war, wird von Anhängern des New Age-Denkens gerne als Ausdruck dafür gewertet, dass die christliche Religion zum einen die prägende Religion des auslaufenden Zeitalters war, und zum anderen nunmehr von anderen spirituellen und religiösen Inhalten abgelöst werde - eben von der Religion des Wassermann-Zeitalters. Nach Hesemann[488] ist der Beginn des Neuen Zeitalters auf das Jahr 1975 festzulegen. Dabei ist die New Age-Bewegung in den Augen ihrer Vertreterinnen und Vertreter "keine religiöse Bewegung ..., sondern ein spirituelles Erwachen"[489].

Entscheidend für alle New Age-Strömungen ist die zentrale Bedeutung "spirituellen Bewusstseins":

"Es erfordert ein weiteres Verständnis der Bedeutung des Lebens, einen neuen Animismus, der sich mit Stufen der Intelligenz und des Seins jenseits des Menschlichen, jenseits der Materie in Verbindung setzen kann. Es ist ein Bewusstsein der Kommunion und der Kommunität, der Arbeit miteinander und mit der Natur, um eine Welt aufzubauen. Es ist ein Bewusstsein der Synergie, des Prinzips der gegenseitigen Unterstützung vom Teil und dem Ganzen, wobei das Ganze grösser ist als die Summe seiner Teile, aber weder der Teil noch das Ganze zum Schaden des anderen wächst oder sich ausdrückt. Es ist ein Bewusstsein, das auf die Gesetze des organischen Ausdrucks eingestimmt ist, auf die Natur hinter der Natur, auf die Vorgänge und Rhythmen des Seins. Es übersteigt den Verstand und die Gefühle, und dennoch beinhaltet es diese in einer erfüllteren Weise. Es arbeitet mit der Existenz spiritueller Dimensionen, nicht durch Andacht und Ehrfucht, sondern durch Verstehen und schöpferisches Mitwirken. Es verleugnet weder die physische Welt

---

[487] Vgl. dazu Stenger 1993:11/12.

[488] Hesemann 1988:46-48.

[489] Trevelyan 1980:17.

noch den Körper, sondern sieht sie als einen Teil der holistischen Natur des Universums und will 'den Himmel auf die Erde bringen'"[490].

In der New Age-Bewegung sind zahlreiche Methoden und Techniken verbreitet, um das spirituelle Bewusstsein bei sich selbst, in der Umgebung und allgemein in der Welt zu verstärken. So praktizieren viele Mitglieder der New Age-Bewegung Meditation:

"Meditation ist ein Kanal zur ständigen Wiederherstellung des Selbst, um es vorzubereiten, ins Neue voranzugehen. Unser niederes Selbst ist ein 'Gewohnheitstier', das Gedankengänge aus dem Unbewussten wiederholt. Diese müssen immer wieder ausgelöscht werden, damit wir neue Impulse aus dem höheren Selbst zulassen können. Während der täglichen Meditationszeit erreichen wir die dazu nötige innere Stille und Ruhe. Das ganze Nervensystem und die Lebensprozesse ruhen wie im Tiefschlaf, während im Bewusstsein ein Zustand wacher Aufmerksamkeit herrscht, ein Lauschen auf die Welt des Seins. Wir sind dann offen für die Qualitäten des höheren Selbst, die im wesentlichen Friede, Liebe, Sanftheit, Mut und Freude sind"[491].

Das New Age-Denken geht davon aus, dass die ganze Welt von (geistigen) Energien durchströmt wird. Liebe und Wahrheit sind solche geistigen Kräfte: "Das führt uns zum dritten Gesetz, dem der Verantwortung gegenüber dem Zyklus des Energiestroms. Alle Energien, die aus einem Zentrum ausströmen, müssen zur Vollendung des Kreislaufs zu diesem Zentrum zurückkehren. Ebenso muss das Empfangen von Energien in einem Zentrum durch ein entsprechendes Ausströmen ausgeglichen werden. Die Liebe gibt alles, was sie hat, demjenigen, der dessen bedarf. Die Wahrheit verlangt, dass diejenigen, die empfangen haben, etwas dafür zurückgeben, damit das Gesetz der Vollendung des Kreislaufs befolgt wird"[492].

In einer Meditation in Findhorn - einer der bedeutendsten New Age-Gemeinschaften -, in welcher sich Dorothy McClean gedanklich auf ein Naturwesen, den Naturgeist der Erbse, ausrichtete, erhielt sie folgende Antwort:

---

[490]  Spangler 1978:40/41.

[491]  Trevelyan 1980:98.

[492]  Spangler 1978:92.

"Ich kann zu dir sprechen, Mensch. Ich bin ganz und gar geleitet von meiner Arbeit, die geplant und festgelegt ist, und die ich lediglich zum Ziel bringe. Du hast mich im Bewusstsein erreicht. Mein Werk liegt klar vor mir; die Kraftfelder sind da, um es zur Manifestation zu bringen, ungeachtet der Hindernisse - und es gibt deren viele auf dieser Welt der Manifestation. Ihr denkt beispielsweise, dass Schnecken für mich eine grössere Bedrohung darstellen als der Mensch, aber das ist nicht so, Schnecken sind Teil der Ordnung der Dinge, und das Gemüsereich hegt keinen Groll gegen die, die es ernährt. Der Mensch aber nimmt soviel er kann als selbstverständlich; er kennt keinen Dank - was uns dann eigentümlicherweise eine feindliche Haltung annehmen lässt. Die Menschen scheinen allgemein nicht zu wissen, was sie tun und warum. Wüssten sie darum - was für ein Kraftwerk wären sie dann! Wären sie auf dem geraden Weg dessen, was zu tun ist, könnten wir mit ihnen zusammenarbeiten ..."[493]

Einerseits liegt es also am Menschen, sich auf das Geistige einzustimmen und sich für spirituelle Kräfte und Energien zu öffnen. Auf der anderen Seite fliessen diese Energien, sobald sich der Mensch dafür geöffnet hat:

"Wir, die überwachenden, verursachenden Kräfte der Manifestation, möchten mit euch ein bisschen von unserem Bewusstsein teilen. Wir sorgen für alles, das manifestiert ist und wissen um seinen Zustand, denn in Gottes Namen künden wir von Seiner Schöpfung. Alles ist in unserem Bewusstsein. Bewusstsein ist ein offenes Buch für alle, die daran teilhaben möchten, denn wir sind so sehr eins, dass, was wir wissen, nicht getrennt ist von dem, was unser Nächster weiss.

Wie können wir dieser lichten und liebevollen Haltung aller Schöpfung Ausdruck geben, dieser verblüffenden Dynamik auf die Vollkommenheit hin, die der Grundzug allen Seins ist, von dem nur ein winziger Teil durch eure Hände geht? Wie könnt ihr verstehen, dass wir vor Freude tanzen, dass die Sonne tanzt und der Mond tanzt und wir um sie, durch sie und in ihnen tanzen? Selbst die Erde tanzt im Innern, wenn der Mensch sich über seine eigenen Beschränkungen erhebt und seine Augen zurückwendet zur Wirklichkeit.

In all dem sind wir absolut und vollkommen frei. Es gibt keine Freiheit, wenn man nicht Teil von allem ist; so lange ist alle Freiheit beschränkt. Denn alle sind eins, und wenn jemand anders glaubt,

---

[493] Zitiert nach Hawken 1980:117/118.

schränkt er sich als Teil des Ganzen ein und sperrt sich selbst in das Gefängnis einer Teil-Wirklichkeit.

Ihr sorgt euch wohl um euren Garten. Eines Tages werdet ihr, wenn ihr ihn betrachtet, entdecken, dass etwas geschehen ist, dass etwas gewachsen ist, ohne dass ihr darum wusstet - wir wissen es sofort, nichts ist uns verschlossen. Unser Bewusstsein ist wie ein Eintauchen in ein Meer von Wissen, denn alle Kräfte sind miteinander verbunden. Es ist, also ob ein liebevoller Computer alles miteinander verschaltet und verbindet, weil anders alles nicht sein kann ... Ihr sollt ganz sein und das Ganze sehen; bis dahin könnt ihr nur Teile, getrennt sehen. Wir sehen das Ganze, was eure Arbeit angeht.

Wir möchten euch einstimmig sagen, dass unsere Aufmerksamkeit auf die Menschheit gerichtet ist, und dass sie klarer ist als in der jüngsten Vergangenheit und genauer in der Ausrichtung, weil ihr zu reagieren beginnt und unserer Aktivitäten langsam gewahr werdet. Darüber freuen wir uns und sind glücklich, denn wir sind enger verbunden, als ihr es erkennen könnt; uns erscheint es seltsam, dass ihr eines solch grossen Teiles eures eigenen Wesens unbewusst seid. Wir könnten euch mit Eisbergen vergleichen: Sieben Achtel eures Bewusstseins sind untergetaucht, nur ein Achtel lebendig. Wir bewahren unser Bewusstsein, das uns geschenkt ist, und können so klar unseren Teil sehen. Wir sind eins in der Ausrichtung des Lebens, mit dem Einen Grossen Ganzen bis hinunter zum kleinsten Baustein des Lebens; in dieser Harmonie vollbringen wir die Wunder, die ihr im Wachstum der Saat beobachtet.
Im Geist sind wir immer eins mit euch"[494].


Wenn das Phänomen der New Age-Bewegung von den einzelnen Inhalten und von den zur Anwendung kommenden Techniken her angegangen wird, erscheint ihre Breite kaum mehr überblickbar. Horst Stenger[495] schrieb dazu: "... das, was mit dem Sammelbegriff 'New Age' gesammelt wird, [ist] schwerlich auf einen gemeinsamen Nenner zu bringen ..., solange man auf der inhaltlichen Ebene bleibt. Dann wird die Aufzählung zur Notwendigkeit: Es gibt ...

---

[494]  Zitiert nach Hawken 1980:126/127.

[495]  Stenger 1990:383.

Runenmagie, Pendeln, Tarot, Astrologie, Tantra, Sufismus, Tai-Chi, Reiki, Rolfing, Aroma-therapie, Reinkarnationstherapie, Yoga, Zen, Bioenergetik, Channeling, Chakraarbeit usw.

Ein Blick in die soziale Praxis solcher Aktivitäten zeigt, dass die handelnden Subjekte sich nur selten und vage auf die durch Theosophie und Astrologie generierte Vorstellung eines neuen Zeitalters der Brüderlichkeit und Kommunikation ('Wassermann-Zeitalter') beziehen. Vielmehr gibt es axiomatische und praktische Interessen, die eine Gemeinsamkeit zwischen Esoterikern über sehr erhebliche inhaltliche Grenzen hinweg herstellen". Mit anderen Worten: Es gibt auf der Ebene der Grundhaltungen oder eben des Weltbildes Gemeinsamkeiten, die aber oft gar nicht bewusst sind oder nicht zum Ausdruck kommen. Doch sobald über etwas weiter weg liegende Fragen nachgedacht oder diskutiert wird, kommen immer wieder die gleichen Denkansätze, Grundhal-tungen und Sichtweisen zum Vorschein, selbst wenn diese bisher latent waren und erst durch gedankliche Zusatzkonstruktionen expliziert werden. Stenger[496] spricht in diesem Zusammenhang von der "Fähigkeit, einen okkulten Kontext 'eröffnen' zu können", also gleichsam die weltbild-bestimmenden Sinnzusammenhänge hervorbringen zu können[497]. Aus diesem Grund ist Horst Stenger zu widersprechen, wenn er meint, dass man dem, was das New Age ausmache, nicht primär über die Inhalte auf die Spur komme[498]: Gerade weil die Praktiken so ausserordentlich stark divergieren, muss das Verständnis des New Age-Phänomens primär auf der inhaltlich-weltanschau-lichen Ebene gesucht werden - ganz abgesehen davon, dass soziales Verhalten und Interaktion in jedem Fall weltbildspezifische Inhalte zum Ausdruck bringen[499].

---

[496]  Stenger 1990:383.

[497]  Allerdings wäre hier einzuwenden, dass diese Fähigkeit, einen "okkulten" oder "spirituellen" Kontext eröffnen zu können, eben gerade Merkmal **eines jeden religiösen oder spirituellen Weltbildes** ist, allerdings auf jeweils verschiedene Art und Weise, mit verschiedenen Ritualen, sakralen Handlungen und Inhalten.

[498]  Vgl. Stenger 1990:385.

[499]  Das kann aber - wie gerade das Umweltverhalten immer wieder zeigt - gerade auch dadurch geschehen, dass Handlungsnormen und Werte im Alltagsverhalten eben **nicht** zum Ausdruck gebracht werden - etwa wenn der persönliche Freiraum und die persönliche Autonomie in einem sozialen (und weltbildmässigen) Kontext zentral sind.

Nach Peter Russel[500] umfasst die New Age-Bewegung unter anderem ökologisch orientierte Gruppen (Ziel: Leben im Einklang mit dem Planeten), Techniken zur Verbesserung der physischen (z.B. Bioenergetik, autogenes Training, Ganzheitsmedizin, Shiatzu, Rolfing, Gesundheit, Homöopathie) und psychischen Gesundheit und des innerlichen Wohlbefindens (z.B. Hypnotherapie, Gestalttherapie, Primärtherapie, Rebirthing, Biofeedback, Encounter Groups, NLP, EST), Meditationstechniken aller spirituellen Traditionen und Praktiken wie Tai Chi, Aikido, Tantra und Yoga, Techniken zur Entwicklung paranormaler Fähigkeiten und der Voraussage zukünftiger Ereignisse (z.B. Aura-Deutung, Telepathie, Astrologie, Tarot, Geomantie), Methoden aus dem Bereich der Ganzheitserziehung, des Feminismus, der natürlichen Geburt sowie Techniken zur Entwicklung und Steigerung des persönlichen Potentials.

Horst Stenger[501] unterschied bei New Age-Aktivitäten - z.B. Kursen, Seminaren, Retreats usw. - vier Zielkategorien: Erstens Selbstverwirklichung/Selbsterfahrung, zweitens Selbst- und Fremdheilung, drittens Aussenweltkompetenz und viertens den Erwerb von Informationen/Wissen/Techniken oder Verfahren. Von 50 Anbietern von New Age-Workshops in der Februar-Nummer 1989 der Zeitschrift esotera ging es bei 44 Angeboten um Selbstverwirklichung/Selbsterfahrung, bei 22 um Selbst- und Fremdheilung, bei 20 um Aussenweltkompetenz und bei 14 Angeboten um den Erwerb von Wissen und Techniken. Allerdings erscheinen diese Kategorien nicht als unproblematisch, weil sie auf verschiedenen begrifflichen Ebenen liegen und zum Teil nicht klar gegeneinander abgegrenzt werden können. Zweifellos hat aber Stenger recht, wenn er darauf hinweist, dass beim New Age-Denken eine "Verschiebung von der Aussenweltbeherrschung zur Innenweltforschung, von magisch-esoterischen Traditionen zu psychologisch-spirituellen Perspektiven innerhalb des okkulten Wissens"[502] stattfindet. Damit wird auch einiges darüber ausgesagt, in welchem Bereich des esoterisch-okkulten Denkens die New Age-Bewegung anzusiedeln ist. Doch auch dies ist nicht unproblematisch: Zum einen, weil sich

---

[500]  Russel 1987:187, zitiert nach Stenger 1993:25.

[501]  Stenger 1990:398/399.

[502]  Stenger 1990:399/400.

Inhalte und Aktivitäten der New Age-Bewegung im Laufe der Zeit verändert haben - so waren etwa in den 70er Jahren die Bedeutung der Lebensgemeinschaften und der Bezug zur Natur deutlich grösser als in der gegenwärtigen New Age-Bewegung -, und zum anderen, weil bis heute nicht klar ist, welche Gruppen, Aktivitäten und Bewegungen noch zur New Age-Bewegung zu zählen sind und welche nicht[503]. Nach Meinung von Stenger[504] lassen sich die sozialen Aktivitäten im Bereich der New Age-Bewegung als "identitätspolitische Suchbewegung verstehen, als eine bestimmte inhaltliche Form, die spezifische Kompetenzen 'transportiert', die Selbstreflexivität verallgemeinert".

Nach Meinung von Mary Farrell Bednarowski[505] erscheinen immer wieder folgende Themen in der New Age-Bewegung, wenn auch oft in sehr verschiedener Art und Weise: 1. Die Absicht, Ganzheitlichkeit zu erreichen und die der Aufklärung zugeschriebenen Dualismen wie zum Beispiel Wissenschaft/Religion, Körper/Geist, Dinge/Bewusstsein, Denken/Fühlen, männlich/weiblich zu überwinden; 2. Betonung der Immanenz des Göttlichen oder Absoluten in jedem Atom des Universums und verbunden damit die gegenseitige Verbundenheit aller Dinge und Lebewesen; 3. ein grosser Optimismus über die Möglichkeiten individueller und sozialer Transformationen; 4. die Sorge um die Ökologie und die Notwendigkeit eines planetarischen Bewusstseins anstelle eines nationalen oder sogar internationalen Bewusstseins; 5. die Überzeugung, dass es einen kosmischen evolutionären Prozess gibt, wie auch immer dieser von den einzelnen Gruppen definiert und verstanden wird.

Der reformierte Pfarrer Oswald Eggenberger spricht im Zusammenhang mit der heutigen gesellschaftlichen Situation von zwei religiösen Paradigmata, die einander gleichsam gegenüber- stehen: Einerseits das New Age-Paradigma, andererseits das Paradigma der Apokalyptik, also der Endzeiterwartung, wie sie etwa von evangelikalen Christen propagiert wird[506]. Während nach

---

[503] Gehört etwa die Bioenergetik zum New Age, wo liegen die Grenzen zwischen humanistischer und transpersonaler Psychologie und New Age, inwieweit ist Astrologie von New Age abzugrenzen usw.

[504] Stenger 1990:402.

[505] In Religious Studies Review Vol. 17/July 1991:209.

[506] Vgl. Eggenberger 1988:26-26.

Meinung von Eggenberger New Age-Gruppen "angesichts der drohenden Katastrophen ... das Heil ... in einer psychospirituellen Transformation oder in einer der vielen Körpertherapien" suchten, gehe es den apokalyptischen Strömungen um eine bedingungslose Hinwendung zu Gott[507].

### 7.1.2   Die Rolle von Natur und Umwelt im New Age-Denken

> *Eingestimmt zu sein, heisst, am richtigen Ort zu sein, das*
> *richtige zu tun, und zur richtigen Zeit.*
> *Leitspruch in Findhorn[508]*

Das New Age-Denken sieht den Planeten Erde als ein Lebewesen, das primär geistiger Natur ist: "Angesichts der Probleme der Umweltverschmutzung dürfen wir die Stellung der Erde als eines lebendigen Organismus in einem lebendigen Kosmos nicht aus den Augen verlieren"[509].

Das Interesse für die Erde und deren Vorstellung als spirituelles Wesen stehen bei einem Teil der New Age-Bewegung im Zentrum der Aufmerksamkeit. So besteht etwa in Deutschland ein Verein "Mutter Erde e.V.". Im Prospekt dieses Vereins steht unter anderem zu lesen:
"Zum Wohlergehen der Erde sollen wieder alle Wesen dieses Planeten in Einklang miteinander leben können.

Wir alle sind betroffen von den Problemen der Zerstörung unserer (Mit-)Welt und der Ausbeutung unserer Erde, für die allein wir Menschen verantwortlich sind. Für unsere Zukunft und die unserer Kinder müssen wir mehr Verantwortung und Erdbewusstsein entwickeln. Die Erde braucht uns nicht, wir brauchen sie! Wir wollen nach vorne schauen, weiterdenken und zuhören lernen: 'Die Erde spricht zu uns, aber wir sind taub geworden', sagte Sun Bear, ein verstorbener Chippewa-

---

[507]   Eggenberger 1988:34.

[508]   Zitiert nach Hawken 1980:37.

[509]   Trevelyan 1980:114.

Medizinmann, von dem viele unserer Mitglieder gelernt haben. Wenn wir selbstheil werden wollen, müssen wir die Erde heilen.

Mit der Natur zu leben ist eine Vision, die jeden einzelnen Menschen auffordert, kreativ über die Grenzen des eigenen Lebens hinauszusehen. Erdbewusst-Sein heisst, an die Erde zu denken, sich als Teil der Schöpfung zu erleben und danach zu handeln. Die Indianer Nordamerikas haben über Jahrhunderte in dieser inneren Haltung mit der Natur und all ihren Geschöpfen in Einklang gelebt"[510].

In den Augen von Angehörigen der New Age-Bewegung liegt die Aufgabe der Ökologie darin, "das komplexe Gleichgewicht und die zwischen allem Leben bestehenden Wechselbeziehungen zu erforschen"[511]. Umweltzerstörung und vom Menschen verursachte ökologische Katastrophen haben eine zentrale spirituelle Bedeutung: "Wir tun dem lebendigen Körper der Erde, der wir angehören, Gewalt an und sie leidet unter unserem Missbrauch. Die Erde ist aber ebenfalls Teil eines Kosmos lebendiger, pulsierender, vom Leben durchdrungener Energien. Das Ganze ist ein grosser, spiritueller Organismus. Wir Menschen sind nicht ein isoliertes Bewusstsein, sondern jeder ist ein Pulsschlag des universellen Geistes, der die Illusion des Getrenntseins erlebt"[512].

In der klassischen New Age-Literatur ist die Idee zentral, dass die Natur nicht mehr instrumentalisiert werden könne, sondern dass der Dialog, die *Kommunikation mit der Natur oder einzelnen Naturwesen* zu suchen sei. Von Vertreterinnen und Vertretern des New Age-Denkens "Devas" genannte Wesen äusserten sich folgendermassen zur Kommunikation zwischen den Naturgeistern und den Menschen:

"Ihr sollt euren Garten in echter Zusammenarbeit anlegen; denkt dabei auch an die Naturwesen, die höheren Naturgeister und die Geister anderer Körper, wie zum Beispiel die Geister der Wolken, des Regens, der verschiedenen Gemüsearten. In der neuen Welt wird ihr Reich den Menschen ganz geöffnet sein - oder Ich sollte eher sagen: Die Menschen werden ihrem Reich ganz

---

[510] Mutter Erde e.V. 1994.

[511] Trevelyan 1980:11.

[512] Trevelyan 1980:116.

offen sein. Öffne dich und gehe mit Sympathie und Verständnis dem herrlichen Reich der Natur entgegen. Wisse dass diese Wesen des Lichtes sind, bereit zu helfen, aber scheu und argwöhnisch gegenüber Menschenwesen"[513].

Bekannt geworden ist die Gemeinschaft Findhorn in Schottland, in welcher es einzelnen Mitgliedern der Gemeinschaft gelang, mit Devas und Naturgeistern zu kommunizieren. Als Peter Caddy, Eileen Caddy und Dorothy McClean - der Gründungskern der Findhorn-Gemeinschaft - gezwungen waren, mit knappen Mitteln zu überleben und sie praktisch im Sand einen Garten anlegten, entwickelten Eileen und Dorothy "sogar die Fähigkeit, sich in stiller Meditation zu versenken und Botschaften von einer Quelle zu empfangen, die sich als der 'Gott im Inneren' zu erkennen gab. Diese Botschaften bestärkten sie in ihrem Beschluss, einen Garten anzulegen, und es wurde ihnen gesagt, dass ihnen alle nötige Hilfe zuteil würde, um die Hindernisse in ihrer Umgebung zu überwinden. Diese Hilfe kam von unerwarteter Seite. Einmal erfuhr Dorothy in ihrer Meditation, dass hinter allen Formen und Kräften der Natur unsichtbare Wesen von grosser Macht und Intelligenz stünden. Diese Wesen, nach dem Sanskrit-Wort Devas, 'Leuchtende', genannt, verkörperten die Energien des Wachstums, des Lebens und der Gestalt. Jede Pflanzengattung war durch einen Deva vertreten, und ausserdem gab es Devas der Berge, der Ozeane, geographischer Orte, der Naturkräfte wie Wind und Regen und solcher Eigenschaften wie Klang und Farbe. Sie wurde gebeten, mit den Devas Verbindung aufzunehmen, die für die Pflanzen zuständig waren, die sie anbauen wollten, und durch diese Verbindung würden sie Hilfe für den Garten erhalten"[514]. Die Bedeutung der Findhorn-Gemeinschaft liegt in der "Verbindung und Zusammenarbeit dreier Reiche: des Reiches der Devas, der Naturgeister und der Menschen"[515].

Was sind aber "Devas", was sind "Naturgeister"?

"Wir können uns die Devas als engelhafte Wesen vorstellen. Sie scheinen das archetypische Muster jeder Pflanzenspecies zu entwerfen und die Energien herunterzuschicken, die für die Manifestation

---

[513]  Zitiert nach Hawken 1980:117.

[514]  Spangler 1978:37/38.

[515]  Hawken 1980:144.

auf der Erde erforderlich sind. Die Naturgeister wiederum können wir uns als Baumeister denken. Sie bilden und bauen gemäss dem archetypischen Plan das auf, was man das 'ätherische Gegenstück' oder den 'Ätherkörper' der Pflanze nennen könnte - aus den Energien, die von den Devas heruntergesandt wurden"[516].

Durch diese Kommunikation geschieht eine Erweiterung des Bewusstseins, das seinerseits als grosse - und potentiell unbegrenzte - Kommunikationsgemeinschaft aller Wesen, aber auch des Planeten Erde - verstanden werden kann:

"Die Welt ist so hart, wie wir wollen, oder so offen, fliessend und dehnbar, wie wir in der Lage sind, sie zu verkörpern"[517]. Und: "Die Erde ist eine einzige lebendige Einheit; sie ist mein Leib. Bitte begreift, was das bedeutet. Begreift, was Einheit bedeutet und was es heisst, das Gehirn des Planeten zu sein, denn das ist der Mensch: Seine schöpferische und bestimmende Quelle"[518]. Der Planet Erde wird als lebendes Wesen verstanden:

"Die Erde wird als tatsächlich lebendiges Wesen erfahren. Sie besitzt, in ganz realem Sinn, eigenen Atem, Blutkreislauf, Herzschlag und Drüsen, Knochengerüst und Muskeln, Leben und Denken. Die Menschheit ist ein integraler Bestandteil dieses lebendigen Organismus und tatsächlich ein Aspekt des Denkens des Planeten. Der menschliche Körper ist ein sensibilisierter Punkt der Erde, der Verstand ein Überbrückungspunkt, der hinauf in den Kosmos reichen kann. Die Menschheit, der Träger des Bewusstseins, tritt damit deutlich als 'Verwalter des Planeten' hervor ... Alles ist Leben. Alles ist irgendwie von Leben durchtränkt ..."[519]. Und: "Wir haben gesehen, dass die Erde selbst, unsere Mutter Erde, ein lebendiges, empfindendes Geschöpf ist. Ist es nicht möglich, dass sie sich gegen das Ungeziefer Mensch, der sie so plagt, zur Wehr setzt? Vielleicht bedeuten manche Erdbeben, Vulkanausbrüche und atmosphärischen Störungen, dass dieses Wesen nach langem Zögern seinen Quälgeist, den Menschen, samt seiner zerstörerischen Unersättlichkeit

---

[516]  Hawken 1980:144.

[517]  David Spangler 1978:31.

[518]  Spangler 1978:66.

[519]  Trevelyan 1983:16.

abschüttelt"[520]. Dabei sei die gefühlsmässige Einstellung zur Natur von entscheidender Bedeutung:
"Die Gärtner [in Findhorn, Anm. C.J.] erfuhren ..., dass das Allerwichtigste, das sie tun konnten,
sei, den Pflanzen von innen heraus ein Gefühl von Liebe und Achtung entgegenzubringen; so
könnte auch jeder andere teilhaben an Gottes Schöpfung"[521]. Ein Mitglied der New Age-
Community von Lucinges drückte dieses Gefühl folgendermassen aus: "Wir sehen den Ausdruck
des Göttlichen überall: In einer Blume, einem Baum oder in den Lebewesen"[522].

Zwischen dem Bewusstsein der Menschen und demjenigen der Welt sollten keine Schranken
bestehen[523]. Dazu passt die Tatsache, dass versucht wird, Kommunikation mit nicht-menschlichen
Wesen zu suchen, aber auch mit Tieren. So berichtete etwa Leila Dregger in der New Age-
Zeitschrift Connection[524] von einem Versuch deutscher Delphin-Forscher auf der Segeljacht Kairos
im südtürkischen Meer, Kommunikation mit Delphinen zu suchen: "Es ist die Arbeitshypothese
der Kairos, dass Menschen und Delphine Partner werden können für einen Austausch zwischen
Menschenwissen und Naturweisheit, zwischen der Fähigkeit der Menschen, die Welt zu gestalten
und zu verändern, und dem Wissen der Tiere, Teil eines grösseren Ganzen zu sein"[525].

Auch das Problem der Umweltzerstörung versuchen die Mitglieder der New Age-Bewegung
positiv anzugehen: "All unsere Umweltprobleme müssen positiv angegangen werden. Wir müssen
aufhören, lebensbedrohliche Taten auszuführen. Wir müssen das Kanalisieren von Liebe, Licht und
Geist in den Körper der Erde als ganz realistischen und praktikablen Vorgang in unser Programm
miteinbeziehen. Auf diese Weise werden wir eine heilende Kettenreaktion einleiten, gegen die sich
die Mächte der Verunreinigung, des Verfalls und des Todes nicht werden halten können. Mit

---

[520]  Trevelyan 1983:30.

[521]  Hawken 1980:120.

[522]  Zitiert nach Pierre Armand 1990:36. Übersetzung aus dem Französischen durch C.J.

[523]  Vgl. Spangler 1978:70.

[524]  Leila Dregger in Connection Nr. 1/Januar 1994.

[525]  Leila Dregger in Connection Nr. 1/Januar 1994:23.

dieser Vision und von dieser Kraft getragen müssen wir unsere Stellung gegen das beziehen, was unsere Welt entweiht"[526].

Das New Age-Denken geht davon aus, dass verschiedene Naturreiche nebeneinander bestehen, die alle in Entwicklung begriffen sind: "Ich habe von den Naturreichen gesprochen, die sich in Bewusstsein und Energie gewandelt haben, und daher muss der Mensch lernen, sie zu achten und sich mit ihnen zu verständigen. Die Verständigung wäre unmöglich, wenn die Bereiche der Natur sich fortentwickeln, der Mensch jedoch stehenbleiben würde"[527]. Denn "das Weben der Natur war immer auf Gott gerichtet und immer schön. Nur das Bewusstsein des Menschen sah es anders. Daher ist es nicht die physische Welt der Natur, die sich so sehr verändern muss, um das neue Leben zu manifestieren. Zweifellos werden einige Änderungen und Mutationen stattfinden, wenn es solcher bedarf, aber es wird ohne unnötigen Kampf geschehen, denn die Formen der Natur sind durch den Kontakt der Welt der Devas und Elementarwesen bereits eingestimmt und rein"[528]. Natur wird also grundsätzlich als rein und spirituell gesehen, während der Mensch (noch) unrein und nicht spirituell genug ist. Das Verhältnis

| Natur/Geistwesen/Erde/Liebe/ Wahrheit |
| --- |
| |
| (unspiritueller) Mensch |

muss sich verändern zu:

| Natur/Geistwesen/Erde/Liebe/ Wahrheit/spiritueller Mensch |
| --- |

---

[526] Trevelyan 1980:119.

[527] Spangler 1978:88.

[528] Spangler 1978:154.

Wie sich jüngere New Age-Strömungen ökospirituelle Ausrichtung definieren, mag folgendes Beispiel illustrieren: 1991 wurde in der Schweiz die Internationale Ökospirituelle Beaulieu-Bewegung gegründet, die Anfang 1993 bereits 433 Mitglieder in 8 europäischen Ländern zählte[529]. Diese Bewegung versteht sich als "Synthese eines nach aussen verändernden Engagements und einer inneren, spirituellen Erneuerung", deren Programm als "Suche nach dem ökospirituellen Lebensstil ..., der die Menschen in all ihren Aspekten fördert und die Natur als Grundlage dieser Entfaltung einschliesst", so das Gründungs- und Vorstandsmitglied Thomas Imboden[530]. Die Ziele der Beaulieu-Bewegung sind:

"Die Beaulieu-Bewegung ist eine weltoffene, Vernunft und Spiritualität einschliessende Antwort auf die Lage der Welt. Sie verbindet Menschen, welche der Entfaltung ihres tiefen Wesens volle Aufmerksamkeit schenken: Spiritualität - und von dieser Mitte her an die grundlegende Erneuerung unserer Gesellschaft gehen: Politische Verantwortung.

In Beaulieu vereinen sich Menschen mit oder ohne Religionszugehörigkeit, im Geiste universeller Spiritualität. Es ist eine Bewegung selbständiger Menschen, die sich innerer und nicht äusserer Führung verpflichten. Angestrebt wird:

- Die Verbesserung der Lebensbedingungen aller Menschen und Lebewesen, um deren Entfaltung zu unterstützen.

- Eine breite ökospirituelle Strömung, welche in der Gesellschaft zu einer gestaltenden, ethisch-politischen Kraft wird und die BürgerInnen auf den unerlässlichen Wandel unseres Lebensstils vorbereitet"[531].

Alle, die der ökospirituellen Bewegung Beaulieu beitreten möchten, sind aufgefordert, folgende Selbstverpflichtung zu unterzeichnen:

"Selbstverpflichtung von Beaulieu

Beitrittserklärung

---

[529] Sowie vereinzelte Mitglieder in mehreren Überseeländern.

[530] Thomas Imboden in Beaulieu-Rundbrief vom Oktober 1993:1.

[531] Aus: Beaulieu April 1993.

Der Mensch entwickelt sich weiter. Er kann ein umfassenderes Bewusstsein erreichen, als Grundlage einer neuen Kultur. Diese wird harmonischere soziale Strukturen hervorbringen, welche der ganzen Schöpfung Entfaltung erlauben.

- Mitverantwortlich für Entfaltung allen Lebens heute und in der Zukunft,

- verantwortlich für mein Wohlergehen und meinen Umgang mit der Natur,

Entscheide ich mich:

* Mit Ausdauer an meinem inneren Gleichgewicht und meiner harmonischen Beziehung zur Welt zu arbeiten, als Grundlage für mein sozio-politisches Wirken.

* Jeden Tag eine Zeit der Stille einzuhalten, in aufmerksamer Wachheit.

* Mit Achtung und Verständnis den Anhängern anderer Religionen und philosophischen Schulen zu begegnen.

* Mich für eine weltumfassende soziale Gerechtigkeit und die Reinheit von Luft, Wasser und Erde einzusetzen.

* Meinen Gesamtkonsum einzuschränken, im Geiste der freiwillgen Einfachheit.

* Für eine gesunde Ernährungs- und Lebensweise.

* Die Art meiner diesbezüglichen Praxis selber zu bestimmen.

* Der Beaulieu-Bewegung beizutreten"[532].


### 7.1.3  *Zum Einfluss von New Age-Denkern in der wissenschaftlichen Ökologie-Diskussion*

Nach Meinung von Ken Wilber[533] ist ein wesentlicher Aspekt des New Age-Weltbildes die besondere Konzeption dessen, was das "Ich" ausmacht. Zum Ich gehört nicht nur der (körperliche) Mensch, sondern auch "das gesamte Feld von Organismus und Umwelt". Auf jeden Fall gehört zum jeweiligen individuellen "Ich" auch das soziale Umfeld. So umfasst etwa nach William James[534]

---

[532]  Selbstverpflichtung von Beaulieu. April 1991.

[533]  Wilber 1987:26.

[534]  James 1950:291, zitiert nach der Übersetzung von Wilber 1987:26.

das "Ich" eines Menschen "die Gesamtheit all dessen, was er sein eigen nennen kann, und das ist nicht nur sein Körper und seine psychischen Kräfte, sondern auch seine Kleider und sein Haus, seine Frau und seine Kinder, sein Ruf und seine Werke, sein Land und seine Pferde, seine Yacht und sein Bankkonto".

Ein grundsätzliches Problem in der wissenschaftlichen Forschung ist die Tatsache, dass die Beobachtung eines "Dings an sich" nicht möglich ist: Aus der Physik ist bekannt, dass das beobachtete Objekt durch die Beobachtung selber verändert wird.

"Wie also ein Messer sich nicht selbst schneiden kann, ist auch das Universum nicht in der Lage, sich selbst als Objekt ganz zu sehen. Deshalb ist jeder Versuch, das Universum als ein Objekt zu erkennen, zutiefst und unabänderlich ein innerer Widerspruch, und je mehr dieser Versuch zu gelingen scheint, desto hoffnungsloser scheitert er in Wirklichkeit, denn um so mehr führt das Universum sich selbst in die Irre" (Wilber 1987:30).

In diesem Zusammenhang ist auch die New Age-Kritik am dualistischen Denken zu sehen: "Mit den Griechen begann auch in grösserem Massstab das, was man 'Ontologie' nennt, die Frage nach dem letzten Wesen oder Sein des Universums. Die frühen Sondierungen der Griechen auf diesem Gebiet standen im Zeichen des Dualismus von Einheit und Vielheit, Chaos und Ordnung, Einfachheit und Komplexität. Diese Geleise hat das abendländische Denken nicht mehr verlassen; es hat sie vielmehr durch immer neue Dualismen immer weiter vertieft: Instinkt versus Intellekt, Welle versus Teilchen, Positivismus versus Idealismus, Materie versus Energie, These versus Antithese, Geist versus Körper, Behaviorismus versus Vitalismus, freier Wille versus Fatum, Raum versus Zeit - die Liste ist endlos"[535].

Nach Meinung von Ken Wilber[536] haben sich die meisten wissenschaftlichen Disziplinen, vor allem aber die Physik, nicht mit der Welt selbst beschäftigt, sondern hatten immer nur "symbolische Repräsentationen der Welt" zum Gegenstand: "In diesem dualistischen und symbolischen Erkennen liegt die Brillanz, aber auch der blinde Fleck von Naturwissenschaft und Philosophie, denn es erlaubt der Wissenschaft zwar, sich ein sehr genaues analytisches Bild von der Welt zu machen;

---

[535]   Wilber 1987:31.

[536]   Vgl. Wilber 1987:44.

doch mag solch ein Bild auch einen noch so hohen Erklärungswert haben, es bleibt immer - *Bild*. Und jedes Weltbild verhält sich zur Wirklichkeit der Welt wie ein Bild vom Mond zur Wirklichkeit des Mondes"[537].

Nach Meinung von New Age-Denkern, z.B. von Ken Wilber[538], entsprechen verschiedene Arten des Erkennens verschiedenen Ebenen des Bewusstseins. Ja, Wirklichkeit wird selber als Teil oder Ebene des Bewusstseins aufgefasst. Dabei wird Geist - *mind* - als gleichsam absolute Wirklichkeit verstanden.

In diesem Zusammenhang ist auch die Theorie der morphogenetischen Felder des Biologen Rupert Sheldrake[539] zu erwähnen. Diese Theorie versuchte, die Frage zu beantworten, warum Systeme sich in eine bestimmte Richtung entwickeln und diese Entwicklungsrichtung über längere oder kürzere Zeit einhalten. Sheldrake[540] stellte dabei eine Hypothese der "formbildenden Verursachung" auf, welche besagt, "dass bei der Entwicklung und Aufrechterhaltung von Formen auf allen Ebenen der Komplexität morphogenetische Felder eine kausale Rolle spielen". Dabei sind diese morphogenetischen Felder nicht bewusst entworfen, sondern entstehen anfänglich zufällig und verstärken sich im Laufe der Zeit gleichsam selbst, und zwar jedesmal, wenn der entsprechende Entwicklungsablauf erneut stattfindet (= morphogenetische Resonanz). Vorhandene, also bereits organisierte Systeme fungieren dabei als "morphogenetische Keime"[541], um welche mit der Zeit ein spezifisches morphogenetisches Feld entsteht, das je nach Häufigkeit des entsprechenden Prozesses stärker oder schwächer sein kann. Diese Felder sind nach Sheldrake[542] als "Wahrscheinlichkeitsstrukturen" zu bezeichnen. Die Hypothese der morphogenetischen Felder erlaubt es, die sterile und jahrhundertealte Gegenüberstellung von "Vererbung" oder "Umwelt"

---

[537] Wilber 1987:44. Hervorhebung von Wilber.

[538] Vgl. Wilber 1987:56.

[539] Vgl. Sheldrake 1981.

[540] Sheldrake 1981:68.

[541] Sheldrake 1981:72.

[542] Sheldrake 1981:79.

als Entwicklungsdeterminanten zu überwinden *und vor allem beide Aspekte zu einer einzigen Theorie zu verbinden*:

"Nach der Hypothese der formbildenden Verursachung beruht die Vererbung des Verhaltens *sowohl* auf genetischer Vererbung *als auch* auf den morphogenetischen Feldern, die die Entwicklung des Nervensystems und des ganzen Lebewesens kontrollieren, *als auch* auf den motorischen Feldern, die aufgrund von morphischer Resonanz von Vorfahren aufgebaut wurden. Im Gegensatz dazu besagt die konventionelle Theorie, dass angeborenes Verhalten in der DNS programmiert ist"[543].

Eine Reihe von New Age-Forschern - so etwa James Lovelock[544] - vertreten die sogenannte Gaia-Hypothese, wonach die Erde ein lebendes Wesen sei und zum Beispiel das Klima so reguliere, um die Fortsetzung des Lebens zu ermöglichen. Interessant ist dabei die Tatsache, dass Lovelock sich wenig um das Ozonloch sorgt, und sogar die Meinung vertritt, die Erdatmosphäre - allerdings nicht die Menschheit - würde einen Atomkrieg überleben[545]. Nach Angaben von James Lovelock[546] entstand die Gaia-Hypothese im Jahr 1972. In ihrer ersten Formulierung lautete die Gaia-Hypothese folgendermassen: "Das Leben oder die Biosphäre regelt oder stabilisiert das Klima und die Zusammensetzung der Atmosphäre so, wie sie für den eigenen Bestand optimal sind"[547]. Dabei wird die Erde als physiologisches System - Lovelock nannte die Gaia-Wissenschaft "Geophysiologie"[548] - aufgefasst, das sich selbst im Gleichgewicht hält:

"Als wir die Gaia-Hypothese in den siebziger Jahren vorstellten, gingen wir davon aus, dass sich die Atmosphäre, die Meere, das Klima und die Erdkruste aufgrund der Verhaltensweise von lebenden Organismen so regulieren, dass Leben möglich ist. Genauer ausgedrückt besagt die Gaia-

---

[543] Sheldrake 1981:178.

[544] Vgl. Lovelock 1979.

[545] Zu dieser - zugegeben etwas böswilligen Interpretation - vgl. Farrell Bednarowski 1991:212.

[546] Vgl. Lovelock 1991:29 und 1992:11.

[547] Lovelock 1992:11.

[548] Lovelock 1992:27.

Hypothese, dass die Temperatur, der Oxydationszustand, der Säuregehalt und bestimmte Aspekte von Gesteinen und Gewässern zu jeder Zeit konstant bleiben und dass sich diese Homöostase durch massive Rückkoppelungsprozesse erhält"[549].

Als Argumente für die Gaia-Hypothese führte Lovelock[550] unter anderem an, dass das Klima auf der Erde trotz eines um 25% gestiegenden Energieausstosses der Sonne in den letzten 3,6 Milliarden Jahren so geblieben sei, wie es für das Leben erforderlich sei. Ausserdem spreche das dauerhafte Nebeneinander von Sauerstoff und reaktiven Gasen in der Atmosphäre für die Hypothese, dass der Planet lebe: Im Gegensatz zur lebenden Erde herrschten in den Atmosphären "toter" Planeten wie Mars oder Venus Zustände von annäherndem chemischen Gleichgewicht[551]. In Analogie zu einem kranken Lebewesen stellte Lovelock die These auf, dass die Erde gesund oder krank sein könne - und beides im Laufe ihrer Geschichte gewesen sei[552]. Die Hauptsorge der Gaia-Theorie gilt dem Klima und der Gefahr, dass für die Regulierung der Klimas wichtigen Teile der Erde infolge Überbevölkerung und Herumpfuschen in der Natur ernsthaft beschädigt werden könnten und die Regulationsfähigkeit von Gaia beeinträchtigen könnten. Lovelock kritisiert die gängige Ökologie als anthropozentrisch und als zu eng.

### 7.1.4  *New Age-Denken, Alltagsverhalten und Deep Ecology*

Die meisten New Age-Gruppen gehen davon aus, dass jeder Mensch seine Lebenssituation verändern kann, wenn er eine *innere Vision* der gewünschten Veränderung aufbauen und vertiefen kann. Diese innere Vision muss aber mit einer *geistigen Reinigung* und dem Abbau falscher oder negativer Glaubenshaltungen einher gehen, denn "was sich manifestiert, ist das, was wir wirklich

---

[549]  Lovelock 1991:43.

[550]  Lovelock 1992:29.

[551]  Vgl. Lovelock 1992:22 und 36.

[552]  Lovelock 1992:18/19.

glauben, nicht das, was wir gerne glauben würden. Bis unsere beschränkenden Vorstellungen bewusst gemacht und transformiert sind, werden sie uns weiter in die Quere kommen und unsere Fähigkeit hemmen, zu erschaffen, was wir wollen"[553].

Viele New Age-Gruppen und verwandte Bewegungen erwarten von ihren Mitgliedern, ein sogenanntes *commitment*, also eine Art Gelübde oder eine Selbst-Verpflichtung, abzulegen.

Das New Age kann - nach Meinung seiner Anhängerinnen - nicht willkürlich gemacht werden, sondern es wächst gleichsam organisch: "Es geschieht nicht dadurch, dass wir ein Neues Zeitalter planen und einleiten wollen, sondern indem wir den innerlichen und äusserlichen Raum zur Verfügung stellen, in dem die Geburt [des Neuen Zeitalters] stattfinden kann", schreibt David Spangler[554].

Auch das Alltagsverhalten muss nach Meinung von Exponenten des New Age harmonisch und organisch mit der Natur im Gleichgewicht sein. So schreiben etwa Vertreterinnen des Deep Ecology-Gedankens: "Deep ecology is emerging as a way of developing a new balance and harmony between individuals, communities and all of Nature. It can potentially satisfy our deepest yearnings: faith and trust in our most basic intuitions; courage to take direct action; joyous confidence to dance with the sensuous harmonies discovered through spontaneous, playful intercourse with the rhythms of our bodies, the rhythms of flowing water, changes in the weather and seasons, and the overall processes of life on Earth" (Devall/Sessions 1985:7). Dabei wird ein besonderes "ökologische Bewusstsein" ("ecological consciousness") verlangt[555], welches die Einsicht, Einfühlung in Steine, Bäume und Flüsse bedeutet. Es brauche das Bewusstsein, dass alles mit allem verbunden sei. Die Menschen müssten lernen, Ruhe und Stille wieder zu schätzen und wieder zu lernen, zuzuhören. Ausserdem brauchten die Menschen wieder direkten Kontakt zur Wildnis, zur nicht domestizierten Natur. Grundsätzlich müssten die Menschen wieder lernen, aus ihrer Intuition heraus zu handeln - und sich nicht auf "Experten" oder Fachleute zu verlassen.

---

[553]   David Gershon und Gail Straub 1993:11.

[554]   Spangler 1978:36.

[555]   Vgl. Devall/Sessions 1985:8.

Gerade am Beispiel der deep ecology zeigt sich, dass der Übergang von New Age-Denken zu anderen Strömungen, in diesem Fall zum ökologischen Denken, fliessend ist. Deep ecology versteht sich als breiteren Zugang zu Ökologie, unter ausdrücklichem Einbezug religiöser und spiritueller Dimensionen: Einerseits grenzt sich deep ecology klar gegen die "vorherrschende Weltsicht technokratisch-industrieller Gesellschaften"[556] ab, denen sie vorwirft, den Menschen vom Rest der Schöpfung zu isolieren und von Grund auf zu trennen. Diese Sichtweise sei Teil übergreifender kultureller Muster[557]. Deep ecology - wie auch die meisten New Age-Strömungen - vertreten im Grunde eine biozentrische Sichtweise: Nicht der Mensch und seine Bedürfnisse stehen im Zentrum dieses Weltbildes, sondern die Unversehrbarkeit der ganzen Biosphäre, also der Natur, der Pflanzen, Tiere und Menschen, und deren Beziehung zueinander. Diese Sichtweise kann im Extremfall insofern problematisch werden, als die Interessen (und das Überleben) des Menschen denjenigen der Natur, der Erde ("gaia") oder des Ökosystems untergeordnet werden. "For deep ecology, there is a core democracy in the biosphere ... In deep ecology, we have the goal not only of stabilizing human population but also of reducing it to a sustainable minimum without revolution or dictatorship ..." meinte Arne Naess[558]. Doch selbst ohne "Revolution" und "Diktatur" stellt sich die Frage, inwieweit die individuellen menschlichen Grundrechte (Entscheidungsfreiheit, allgemeine Menschenrechte) allenfalls eingeschränkt werden dürfen, inwieweit Zwang angewendet werden soll. Dass aus solchen Vorstellungen allenfalls ethisch äusserst problematische Konsequenzen entstehen können, muss hier nicht weiter ausgeführt werden.

Auf der anderen Seite versuchten sich Angehörige der deep ecology-Idee[559] von der New Age-Bewegung zu distanzieren: So werfen etwa Devall/Sessions[560] der New Age-Bewegung vor, gleichsam als Hauptmetapher die Erde als Raumschiff zu sehen, auf welchem technologisch fortgeschrittene Menschen als Co-Piloten zu fungieren hätten. Ganz abgesehen davon, dass es

---

[556] Devall/Sessions 1985:65.

[557] Vgl. Devall/Sessions 1995:65.

[558] Zitiert nach Devall/Sessions 1985:75/76.

[559] So u.a. Devall/Sessions 1985:125ff.

[560] 1985:125.

mindestens ebenso viele Äusserungen von Personen im New Age-Umfeld gibt, die gerade die Einfachheit betonen und Technologie weitgehend ablehnen, dürfte dieses Verständnis allenfalls für die amerikanische, keinesfalls aber europäische New Age-Bewegung zutreffen. Dazu kommt, dass die Raumschiff-Metapher unter New Age-Gruppen eben nur eine Metapher ist: Das Raumschiff als Ganzheit aller darauf wohnenden Lebewesen - nicht aber als technologisches Superkonstrukt. In Tat und Wahrheit dürfte es vielmehr so sein, dass die deep ecology-Bewegung selbst einen Teil der New Age-Bewegung darstellt, gleichsam als besondere Ausformung mit besonderen Schwerpunkten.

Interessant und bedeutsam für das Verhalten im Alltag ist die zentrale Idee der bioregionalen Verantwortlichkeit ("bioregional responsibility"[561]) von deep ecology. Dabei sollen die Interessen sowohl der beteiligten Menschen, als auch der betroffenen Tiere und allenfalls der weiteren Umwelt berücksichtigt werden. Hierbei kann es auch zu Konflikten kommen:

"However, what happens when a local community's needs conflict with the norm of protecting species diversity? Such a situation occured on the north slope of Alaska where native Eskimos were hunting bowhead whales in the 1970s. The International Whaling Commission ruled that this was an endangered species of whale and considered a total ban on the killing of bowheads. However, the native Eskimos pleaded that it was part of their tradition to kill whales. Their myths and lifestyle were dependent on it. If they didn't kill whales they would be more dependent on canned meat from the 'lower forty-eight' given them by welfare departments. This somewhat split the environmentalists. Many groups supported a total ban on the killing of bowheads until ecologists determined that their population had 'sufficiently increased', but Friends of the Earth took the position that Eskimos be allowed to take a regulated number of bowheads using their traditional methods (no advanced technology for killing them was allowed)"[562].

An dieser Stelle muss noch auf einen Vorwurf eingegangen werden, welcher in den letzten Jahren zunehmend an Aktivisten der New Age-Bewegung gerichtet wurde: Der Vorwurf der

---

[561]  Devall/Sessions 1985:148.

[562]  Devall/Sessions 1985:148/149.

Rechtslastigkeit oder gar des "Ökofaschismus". So schrieb Peter Bieri in der WochenZeitung vom 15. 10. 1993:

"'Der Atomkrieg ist für die 'Spirituellen' eine Aussicht auf höchste Freude, nur für 'Materialisten' wird es schrecklich werden'. Der Brite Sir Trevelyan, von dem diese Aussage stammt, hat 1980 den Alternativen Nobelpreis erhalten. Die Esoterik-Bewegung New Age boomt, Verbindungen existieren zu Grünen und zu Rechtsextremen. Von 367 kürzlich analysierten New Age-Gruppen waren 46 eindeutig rechtsextrem, weitere 56 verfügten über einschlägige Verbindungen. Und grüne EsoterikerInnen machen sich zunehmend für ökofaschistische Gedanken stark".

Zweifellos stimmt es, dass einzelne Strömungen und Gruppen, aber auch Personen von stark rechtsstehendem Gedankengut beeinflusst waren. Runenmagie, Autoren wie K. O. Schmidt[563], die für ihre Nähe zu germanizistischen und völkischen Denkweisen bekannt sind, Agni-Yoga usw. haben im Zusammenhang mit der New Age-Bewegung wieder deutlich an Resonanz gewonnen. Dazu kommt, dass die New Age-Bewegung - vor allem ihr amerikanischer Zweig[564] - in ihrer überwiegenden Mehrheit unpolitisch ist. Angesichts der äusserst heterogenen Wurzeln der New Age-Bewegung ist es aber naheliegend, dass sowohl politisch als auch weltanschaulich rechts- als auch linksstehende Positionen vorzufinden sind. New Age-Exponenten stammen aus den verschiedensten Lagern, u.a. auch aus der 68er Bewegung. Dazu kommt, dass jede religiöse Bewegung zu fast allen Zeiten "linke" als auch "rechte" Gruppen und Strömungen aufgewiesen hat, das gilt sowohl für die grossen, transkulturellen Religionen, als auch für kleinere Gruppen.

In das Alltagsverhalten der Anhängerinnen und Anhänger von New Age und Deep ecology flossen immer wieder Vorstellungen ein, die - zu Recht oder zu Unrecht - sogenannten Naturvölkern zugeschrieben wurden:

"... the American Indians' cultural patterns, based on careful hunting and agriculture carried on according to spiritual perceptions of nature, actually preserved the earth and life on earth ... Indian

---

[563] Vgl. Schmidt 1971, 1975, 1976.

[564] So erlebte ich etwa Vertreter des amerikanischen Emissaries Network als äusserst apolitisch und an gesellschaftlichen Fragen nicht interessiert (vgl. dazu Emissaries of Divine Light 1982). "Spiritualität" und "Innerlichkeit" diente gleichsam als Handlungsersatz auf der "äusseren" gesellschaftlichen Ebene.

conceptions of the universe and nature must be examined seriously, as valid ways of relating to the world, and not as superstitious, primitive, or unevolved ... Perhaps the most important insight which can be gained from the Indian heritage is reverence for the earth and life ... It is important for us to learn from nature as the early Indians did, to keep with the non artificial world, with animals and wild land ... The traditional Indian view valued people, the interrelated social group living in harmony with nature ..."[565].

Dabei kommt in der Regel eine stark idealisierende - und bestenfalls teilweise der Wirklichkeit entsprechende - Sichtweise der Urbevölkerung zur Geltung. So zitieren etwa Devall/Sessions[566] den Satz: "Eines wissen wir sicher. Die Erde wurde nicht für den Menschen gemacht, der Mensch wurde für die Erde gemacht"[567], der angeblich aus der Rede des Häuptlings Chief Seattle aus dem Jahr 1851 stammen soll. Inzwischen ist aber bekannt, dass Chief Seattle mit grosser Wahrscheinlichkeit diese Rede nie gehalten hat[568], sondern dass sie ihm von einem (europäisch-amerikanischen) Autor in den Mund gelegt wurde.

Wie zentral im New Age-Denken Naturvorstellungen sind, die zu Recht oder zu Unrecht der indianischen Weltsicht zugeschrieben werden, zeigt auch der nachstehende Textauszug, der angeblich von Sun Bear[569] stammt:

"Ein anderer Weg, Euch selbst zu helfen, ist zu lernen, wie man mit der Erdenergie arbeitet - das bringen wir den Menschen mit all' unseren Programmen bei. Werde ich gefragt, wie ich mit der Natur kommuniziere, erkläre ich: Bete ich, spüre ich eine starke Verbindung insbesondere mit den Geistern des Donners, die Stürme und Winde dirigieren. Bete ich zu ihnen, geschehen bestimmte Dinge. Die Geisterwelt spricht nicht Englisch oder Chippewa: Sie spricht ihre eigene Sprache. Die Art und Weise, auf die das Erdwissen zu mir gelangt, ist ein inneres Fühlen und Spüren. Diese

---

[565]  Hughes 1983, zitiert nach Devall/Sessions 1985:97/98.

[566]  Devall/Sessions 1985:96.

[567]  Übersetzung aus dem Englischen durch CJ.

[568]  Vgl. Gerber 1988:225-229.

[569]  Sun Bear in Wege - Magazin zur Integration von Natur und Mensch 1992/4: 6.

Fähigkeit zu spüren und zu fühlen, kann von den meisten Menschen ebenfalls erlernt werden. Trotzdem wird das Leben für mich manchmal sehr verwirrend. Geschieht das, bete ich zum Schöpfer um Klärung. Erreicht mich Gott nicht, so bete ich weiter.

Ich weiss, es ist schwer zu verstehen, aber die Veränderungen - die grosse Reinigung, wie viele Indianer es nennen - ist notwendig. Werden die aus diesen Veränderungen resultierenden Korrekturen nicht gemacht, so könnten die Menschen, die kein Gefühl für das Gleichgewicht haben, die Erde zerstören und sie vielleicht so vergiften, dass keine Regeneration mehr möglich ist. Ich betrachte die Veränderungen der Erde als etwas Positives, denn sie sind für das Überleben des Planeten notwendig. Wollen wir Menschen diese Veränderungen überleben, so müssen wir ein wesentlich höheres Bewusstsein entwickeln. Und diese Veränderung wird für die gesamte Schöpfung positiv sein".


Catherine L. Albanese (1990:155/156) hielt zum Verhältnis von New Age und indianischen Religionen fest:

"There is, of course, striking incongruity in linking traditionalists, New Age native teachers, and non-Indian seekers who often know how to turn religion to profit more than prophecy. Still, examined thematically, there is more striking congruity. Traditionalists and New Age Indians, whether native or adoptive, place nature at the center of religion and life. What unites traditionalists (who politicize the past) und New Agers (who transcendentalize it) is an abiding conviction of the centrality of nature and a continuing enactment of their concern. Nature provides a language to express cosmology and belief; it forms the basis for understandig and practicing a way of life; it supplies materials for ritual symbolization; it draws together a community"[570].


Vieles deutet darauf hin, dass das New Age-Denken nicht zuletzt eine Reaktion auf nicht erfüllte Versprechungen der Moderne (und der Post-Moderne) und vor allem auf die Entfremdung von der Natur darstellt. Und hier besteht eine tiefe Parallele mit dem indianischen Denken. Trotzdem:

---

[570] Zum Einfluss tatsächlich oder angeblich indianischer Denkweisen im New Age-Umfeld vgl. u.a. Sun Bear & Wabun 1982, Keyserling 1972 und Harner 1982.

Die New Age-Bewegung ist weit mehr als das - sie ist heute zweifellos als eigenständige religiöse Strömung anzusehen.

Aus diesem Grund - und weil der Naturbezug in ethnischen Religionen auf keinen Fall so harmonisch und idealistisch war, wie er von Exponenten des New Age manchmal dargestellt wird, befassen wir uns im folgenden mit einigen Aspekten eben dieses Bezugs zwischen Mensch, Natur und dem Göttlichen bei einigen Stammesreligionen.

## 7.2    Zum Naturverständnis ethnischer Religionen[571]

Frühere Betrachtungsweisen haben Stammesreligionen als "Naturreligionen" aufgefasst, also als Religionen, die in der Personifizierung von Naturphänomenen beständen. Dabei galt und gilt aber die Verehrung nie den Naturphänomenen als solchen, sondern der hinter diesen stehenden Macht[572].

Nach Widengren (1969:47) ist der Gottesglaube bei schriftlosen Völkern die "vorherrschende Form der Religion". Verbreitet sind Vorstellungen von einem göttlichen Wesen als dem Schöpfer und dem Herrn des Daseins.

### 7.2.1  Afrika

In afrikanischen Kulturen wurde Gott als "Himmelsgott" verstanden, so *sa* bei den Bambara in Guinea, *Nyama* bei den Ashanti. Bei den Ewe ist der höchste Gott der sichtbare Himmel. Die

---

[571]  Wie Udo Tworuschka (1992:403) richtig feststellte, sind die Begriffe "Stammesreligion", "Religion schriftloser Kulturen" und vor allem "Naturreligion" wertend und ethnozentristisch. Besser ist der Begriff "ethnische Religion". im Gegensatz zu "transkulturellen" oder "transethnischen" Religionen wie Christentum, Islam, Buddhismus. Wir brauchen im Folgenden die Begriffe "ethnische Religion", Stammesreligion" und "Religion schriftloser Kulturen" synonym, während wir auf "Naturreligion" völlig verzichten.

[572]  Vgl. dazu Van der Leeuw 1970:39.

Bakwiri verehren in *Owaso* ebenfalls einen allmächtigen Himmelsgott. Die Schilluk glauben an einen "Hochgott", der *Jwok* heisst. Ebenfalls einen Himmelsgott verehren die Masai und die Kikuyu, nämlich *Ngai*. Der höchste Gott anderer Stämme - *Ruwa* bei den Djagga, *Tilo* bei den Rongas oder der Hochgott der Lambas, oft *Lyulu*, also Himmel genannt, und *Leza* bei den Ila - thront entweder im Himmel oder ist mit dem Himmel identisch[573]. Gott kann grollen, ist mächtig und hat gute und böse Eigenschaften. Er ist der Herrscher über Leben und Tod. Das höchste Wesen vieler afrikanischer Stämme wird oft als zweigeschlechtlich angesehen und spaltet sich - z.B. bei den Masai - nicht selten in eine gute und eine böse Gottheit. Damit wird angedeutet, dass der Hochgott "in sich alle Gegensätze vereint und selbst über diese erhaben ist" (Widengren 1969:52). Der Hochgott ist Herr über die atmosphärischen Erscheinungen und der Geber des Regens und damit derjenige, welcher den Menschen Fruchtbarkeit gewährt oder vorenthält. Gott entscheidet dadurch über Leben und Tod einer Gemeinschaft und des Individuums und über das Schicksal ganz allgemein.

Wie schon vor ihm andere Autoren wies auch C. K. Omari (1990:169) darauf hin, dass afrikanische Traditionen nicht zwischen religiösen und sozialen Handlungen unterscheiden: "Es gab immer eine Interaktion zwischen sogenannt 'religiösen' und sogenannt 'säkularen' Welten, beide waren in der gleichen Entität verwoben - in der Gemeinschaft". Die traditionelle afrikanische Auffassung unterscheidet also nicht zwischen "profan" und "sakral"[574]. Die Lebensgemeinschaft oder das soziale Leben haben immer auch sakralen Charakter. Anders gesagt: Gott wird immer durch die Lebensgemeinschaft erlebt und gleichsam reproduziert.

Nach Ernst Dammann (1963:82) gehört das Problem der Schöpfung zu den Fragestellungen im Denken der Afrikaner. Gott erscheint als "Wirker", "Schöpfer", "Bildner" und "Former". Die Schöpfung erscheint in zweifacher Form: Zum einen als Schöpfung aus dem Nichts und zum anderen als Schöpfung aus einem schon vorhandenen Grundstock: "Dies gilt z.B. für die Zulu, wo *Unkulunkulu* aus dem *uhlanga*, einem 'Urstock' hervorging" (Dammann 1963:83). Abdel Th. Khoury (1987:12) sieht ein allgemeines Motiv der Schöpfungsmythen in der Schöpfung der Welt

---

[573] Vgl. Widengren 1969:48/49.

[574] Vgl. dazu Bujo 1993:16.

aus dem Chaos. Dieses Urchaos - oft verkörpert als Urwasser - bleibt unverändert, bis der Schöpfer eingreift und Ordnung schafft. Dieser Prozess wird - immer nach Khoury (1987:13) - als *Kampf gegen die Mächte des Chaos* dargestellt.

Verschiedene - u.a. afrikanische - Kulturen kennen die Überlieferung einer Urzeit oder Vorzeit: "Einige Völker glauben, dass Gott einst in greifbarer Nähe des Menschen geweilt hat. Aber, so erzählen die Twi von ihrem Gott *Onyame*, eines Tages habe eine alte Frau, die ihren Brei *(Fufu)* stiess, ihn in den Himmel vertrieben. Nicht unähnlich dieser Darstellung erzählen die Okuma-Leute bei den Dschagga: Einst waren Sonne und Mond, ebenso wie Gott, ganz nahe bei den Menschen. Da schoss ein Ndorobo in Unkenntnis des Gebrauchs seiner Waffe auf den Mond und verwundete ihn. Darauf flohen Sonne, Mond, Sterne, ebenso Gott mit der Allmutter und seinen Gesandten zum Himmel" (Dammann 1963:85).


Viele afrikanische Völker sehen Pflanzen und Tiere in einem religiösen Zusammenhang und stehen mit Gottesvorstellungen oder Mythen in Verbindung. So sind die *Zulu* der Überzeugung, Menschen und Vieh seien dem gleichen Ort entsprungen und Gott habe den Menschen die Milch und das Fleisch des Viehs als Nahrung zugewiesen[575]. Die *Kamba* glauben, dass die ersten Menschen von Rindern, Schafen und Ziegen begleitet worden seien, als sie vom Himmel herabstiegen. Die *Massai* glauben, ihnen sei - als einzigen Menschen - von Gott die Berechtigung verliehen worden, Vieh zu besitzen. Einzelne Völker halten gewisse Tiere für heilig, so etwa die *Herero* die Rinder[576].

Die Erschaffung des Menschen wird in Afrika unterschiedlich überliefert: Die *Schilluk* glauben, dass Gott die Menschen aus - verschiedenfarbigem - Ton geformt hat. Bei den *Kamba, Sotho, Herero, Shona* und *Nuer* berichten die Mythen, dass Gott den Menschen aus einer Erdhöhle hervorgebracht habe. Die *Herero* kennen einen Mythos, in dem Gott die ersten Menschenwesen aus dem mythischen Lebensbaum der Unterwelt hervorbrachte. Bei den *Dschagga* liess Gott die Menschen aus einem Gefäss frei, in welchem sie eingesperrt waren, bei den *Zande* kamen die

---

[575]  Vgl. Mbiti 1974:62.

[576]  Vgl. dazu Mbiti 1974:62/63.

Menschen und Dinge aus einem versiegelten Kanu[577]. Für die *Ewe*, *Luba*, *Massai*, *Nandi* und *Nupe* liegt der Ursprung der Menschen in einem Bein oder Knie eines menschenähnlichen Wesens. Andere Völker Afrikas berichten, der Mensch käme vom Himmel oder von einer anderen Welt[578].

Viele Überlieferungen in Afrika stellen die Schöpfung als dynamischen Prozess dar, der sowohl die Erde und allgemein die Natur (Tiere, Pflanzen, Regen usw.) als Überlebensinstrument der Menschen darstellt, als auch zum Zerbrechen einer ursprünglichen Einheit allen Geschaffenen (und des Menschen) mit dem Göttlichen oder dem Schöpfergott führt.

Nach Meinung des zairischen Moraltheologen Bénézet Bujo ist heute unbestritten, "dass der Glaube an Gott in Schwarzafrika mehrheitlich monotheistisch war und ist" (Bujo 1986:22). Die meisten Stämme Afrikas hätten - lange bevor die christlichen Missionare kamen - nicht Götter, sondern einen einzigen Gott angebetet.

Zum gerade von Ethnologen immer wieder missverstandenen Ahnenkult schrieb Bujo (1986:26):

"Wenn das biologische Leben von Gott über die Ahnen bzw. die Ältesten kommt, haben gerade dieser eine Gott und dieselben Ahnen (bzw. die Ältesten) dafür gesorgt, Gesetze, Weisungen (Tabus) und dergleichen zu erlassen, die zum Wohl der Sippengemeinschaft bestimmt sind. Dabei wird grosser Wert auf die Erfahrung der Ahnen gelegt, nicht aller Ahnen freilich, sondern nur jener, die ein vorbildliches Leben geführt haben. Solche Ahnen also, die sich an von ihnen als gut erkannte Gesetze und Weisungen gehalten haben, konnten eine Fülle von Erfahrungen sammeln, die sie ihren Nachfahren als Erbe hinterlassen haben. Sofern die Nachfahren sich ihrerseits an die Gesetze und Satzungen halten, die ihnen von den Ahnen überliefert sind, sofern sie sich auch die Erfahrungen der Vorfahren zu eigen machen, kommunizieren sie sowohl mit den Ahnen als auch untereinander".

---

[577]  Vgl. Mbiti 1974:117.

[578]  Vgl. Mbiti 1974:118.

Wenn ein Afrikaner den Ahnen Ehre erweist, so ehrt er damit implizit immer auch Gott[579]. Wenn also etwa Brautleute den Ahnen vorgestellt werden - was weit verbreitet ist[580] - werden sie auch Gott vorgestellt und schliessen diesen in ihre Lebensgemeinschaft ein. Die Ahnen besitzen also eine Mittlerrolle zwischen den (lebenden) Menschen und Gott. Gott hilft über die Vermittlung der Ahnen[581].

Damit scheint ein bedeutendes Element des Lebensgemeinschafts-Modells erfüllt zu sein: Untereinander, über die Ahnen und damit auch mit Gott wird im Rahmen des Lebens "im integralen Sinn" (Bujo 1986:25) kommuniziert. Nach Bujo (1993:197) ist das Leben "nach der negro-afrikanischen Auffassung das Sakralste, aber es ist vom Tod ständig bedroht". Die Feinde des Lebens sollen erkannt und identifiziert werden, damit der Tod besiegt werden kann. Der Tod ist in diesem Denken nicht aus dem Leben verdrängt, sondern gleichsam die andere Seite des Lebens. Die Lebens- und Kommunikationsgemeinschaft im zentral-ostafrikanischen Denken beschrieb Bujo (1986:27) folgendermassen: "Es muss ... nachdrücklich betont werden, dass es in der negro-afrikanischen Partizipationslehre nicht nur den Höherstehenden zukommt, das Leben zu unterstützen und weiterzugeben. Jedes Mitglied, auch das geringste, ist gehalten, die Lebenskraft aller Angehörigen der Sippen- bzw. Stammesgemeinschaft, ja jedes Menschen zu verstärken. ... Sünde in der negro-afrikanischen Welt ist, was gegen das Recht zum Leben verstösst." So wird denn in Afrika "Moral nicht vertikal, sondern horizontal gelebt" (Bujo 1986:37), also primär bezogen auf die Lebensgemeinschaft. Entsprechend geht das Wohl der Gemeinschaft demjenigen des Individuums vor (Bujo 1986:39), was im Extremfall sogar bedeuten kann, dass eine einzelne Person getötet werden kann[582], wenn sie für das Leben oder den materiellen Besitz der Gemeinschaft - z.B. der Sippe - eine ernsthafte Gefahr darstellt. Jede Interaktion der Gemeinschaft besitzt eine kosmische Dimension. Das zeigt sich etwa bei Heilmethoden und -ritualen: "Wenn ... die negro-afrikanische Heilung sich kommunitarisch bzw.

---

[579] Vgl. Bujo 1986:27.

[580] Vgl. Bujo 1986:31.

[581] Vgl. Bujo 1993:15.

[582] Vgl. dazu Bujo 1986:41.

sozio- und theo-psychosomatisch vollzieht, ist sie zugleich kosmisch" (Bujo 1993:200). All dies scheint die Hypothese des Lebensgemeinschafts-Modells zumindest für den Raum Ostzaire, Ruanda/Burundi und Uganda zu bestätigen.

Die Gemeinschaft der Ahnen - gleichsam als Mittler zu Gott - und die Gemeinschaft der Lebenden stehen in einer dauernden "Interaktion", "die sich ... hierarchisch, und zwar von oben nach unten und umgekehrt vollzieht" (Bujo 1993:14). Diese Interaktion ist darauf ausgerichtet, die Lebenskraft innerhalb der Sippengemeinschaft zu erhöhen. In diesem Denken haben nicht nur alle Menschen einen gegenseitigen Einfluss aufeinander, sondern "auch alle weiteren Kräfte [besitzen] eine kausal-ontologische Interdependenz" (Bujo 1993:14). Die Naturkräfte sind also gleichsam Teil der Lebensgemeinschaft. Oder wie der in Freiburg/Schweiz lehrende Religionswissenschaftler Richard Friedli in einem Vortrag am Beispiel des rwandischen Sprichwortes "Abantu n'ibintu ni magilirane" (= Menschen und Dinge beeinflussen sich[583]) aufzeigte, zentriert sich die Weltschau in Ruanda "nicht prioritär um das Sein (*kuba*), sondern um das Für-Einander-Sein (*kubana*). Der Gruppenverband ist damit wichtiger als das Individuum ..."[584]. Dabei verbinden die "Beziehungsfelder und Kraftströme ... nicht nur die Individuen, die lebenden und verstorbenen Glieder der Familie, sondern auch die Personen mit dem Unpersönlichen, das Menschliche mit dem Dinglichen"[585], also auch mit der Umwelt oder Natur. Dabei ist das Verhältnis der Menschen zu den Kräften der Natur äusserst vielfältig. Oft wird die (belebte) Natur gleichsam in die menschliche Gemeinschaft integriert, und zwar sowohl mythologisch als auch semantisch, also sprachlich, weltbildmässig und sozial.

Um die Stellung der afrikanischen ethnischen Religionen zur Natur zu verstehen, geben die überlieferten *Schöpfungsmythen* zweifellos weitere wichtige Hinweise. Entweder sind die ersten Menschen aus der Erde hervorgekommen, oder aus dem Körper eines menschenähnlichen göttlichen Wesens. Nicht selten wurden die ersten Menschen von domestizierten Tieren begleitet. Andere Mythen sehen eine Trennung der Menschen oder der Erde von Sonne und Mond, oder die

---

[583] Friedli 1974:179 und 1994.

[584] Friedli 1974:179.

[585] Friedli 1974:179.

Menschen wurden aus dem Himmel vertrieben. Offensichtlich gibt es eine enge Verbindung zwischen Menschen, Tieren und Erde einerseits, und zwischen Wirker, Schöpfer, Gott und Himmel andererseits.

Nach Auffassung vieler afrikanischer Völker lebt der Mensch in einem religiös definierten Umfeld oder Weltall, in welchem die Naturereignisse und natürlichen Kräfte mit Gott in einem engen Zusammenhang stehen. "Das Gottesverständnis ist stark von dem All geprägt, dessen Bestandteil er ist. Der Mensch sieht im Weltall nicht nur Gottes Spur, er betrachtet es als sein Spiegelbild" (Mbiti 1974:60). Dieses Bild Gottes ist nach Meinung des aus Kenya stammenden John Mbiti (1974:60) das einzige Bild Gottes, das die afrikanische Gesellschaft kennt. Bujo geht noch einen Schritt weiter: Seiner Meinung nach stellen zahlreiche afrikanische Erzählungen, Legenden und Mythen einen Gott dar, der Gemeinschaft mit den Gründerahnen pflegte[586]. Dabei habe sich Gott aber nicht völlig aus der Welt zurückgezogen, sondern er sei - unsichtbar - nach wie vor im Leben der Menschen anwesend.

Es gibt also eine Dynamik, eine Bewegung im Laufe der Zeit. Die Nähe zwischen Gott/Wirker/Himmel einerseits und Menschen/Erde/Natur andererseits weicht einer Distanz:

| Wirker - Schöpfer - Gott - Himmel |
| Mensch - Tier - Erde |

wird zu:

| Wirker - Schöpfer - Gott - Himmel |
| |
| Mensch - Tier - Erde |

---

[586]  Vgl. Bujo 1993:14.

Im Extremfall wird diese Konstellation sogar zu:

<table>
<tr><td>Wirker - Schöpfer - Gott - Himmel</td></tr>
<tr><td></td></tr>
<tr><td>Mensch</td></tr>
<tr><td>Tier - Erde</td></tr>
</table>

Für viele Afrikaner lebt der Mensch in einem religiös bestimmten Weltall. Alles, also alle Handlungen, Ereignisse und Orte werden - nach Mbiti 1974:19 - vom Religiösen her verstanden und gedeutet. Die gesamte Existenz ist so gleichsam ein religiöses Ereignis. Die Grundhaltung ist dabei anthropozentrisch[587].

Mbiti (1974:21-23) wies darauf hin, dass der Afrikaner keinen linearen Zeitbegriff hat. So gibt es in verschiedenen ostafrikanischen Sprachen keine konkreten Wörter oder Ausdrücke, welche die Idee einer fernen Zeit beinhalten. Die Zeitformen, die sich auf zukünftige Ereignisse oder Handlungen beziehen, umfassen höchstens einen Zeitablauf von sechs Monaten bis zwei Jahren.

Einzelne geistige Prinzipien oder Gottheiten zeigten die Tendenz, sich zu verallgemeinern. So entwickelten etwa bei den Yoruba-Völkern in der Region von Ife die dortigen *orisha*-Kulte vermutlich starke universalistische Tendenzen. Unter anderem durch das Orakel von Ife verbreiteten sie sich in einem grossen Gebiet. So etwa ihre Götterdreiheit *Olorun* oder *Olodumare* (Himmelsgottheit), *Orunmila* oder *Ifa* (Weisheit) und *Eshu* oder *Elegbara* (die Unvorsehbarkeit)[588]. Nach dem Niedergang von Ife (1450 - 1600) entstanden verschiedene Nachfolger-Königreiche, in denen *orisha*-Kulte und deren Gottheiten weiter gepflegt und verehrt wurden. So etwa "*Orisha-nla* oder *Obatala* (Schöpfungsgottheit), *Ogun* (Gott des Krieges und der Metalle), *Yemoja* (Göttin der feuchten Erde), *Shoponna* oder *Babaluaiye* (Windpocken, heisse Erde), *Ibeji*

---

[587]  Vgl. Mbiti 1974:20.

[588]  Vgl. McKenzie 1992:430.

(*orisha* der Zwillinge), *Erinle* (Jagdgottheit), *Oshun* und *Oya* (Flussgöttinnen), *Oduduwa* (ebenfalls ein Ife-*orisha*), *Obalufon* (Ife-Himmelsgottheit), *Orisha-Oko* (Bauerngottheit), *Osanyin* (*orisha* der Heilkräuter), *Oshoshi* (weitere Jagdgottheit), *Oshumare* (Regenbogen-*orisha*), *Onile* oder *Nana-Buruku* (die Erdgöttin)" (McKenzie 1992:430)[589].

Der traditionelle Kosmos der Yoruba und der *orisha* setzt sich zusammen aus der Welt der Lebenden (*aiye*) und der Geisterwelt (*orun*). Die Lebenden gehen nach dem Tod in die Geisterwelt. Sie gelangen aber auch im Traum oder in Visionen dorthin. Diejenigen, welche sich in den *orun* begeben haben, können die Lebenden verkleidet hinter Egungun-Masken besuchen. Auch die *Orishas* sind in dieser Welt anwesend und können zwischen den Welten reisen. Orishas enthüllen sich durch Offenbarung[590].

In vielen Stammeskulturen spielt das Bild des (Lebens-)Baumes eine zentrale Rolle. In schamanistischen Kulturen ist der Stamm des Lebensbaumes mit der Weltachse und damit dem Lebenszentrum identisch und damit gleichzeitig mit der aufrechten Stellung des Menschen. Mircea Eliade[591] hat diesen Zusammenhang an vielen Beispielen dargestellt. Van der Leeuw (1970:44) stellte in einer Reihe von Kulturen eine "grundsätzliche Identität von Mensch und Pflanze" fest: "Voraussetzung dieses Miteinanderwachsens ist aber die Wesensverwandtschaft, ja Gleichheit des Menschen und der Pflanze, d.h. eben das Fehlen des Begriffs 'Natur'." Im Kosmos und damit auch in der Natur gibt es keine Beziehungslosigkeit: "Alle Naturkräfte sind aufeinander angewiesen, so dass der Mensch sich nur *in* und *mit* der gesamten Natur voll verwirklichen kann" (Bujo 1993:19[592]). Nach Richard Friedli[593] zeigt sich das Leben - und damit auch Natur - als "Lebens-

---

[589] Interessant an den *orisha*-Kulten ist, dass sie zwischen dem 16. und 19. Jahrhundert eine zweite grosse Verbreitungsbewegung nach Amerika erlebten. Die Yoruba-Kosmologie prägte dabei den Glauben der Mehrheit der Afro-Amerikaner entscheidend mit und wurde zur neuen, rasch wachsenden religiösen Bewegungen umgestaltet, so zum Candomblé und Umbanda in Brasilien, Lucumi in Kuba, Vodun in Haiti, Shango in Trinidad sowie Ogun und Shango in New York (vgl. McKenzie 1992:430).

[590] Vgl. McKenzie 1992:431.

[591] Vgl. z.B. Eliade 1959:17/18 sowie 1982:259-263.

[592] Bujo (1993:19) macht in diesem Zusammenhang eine interessante Feststellung: "Wenn heute so viel von Ökologie gesprochen wird, könnte diese afrikanische Einstellung vielleicht eine neue Sensibilität in uns erwecken. Dann sollte sich diese Sensibilität nicht nur auf unser eigenes Land beschränken, sondern der Europäer oder Nordamerikaner sollte sich gründlich das ... Problem des Technologietransfers überlegen. Nicht nur nicht in Europa oder

kraft": Für Friedli hat die rwandische Lebensweisheit "Le contrepoids au mourir est de donner la vie" gleichsam paradigmatischen Charakter.


## 7.2.2 Nord-Amerika

Es ist modern geworden, den Indianer als Mensch zu sehen, dessen Weltbild "öko-spirituelle Harmonie" ins Zentrum stellt. Wohl als bekanntester angeblicher Vertreter eines solchen "indianischen" Weltbildes gilt bis heute Chief Seattle[594], dessen angebliche Rede an den Vertragsverhandlungen mit dem Vertreter der US-Regierung 1855 bis heute als eines der wichtigsten Dokumente gilt. Wie Peter R. Gerber (1988:225-229) überzeugend nachwies, ist allerdings die Authentizität dieser Rede mehr als unsicher. Nach Meinung von Bischofberger (1991:1) kann "von einem schützerischen oder haushälterischen Umgang mit der Natur ... kaum die Rede sein, weil die Natur reichlich freigebig war oder weil man bei auftretender Erschöpfung der natürlichen Ressourcen den Lebensraum einfach verlegte ... Das Bild des Indianers als eines exemplarischen homo oecologicus ... entstand in Europa und kommt einer Idealisierung gleich".

Wie Gerber (1988:229) zu Recht betonte, gibt es "den Indianer" oder "indianisches Denken" als solche gar nicht. Allein auf dem nordamerikanischen Kontinent sind 221 Sprachen bekannt, die in 42 Sprachfamilien und ausserdem 31 Sprach-Isolate unterteilt werden. Laut Gerber (1988:229) waren um 1500 nördlich des Rio Grande wohl an die 300 Sprachen gesprochen worden, denen mindestens ebensoviele grundverschiedene Kulturen entsprachen. Aus dem gleichen Grund kann man - nach Meinung von Sam D. Gill[595] - nicht von einer "indianischen Religion" in der Einzahl sprechen. Deshalb kommt man nicht darum herum, *einzelne indianische Kulturen herauszugreifen*

---

Nordamerika, sondern nirgends, auch nicht in der Dritten Welt, sollte man Menschen und Natur vernichten".

[593] Vgl. Friedli 1993.

[594] Vgl. Seattle 1983[4].

[595] Gill 1987:3.

und diese exemplarisch anzugehen. Dass somit nicht von "*der* religiösen Wahrnehmung der Umwelt durch *die* Indianer" gesprochen werden kann, leuchtet ein.

Bei den Indianern war die religiöse Vorstellung verbreitet, wonach in allen Wesen, also Pflanzen und Tieren, ein "spirit" oder eine "Seele" lebt: "Der indianische Mensch fühlte sich zwar mit den Tieren und Pflanzen 'spirituell' verbunden oder gar verwandt, aber dem unerbittlichen Gesetz des Nahrungszyklus konnte auch er sich nicht entziehen" (Gerber 1988:237). Nach Bischofberger (1991:2) sprechen manche indianischen Völker von "*manitu*, der geheimnisvollen, alles durchdringenden Lebenskraft der Natur". Im traditionellen Denken des Indianers bestand die Welt  laut Ruth M. Underhill[596] "nicht aus unbelebter Materie, welche benutzt, und aus Tieren, welche geschlachtet und gegessen wurden. Sie war lebendig, und alles in ihr konnte ihm [dem Menschen] helfen oder schaden". Diese Belebtheit der Natur[597] und der Welt spiegelt sich etwa in folgendem Gebet der Sioux, das sich an die Steine richtete, über welche der Betende Wasser goss:
"Oh Rocks ... by receiving your sacred breath

Our people will be long-winded as they walk

The path of life; your breath [the steam]

Is the very breath of life"[598].


Auch für die Algonkin "gibt es nichts Totes, es leibt und lebt alles, was ihn umgibt und durch die Sinne als wirklich auf ihn eindringt. Da sind die Grossväter der vier Richtungen, die Wind und Kälte schicken; da sind die 'älteren Brüder' Sonne und Mond; da stürmen in den Wolken die Donnervögel, in ewigem Kampfe mit den gehörnten Schlangen liegend, den Wesen der Flüsse, Seen und Quellen; da sind Mutter Erde und Mutter Mais, Maskengeist, Schneeknabe, Pflanzen und Steine - sie alle leben, hören und sprechen. 'Alle Manitu beten, denn manchmal vernehmen wir sie, unsere Grossväter, die Bäume, wie sie sich in ernstem Gebet vereinigen, wenn der Wind durch sie dahinstreicht'" (Müller 1961:196).

---

[596] Underhill 1965:40. Übersetzung aus dem Englischen durch CJ.

[597] Vgl. dazu auch Jan Hartke in McGaa 1990:XVI.

[598] Brown 1953:37, zitiert nach Underhill 1965:40.

Auch für die Achomavi ist alles Leben:
"'Alle diese Dinge sind voll Leben. Die Bäume leben, ebenso die Steine, Berge, das Wasser. Alles ist mit Leben erfüllt. Ihr haltet einen Stein für tot, aber er lebt. Als ich hierherkam, um dich zu besuchen, habe ich mit allem gesprochen, was es hier herum gibt. Mit dem Baum da am Ende deines Hauses habe ich am ersten Abend gesprochen vor dem Zubettgehen. Ich bin auf den Balkon hinausgegangen, habe geraucht und den Rauch meines Tabaks zu ihm aufsteigen lassen. Ich habe mit ihm gesprochen und gesagt: 'Baum, füge mir kein Leid zu; ich bin nicht böse, und ich bin nicht hierhergekommen, jemand etwas anzutun. Baum sei mein Freund'.
Ich habe auch mit deinem Hause gesprochen. Dein Haus ist auch Leben, es ist irgend jemand. Du hast es zu irgend einem Zwecke gebaut, dein Haus ist eine Person. Es wusste, dass ich hier fremd bin. Dann habe ich ihm den Rauch meines Tabaks geschickt, um mit ihm gut Freund zu werden. Ich habe mit ihm gesprochen und gesagt: 'Haus du bist das Haus meines Freundes, du darfst mir nichts Böses tun. Lasse mich nicht krank werden oder vielleicht gar sterben, während ich meinen Freund besuche. Ich möchte in meine Heimat zurückkehren, ohne dass mir ein Unglück widerfährt. Ich bin nicht gekommen, jemand etwas Böses anzutun, im Gegenteil, ich will, dass alle Welt zufrieden ist. Haus, ich wünsche deinen Schutz'. So habe ich es gemacht. Ich bin ganz um das Haus herumgegangen und habe meinen Rauch überall hingeschickt. Das geschah, um mich mit allen Dingen gut Freund zu machen.
Es gibt ohne Zweifel viele Dinge, die mich bei Nacht betrachten, ohne dass ich sie sehen kann ... Sie müssen miteinander sprechen, ganz wie wir, die Steine, die Bäume und die Berge. Du kannst sie manchmal hören, wenn du gut acht gibst, draussen bei Nacht. Nun gut, ich bin davon überzeugt, dass alle diese Leute da mich in der ersten Nacht meines Hierseins betrachtet haben. Wahrscheinlich sagten sie: 'Was ist das für ein Mann da? Ein Fremder, den wir noch nie gesehen haben. Aber er ist wenigstens nett. Er hat uns seinen Rauch geschickt und uns begrüsst. Es muss ein anständiger Mensch gewesen sein. Wir müssen ihn beschützen, damit ihm kein Unglück zustösst'.
So muss man es machen. Ich sage dir es, damit du es lernst, denn du bist noch jung. Ich werde langsam alt. Aber ich habe noch lang zu leben, weil ich viele Freunde habe draussen in meiner

Heimat. Ich spreche nachts oft mit ihnen, schicke ihnen Rauch und vergesse sie nicht. Ich sorge mich um sie, und sie sorgen sich um mich'" (zitiert nach Müller 1961:256/257).

Die Erde erscheint in vielen Stammesreligionen als "Mutterschoss des Lebendigen, der Pflanzen, aber auch der Tiere und Menschen" (Heiler 1961:38). Die Erde wurde nach Meinung vieler Ethnologen in Nordamerika immer wieder als mütterliche Göttin bzw. mütterliche Gottheit aufgefasst. Allerdings ist es nach heutigem Forschungsstand zumindest fraglich, ob das "Mutter-Erde-Konzept" tatsächlich seit je her zentraler Betandteil einer Mehrheit indianischer Kulturen und Religionen war[599]. Nach Sam D. Gill[600] ist der Ausspruch "to repose upon the bosom of their mother [earth, C.J.]" zum ersten Mal in den Verhandlungen zwischen dem Shawnee-Chief Tecumsehh und dem General William H. Harrison im Jahr 1810 belegt. Und zwar fiel diese Äusserung während der Verhandlungen und hatte keinerlei philosophischen, spirituellen oder religiösen Inhalt, es ging vielmehr um den Verhandlungsort. Doch selbst in diesem Fall ist die Autentizität der Äusserung nicht völlig einwandfrei[601]. Sam D. Gill vertritt die Meinung, dass wenig Zweifel darüber besteht, dass im 19. und 20. Jahrhundert die Figur der "Mutter Erde" Teil der gängigen Glaubensvorstellungen einer Reihe indianischer Stämme war. Aber vieles deutet darauf hin, dass der Glaube an die Mutter Erde erst sehr spät entstand. So etwa in der Überlieferung der Okanagon: "There is little doubt that the inclusion of this figure [mother Earth, Anm. C.J.] in the story reflects such a belief existed at the time of collection, but there is much in the story that indicates the belief to be very recently acquired in the context of a highly creative and dynamic

---

[599] Allerdings gibt es in der indianischen Mythologie eine ganze Reihe weiblicher Ur- und Schöpfer-Gottheiten. Von diesen stammen viele Pflanzen und Nahrungsmittel. Die Cherokee-Geschichte der "Corn Woman" ist ein Beispiel dafür: Ihre beiden Zwillingstöchter wollten herausfinden, woher die Corn-woman das Korn hatte. Immer wenn sie das letzte Korn gegessen hatten, ging sie in das Korn-Haus und brachte zwei volle Körbe mit Korn und Bohnen zurück. Als das Korn das nächste Mal ausging, spähten die beiden Kinder durch eine Ritze: Dabei sahen sie, dass sich die Corn-woman auf die Körbe setzte und sich rieb und schüttelte, wonach der Korb mit Korn gefüllt war. Da weigerten sich die beiden Töchter das Korn zu essen, weil sie meinten, es bestehe aus Fäkalien der Mutter. Nun wusste die Corn-woman, dass die beiden Töchter ihr zugesehen hatten. Sie sagte zu ihnen: 'Weil ihr denkt, das sei schmutzig, müsst ihr euch nun selbst helfen. Tötet mich und verbrennt meinen Köper'. Im nächsten Sommer darauf sprossen Korn und Bohnen aus dem Boden ... (nach Gill 1983:131/132).

[600] Gill 1987:13-17.

[601] Vgl. Gill 1987:17 sowie 21.

historical situation"[602]. Nach Ansicht von Gill[603] ist heute die Mutter Erde als indianische Gottheit in Nordamerika Realität, aber sie wurde es erst während des 20. Jahrhunderts. Laut Gill bestehen dabei Zusammenhänge mit der Entstehung einer "indianischen Identität" über die jeweilige Stammesidentität hinaus. Bezeichnenderweise tauchen die wichtigsten Hinweise auf eine Mutter Erde oder die Erde als Mutter in Begegnungs- und Kommunikationssituationen mit europäischen Amerikanern auf[604].

In der Überlieferung der Okanagon ist von einer menschlichen Erdmutter, d.h. Erde, die Rede, welche die Vorfahrin aller Menschen ist:

"Old-One, or Chief, made the earth out of a woman, and said she would be the mother of all the people. Thus the earth was once a human being, and she is alive yet; but she has been transformed, and we cannot see her in the same way we can see a person. Nevertheless she has legs, arms, head, heart, flesh, bones and blood. The soil is her flesh; the trees and vegetation are her hair; the rocks, her bones; and the wind her breath. She lies out there, and we live on her. She shivers and contracts when cold, and expands and perspires when hot. When she moves, we have an earthquake"[605].

Im folgenden geben wir die Sichtweise der Sioux Indianer, so wie Eagle Man das Verhältnis von Natur, Erde, Geist und Schöpfung darstellt[606]. Dabei ist die Vierteilung von Natur, Menschheit und Welt von zentraler Bedeutung:

"Four has many important meanings to the Sioux. The Native Americans look for many meanings and signs from the Great Spirit's creation. Non-Indians use the term Mother Nature. Indian people believe that 'Mother Nature' can be a living bible from which one can see, hear, touch, feel, and learn a great deal. Nature or Mother Earth was made by the Great Spirit; therefore, there are

---

[602] Gill 1987:61.

[603] Gill 1987:130.

[604] Gill 1987:145.

[605] Zitiert nach Gill 1987:58.

[606] McGaa (Eagle Man) 1990:33.

obviously many revelations that the two-leggeds may learn if they simply have the sense to look. One sign that they have observed is the many examples of four.

There are four faces, or four ages: the face of the child, the face of the adolescent, the face of the adult, the of the aged.

There are four directions or four winds, four seasons, four quarters of the universe, four races of man and woman - red, yellow, black, and white.

There are four things that breathe: those that crawl, those that fly, those that are two-legged, those that are four-legged.

There are four things above the earth: sun, moon, stars, planets.

There are four parts to the green things: roots, stem, leaves, fruit.

There are four divisions ot time: day, night, moon, year.

There are four elements: fire, water, air, earth.

Even the human heart is divided into four compartments.

Since the Creator has made so many things in four, the Indian therefore strives to express, in ceremony and in symbology, a reflection of four: There are four endurances in the Sweat Lodge, four-direction offerings in the Pipe Ceremony, and four-direction facings in the Sun Dance. The vision quester carries four colors and places these four colors in a square within which he or she sits".

Dabei galt die Erde als nicht verkäuflich oder besitzbar. Mit anderen Worten: Alle Menschen hatten Anrecht auf die Früchte und Nahrungsmittel, welche die Erde zur Verfügung stellte. Die folgende Geschichte des Oglala Sioux Eagle Man illustriert diese Haltung auf eindrückliche Weise: "The first act of the Pilgrims after coming ashore was to rob an Indian grain cache. The Pilgrims even admit this in their logs. They came ashore and stole the Indians'grain; the Indians looked on, magnanimously figuring that these new people must have been quite hungry, coming ashore and taking someone else's grain. The Indians didn't protest, didn't send out a war party and demand the return of their goods. They let the Pilgrims keep the grain, and when springtime came they taught the Pilgrims how to plant their own grain, how to fertilize naturally - a practice unheard of in Europe. They kept the Pilgrims alive! Can we imagine build an ocean-going canoe an migrate eastward across the Atlantic and sail up the Thames or the Rhine, picking out land on which to grow their corn, perhaps taking some stored grain? From what I know of European values in that time, I doubt that they would have met such generous hospitality"[607].

In Nordamerika galten Naturkräfte als Erscheinungen von übernatürlichen Wesen. Diese wurden oft auch durch "natürliche" Wesen zum Ausdruck gebracht. So verkörperten etwa bei den Algonkin die Tiere Kräfte der Erde[608]. Weil die Tiere Naturkräfte verkörpern, ist auch Kommunikation mit ihnen möglich. Um zu zeigen, wie man ein Tier wie eine Person behandeln kann, erzählte ein Ojibwa folgende Begebenheit: "Einmal, im Frühling, ging ich jagen; ich ging einen kleinen Bach hinauf, weil ich wusste, dass dort die Neunaugen laichten. Bevor ich an die Stromschnellen kam, sah ich frische Bärenspuren. Ich ging weiter am Bachufer entlang, und plötzlich kam mir auf dem Pfad ein Bär entgegen. Ich trat hinter einen Baum, und als er nur noch etwa dreissig Meter entfernt war, schoss ich. Ich verfehlte ihn, und bevor ich wieder laden konnte, ging er auf mich los. Er schien rasend vor Wut, also blieb ich ganz still stehen. Ich wartete einfach ab. Als er herankam und sich aufrichtete, drückte ich ihm den Kolben meines Gewehrs ans Herz und hielt ihn so. Mir fiel ein, was mein Vater mir gesagt hatte, als ich ein Junge war. Er sagte, dass ein Bär immer versteht, was man ihm sagt. Der Bär fing an, auf dem Schaft herumzubeissen; er fasste ihn sogar mit den Pranken etwa so an wie ein Mensch, der schiessen will. Ich hielt ihn immer noch weg, so gut ich konnte, und sagte: 'Wenn du leben willst, dann geh weg', und er liess los und ging weg. Und ich liess ihn auch in Ruhe'"[609].

Überhaupt spielen die Tiere eine wichtige Rolle im religiösen Erleben vieler indianischer Kulturen[610]: Als Totemtiere, Tiere als Vermittler von Visionen, Tiere im Zusammenhang mit

---

[607] McGaa (Eagle Man) 1990:20.

[608] Vgl. Albanese 1990:21.

[609] Zitiert nach Hallowell 1980:153.

[610] Vgl. Schwarzer Hirsch 1982a und b.

Todeserfahrungen, Tiere in kriegerischen Auseinandersetzungen[611], Tiere in Zeremonien[612] Tiere als Wächter der "anderen Wirklichkeit"[613].

Über die Entstehung der Welt, der Menschen und der Natur gibt es in den verschiedenen indianischen Kulturen eine Vielzahl von Mythen. Einige Algonkin führten ihre Herkunft auf einen Bären, andere auf einen Elk zurück, wieder andere auf andere Tiere[614]. Im folgenden geben wir den Schöpfungmythos der Irokesen in seiner vollen Länge wieder, weil er in verschiedener Beziehung exemplarisch erscheint[615]:

"Nach irokesischer *Weltauffassung* besitzt jede Erscheinung auf der Erde einen 'älteren Bruder'. Diese Urwesen, irokesisch Ongwe, sind ungeschaffen und unsterblich. Sie wohnen auf der uns abgekehrten Seite des Himmelsgewölbes: Hirsch, Rehbock, geflecktes Rehkalb, Bär, Biber, der hin- und herstreichende Wind, das Tageslicht, die Nacht, die tiefe Nacht, der Stern, die Sonne, das Quellwasser, Mais, Bohne, Kürbis, Sonnenblume, der Feuerdrache mit dem glänzend weissen Leibe, die Rassel, der rote Meteor, der Frühlingswind, die grosse Schildkröte, Fischotter, Wolf, Ente, Süsswasser, Goldhammer, die Medizin und das Nordlicht. Die Häuser der Ongwe sind im allgemeinen lang, und an den Enden liegen die Schlafmatten. Am Morgen gehen die Urwesen auf Jagd, am Abend kehren sie zurück. In ihrem Dorfe wohnte einst ein Paar, dessen Tochter Awenhai, 'Fruchtbare Erde', um den Himmelshäuptling warb und ihm ihre Hand antrug. Die Hütte dieses Obersten aller Urwesen stand auf einem weiten Felde unter dem Baum Onodscha. Die Blüten dieses Baumes strahlten das Licht für die Himmmelswelt aus, denn es gab dort keine Sonne, eben nur die Heiligkeit des Lichtbaums. Der Häuptling willigte ein und heiratete jenes Mädchen. Aber noch ehe er und Awenhai zusammen geschlafen hatten, schwängerte der Häuptling die junge Frau mit dem Hauch seines Atems. Niemand ahnte, wie das geschehen konnte. Der

---

[611] Vgl. Schwarzer Elk 1982b:101.

[612] Vgl. z.B. bei den Hopi: Waters 1977:266-270 oder bei den Tsistsistas (Cheyenne): Schlesier 1985:127-152.

[613] Gegen das Verhältnis der Europäer und (weissen) Amerikaner zu ihren Tieren polemisierten u.a. John Fire Lame Deer und Richard Erdoes (1981:129-150).

[614] Albanese 1990:21.

[615] Zitiert nach Müller 1961:211-214.

Himmelshäuptling wurde so eifersüchtig auf das Nordlicht und den Feuerdrachen mit dem glänzenden weissen Leibe, dass er beschloss, die Natur aller Ongwe zu ändern. Er liess den Lichtbaum Onodscha entwurzeln und stürzte seine Frau durch die entstandene Öffnung in den Abgrund dieser Welt hinunter, ebenso die Urwesen Mais, Bohne, Sonnenblume, Tabak, Hirsch, Wolf, Bär, Biber samt ihren Verwandten. Sie wandelten sich in die uns bekannten Formen der unteren Welt, und nur ihre älteren Brüder blieben im Himmelslande. Danach wurde der Baum Onodscha wieder aufgerichtet und das Loch geschlossen. Damit endet der erste Akt des Weltdramas.

Inzwischen sank die Frau in den Abgrund hinab auf einen lichtblauen Fleck zu, den sie bald als eine unendliche Meeresfläche erkannte, mit zahlreichen Wasservögeln darauf. Erde gab es nirgends. Die Tiere sahen die Fremde herabfallen und suchten ihr einen festen Halt zu verschaffen. Die grosse Schildkröte wurde dazu bestimmt, die unerwartete Besucherin zu tragen, und die anderen Tiere mussten Erde vom Grunde des Urozeans heraufholen. Die Bisamratte schaffte es zuletzt. Man breitete den Schlamm auf dem Panzer der Schildkröte aus und brachte so eine Insel inmitten des Meeres zustande. Zugleich stiegen die Vögel in dichtgedrängter Masse empor, fingen die Fallende ab und setzten sie sanft auf der Schildkröte nieder.

Die Erde vergrösserte sich rasch, Büsche, Gräser und Kräuter schossen auf. Nach zwei Nächten fand Awenhai einen Hirschkörper neben sich und ein kleines Feuer, so dass sie eine Mahlzeit bereiten konnte. Schliesslich gebar sie ein Mädchen.

Die Kleine wuchs erstaunlich rasch heran. Alsbald erschienen allerlei Bewerber, doch wies das Mädchen auf den Rat der Mutter alle ab. Eines Tages kam einer, der hatte Fransen an Armen und Beinen. Das ist der rechte Mann für dich, den musst du heiraten, meinte die Mutter. Der Jüngling besuchte denn auch das Mädchen in der Dunkelheit, legte aber nur einen Pfeil neben ihren Leib und verschwand dann.

Alsbald wurde Awenhais Tochter schwanger. Als die Wehen einsetzten, hörte die werdende Mutter in ihrem Leibe Zwillinge miteinander streiten: Der eine wollte sich nach unten wenden, der andere zur Seite, wo das Licht durchschimmerte. So kam denn der Ältere auf natürliche Weise zutage, der Jüngere dagegen brach durch die Achselhöhle hervor und tötete seine Mutter.

Dieser zweite Zwillingsbruder besass eine besondere Gestalt: Er bestand aus Feuerstein, und über seinen Scheitel lief ein messerscharfer Feuersteinkamm. Daher hiess er auch Tawiskaron, 'Feuerstein'. Der andere war jedoch durchaus wie ein Mensch gebildet. Zornig wollte Awenhai wissen, wer ihre Tochter getötet hätte. Beide Kinder beteuerten ihre Unschuld, aber Awenhai glaubte schliesslich dem Feuerstein und warf den menschengestaltigen Enkel aus der Hütte. Der Verstossene starb deshalb nicht, er trieb sich im Gebüsch umher und wuchs rasch heran auch ohne Pflege der Grossmutter, die ihre Liebe und Sorge dem Tawiskaron zuwandte.

Aus dem Körper der toten Tochter schuf Awenahi Leuchten. Den Leib hing sie an einen Baum bei der Hütte und machte ihn zur Sonne, den Kopf brachte sie woanders an und liess ihn als Mond schwächeren Glanz ausstrahlen. Beide Lichter mussten an ihrem Platz bleiben, keinem anderen sollten sie leuchten denn ihr und Tawiskaron.

Der menschengestaltige Enkel dagegen erhielt Hilfe von seinem Vater. Eines Tages stürzte er in einen See und fiel gleich hinunter auf den Grund vor den Eingang einer Hütte. Er blickte durch die Tür und sah einen Mann darin sitzen. Es war sein Vater, die grosse Schildkröte. Von ihm erhielt der Verstossene einen Bogen, dazu zwei Maisähren, eine reife und eine milchige. Die eine sollte er säen, die andere rösten.

Nach seiner Rückkehr lief er oft am Seeufer entlang und sagte: 'Die Erde soll noch weiter wachsen, und die Leute sollen mich Wata Oterongtongnia nennen, 'Junges Ahornbäumchen'. So weit er wanderte, so weit wuchs die Erde bis zu ihrer heutigen Grösse. Dann schuf er die verschiedenen Tiere und liess sie in einem Ölphul Fett ansetzen, um sie so nützlich wie möglich zu machen. Tawiskaron suchte seinen Bruder nachzuäffen und formte, so gut es gehen wollte, den Körper eines Vogels. Als er sein Wesen fliegen liess, flatterte es bald hierhin, bald dorthin; es war eine Fledermaus geworden. Die von Oterongtongnia geschaffenen Tiere verschwanden nach kurzer Zeit. Awenhai und Tawiskaron hatten sie in einer Höhle zusammengepfercht und eingeschlossen. Oterongtongnia befreite seine Geschöpfe, aber bevor alle hinaus waren, rückten sein Bruder und seine Grossmutter den Stein wieder vor die Öffnung. So kennen wir nur jene Tiere, die damals entlaufen konnten.

Twaiskaron fuhr fort, die Werke seines Bruders zu stören. Einmal baute er eine Eisbrücke über den See, um fürchterlichen Ungeheuern aus dem gegenüberliegenden Lande den Weg zu dieser

Erde zu bahnen, doch sein Bruder verjagte ihn und die Brücke zerschmolz. Den Mais Oterong-tongnias, der Öl in Strömen von sich gab, verdarb die Grossmutter, indem sie Asche auf die Kolben streute und so die Fettigkeit fortnahm.

Eines Tages verschwand soger die Sonne. Oterongtongnia folgte dem matten, dämmerigen Schimmer und entdeckte schliesslich die verlorene Leuchte auf einer baumbestandenen Insel. Ein hilfreicher Biber fällte den Baum, der Hase, der ebenfalls auf die Suche gegangen war, jagte mit der Beute dem Strande zu, und alle entkamen glücklich in einem Kanu, ehe die wutschnaubenden Verfolger sie fassen konnten. Oterongtongnia warf Sonne und Mond an den Himmel, und seitdem dienen sie sämtlichen Wesen dieser Erde.

Auch die Menschenschöpfung misslang Tawiskaron. Denn als er eines Tages seinen Bruder Menschen formen und erwecken sah, wollte er es ihm natürlich nachtun, brachte aber nur klägliche Gestalten zuwege, schwächlich und schlotterig, zwar mit Köpfen von Menschen, aber mit Körpern von Ungeheuern. So verdarb er manches von dem, was sein Bruder bereitete. Oterongtongnia hatte die Flüsse mit doppelten Strömen versehen, deren eine abwärts, deren andere aufwärts ging, damit niemand paddeln musste. Tawiskaron zerstörte diese menschenfreundliche Einrichtung. Er schuf auch Gebirge und Felsklippen, um die Menschen zu ängstigen. Aber eines Tages nahte das Ende seiner Taten.

Die Zwillinge wohnten in einer Hütte sich gegenüber, jeder hatte eine Seite inne. Einmal heizte Oterongtongnia das Feuer zu solcher Glut an, dass kleine Stücke aus dem Leibe des Feuerstein-mannes sprangen. Er rannte schliesslich aus der Türe, der Bruder setzte hinter ihm her und schlug mit Feuersteinen und Hirschgeweihen so lange auf ihn ein, bis er am Ende tot zu Boden sank. Die hohen Berge am Westrande der Erde (die Rocky Mountains) sind die Reste Tawiskarons. Seither trägt die Welt jenes Gesicht, das sie heute zeigt und behalten wird bis ans Ende der Zeiten."

Auffallend ist die Dichotomie zwischen dem "bösen" und dem "guten", d.h. natürlichen Zwilling: Der Menschähnliche wird ausgestossen, während der andere, "Feuerstein" - schuldig am Tod der Mutter, angenommen wird. Auf der anderen Seite überlebt der Menschenähnliche infolge der Hilfe durch seinen Vater. Die ganze Natur ist letztlich die Folge des Wettstreits und der Auseinandersetzung zwischen den beiden Zwillingen. Dadurch erhält die Naturschöpfung, ja die Welt allgemein, ihren spannungsgeladenen Charakter, der aber auf besondere Art amoralisch ist.

Auch zentralkalifornische Kosmogonien kennen ein Schöpferpaar, das die positiven und negativen Kräfte symbolisieren. So etwa in der Mythologie der Achomavi:

"'Im Anfang war alles Wasser. Nach allen Richtungen hin war der Himmel klar und rein. Eine Wolke bildete sich am Himmel, ballte sich zusammen und wandelte sich in Coyote. Dann stieg ein Nebel auf, ballte sich zusammen und wurde Silberfuchs. Sie wurden Personen. Dann dachten sie. Sie dachten ein Boot und sagten: 'Bleiben wir hier, lasst es uns zu unserem Hause machen'. Danach trieben sie umher, viele Jahre lang trieben sie umher. Und das Boot wurde alt und moosig, und sie wurden dessen überdrüssig.

'Lege du dich nieder', sagte der Silberfuchs zu Coyote, und der tat es. Während er schlief, kämmte ihn Silberfuchs und bewahrte das ausgekämmte Haar. Als es viel geworden war, rollte er es in seinen Händen, streckte es und schlug es flach. Dann legte er es auf das Wasser und bereitete es aus, bis es die ganze Oberfläche bedeckte. Nun dachte er: Da soll ein Baum sein, und augenblicks war einer da. Auf dieselbe Weise schuf er Sträucher und Felsen. Er belastete auch die Haut mit Steinen, so dass sie keine Wellen warf, wenn der Wind darüber hinging. Und so machte er die Welt, so wie sie gerade recht war. Und dann trieb das Boot sanft an den Rand, und es war die Welt. Nun rief Silberfuchs Coyote zu: 'Wach' auf, wir sinken!' Coyote erwachte und schaute auf. Über seinem Haupte, wie er dalag, hingen Kirschen und Pflaumen, und von der Erde her hörte er Grillen zirpen. Sogleich begann Coyote, die Kirschen und Pflaumen zu essen und die Grillen auch. Nach einer Weile sagte Coyote: 'Wo sind wir? Wohin sind wir gekommen?' Silberfuchs antwortete: 'Ich weiss es nicht, wir sind eben hier. Wir treiben ans Ufer'. Er wusste natürlich die ganze Zeit, aber er wollte es nicht sagen, dass er die Welt gemacht habe. Er wollte Coyote nicht wissen lassen, dass die Welt seine Schöpfung sei. Dann sagte Silberfuchs: 'Was sollen wir tun? Hier ist fester Boden. Ich gehe ans Ufer und werde hier leben'. So landeten sie, bauten ein Schwitzhaus und wohnten darin.'

Diese beiden Urpersonen, die auch Menschen und Tiere aus Holzstöcken schaffen, bestimmen den weiteren Verlauf der Urzeit, ohne dass die überlegene Stellung des Schöpfers Silberfuchs verloren geht. Eine endlose Kette von Geschichten schliesst sich an, meist törichte, bösartige oder obszöne

Abenteuer Coyotes, ein Epos von unerschöpflicher Fülle. Alles was Silberfuchs zum Besten der Menschheit plante, durchkreuzte Coyote. Zuerst sollte beständiger Sommer sein, aber Coyote bestand auf einem langen Winter. Erst gab es keinen Tod, weil die Verstorbenen wieder lebendig wurden, aber Coyote setzte das endgültige Sterben durch. 'Ah! Welcher Coyote! Niemals gab es so einen wie ihn auf der Welt.'
Schliesslich wurde es Silberfuchs zu viel und er schlug Coyote tot. Dann durchzog er die Erde und zerkratzte sorgsam jede Stelle, wo Coyote geharnt hatte. Leider übersah er einen Ort, und so wurde der Erschlagene nach drei Tagen wieder lebendig, und Silberfuchs musste ihm noch viele freundliche Worte geben, um seinen Zorn zu besänftigen. Coyote war eben unsterblich" (zitiert nach Müller 1961:257/258).


Demgegenüber kennen kanadische Indianer keine Schöpfung der Welt. Die Welt war immer da, sie machte zwar Veränderungen durch, aber sie wurde nicht geschaffen[616]. Einer von Tieren beherrschten Urzeit, während der die Menschen am Rande dahindämmerten, folgte die Geburt des Verwandlers oder Kulturheros, der die urzeitlichen Ungeheuer überwand und Raum für die Menschen schaffte. Auf diesen Verwandler gehen die Jagd- und Fischfangmethoden zurück, aber auch die Domestizierung des Hundes und der Bau von Kanus. Durch ihn werden die Menschen erst zu Menschen. Mit dem Verschwinden des Wandlers beginnt die dritte, bis heute dauernde Epoche, in der sich Menschen und Tiere nicht mehr verständigen können. Schamanen übernehmen die Rolle der Vermittler zwischen menschlicher und vormenschlicher Sphäre. Bei der erwarteten Rückkehr der Verwandler in der Zukunft wird die Erde in Flammen aufgehen[617].

Adel Th. Khoury (1987:11) wies darauf hin, dass "in den sogenannten traditionellen Religionen und bei den sogenannten Naturvölkern der einzelne praktische vollständig in der Gemeinschaft auf[geht]". Es fragt sich allerdings angesichts der neueren ethnologischen Forschung, ob Khoury (1987:11) recht hat, dass die Struktur dieser Gesellschaften als ziemlich undifferenziert anzusehen sind. Es ist zu bezweifeln, dass tatsächlich so allgemein von "Undifferenziertheit in Wirtschaft,

---

[616]  Vgl. Müller 1961:187.

[617]  Nach Müller 1961:187.

Politik, Recht, Erziehung und Religion" gesprochen werden kann, und dass diese Undifferenziert-heit "zu einem weitgehend einheitlichen sozialen Gefüge" geführt hat. Wie dem auch sei: Ohne Zweifel kann davon ausgegangen werden, dass Stammesgesellschaften und damit auch ethnische Religionen stärkeres Gewicht auf die *menschliche Gemeinschaft* legten und im allgemeinen weniger hierarchisiert und bürokratisiert waren. Die menschliche Gemeinschaft hat in der Regel einen engen Bezug zum Kosmos: Die menschliche Gemeinschaft wird oft kosmologisch gedeutet. Oder wie es Mircea Eliade (1966:11) formulierte: "... für den arachischen Menschen [ist] die *Wirklichkeit* eine Funktion der *Nachahmung* eines himmlischen Urbildes ..."[618]. Damit spiegelt die *soziale Wirklichkeit* das göttliche Urbild. Dabei haben göttliche Kräfte ihren Platz in der sozialen Gemeinschaft. Indianische Stämme entwickelten eigentliche "religiöse Geografien"[619], in welchen besondere Plätze durch heilige Kräfte und Personen bewohnt wurden. Indianische Schamanen und Führer standen "in communication with other-than-human persons who dwelled in nature, sharers in the mysterious power that made things happen - the *wakan* of the Sioux, the *orenda* of the Iroquois, the *manitou* of the Algonkins"[620].

Es ist zweifellos richtig, dass - wie Bischofberger (1991:3) bemerkt - Indianer sich an die "weisse" Lebensweise anpassten (Konsum!) und "mitbeitrugen zur Zerstörung ihrer Umwelt, indem sie z.B. im Pelzhandel kurzfristigen Profit suchten und Land verschacherten". Bischof-bergers abschliessende Äusserung: Die "religiös begründete Umweltethik [der Indianer] - wenn man von einer solchen sprechen darf - hielt in der veränderten Situation meistens nicht stand", ist ohne Zweifel ebenfalls richtig. Doch das gleiche gilt *für alle Umweltethiken*, und zwar nicht nur für diejenigen von Stammesreligionen, sondern generell: Wirtschaftliche, soziale und gesellschafts-politische Sachzwänge und Interessen erwiesen sich praktisch immer als stärker. Wenn man aber unter Umweltethik nicht eine reine Handlungs- und Alltagsethik versteht, sondern eine Art Metaethik gegenüber Schöpfung und Natur, die in der jeweiligen Glaubensüberzeugung und Weltanschauung basiert ist, dann ist der Massstab weniger das historische Alltagsverhalten,

---

[618]   Hervorhebungen durch Eliade.

[619]   Albanese 1990:21.

[620]   Albanese 1990:24. Hervorhebungen durch C.J.

sondern der Bedeutungszusammenhang des Bezugs Gott - Mensch - Natur innerhalb des betreffenden Weltbildes und die rituelle Umsetzung dieses Bedeutungszusammenhangs im Alltag. Die Tatsache, dass diese Umsetzung oft nicht gelingt, spricht nicht gegen eine solche Ethik als solche. Vielmehr deutet sie darauf hin, dass die Einbettung oder Verwurzelung im eigenen, traditionellen Weltbild und Glaubenshintergrund brüchig geworden ist. Jede Ethik, die nicht von einer Weltanschauung getragen wird, welche die soziale Interaktion im Alltag determiniert oder mindestens wesentlich mitgestaltet, gelangt infolge mangelnder Tragfähigkeit nicht zur Wirkung. Das ist aber ein gesellschaftliches Phänomen, nicht ein Problem einzelner, bestimmter (religiöser oder säkularer) Umweltethiken.

# 8. Der Bezug des Menschen zur Natur im Hinduismus[621]

## 8.1 EINFÜHRUNG

Die Funktion von religiösem Diskurs in der gesellschaftlichen Kommunikation besteht darin, Kriterien von Sinn, Wahrheit, Wirklichkeit, grundlegenden Überzeugungen über die Natur des Menschen und die Ordnung der Welt, sowie über die höchsten Werte und Normen menschlichen Handelns geltend zu machen.

Wenn wir die Struktur und die Funktion religiöser Kommunikation näher betrachten, dann wird ersichtlich, dass die Symbole, Ideen und Praktiken einer Religion eine Art Weltgrenze bilden. Religion erschliesst eine Welt, d.h. eine bestimmte Art und Weise in der Gott, Welt und Mensch bestimmt und aufeinander bezogen werden. Es gibt demnach keine Natur pur, keine blosse Natur, die nicht irgendwie kulturell "codiert" ist. Auch der Mensch ist ein Produkt kultureller Selbstinterpretation. Was er denkt und fühlt; welche Erfahrungen ihm zugänglich sind; was er in seinem Leben erreichen kann und soll; all dies ist letztendlich durch die grundlegenden Vorstellungen über die Welt und den Sinn des Lebens, also durch das, was wir Religion nennen, bestimmt.

Die besondere Form von Kommunikation, die Religion darstellt, können wir aus kommunikationstheoretischen Überlegungen einen "Diskurs der Grenze" nennen. Aus der Sicht der Kommunikationstheorie gehört Grenzdiskurs zu den sinnkonstitutiven Ebenen gesellschaftlicher Kommunikation überhaupt und wird durch eigene "pragmatische Bedingungen" konstituiert (vgl. Krieger 1991, 1993a, 1994b, 1996a). D.h. es gibt keine menschliche Gesellschaft ohne religiösen Diskurs, sogar wenn ausdrücklich keine religiösen Themen wie z.B. Gott, ein Leben nach dem Tod, Himmel und Hölle vorkommen.

---

[621] Autor dieses Kapitels ist David J. Krieger. Das Kapitel ist eine stark gekürzte Version von Krieger 1994b.

Nach den pragmatischen Bedingungen von Grenzdiskurs geschieht die kognitive Erschliessung eines lebensweltlichen Sinnhorizonts durch "Mythos".[622] "Mythos" in diesem spezifisch kommunikationstheoretischen Sinne bedeutet nicht nur Geschichten über Götter. Mythos ist vielmehr die narrative Wiederholung der Sinn- und Handlungsmöglichkeiten stiftenden Ereignisse, die "am Anfang" der Welt geschehen sind und deren Gültigkeit und Vorbildlichkeit immer wieder in Erinnerung gerufen werden müssen, damit in einer Kommunikationsgemeinschaft ein Wertekonsens geschaffen werden kann. Man denke z.B. an die Bedeutung des Sozialvertrages als moderner Mythos. Mythos beinhaltet auch die systematischen Interpretationen von fundierenden Ereignissen wie sie in Philosophien, Lehrtraditionen, Doktrinen und Theorien innerhalb einer Tradition entfaltet werden.

Gemäss seiner Funktion, einen Wertekonsens zu schaffen, d.h. einen lebensweltlichen Sinnhorizont zu erschliessen, hat religiöser Diskurs eine besondere Codierung.[623] Mythos wird durch eine dreifache Symbolik strukturiert. Nämlich durch

1) die *Symbolik des Absoluten,*

2) die *Symbolik des Möglichen* und

3) die *Symbolik des Ausgeschlossenen.*


Die Symbolik des Absoluten enthält die höchsten Symbole, welche die Selbstreferenz eines Sinn- oder Kommunikationssystems bezeichnen (vgl. Krieger 1993, 1994). Solche Symbole sind notwendigerweise paradox, d.h. sie sind nicht durch ihre Gegensätze definierbar, da sie ihre Gegensätze in sich enthalten. So ist "Gott" z.B. in der jüdisch-christlich-islamischen Tradition ein Symbol des Absoluten, in dem auch das Nicht-Göttliche als zu Gott gehörend gedacht werden

---

[622] Ein lebensweltlicher Sinnhorizont oder ein gesellschaftlicher Wertekonsens wird natürlich nicht nur kognitiv, sondern auch affektiv und handlungsmässig erschlossen. Zu diesen pragmatischen Bedingungen von Grenzdiskurs vgl. Krieger 1993.

[623] Nach Luhmann (vgl. vor allem 1986) haben die Diskursformen oder gesellschaftlichen Subsysteme je ihre eigene binäre Codierung, z.B. wissenschaftlicher Diskurs ist binär codiert nach dem Schema von wahr/falsch, rechtlicher Diskurs nach dem Schema von Recht/Unrecht und religiöser Diskurs nach einem Schema von Transzendenz/Immanenz. Korrigiert und ergänzt man diese systemische Analyse durch eine kommunikationstheoretische Analyse der pragmatischen Bedingungen von Kommunikation, dann wird ersichtlich, dass religiöser Diskurs - als Grenzdiskurs - nicht binär codiert werden kann. Vgl. Krieger 1993, 1994.

muss. Es kann ja nichts ausser oder neben Gott geben, sonst wäre Gott durch etwas anderes relativiert, und er wäre demnach nicht Gott. Die Symbolik des Absoluten ist paradox und deswegen muss sie *entparadoxiert* werden.

Entparadoxierung artikuliert absolute Symbole in positive und negative Pole und schafft damit eine Symbolik des Möglichen auf der einen Seite, und eine Symbolik des Ausgeschlossenen auf der anderen Seite. In den Mythen und Lehren einer Religion wird also auf der positiven Seite das dargestellt, was zur Welt gehört, was möglich ist und was sein soll. Dies ist die Symbolik des Möglichen. Aber ebenso notwendig ist die Darstellung von dem, was nicht zu dieser bestimmten Welt gehört, was nicht "ist" und nicht sein darf. Dies ist die Symbolik des Ausgeschlossenen. Diese zwei Pole bedingen einander, bestimmen einander und können demzufolge nur zusammen erörtert werden. Demnach wird z.B. in der jüdisch-christlich-islamischen Tradition Gott einerseits durch das All-Gute symbolisiert und auf der anderen Seite entstehen Symbole des Bösen, die all das darstellen, was nicht mit der Güte Gottes vereinbar ist. Weil diese Religionen Gott als transzendenten Weltschöpfer und Weltherrscher verstehen, wird das Gute als alles, was mit dem Willen Gottes, mit seinen Geboten und Gesetzen konform ist, gedeutet, währenddem die Symbolik des Ausgeschlossenen aus all dem besteht, was dem Willen und den Gesetzen Gottes widerspricht. Deswegen können wir aufgrund der Struktur des Mythos in diesen Religionen von einem *Gottesgehorsamkeits-Modell* religiöser Welterschliessung sprechen (vgl. Krieger 1993; Jäggi 1993).

Wir werden in der folgenden Darstellung der Religion Indiens versuchen, einen Einblick in ein ganz anderes Grundmodell religiöser Welterschliessung zu gewinnen. In der Tradition des Hinduismus spielt das Symbol des All-Einen eine besondere Rolle, die es uns erlaubt, von einem *All-Einheits-Modell* religiöser Welterschliessung zu sprechen. Die Mythen des Hinduismus erzählen, wie Gott, Welt und Mensch eins sind. Zur Symbolik des Möglichen gehört alles, was Einheit bewirkt, währenddem die Vielfalt, die Trennung, die Individualität und Isoliertheit zur Symbolik des Ausgeschlossenen gehören. Das Sinn- und Kommunikationssystem, das wir Hinduismus nennen, identifiziert sich als durch die All-Einheit bestimmt und durch die Ausschliessung von allem, was sich nicht in diese Einheit fügt. Innerhalb dieses Modells wird der Bezug des Menschen zur Natur völlig anders sein als im Gottesgehorsamkeits-Modell der

Religionen des Buches. Der Mensch wird nicht über der Natur stehen als einer, der über etwas verfügt. Für die All-Einheitsreligionen ist die Natur ontologisch dem Menschen gleichwertig. Die Natur ist durch und durch göttlich. Es ergibt sich somit ein "mystischer" Naturbezug oder eine Art "ökologische Solidarität", die nicht durch äusserliche Gebote und Verbote, sondern durch ein inneres Streben nach "Selbstverwirklichung" motiviert ist. Doch wir wollen uns diesen Themen erst am Ende unserer Ausführungen über den Hinduismus widmen.

Natürlich wird jeder Kenner der indischen Religionsgeschichte sofort - und mit Recht! - darauf hinweisen, dass es *den* Hinduismus gar nicht gibt, dass man höchstens von den vielen und recht verschiedenen religiösen Strömungen, Schulen und Praktiken in Indien sprechen kann; d.h. von einer einheitlichen Religion Indiens kann kaum die Rede sein. Und in der Tat konfrontiert uns die Religionsgeschichte Indiens mit einer derart grossen Vielfalt religiöser Erscheinungen, dass jede Gesamtdarstellung von Anfang an dazu verurteilt ist, künstliche Konstruktionen und Vereinfachungen an die Stelle von philologisch und historisch fundierter Empirie zu stellen.

Gegenüber diesen heilsamen Vorbehalten ist es aber doch nötig, uns an die wichtige hermeneutische Regel zu erinnern, dass jede verstehende Geisteswissenschaft Zugang zu ihren Gegenständen nur im Rahmen einer Interpretation, eines Sinnentwurfs von der Bedeutung des Ganzen gewinnen kann (vgl. Gadamer 1975). Wie man die einzelnen Sätze eines Buches nur im Rahmen einer wie immer vorläufigen Interpretation des ganzen Textes verstehen kann, so kann den einzelnen religiösen Phänomenen einer Kultur oder einer Epoche nur im Rahmen einer Deutung des Ganzen ein Sinn verliehen werden. Solche Gesamtdeutungen einer Kultur oder Religion sind natürlich immer mit Vorbehalt zu betrachten. So entsteht eine Art Dialektik, die sich fortwährend vom Ganzen zum Teil und zurück zum Ganzen korrigierend und vertiefend bewegt. Die folgende Darstellung des Hinduismus ist in diesem Sinne zu verstehen.

Unser "hermeneutischer Schlüssel" zum Verständis des Hinduismus wird - wie gesagt - die Idee der All-Einheit sein. Dabei wird die All-Einheit zunächst als absolutes, paradoxes Symbol betrachtet, das im Laufe der Religionsgeschichte Indiens in drei Bereiche *entparadoxiert* wurde: Im Bereich des Handelns (*karma*), im Bereich des Wissens (*vidyâ, jñânam*) und im Bereich der "Liebe" (*bhakti*). Jeder Bereich entwickelte sich zu einem relativ selbständigen Heilsweg innerhalb des Hinduismus, nämlich zum Weg des Handelns (*karma-mârga*), zum Weg des Wissens (*jñâna-*

*mârga*) und zum Weg der Liebe (*bhakti-mârga*).[624] Da diese verschiedenen Heilswege die All-Einheit jeweils anders entparadoxiert hatten, verursachten sie Widersprüche und Spannungen in der indischen Tradition, welche ihrerseits Synthesen und Einigungsversuche nach sich zogen. Eine der bekanntesten Synthesen dieser Art findet sich in der fast von allen Schulen und Gruppen anerkannten und hoch geschätzen Bhagavadgîtâ.

Diesem Leitfaden folgend werden wir in vier Abschnitten versuchen, den Hinduismus als Ganzes darzustellen. Drei Abschnitte legen die drei Heilswege dar. Aufgrund dieses Materials wird die Frage nach dem Bezug des Mensch zur Natur im Hinduismus in einem abschliessenden Abschnitt nachgegangen.

## 8.2    Die All-Einheit im Bereich des Handelns

Die Brâhmanas sind priesterliche Opfertexte, welche vor allem liturgische Anweisungen und Erklärungen enthalten, d.h. Spekulationen darüber, wie, warum und wofür man einen Opferritus vollzieht. Diese religiösen Texte zählen zu den ältesten Indiens. Sie zeugen von einer bestimmten Weltanschauung, die den wesentlichen Hintergrund bildet für alle religiösen Entwicklungen der nachfolgenden Zeit in Indien, und die Einfluss weit über Indien hinaus auf die Entwicklung des Buddhismus hatte. Einige wichtige Merkmale der Weltsicht der "brâhmanischen Opferreligion" werden wir jetzt betrachten.

---

[624] Zu den drei Heilswegen in Indien vgl. Organ 1970. Organ fügt allerdings einen vierten Heilsweg dazu, nämlich den Weg des Yogas. Da die drei Wege aber oft auch als "Yogas" betrachtet werden (vgl. Hopkins 1971:120) dürfte es schwierig sein, einen vierten Weg von den anderen drei zu unterscheiden.

*8.2.1   Der Opferritus in den Brahmanas*

Die frühvedische Religion der arischen Einwanderer in Indien war eine relativ einfache Opferpraxis. Der ursprüngliche Zweck dieses Opfers war:

1) Ein Gaben-Austausch (do ut des),

2) Versöhnung mit den Göttern, die einen für schlechte Taten bestrafen,

3) Kommunion mit den Göttern mittels eines gemeinsamen Mahls.

All dies setzt eine bestimmte Welt voraus. Die Götter sind allmächtig, sie haben die Welt geschaffen oder sie sind wenigstens für die gegenwärtige Weltordnung verantwortlich. Die Menschen sind auf ihre Gunst angewiesen.

Die Entwicklung der Weltsicht der Brâhmanas vollzieht sich in zwei Schritten. Erstens wird die Kosmogonie, die Weltschöpfung *in Zusammenhang mit* dem Opferritus gebracht. Zweitens wird die Kosmogonie *als* Opferritus verstanden.[625] Im Laufe dieser Entwicklung entstand die brâhmanische Opferreligion, deren Hauptmerkmale folgende sind:

*1) Allmacht des Opfers*

Im Vergleich mit der frühvedischen Religion verlieren in den Brâhmanas die Götter ihre zentrale Bedeutung. Nicht die Götter, sondern das Opfer wird als allmächtig betrachtet. Vom Opferritus, der sich zur selbstständigen Macht erhob, hängt nicht nur wie vorher das Wohl der Menschen, sondern jetzt auch dasjenige der Götter ab.

*2) Die Absolutheit von Karma*

Die Beziehung zwischen Mensch und Gott ändert sich. An die Stelle einer persönlichen, gastfreundschaftlichen Beziehung zwischen Menschen und Göttern, tritt jetzt ein *zugleich göttlich und menschlich kosmogonisches Handeln, ein anonymes kosmisches Werden,* in der sich das Göttliche auf sich selbst bezieht und sich aus sich selbst heraus in immer fortwährendem Kreislauf

---

[625] Es gibt in den Veden verschiedene Auffassungen über die Weltschöpfung (vgl. Gonda 1960:180ff.). Für die Entwicklung des Hinduismus aber ist die in den Brâhmanas erarbeitete Verbindung zwischen Kosmogonie und Opferritus von zentraler Bedeutung.

entwickelt. Dieses zugleich schöpferische und determinierte Handeln heisst *karma*.[626] Karma in diesem Sinn ist weniger etwas, das jemand - Mensch oder Gott - tut als das, woraus alles entsteht. Ich tue nicht Karma, es tut mich.

*3) Die Entdeckung von Brahman als Grund von allem*

Menschliches Handeln - d.h. rituelles Opferhandeln - wurde gleichgesetzt mit göttlichem schöpferischem Handeln. Der Priester, der den Opferritus vollzieht, handelt mit der gleichen schöpferischen Macht wie die Götter. Der Priester wird dabei auch als ein Gott betrachtet, denn er beherrscht die Kraft des Opfers. Diese Kraft des Opfers wurde *brahman* genannt, dann auch die Kraft des heiligen Wortes, das den Opfervollzug begleitete und auch die Texte, die vom Opferritus handeln (die Brâhmanas), und schliesslich auch die Priester (Brahmane) selber, die das Opfer vollziehen. Später gibt es auch einen persönlichen Gott namens Brahma.[627]

*4) Die wachsende Bedeutung des Wissens (vidyâ) für das Heil oder die Heilsmacht des Wissens*

Die Grundlage der brâhmanischen Opferreligion war, die Sicht des Opferritus als ein Mikrokosmos, in dem das ganze Universum enthalten war und in dessen Abläufen sich die makrokosmischen Prozesse widerspiegelten.[628] Durch korrekte Ausführung und Manipulation des Opfers konnte der Mensch die makrokosmischen Kräfte der Erde und des Himmels beeinflussen. Es ist das Gegenteil vom "wie im Himmel, so auf Erden", sondern "wie auf Erden, so im Himmel". Dazu aber brauchte es ein besonderes Wissen. Der Mensch musste wissen, *wie* all die verschiedenen Elemente des Opfers mit den Elementen und Kräften des Universums in Verbindung gebracht werden konnten.

---

[626] Karma kommt von der Wurzel *kr*, d.h. "machen, tun, handeln" hat verschiedene Bedeutungen: 1) Schöpferisches Handeln, instrumentelle Ursache von allem Seienden; 2) rituelles Handeln, wodurch der Mensch sich in die Weltordnung einfügt; 3) alle Handlungen überhaupt, d.h. rituelles Handeln übertragen und ausgedehnt auf alle Lebensgebiete, z.B. Kastenpflichten; 4) irrende, bloss subjektive und deshalb bindende Taten, die aus Unwissenheit entstehen und welche den Menschen, aber auch anderen Wesen, Leiden verursachen.

[627] Brahman ist ein Begriff mit vielen Bedeutungen: 1) Heiliges Wort; 2) die schöpferische Kraft des Opfers und der Riten überhaupt; 3) diejenigen Menschen, die davon wissen und das Wort beherrschen, d.h. die Priester oder Brahmanen; 4) der All-Einen-Urgrund, Wesen aller Dinge; zugleich instrumentelle und materielle Ursache von allem; das woraus alles entstanden ist; 5) als Brahma (maskulin), der Schöpfergott.

[628] Vgl. Eliade 1978:212ff.

Dieses Wissen heisst *vidyâ*.[629] Vidyâ in den Brâhmanas war ein *praktisches* Wissen. Es war aus der Praxis entstanden und blieb daran gebunden, da es die Identifikationen von Makro- und Mikrokosmos erforschte, welche die Wirksamkeit menschlicher Opferhandlungen ermöglichten und leiteten. Vidyâ in den Brâhmanas war vor allem ein Wissen, das das Heil bringen konnte, ohne sich auf die Gnade willkürlicher Gottheiten verlassen zu müssen. Es war diese Heilsmacht des Wissens, das es möglich machte, später in den Upanishaden Wissen vom Handeln völlig abzukoppeln und als unabhängige Heilsmacht hervortreten zu lassen.

### 8.2.2  Der Mythos von Prajâpati und der Agnicayana-Ritus

Den Höhepunkt erreichte die brâhmanische Opferreligion mit den grossen *śrauta* Riten, die in den Brâhmanas beschrieben wurden. Hierunter ist einer der bedeutendsten Opferriten die Agnicayana, die "Schichtung des Feueraltars".[630] In den spekulativen Theorien um diesen Ritus wurden die Ideen entwickelt, die für die spätere Entwicklung des Hinduismus entscheidend wurden.

Dies wird im Mythos von Prajâpati, der in den Brâhmanas zu finden ist, sichtbar. Prajâpati, der "Herr der Geschöpfe" - wie der Purusha im Rigveda (vgl. *Rig-Veda* X,90) - nimmt sich selbst, *da es nichts anderes gab*, als Schlachtopfer. Aus seinem zerstückelten Leib entstehen alle Wesen. Aber anders als der Purusha des Rigvedas (ein Gott in menschlicher Form, aus dessen zerstückeltem Leib die Welt entstand) stirbt Prajâpati am Opfer. Damit der Gott und auch das Universum, das von ihm stammt und seinen weltlichen Leib ausmacht, weiter leben können, müssen sich die Geschöpfe wieder zusammenfügen, d.h. sie müssen den Leib des Gottes, die Integrität und Einheit des Alls (*sarvam*) wiederherstellen. Dies können sie aber nur tun, indem sie - wie der Gott - sich selbst in ihrer eigenen Partikularität und Individualität opfern. Durch ihr eigenes mikrokosmisches Selbstopfer werden dem Gott die Lebenskräfte zurückgegeben. Dies

---

[629]  *vidyâ* kommt von der Wurzel *vid-*, d.h. "Wissen" und kann 1) Kenntnis der Veden; 2) rituelles Wissen; magisch-religöse Technologie; und 3) mythisch-kosmologische Wissenschaft, Theorie und Weisheit bedeuten.

[630]  Vgl. Gonda 1960:187-197; Lévi 1898; Tull 1989; Panikkar 1979:66-98.

geschieht, damit die sakrale Vitalität des Gottes den Geschöpfen durch Gottes makrokosmisches Opfer wieder zufliessen kann.

Was die Identifizierung von Gott und Mensch betrifft, wurde dies nur implizit in dem Mythos von Purusha ausgedrückt. Jetzt in den Brâhmanas wird der Opfernde durch eine ganze Reihe magischer Identifikationen und asketischer Praktiken (z.B. Selbstkasteiungen) symbolisch mit dem Leib Prajâpatis identifiziert und somit zum opfernden Gott selber. Ein wesentlicher Bestandteil des grossen *srauta*-Ritus war immer die Weihe (*dîksâ*).[631] Durch diese Zeremonie wird der Opfernde mit dem Schlachtopfer identifiziert. Wie es heisst (*Ait. Brah.* 6,3,9): "Wer die dîksâ vollzieht, der opfert sich selbst in Form des Schlachtopfers allen Göttern."

Um diese Identifikation herzustellen, muss der Opfernde einen rituellen Körper schaffen. Dies wird durch einen rituellen Tod und eine rituelle Wiedergeburt symbolisch dargestellt. Der Opfernde geht durch einen symbolisch-rituellen Tod und eine Wiedergeburt hindurch, um als Opfergabe dienen zu können und somit - wie die Opfergabe - hinauf zu den Göttern und der Unsterblichkeit zu gelangen. Im *agnicayana* wird der Opfernde durch die *dîksâ* mit dem Schlachtopfer, Prajâpati, identifiziert. So heisst es in der *Taitt. Samhitâ* VI,1,45: "Der dîksita (der Geweihte) ist die Opfergabe". Denn, wie es im *Ait. Br.* II,11 steht: "Das Opfer ist wahrlich der Opfernde selbst."

Im Opferritus geht man - als mit dem Schlachtopfer identifiziert - durch den Tod hindurch ins neue Leben. Tod ist nicht etwas Endgültiges, aber auch das Leben nicht. Das grosse makrokosmische göttliche Opfer ruft das andere mikrokosmische menschliche Opfer hervor. So fliessen die Lebenskräfte immer weiter zum Gedeihen des Alls. Somit erlangt der Mensch Unsterblichkeit durch Opferhandlungen. Deshalb heisst es (*Satapatha Brâhmana* XI,2,I,1):

"Der Mensch wird dreimal geboren: das erste Mal aus seinen Eltern, das zweite Mal, wenn er opfert ..., und das dritte Mal wenn er stirbt und man ihn auf das Feuer legt, wo er zu neuem Leben gelangt".

Schauen wir jetzt den Mythos von Prajâpati an.

---

[631] Vgl. Eliade 1979a:§174.

- Am Anfang war Prajâpati ganz allein. Er war die nicht manifeste All-Einheit (Śat. Br. II,2,4,1; Śat. Br. XI,1,6,1).

- Dann heisst es: "Prajâpati, der purusa, begehrte 'Möge ich mehr (als nur eins) sein, möge ich Nachkommen haben." D.h. kâmâ, Begierde bewegte ihn, sich zu vermehren, zur Vielheit zu gelangen (Śat. Br. VI,1,1,8).

- Dies bewirkt er durch Askese, d.h. durch tapas. Er produziert in sich die magische Hitze oder Glut und lässt aus sich heraus (*visrj, d.h. "versprühte Ausstrahlung" oder Emanation) die ganze Schöpfung. "Tapas" bedeutet asketische Hitze, Anstrengung, Glut, Feuer.

- Zunächst schuf er das brahman, d.h. die dreifache Wissenschaft oder die drei Veden, sodann schuf er durch das Wort der Veden die Gewässer. Im Verlangen, sich durch die Gewässer zu reproduzieren, drang er in sie ein; es entwickelte sich ein Ei, dessen Schale zur Erde wurde. Erst dann wurden die Götter erschaffen, um die Himmel zu bevölkern, und die Asura, um die Erde zu bevölkern (Śat. Br. XI,1,6,13). Die Götter, Menschen, Tiere, kosmischen Phänomene, wie Sonne, Mond und Jahreszeiten, alle kommen aus ihm, entstehen aus seinen Gliedern wie aus dem Purursha in Rig-Veda X,90, z.B. der Himmel aus seinem Kopf, die Erde aus seinen Füssen, usw.

- Nach dieser schöpferischen Tat ist Prajâpati aber erschöpft. Er "fällt auseinander", wird "zerstreut" und ist vom Tod bedroht, denn die Einheit seines Wesens ist verloren gegangen, hinaus gegangen in eine unorganisierte Mannigfaltigkeit. Śat. Br. III,9,1,1 sagt: "Nun fühlte sich Prajâpati, nachdem er alle Kreaturen hervorgebracht hatte, wie entleert. Die Kreaturen wandten sich von ihm ab, sie blieben nicht bei ihm für seine Freude und Nahrung." Und Śat. Br. X,4,2,2 sagt: "Nachdem er alles Seiende hervorgebracht hatte, fühlte er sich entleert und hatte Angst vor dem Tod."

- Als Prajâpati sich sterben fühlte, rief er seinen Kreaturen zu, dass sie ihn retten müssten. Sie mussten sich wieder vereinigen, sich zusammenfügen (samskr) und zwar durch Agni, das Opferfeuer. Śat. Br. VI,1,2,12-13 sagt: "Nachdem er alles geschaffen hat, ist er auseinandergefallen. Als er auseinandergefallen war, ging sein Atem (prâna) weg von ihm, als sich sein Atem von ihm wandte, gingen die Götter von ihm. Er sagte zu Agni: 'Bitte, setze mich wieder zusammen!'" Agni ist das Feueraltar. Und indem alle Kreaturen sich hinein in den

Aufbau des Feueraltars fügen, wird der Leib des Prajâpatis wieder hergestellt und das Leben zurückgegeben. Dies wird z.B ausgedrückt, wenn es heisst: *Śat. Br.* I,6,3,35-36: "Nachdem Prajâpati die Lebewesen aus sich entlassen hatte, waren seine Gelenke ausgerenkt. Prajâpati aber ist zweifellos das Jahr, und seine Gelenke sind die beiden Nahtstellen zwischen Tag und Nacht (d.h. Morgenröte und Dämmerung), sind Voll- und Neumond und der Beginn der Jahreszeiten. Er vermochte nicht, sich mit seinen ermatteten Gelenken zu erheben; die Götter heilten ihn durch (das Ritual des) *agnihotra*, indem sie seine Gelenke wieder kräftigten". Die Wiederherstellung und Einrenkung des kosmischen Leibs Prajâpatis geschieht also durch das Opfer, und vor allem durch die Errichtung eines Opferaltars. Durch das Opfer geht Prajâpati zurück in die Einheit seiner ursprünglichen Form. Und das ermöglicht wiederum, dass er sein schöpferisches Selbstopfer wieder durchführen kann.

Hier ist die kosmogonische Kreisbewegung, die in sich geschlossene, aus sich heraus quellende, göttliche Kreativität, auf das Ganze und den Teil, d.h. auf das Auseinanderfallen, Sich-Zerstreuen einerseits und auf das Wiederzusammenfügen andererseits projiziert. Leben und Tod sind im Sinne eines Auseinderfallens und eines Wieder-Zusammenbindens gedacht. Und dies alles wird im grossen Opferritus der Agnicayana (das Aufbauen des Feueraltars) rituell dargestellt.

Als mit dem Schlachtopfer identifiziert ist der Opfernde mit Prajâpati selbst identifiziert, dessen Leib im Feueraltar wieder zusammengefügt wird. Und durch dieses menschliche Selbstopfer vereinigt, wird es Prajâpati seinerseits wieder möglich, sein weltschöpferisches Selbstopfer zu vollziehen und so weiter in immer fortwährendem Kreislauf. Denn weil Prajâpati mit der Zeit überhaupt - und somit mit dem Jahr - identifiziert wird, dauert der Agnicayana-Ritus ein Jahr. Dann wird er neu begonnen. So geht die Zeit und somit das Leben, welches nach Jahreszeiten abläuft, durch den Ritus weiter. Also gibt es eine rituelle Handlung, welche die weltschöpferische, göttliche Kraft in sich hat und die immer weiter geht und nie endet. Als rituell Handelnder *wird* der Mensch schlechthin. Durch rituelle Handlung bekommt er einen neuen Leib, er wird wiedergeboren. Er nimmt somit teil an Gottes schöpferischer Kraft, kreiert sich selbst und überwindet den Tod. Also handelt man im Opferritus, um immer weiter handeln zu können, um immer weiter zu existieren und immer wieder durch den Tod in ein neues Leben zu kommen.

Solches Handeln ist Karma. Und Karma ist der Weg der Erlösung in der brâhmanischen Opferreligion.

Es gibt dabei eine wichtige Dialektik von Binden und Lösen. Wie im Purushasûkta ist Prajâpati zugleich das Schlachtopfer und der Gott dem geopfert wird. Da alle Kreaturen sein Leib sind, haben sie demnach sein Leben in sich, ist ihr Opfervollzug nichts anderes als eine Handlung von Prajâpati selbst - nur in einer anderen Form als die ursprüngliche Opferhandlung, aus der alle Kreaturen zuerst entstanden waren. Durch *kâma* (Begierde) und *tapas* (asketische Anstrengung/Hitze) werden die Lebenskräfte, die zunächst in Prajâpati als einheitliches, undifferenziertes, transzendentes Individuum gehalten waren, *befreit*, gelöst, entbunden. Dadurch werden diese Kräfte "zerstreut" (*visrj*), aber nur, um in den partikulären Gestalten der verschiedenen Kreaturen gefangen oder wieder gebunden zu werden.

An dieser Zerstreuung der Lebenskräfte aber stirbt Prajâpati. Die Einheit seines Lebens fliesst hinaus in die Vielheit der Weltschöpfung, wo es in den vielen Kreaturen als einzelnen Individuen gefangen, blockiert und isoliert wird. Die göttliche Kraft, die vorher in Prajâpati allein enthalten war, wird freigesetzt und zerstreut, aber dann wieder in der Partikularität der Kreaturen gebunden, isoliert und unterdrückt.

Zwar führt das ursprüngliche Opfer zum Leben der Welt, aber das Leben der Welt führt zum Tod Gottes und somit - da die Welt Gottes Leib ist - zum Selbsttod, wenn die Kräfte des Lebens nicht irgendwie dem Gott zurückgegeben werden. Dafür ist es wieder nötig, die gebundenen Kräfte in den Individuen durch das Schlachtopfer aus ihrer Gefangenschaft zu befreien. Die Kreaturen handeln jetzt wie Prajâpati; sie opfern ihr Leben durch Zusammenfügen in ein Ganzes, das den Leib Prajâpatis darstellt. Sie opfern ihr isoliertes Teilsein und ihre Partikularität um des Ganzen willen, d.h. letzten Endes um sich selbst willen. Also werden die Lebenskräfte, die in ihnen gebunden waren, durch das Opfer befreit, um wieder in Prajâpati zurückzukehren, aber auch dort werden sie blockiert und gebunden, wenn Prajâpati sich nicht wieder durch *kâmâ* und *tapas* opfert.

Der Opferritus schafft somit die Bedingungen seiner eigenen Existenz und seines Weiterbestehens. Opfer ist kosmische "Selbstverwirklichung". Man handelt also im Opfer, wie Prajâpati selbst, um immer weiter handeln zu können und sogar handeln zu müssen. Wie es im *Śat. Brah.* VI,2,2,27 heisst: "Der Mensch wird geboren in der Welt, die er selber gemacht hat." Dieses

Handeln, welches den Tod überwindet und eine Wiedergeburt herbeiführt, heisst *karma*. Karmische Handlungen sind insofern als göttliche Handlungen zu betrachten, als sie absolut und unbegrenzt in ihrer Wirksamkeit sind. Denn alles - der Kosmos und die Zeit - existiert nur *in und durch* diese aus sich selbst herausquellende, in sich geschlossene Bewegung. Unsterblichkeit wurde damit erreicht, dass der durch Opferhandlungen herbeigeführte Tod als Mittel zum Leben erfahren wurde. Tod ist nicht etwas Endgültiges, aber auch nicht das Leben. Beide bedingen einander gegenseitig als Formen des Bindens und Lösens der göttlichen Kräfte.

Die Entparadoxierung der All-Einheit im Bereich des Handelns führte dazu, dass Handeln Einheit herstellen sollte. Wie schon bemerkt, wird das absolute, aber paradoxe Symbol in eine Symbolik des Möglichen einerseits und in eine Symbolik des Ausgeschlossenen andererseits entparadoxiert. Auf der einen Seite steht alles, was zur Einheit führt, und auf der anderen Seite steht alles, was die Vielheit hervorbringt. Die Wirklichkeit schlechthin ist als Einheit symbolisiert, aber sie ist eine Einheit, die durch Handeln bewerkstelligt werden muss, sonst versinkt sie in das Nichts. Das "Nichts" - wovon hier die Rede ist - ist nicht gar nichts, sondern die Vielheit, die Zerstreuung, die Isolation der Teile vom Ganzen. Weil nur das Ganze oder die All-Einheit die Wirklichkeit ist, sind die besonderen Teile, die von der Ganzheit isoliert werden, nichtig, unwirklich und tot. Handeln soll diese Partikularität überwinden und die All-Einheit wiederherstellen über die Reintegration der Teile in das Ganze.

Das Modell, nach dem diese Entparadoxierung gedacht werden könnte, ist das Opfer. Der Opferritus erlaubte es, ein solches "absolutes", heilswirksames Handeln zu konzipieren und in der Praxis auf "magische" Weise zu vollziehen. Denn durch das Opfer könnte - so die Theorie - Partikularität überwunden und in das Ganze reintegriert werden, wobei die Individuen nicht einfach in der massiven Undifferenziertheit des Absoluten verschwinden - das Absolute ist paradoxerweise zugleich das Eine und das Viele - sondern sie erhalten durch das Opfer ihr Leben zurück. Sie werden wiedergeboren. Opfertod ist Wiedergeburt, und Wiedergeburt führt zum neuen Tod, der sich als Opfertod wieder ins Leben - d.h. in eine neue Geburt - verwandelt. So der ewige Kreislauf der Schöpfung und des Lebens.

Aus dieser Grundidee der brâhmanischen Opferreligion ist der Weg des Handelns (*karma-mârga*) entstanden.

### 8.2.3   Dharma - Der Weg des Handelns (Karma-mârga)

Der Absolutheitsanspruch, der von einem solchen Handlungsbegriff ausgeht, musste dazu führen, andere Bereiche des persönlichen und gesellschaftlichen Lebens in sich aufzunehmen. Dies ist genau das, was mit der Entwicklung eines Weges des Handelns oder *karma-mârga* geschah. Die Macht, die den sakralen Opferhandlungen zugeschrieben wurde, dehnte sich allmählich auf fast alle Bereiche des Lebens aus. Leitend für diese Entwicklung war die Idee des Ritualismus: Handlungen brauchen Anweisungen. Man kann nicht handeln ohne eine Idee zu haben, was man tun und wie man es ausführen soll. Folgt man den Anweisungen genau, dann wird die Wirkung "automatisch" eintreten. Dieser Aspekt der Handlungsidee - nämlich dass Handeln in der genauen Ausführung von Vorschriften besteht - führte dazu, den Weg des Handelns als einen Weg der Gesetzestreue zu entwickeln. Das Gesetz oder die Summe aller Handlungsvorschriften ist *dharma*.

Diese Entwicklung lässt sich anhand der Literatur über *dharma* feststellen und verfolgen. Dharma, von der Wurzel *dhr*, bedeutet urspünglich "erhalten", "stützen", "ernähren" und somit im allgemeinen "die Bewahrung von etwas". Daraus entstanden die Ideen von "Ordnung", "Regeln", "Struktur der Welt, der Gesellschaft und des persönlichen Lebens". Dharma übernimmt somit die Bedeutung, die ursprünglich dem *rta*, Rita, (vgl. "Ritus, Recht") zugeschrieben wurde. Rita war erstens die positive *mâyâ* Varunas, d.h. die magische, ordnende Kraft der Schöpfung und demnach der Weltordnung. Sie war aber auch zweitens Ergebnis der Entwicklung der brâhmanischen Opferreligion, d.h. das Ritualgesetz, die Regeln religiöser Praxis. Schliesslich wurde Rita mit Dharma gleichgesetzt und somit auch mit dem persönlichen und sozialen Moralgesetz, z.B. der Kastenpflicht. Alle diese Bedeutungen kamen zusammen im Begriff des *sanâtana dharma*, d.h. der ewigen Ordnung, dem nicht-ändernden, allem zugrundeliegenden Gesetze, das in den heiligen Schriften festgelegt und offenbart worden ist. Dem Menschen, der nach Dharma handelt, werden alle Wünsche befriedigt, kein Leid wird ihm zukommen.[632]

Kane (1958) unterscheidet fünf verschiedene Formen von Dharma: 1) *varna dharma*, d.h. die Regeln der grossen sozialen Klassen, Brahmane, Kshatriya, Vaishya und Shudra; 2) *âśrama*

---

[632]   Vgl. die Darstellungen des *karma-mârgas* in Organ 1970:205ff; Klostermaier 1965:109ff.

*dharma*, d.h. die Regeln der vier Lebensphasen, Student (*brahmacarya*), Haushälter (*gṛhasta*), Zurückgezogener (*vânaprastha*) und Entsager (*sannyâsa*); 3) *varnâśrama dharma*, d.h. die Regeln eines Menschen einer bestimmten Klasse in einer bestimmten Lebensphase; 4) *naimittika dharma*, d.h. die Regeln für die Entsühnung und Reinigung von bösen Taten; und schliesslich 5) *sâdharana dharma*, d.h. die Pflichten, die jeder Mensch als Mensch erfüllen muss.[633] Die Hauptquelle dieser verschiedenen Regeln sind die umfangreichen Gesetzesbücher oder *dharma śâstras*, unter denen das Gesetzbuch von Manu oder *mânavadharmaśâstra* das bekannteste ist.

Ethik, Recht, Moral, Religion und Brauchtum fällt im Hinduismus unter den Begriff "Dharma". Dharma dürfen wir aber nicht bloss als die Gebote Gottes verstehen. Zwar wird eine Auffassung von Gott als *karmaphaladâtâ* oder als derjenige, der die Früchte des Tuns (gemäss Dharma) erteilt, im Hinduismus angetroffen, aber damit wird der Hinduismus nicht zu einer Religion der "Gottesgehorsamkeit". Denn Gott selber ist Gott nach Dharma und nicht umgekehrt. Es handelt sich also im Hinduismus nicht um eine Ethik der Gottesgehorsamkeit, sondern um die Verlängerung und Ausdehnung des Begriffs des absoluten Handelns, der in der brâhmanischen Opferreligion entwickelt wurde. Karma ist allmächtig, weil Karma ein Ausdruck von Dharma ist, und Dharma ist die Struktur, die Regeln, die Artikulation der kosmogonischen Handlung. Daraus entsteht die Überzeugung, dass Handeln - wenn es nach Dharma geschieht - allein ausreicht, um das Heil zu erreichen. Wer demnach sein Handeln in allen Lebensbereichen und Lebensphasen an den Gesetzbüchern orientiert, dem darf das Heil gewiss sein. Dies ist der Weg des Handelns, wonach das Handeln allein das Heil gewährt.

Der Einfluss dieser Überzeugung in der indischen Religionsgeschichte darf nicht unterschätzt werden. Sie bleibt bis heute eine wesentliche Bedingung aller Reflexion in der persönlichen, sozialen und religiösen Ethik. Trotzdem ist sie in der Geschichte des Hinduismus nicht unangefochten geblieben. Denn im Anschluss an die brâhmanische Opferreligion erhob sich eine

---

[633] Vgl. Organ 1970:217: "The sâdharana dharmas are often presented in the smrtis as lists of virtues such as truthfulness, mercy, patience, non-injury, self-control, and benevolence. Bhîsma identifies nine duties belonging to all the four orders equally: (1) suppression of wrath, (2) truthfulness of speech, (3) justice, (4) forgiveness, (5) begetting children upon one's wedded wives, (6) purity of conduct, (7) avoidance of quarrels, (8) simplicity, and (9) maintenance of dependents (Mahâbhârata 12.60). The Edicts of Asoka may be cited as an example of 'the dharma of everyone'. Sometimes the essence of sâdharana dharma is stated as not doing to others what one would not like done to one's self."

ebenso scharfe Kritik am Absolutheitsanspruch von Karma; eine Kritik, welche die Zuversicht, dass Handeln das Heil herbeiführen könnte, grundsätzlich erschütterte.

Um diese radikale Kritik am Handlungsbegriff der Opferreligion zu verstehen, müssen wir in Erinnerung rufen, dass der brâhmanischen Opferreligion eine Entparadoxierung der All-Einheit zugrundelag, wobei die Symbolik des Möglichen von der Idee der Reintegration beherrscht wurde. Auf der Seite der Einheit war alles, was mit Integration zu tun hatte, und auf der Seite der Vielheit alles, was Zerstreuung, Desintegration und Differenzierung verursachen könnte. Handeln stellte insofern keine eindeutige Lösung dar, als es zugleich Zerstreuung und Reintegration bewirkte. Handeln war also selber etwas Paradoxes. Das absolute Handeln des Opfers zerstreute und integrierte zugleich. Es hatte beide entgegengesetztenWirkungen in sich.

Man könnte das Problem der Doppeldeutigkeit des Handlungsbegriffs durch die Einführung weiterer Unterscheidungen zu lösen versuchen, z.B. indem man - wie wir soeben gesehen haben - an Hand von Dharma die guten von den schlechten Taten unterscheidet. Die Heilswirksamkeit von dharmischen Handlungen wurde auf der Autorität der heiligen Schriften und auf dem Ritualismus der Opferreligion begründet. Dharma ist also heilswirksam, weil Dharma in den heiligen Schriften geoffenbart und festgelegt ist und weil Handlungen, die vorschriftsgemäss ausgeführt werden, "automatisch" die erwünschten Ziele erbringen. Bei dieser Lösung ging aber die tieferliegende Legitimation des Handelns als Heilsweg - nämlich dass er zur Integration führen soll - verloren. Denn blosser Ritualismus beinhaltet keinen unmittelbaren Bezug zur All-Einheit. Es reicht, dass die Handlungen korrekt ausgeführt werden. Wohin sie führen, was ihnen zugrundeliegt, warum gerade diese und nicht jene Handlungen gut sind; dies sind Fragen, die nunmehr ohne Bedeutung sind.

Man könnte aber die Paradoxie eines zugleich zerstreuenden und integrierenden Handlungs-konzepts durch die Unterscheidung zwischen inneren und äusseren Handlungen aufzulösen versuchen. Innere Handlungen sind Handlungen, die auf den Handelnden selbst gerichtet sind. Dies nimmt die Idee des Tapas auf, die schon im Mythos von Prajâpati eine grosse Rolle gespielt hat. Die Schöpfung geschieht durch Tapas - d.h. durch eine Art innerer Handlung - denn Prajâpati führte die Opferhandlung auf sich selbst aus. Demgegenüber sind äussere Handlungen von der Idee der Begierde (*kâma*) her bestimmt. Äussere Handlungen werden an Gegenständen ausserhalb des

Selbst ausgeführt. Sie zielen auf etwas ausserhalb des Handelnden, d.h. auf etwas, das dem Handelnden fehlt und demnach etwas, das begehrt wird. Denn das, was man schon ist und hat, kann man nicht begehren, und man kann auch nicht sinnvollerweise danach trachten, es zu bekommen. Äussere Handlungen schliessen also an die Idee von Kâma an. Denn nach dem Mythos von Prajâpati entstand die Schöpfung nicht nur aus Tapas, sondern auch aus Begierde (*kâma*).

Die radikale Kritik am Handlungsbegriff könnte sich nicht mit dieser Lösung zufrieden geben. Denn es sind nicht nur die sogenannten äusseren Handlungen, sondern es ist alles Handeln überhaupt, das irgendein Ziel haben muss. Ein zielloses, völlig unmotiviertes Handeln gibt es nicht. Es gehört notwendig zum Handlungsbegriff, dass man handelt, weil man etwas erreichen will, d.h. weil man sich etwas wünscht, etwas begehrt. Nach der Logik des Handlungsbegriffs beziehen sich Handlungen - auch innere Handlungen - notwendigerweise auf etwas noch nicht Erreichtes und somit auf etwas "Äusserliches". Auch innere Handlungen führen also nicht zur Reintegration, zur Einheit, sondern zur Zerstreuung.

Ist diese Einsicht einmal da, dann kann Einheit überhaupt nicht mehr durch Handeln erreicht werden und die Entparadoxierung von All-Einheit muss in einen anderen Bereich verlegt werden. Aber wohin? Wenn Handeln als solches Zerstreuung bewirkt, dann muss Integration durch etwas grundsätzlich anderes als durch Handeln geschehen können. Aber wodurch? Die Antwort auf diese Frage war: Wissen. Wissen ist der Weg zur Einheit, und Handeln wird ausgeschlossen als etwas, das unvermeidlich zur Vielheit führt. Das Heil erlangt man also nur durch Wissen. Dies ist die Idee des Weges des Wissens (*jñâna-mârga*). Wie wir gleich sehen werden, bestätigt die historische Entwicklung des Hinduismus diese innere Logik der Handlungproblematik.


## 8.2.4   *Kritik an der brâhmanischen Opferreligion*


Die brâhmanische Opferreligion stellte eine Lösung aller Lebensprobleme dar. Sie hatte aber einige grosse Schwächen, welche dazu führten, die Überzeugung in der Allmacht des Handelns zuehmend in Frage zu stellen. Erstens war sie elitär. Die grossen Opferriten waren sehr teuer und aufwendig. Nur eine kleine Oberschicht konnte einen solchen Ritus bezahlen. Zweitens waren sie nur von den Opferspezialisten, den Brahmanen, durchführbar. Man brauchte spezialisiertes technisches Wissen, um einen solchen Ritus vollziehen zu können. Deswegen war der Zugang zu den Riten nicht allen Menschen offen. Zwar konnte man dieser Kritik entgehen, indem über den Ritualgedanken der Bereich von heiligen Handlungen auf das ganze persönliche und soziale Leben ausgedehnt wurde, wie dies tatsächlich in der Entwicklung des *karma-mârgas* geschah. Aber damit war die radikale Kritik am Handeln nicht entschärft. Wenn Handeln als solches problematisch ist, dann ist der Heils-, Allmachts- und Absolutheitsanspruch des Opfers und der rituellen Handlungen überhaupt nicht mehr unerschütterlich.

Die Gefahr der Opferreligion und der Idee einer allmächtigen religiösen "Technologie" bestand immer dann, wenn die vollkommene Einheit von Transzendenz und Immanenz, vom Ganzen und von den Teilen, von Gott und Mensch, von Leben und Tod - d.h. *sarvam* - worauf der Absolutheitsanspruch des Handelns begründet war, nicht aufrechterhalten werden konnte. In dem Moment, als diese Ganzheit verloren ging - d.h. nicht mehr im Erlangen von Gütern zu finden war - konnte man nicht mehr sicher sein, ob man das Schicksal aller Partikularität (nämlich ins Nichts zu versinken) nicht selber erleiden würde. Der Teil, der sich nicht mehr mit dem Ganzen identifizieren kann, der seinen Egoismus nicht aufheben kann und sein eigenes Leben nicht in das des Ganzen integrieren kann, wird der Vergänglichkeit und dem Seinsverlust ausgeliefert. Alles was der Opferritus bot war, dass man handelte, um weiter handeln zu können. Aber alles was man durch Handeln erreichen konnte, waren nur immer neue Handlungssituationen, ein neues Leben, in dem zwar viel Gutes erlebt werden konnte, das aber doch auch vergehen würde. Diese Probleme konnten nur solange überwunden werden, als die Erlösung *in der Zeit* und durch *karma* unbedingt notwendig war, d.h. nur solange ein ausserzeitliches, nicht-handlungsbedingtes Heil undenkbar war. Die neue Offenbarung, die sich in den Upanishaden und im Buddhismus zeigte, änderte diese Situation radikal.

Die Kritik an der brâhmanischen Opferreligion war verbunden mit der Entdeckung des wahren Selbst (*âtmâ*)[634] und des wahren Urgrundes oder Prinzip des Kosmos (*brahman*). Diese neuen Einsichten wurden gewonnen über den Weg des Versuches, das Opfer zu verinnerlichen. Der

---

[634] *âtmâ* ist "das Selbst". Das Absolute immanent in allen Wesen, ohne Bestimmungen, ohne Grenzen, identisch mit dem All-Einen-Urgrund, *brahman*.

nächste Schritt in der Entwicklung des Hinduismus ging in Richtung eines *inneren* Opfervollzuges, unabhängig von den teuren, aufwendigen öffentlichen *śrauta*-Riten. Dieser Schritt ist in den Âranyakas, den sogenannten "Waldbüchern", dokumentiert.

## 8.3 Die All-Einheit im Bereich des Wissens

*8.3.1 Von den Brâhmanas zu den Upanishaden. Das innere und das äussere Handeln*

Wie das Ziel des Opfers die Reintegration (*samdhâ, samskr*) des kosmischen Leibes Prajâpatis war, so wurde - wie wir gesehen haben - dem Opfernden in ähnlicher Weise durch die Einweihungszeremonie (*dîksâ*) sein alter, profaner, "zerstreuter" Leib genommen und ein neuer, heiliger, d.h. "integrierter" Leib gegeben. Indem der Opfernde durch die asketischen Praktiken der *dîksâ* im Prinzip die gleichen Operationen der Integration und Vereinheitlichung an sich selbst durchführte, welche äusserlich mit dem Aufbauen des Feueraltars geschahen, wurde er mit Prajâpati identifiziert und erlangte Unsterblichkeit. Denn genau wie der Gott sein Leben in der Wiedervereinigung seines Selbst zurückgewinnt, so baut der Opfernde durch seine Handlungen sein eigenes Selbst auf und sichert sich somit seine Existenz.

Da es eine Parallele gab zwischen dem äusserlichen, kosmischen Menschen symbolisiert in Prajâpati als Purusha und dem innerlichen Menschen, der sich gleichzeitig mit dem äusserlichen *rekonstruiert,* bewirkte rituelles Handeln die Konstitution des Selbst auf beiden Ebenen: Auf der kosmischen Ebene in der Rekonstruktion des Leibes von Prajâpait, symbolisiert durch die Ziegel des Feueraltars, und auch auf der mikrokosmischen Ebene innerhalb des Menschen als Integration aller seiner psychischen Organe und Funktionen. Also äusserlich die Ziegel und innerlich die psychischen Organe und Funktionen: Beide mussten wiedervereinigt und integriert werden.

Schon hier ist eine Identität zwischen Urgrund des Alls - das später *brahman* genannt wird - und dem Selbst oder *âtmâ* angetönt. Dies wird bestätigt wenn man sieht, dass Prajâpati mit *brahman* gleichgesetzt wird. Prajâpati ist der Feueraltar, der Altar aber ist mit den Mantras, die in den Ziegeln des Feueraltars symbolisiert sind, gleichgesetzt. Die Mantras der Veden ihrerseits sind die heilige Kraft des Wortes oder *brahman*. D.h. Prajâpati ist *brahman*. Das Selbst (*âtmâ*) des Opfernden wird durch den Ritus "aufgebaut" und dann mit Prajâpati identifiziert. Dies ergibt schon in den Brâhmanas eine implizite Identität zwischen *brahman* und *âtmâ*.

In der folgenden Entwicklung wird diese implizite Identität von *brahman* und *âtmâ* als ein Heilsweg völlig unabhängig von allem rituellen Handeln explizit ausgearbeitet. Die Âranyakas, "Waldbücher" genannt, weil sie fern von den Dörfern in den Wäldern und im Geheimen gelehrt wurden, zeigen einen Prozess der *Verinnerlichung* des Opfers.[635] Wie die äusserlichen Riten den kosmischen Menschen *prajâpati/purusa* zu rekonstruieren versuchten, zielte die Verinnerlichung des Opfers darauf, via *tapas* (Askese) und *vidyâ* (Erkenntnis) den inneren Menschen (*purusa/âtmâ*), zu rekonstruieren.

Nach den Âranyakas sind die kosmischen Phänomene und die Götter alle im Menschen selber - d.h. in den verschiedenen psychischen Organen und Funktionen - enthalten. So heisst es (*Brhadâranyaka Up.* I,4,7):

"Den âtmâ muss man betrachten,

denn in ihm wird alles zur Einheit.

Diesem âtmâ soll man in allem auf der Spur folgen,

denn durch ihn erkennt man alles."


Um also das gleiche Resultat wie die grossen kostspieligen Opferriten zu erreichen, musste man eigentlich nur die innere Integration und Rekonstruktion vollziehen, d.h. man musste das Opfer innerlich *durch Erkenntnis* vollziehen. Dies führte zur Entdeckung der *psychischen Totalität*, d.h. der psychischen All-Einheit. Wie die Welt als Ganzes eine geordnete Totalität war, eine Totalität, die durch *karma* aufrecht erhalten werden musste - und eigentlich aus Karma bestand -, so gab es auch auf der psychischen Ebene eine ähnliche Totalität. Nach dem ritualistischen Prinzip, dass mikrokosmische Handlungen makrokosmische Wirkungen haben, bewirkte die Rekonstruktion der

---

[635]  Zur Verinnerlichung des Opfers vgl. Hopkins 1971:36ff.

inneren Einheit die Rekonstruktion der äusseren, kosmischen Einheit. So heisst es (*Brhadâranyaka Up.* IV,4,13):

"Wer den *âtmâ* findet und zu ihm erwacht,

der in den Abgrund dieses Leibes eingedrungen ist,

er wird allmächtig, der Schöpfer des Alls."


Diese eigenartige Selbsterkenntnis verlangt eine viel tiefgreifendere Analyse der psychischen Organe und Funktionen des Menschen als zuvor für die Ausführung der Riten nötig war. Denn wie vorher alles in den Elementen, Werkzeugen und Handlungen des Opferritus als Mikrokosmos vorhanden sein musste, so kam es jetzt darauf an, dass alle kosmischen und göttlichen Ebenen und Elemente ihre Entsprechungen im Menschen selber finden konnten. Diese inner-menschliche Totalität musste dann durch entsprechende Handlungen und entsprechendes Wissen - genau wie bei der äusseren Totalität - integriert und reorganisiert werden.

Die Methoden dieser Analyse und Rekonstruktion mussten auch rein innerliche, psychische Methoden sein, d.h. sie durften nicht mehr auf äusserlichen rituellen Handlungen und Opferwissenschaft beruhen. Die Verinnerlichung des Opfers verlangte besondere Methoden innerer Erfahrung und Manipulation der Psyche. Dies wurde einerseits durch asketische Übungen, vor allem aber durch Meditation, die unter den Begriff *tapas* fällt, erreicht. Andererseits wurde es durch Wissen erlangt, worunter eine spekulative Psychologie zu verstehen ist, welche unter dem Begriff *vidyâ* zusammengefasst wird. So heisst es (*Mundaka Up.* III,1,5): "Durch Wahrheit und Askese wird dieser *âtmâ* erlangt."

Wie wir gesehen haben, hatte Prajâpati die Welt durch *tapas* geschaffen, d.h. durch die Hitze die entsteht, wenn man sich kasteit. *Tapas*, von der Sanskrit-Wurzel *tap*, "zu erhitzen", als Begriff für das Mittel, womit man magische Kraft erwirbt, reicht in die indoeuropäische Herkunft zurück. Schon in einer der bekanntesten und bedeutendsten Kosmogonien des Rigvedas (X,129) heisst es, dass die Welt durch *tapas* entstand. Diese Idee wurde im Mythos von Prajâpati aufgenommen. In der *dîkṣâ*, dem Einweihungsritus, ging der Opfernde durch *tapas*, d.h. durch asketische Praktiken, wie z.B. lange in der Sonne stehen, nah bei einem Feuer sitzen, Fasten, Anhalten des Atems und ähnliches, von der profanen Ebene mittels eines symbolischen Todes und einer Wiedergeburt über in die sakrale Ebene und wurde damit dem Prajâpati gleichgesetzt. Schliesslich wurden solche Handlungen - die auf sich selbst durchgeführt wurden - zum Mittel, um geistige Erkenntnis zu gewinnen und zur Meditation im üblichen Sinne des Wortes. Man brauchte nur die innere Hitze, die durch Meditation erzeugt wurde, mit dem Opferfeuer zu identifizieren, um die Idee eines inneren Opfers mittels *tapas* zu entdecken.

Tatsächlich gelten in den Âranyakas die asketischen Übungen, wie das Anhalten des Atems, als Opferriten. Die äusserlichen Elemente des Opfers - d.h. die Opfergaben, Werkzeuge und Götter - wurden assimiliert zu inneren Phänomenen nach dem Modell des Purusha im Rigveda, wo es heisst, dass das Ohr des Purushas die vier Himmelsrichtungen war, sein Denkorgan der Mond, seine Augen die Sonne, sein Atem der Wind, und sein Mund Indra und Agni. Hier ist schon das Modell vorgegeben, nach dem der ganze Kosmos in den psychisch-mentalen Organen und Funktionen enthalten ist.

Die Verinnerlichung des Opfers hatte eine weitere wichtige Folge für die Entwicklung des Hinduismus. Sie bewirkte eine Art Umdrehung der Richtung der Kosmogonie. Statt von oben nach unten, d.h. von der transzendenten, göttlichen Ebene - sei es als Purusha oder Prajâpati symbolisiert - nach unten zu der menschlichen Gesellschaft und den individuellen Geschöpfen, wendet sich in der Zeit der Âranyakas die Richtung der Weltentstehung. Jetzt geht die Weltschöpfung gemäss der Unterscheidung von inneren und äusseren Handlungen von innen nach aussen. Schon in der Verabsolutierung des Opfers wurde diese Wendung konzeptionell möglich, denn das irdische Opfer wurde zum Ursprung des Kosmos. Mit der Verinnerlichung des Opfers aber wurde allein "inneres" Opferwissen zum Ausgangspunkt der Weltschöpfung. So heisst es (*Chândogya Up.* I,1,2-3):

> "Die Essenz der irdischen Wesen ist die Erde; die Essenz der Erde ist das Wasser; die Essenz des Wassers sind die Pflanzen, die Essenz der Pflanzen ist der Mensch; die Essenz des Menschen ist die Sprache; die Essenz des heiligen Verses ist der heilige Gesang; die Essenz des heiligen Gesanges ist der udgîtha (die Silbe om)."

Wenn also im Om-Laut alles enthalten ist (vgl. *Chândogya Up.* II,23,3), dann genügt das Wissen oder die Meditation über den Om-Laut allein, um alles hervorzubringen. Wie es heisst (*Chândogya*

*Up.* I,1,7): "Wer dies weiss und auf die Silbe Om meditiert, der wird einer, der alle Wünsche erfüllt."

Statt von oben nach unten oder von unten nach oben, bewegte sich nunmehr die absolute, weltschöpferische Dynamik - die wir Karma genannt haben - von innen nach aussen und von aussen nach innen, d.h. auf der Subjekt-Objekt-Achse des Erkennens. Um das gleiche Resultat wie die grossen kostspieligen Opferriten zu erreichen, müsste man eigentlich nur die innere Integration und Rekonstruktion vollziehen, d.h. man müsste das Opfer durch Erkenntnis und Askese innerlich vollziehen. Der Versuch dies zu tun, führte zur Entdeckung des psychischen Mikrokosmos. Alle kosmischen Elemente und auch *devas* (Götter) wurden mit psychischen Organen und Funktionen gleichgesetzt, so wie dies vorher mit den Bestandteilen des Feueraltars geschah:

| | | |
|---|---|---|
| *âkâśa*/Raum | = | Klang/Ohr/Sprache |
| *vâyu*/Luft | = | Tastsinn/Haut |
| *agni*/Feuer | = | Gestalt/Auge |
| *âpas*/Wasser | = | Geschmacksinn |
| *pṛthivî*/Erde | = | Geruchsinn |

Wie die Welt als Ganzes eine geordnete Totalität war, eine Totalität, die durch Opferhandlungen (*karma*) aufrecht erhalten werden musste, so enthielt auch der Mensch in sich eine Totalität von psychischen Organen und Funktionen, die mit der äusserlichen Welt koordiniert war. Daraus entstand die Idee einer inneren, rein geistigen oder *feinstofflichen* Welt. Die Umdrehung der Richtung der Kosmogonie zu einer Bewegung von innen nach aussen führte zur Idee der Weltschöpfung als *Vergröberungsprozess,* wonach sich subtile, feinstoffliche Elemente zu immer gröberen Formen entwickeln bis zur sichtbaren, äusserlichen Wirklichkeit. Umgekehrt konnte demnach der Reintegrationsprozess als Verfeinerungsprozess gedacht werden. Dies ist wichtig für das Verständnis der Sâmkhya/Yoga Schulen und der Karma- und Wiedergeburtslehre. Denn einerseits wird es der feinstoffliche Leib sein, der den Tod überlebt und *karma* im Sinne von Handlungsbestimmungen in ein anderes Leben hinüberträgt, d.h. in einen anderen grobstofflichen Körper. Andererseits wird der Befreiungsweg so konzipiert, dass man sich durch Yoga zunehmend aus der grobstofflichen Welt zurückzieht und das Grobe in immer feinere, subtilere Materie auflöst.

Zur Zeit der Âranyakas ging es aber nur darum, die äusserlichen Riten abzuwerfen und das gleiche Resultat auf inneren Wegen zu erreichen. Sie lehrten, dass die Rekonstruktion der inneren Einheit direkt - ohne äusserliche Riten - diejenige der äusseren, kosmischen Einheit bewirkte. Wie geht diese Reintegration vor sich? Dies wird klar ausgedrückt in *Chândogya Up.* VII,1-26. Nachdem Nârada die Antwort von Sanatkumâra bekommen hat, dass alles, was er durch sein ganzes Vedastudium (gemeint sind die Ritualvorschriften) gelernt hat nur Name ist, fragt er, ob es etwas Grösseres als Namen gibt. Und es wird gesagt, dass Sprache grösser als Name ist, denn alle Namen sind in der Sprache enthalten. Also soll er auf die Sprache meditieren. Er fragt noch weiter, ob es etwas Grösses als Sprache gäbe. Ja, wird ihm geantwortet, Verstand (*manas*) ist grösser als Sprache, denn Sprache ist im Verstand enthalten. Dann wird gesagt, dass Wille grösser ist als Verstand, und Intellekt grösser als Wille und Einsicht grösser als Wille usw. bis zum Selbst (*âtmâ*), wo es heisst (24-25):

"Dort wo man nichts anderes sieht, nichts anderes hört, nichts anderes erkennt, das ist das Unendliche (bhûmâ). Aber dort wo man ein anderes sieht, ein anderes hört, ein anderes erkennt, das ist das Endliche (alpam)."

"Dieses Unendliche ist unten. Es ist oben. Es ist hinten, Es ist vorn. Es ist südlich. Es ist nördlich. Es ist dieses All (sarvam)."

"Das Selbst (âtmâ) ist unten. Das Selbst ist oben. Das Selbst ist hinten. Das Selbst ist vorn. Das Selbst ist südlich, nördlich. Das Selbst ist dieses All."

Durch meditative Erkenntnis des Selbst integriert man also alle kosmischen und psychischen Organe und Funktionen in eine Einheit. So heisst es (*Mundaka Up.* III,1,5): "Durch Wahrheit und Askese wird dieser âtmâ erlangt."

Die Praxis des inneren Opfers führte in verschiedene Richtungen. Erstens entstand die Frage, wer denn dies tut, wenn der Täter - der Opfernde - nicht ein Teil des psychischen Apparates sein sollte? Wenn der ganze innere Mensch in den verschiedenen Teilen des psychischen Apparates analysiert und zerlegt werden konnte, um wieder als inneres Opfer nach dem Modell von Prajâpati "aufgebaut" zu werden, wer ist dann der Opfernde selbst? Wer steht hinter dem psychischen Apparat? Wer vollzieht dieses innere Opfer? Was liegt all diesen Phänomenen zugrunde? Was ist das einheitliche Prinzip hinter der Vielfalt psychischer Organe und Funktionen? Woher kommen diese Organe? In der Suche nach Antworten auf diese Fragen wurde das wahre Selbst (*âtmâ*) im Sinne des in den Upanishaden gelehrten Weges des Wissens entdeckt.[636]

Aber die Entdeckung des Âtmâs ging Hand in Hand mit der Erkenntnis, dass das wahre Prinzip des Universums (*brahman*) etwas anderes ist als die Summe der Weltteile - wie dies in Prajâpati mythisch dargestellt wurde -, sondern ebenso verborgen und unfassbar, wie das wahre Selbst. Dies sind die Entdeckungen der Upanishaden. Sie werden dazu führen, dass das Heil nicht durch *karma*, sondern nur durch Wissen, jetzt *jñânam*[637] genannt, erreicht werden kann. Diese Richtung entwickelte sich zum Heilsweg des Wissens oder *jñâna-mârga*. Sie wird durch die Vedânta Darśhana vertreten.

Das Projekt der psychischen Analyse und Reintegration wurde zur gleichen Zeit in einer anderen Richtung weiter geführt. Die spekulative Psychologie einerseits und die Askese andererseits wurden zu quasiunabhängigen Heilswegen. Das Wissen um die inneren und äusseren Bestandteile der Welt wurde *Sâmkhya* genannt, d.h. die Analyse oder "Aufzählung" der verschiedenen Teile und Elemente weltlicher Existenz in der Ordnung ihrer Emanation von feinstofflich zu grobstofflich hin. Die Techniken, wodurch diese Elemente integriert werden könnten, d.h. die asketische Praxis der inneren Reintegration wurde zum *Yoga*[638]. Sâmkhya und Yoga bilden zusammen zwei von den sechs "orthodoxen" *darśanas* oder Systemen/Schulen im Hinduismus. Die anderen sind *purva mîmâmsâ*, Auslegungslehre des Ritual-Teils der Veden, und

---

[636] Vgl. die Diskussion in Reat 1990, der jedoch die Âranyakas nicht berücksichtigt.

[637] *jñânam* kommt von der Wurzel *jñâ-*, d.h. "Wissen". Der Begriff bedeutet: Befreiendes Wissen um das wahre Selbst; das Erlangen von dem, was man schon *ist*; Auflösung von Illusion, von Unwissenheit (*avidyâ*); das Gegenteil von *karma*, von Handeln, das darauf zielt, etwas zu erreichen; demnach Erwachen. Wahrheit, d.h. *satya*, d.h. 1) das, was ist, und 2) das, was gewusst ist.

[638] *yoga* kommt von der Wurzel *yuj-*, d.h. " verbinden", "zusammen bringen", "anschirren", und demnach: 1) Disziplin, Technik, Übung, Askese; 2) eine der sechs orthodoxen Schulen, Philosophien, d.h. *darśanas*, nämlich die achtgliedrige Methode von Pantañjali, d.h. der Weg der geistigen und körperlichen Dekonditionierung von allen Bindungen und Illusionen; 3) Befreiungsweg.

Vedânta. Dazu gehören auch Logik und Metaphysik, *nyâya-vaiśeṣika*. Wir werden weiter unten Vedânta und Sâmkhya/Yoga näher erörtern.

Eine andere wichtige Entwicklung liegt in der negativen Deutung der Lehre von Wiedergeburt. Im Lichte der Möglichkeiten, welche sich in den Upanishaden und im Buddhismus erschlossen, wurde das Positive an der Wiedergeburt - neues Leben - vom Negativen des "Wiedertodes" (*punar mṛtyu*) überwogen. Das Absolute war nirgends in Opferhandlungen zu erreichen, nur die schönen Dinge eines doch vergänglichen Lebens. Weil Prajâpati sich aus *kâmâ*, d.h. "Begierde", geopfert hatte, war der Egoismus des Opfernden nicht zu überwinden und somit der Absolutheitsanspruch des Opfers nicht glaubwürdig. Denn die Ergebnisse von Handlungen, die aus Begierde entstehen - und welche Handlungen entstehen nicht aus dem Begehren nach irgendwelchem Genuss oder Glück? - sind immer gebunden an die Interessen und Wünsche eines einzelnen Menschen und reichen nicht darüber hinaus zum Absoluten, d.h. zum Wohl von allem. Innerhalb der Struktur des Handelns war das Absolute also nicht glaubwürdig zu erreichen. Man blieb im Kreislauf der Vergänglichkeit und der Relativität gefangen. Dieser Kreis des Handelns wurde *samsâra* genannt, der "Durchgang". Das rituelle Handeln (*karma*) wurde nicht mehr als befreiend angesehen, sondern als etwas, das einem an *samsâra* bindet. Die Dynamik des Bindens überwog die Dynamik des Befreiens, das Moment der Zerstreuung war stärker als das Moment der Integration, und es entstand die Sehnsucht nach einer *endgültigen Befreiung*, einer Befreiung, die nicht zu einem weiteren Gebundensein (d.h. Leben) führte. Die Abwendung von den traditionellen Praktiken und Lehren der Veden wird im folgenden Text klar ausgedrückt (*Chândogya Up.* VII,1-3):

"Lehre mich, Herr!" Mit diesen Worten näherte sich Nârada dem Weisen Sanatkumâra. Er antwortete ihm: "Komme zu mir mit dem, was du weisst, und ich werde dich lehren, was darüber hinausgeht.

Er sagt zu ihm: "Herr, ich habe Rigveda, Yajurveda, Sâmaveda und Atharvaveda gelernt, ferner die Epen und heiligen Texte und alle Wissenschaften ... all dies habe ich gelernt.

Herr, ich kenne die Worte (mantravid), doch den âtmâ (das Selbst) kenne ich nicht. Ich habe gehört, Herr, von Weisen wie du, dass derjenige, der den âtmân kennt, das Leiden überwindet.

Herr, ich bin im Leiden gefangen, führe mich ans andere Ufer des Leidens!"

Sanatkumâra sprach zu ihm: "Alles, was du studiert hast, ist nur Name."

Nach der Mundaka Upanishad (I,2,10) sind diejenigen, die Opfer ausführen, unwissend: "Denkend dass Opfer und Verdienst das Höchste ist ... kommen sie in diese Welt oder eine niedrigere zurück." Die vedischen Riten sind nach der Lehre der Upanishaden "unsichere Boote" (*Manduka Up.* I,2,7), die den Menschen nicht zum Heil führen können. Alles was mit Karma zu tun hat, die ganzen Veden samt ihren begleitenden Wissenschaften, ist also *nur* Name. Das handlungsmässige Streben nach Glück bringt kein Heil, sondern nur Unheil. Die Lehre vom Selbst wurde damit als Befreiung vom Kreislauf des Handelns überhaupt verstanden. Befreiung in diesem Sinne wurde *moksa* genannt.

Brahman, die heilige Kraft des Wortes, ging aus dem brâhmanischen *vidyâ* - was jetzt als *a-vidyâ* d.h. Nicht-Wissen (die Unwissenheit schlechthin) erscheint - hinaus in die Gleichsetzung des allem Handeln vorausliegenden immanenten Selbst (*âtmâ*) mit dem allen Wesen vorausliegenden transzendenten Prinzip (*brahman*). Die Einheit von *âtmâ* und *brahman* ist nicht erst durch Handeln entstanden, sondern ist immer schon da und kann nicht durch Handeln erzeugt werden. Sie kann nur *erkannt* werden. Wenn man trotzdem handelt und sich an *samsâra* bindet, dann nur, weil man nicht erkannt hat, dass *âtmâ brahman* ist. Die Unwissenheit (*avidyâ/ajñânam*) ist die Wurzel allen Übels. Das Heil - d.h. nach wie vor das Ganze, die All-Einheit - ist nunmehr nur durch Wissen (*jñânam*) erreichbar. Vielheit wird somit nicht mehr durch *karma* - auch nicht durch *karma* im Sinne von *dharma* - überwunden, sondern vielmehr wird *karma* als das Prinzip betrachtet, das Zerstreuung und somit Unheil erzeugt. Handeln führt also nicht mehr zur Einheit zurück, sondern unvermeidlich zu Trennung, Differenz, Isolation und Egoismus.

All-Einheit wird dementsprechend nicht mehr im Bereich des Handelns entparadoxiert, sondern im Bereich des Wissens. Die Vielheit wird der Unwissenheit zugeschrieben und die Einheit dem Wissen. Die Symbolik des Möglichen im Rahmen dieser neuen Entparadoxierung zeigt sich als Symbolik des Erkennens. Symbole der inneren, psychischen Integration und der Selbstver-wirklichung treten an die Stelle der Symbole von Dharma und Opfer. Demgegenüber wurde alles Äusserliche, Materielle, Dynamische und Sich-Ändernde in der Symbolik des Ausgeschlossenen als verwerflich gebrandmarkt. Dies sind die Grundideen der Upanishaden, die in der Vedânta Darshana systematisch ausgearbeitet wurden.

*8.3.2   Vedânta*[639]

Nach Auffassung der Advaita Vedânta haben die Upanishaden allesamt denselben Inhalt: Die Lehre von der Absolutheit des Selbst (*âtmâ*) und seine Identität mit dem Urgrund (*brahman*). Es gibt aber einen "Kanon innerhalb des Kanons", d.h. bestimmte Aussagen in gewissen Upanishaden, die nach advaitischer Auffassung als der massgebende hermeneutische Schlüssel für alle Upanishaden gelten. Dies sind die sogenannten *mahâvâkyas* oder "grossen Sätze", von denen es normalerweise vier oder sechs gibt:

1) Brahman ist Wissen (*prajñânam brahma* [*Aitareya Up.* III,5,3]).

2) Ich bin Brahman (*aham brahmâ 'smi* [*Brhadâranyaka Up.* I,4,10]).

3) Das bist Du (*tat tvam asi* [*Chandogya Up.* VI,8,7]).

4) Dieses Selbst ist Brahman (*ayam âtmâ brahma* [*Brhadâranyaka Up.* II,5,19; *Mândûkya Up.* IV,2]).

5) Brahman ist Sein/Wahrheit, Bewusstheit/Wissen und Unendlichkeit (*satyam jnânam anantam brahma* [*Taittirîya Up.* II,1,1]).

6) All dies ist brahman (*sarvam etad brahma* [*Mândûkya Up.* IV,2]).

Mehr als blosse Theorie über die Identität vom Selbst und Urgrund ist Vedânta aber auch Befreiungsweg, nur wird Befreiung (*moksa*) durch das richtige Verständnis vom Sein (*samyagdarśana*) erreicht und nicht durch *karma*. Entsprechend der Unterscheidung zwischen äusseren und inneren Bereichen und der Verlagerung der Symbolik des Möglichen auf den inneren, psychischen Bereich wird die Aufmerksamkeit auf das Subjekt des Wissens gelenkt. Durch eine

---

[639] Vedânta heisst wörtlich "Ende der Veden" und bezieht sich auf die Upanishaden, aber auch die Brahmasutras und die Bhagavadgita werden zu den Hauptquellen der Vedânta gerechnet. Es gibt verschiedene Schulen der Vedânta, die sich aufgrund ihrer Auffassung der All-Einheit unterscheiden: Advaita-Vedânta (die radikale "Nicht-Zweiheit"), deren Hauptvertreter Shankara (ca. 7. Jahrhundert) ist, Visistadvaita (die "qualifizierte Nicht-Zweiheit"), deren Hauptvertreter Râmânuja (11. Jahrhundert) ist, und Dvaita-Vedânta (die "Zweiheit"), deren Hauptvertreter Madhva (13. Jahrhundert) ist. Da die Advaita-Vedânta die Entparadoxierung der All-Einheit im Bereich des Wissens darstellt, werden wir uns mit ihr befassen. Die anderen Interpretationen der Upanishaden sind eher dem theistischen Weg der Liebe als dem Weg des Wissens zuzuordnen. Für Advaita-Vedânta vgl. Zimmer 1976:365ff; Potter 1981; Organ 1970:176ff; Frauwallner 1956; Dasgupta 1975.

strenge Unterscheidung von Subjekt und Objekt wird klar, dass das Selbst nicht das Gesehene, Gedachte und Gefühlte sein kann. Das Selbst ist nicht dieses und nicht jenes, *neti neti*[640], denn alles was wahrgenommen, gedacht oder nur irgendwie gewusst wird, ist Objekt des Wissens und nicht das Subjekt.

So heisst es in *Brhadâranyaka Up.* III,4,2:

"Du kannst den Seher des Sehens nicht sehen,

du kannst den Hörer des Hörens nicht hören,

du kannst den Erkenner des Erkennens nicht erkennen.

Dieses Selbst (âtmâ), das in allem ist, ist dein eigenes Selbst. Alles andere ist nur Ursache des Leidens."

Somit wird klar, dass das Selbst, welches Subjekt aller Erfahrung ist, nicht auch Objekt der Erfahrung sein kann. Denn wie es heisst (*Brhadâranyaka Up.* IV,5,15;): "Das, wodurch man diese ganze Wirklichkeit erkennt, wie kann man dieses erkennen?" Dies zeigt - nach dem Unterscheidungsverfahren (*viveka*) - dass das Selbst frei ist von allen Bestimmungen und Eigenschaften (*upâdhis*), die es begrenzen und bedingen. Als frei von allen Bestimmungen ist das Selbst - der *âtmâ* - somit frei von allem Leiden, denn Bestimmungen sind Erfahrungszustände, die - wenn auch angenehm so doch begrenzt und vorübergehend sind - den Menschen dem Verlust und dem Tod unterwerfen.[641] Vom Selbst kann man schlussendlich nur sagen, dass es "ist". Sein ist die einzige Bestimmung des Selbst. Somit ist es identisch mit *brahman*. Denn *brahman* ist das Sein schlechthin.[642] Sein nach advaitischer Auffassung ist das, was nicht relativiert, negiert oder überholt

---

[640]  Vgl. *Brhadâranyaka Up.* II,3,6.

[641]  Ebenso wichtig für Vedânta sind natürlich der *karyakarana viveka* und der *nitya-anitya viveka*, d.h. die Analyse des Objektes. Auf diesem Weg kommt man zum *brahman* als Ur-Sache, als Grund von allem und als unbegrenzt und ewig. Im Rahmen dieser Analyse treten die wichtigen Probleme der Beziehungen zwischen "Gott" und Welt und *brahman* und "Gott", wie auch das Problem der Identität von *âtmâ* und *brahman* auf. In der folgenden Diskussion werde ich mich auf die Analyse des Subjektes beschränken müssen. Damit werden viele wichtige Probleme nicht behandelt werden können.

[642]  Aus dieser Trennung von Subjekt und Objekt wird nicht, wie in der westlichen Reflexionsphilosophie, auf eine noch ursprünglichere Einheit von Subjekt und Objekt, eine Identität von Identität und Differenz geschlossen, woraus als Grund das Subjekt und seine Objekte abgeleitet werden könnten. Statt dessen wird im Vedânta das Subjekt von der

werden kann. Das Sein kann nicht Nicht-Sein werden. Folglich ist das Sein *a-dvaita*, d.h. nicht-zwei, reine, nicht-differenzierte, beziehungslose Identität. Denn nur was keine Relationen zulässt, kann nicht von einem Anderen relativiert, überholt oder negiert werden.


### 8.3.3   Sâmkhya-Yoga


Unter den sechs orthodoxen Systemen indischer Philosophie werden Mîmâmsâ zusammen mit Vedânta, Sâmkhya mit Yoga und Nyaya mit Vaisesika zusammengefasst. Bei Sâmkhya und Yoga wird oft gesagt, dass sie sich so zueinander verhalten wie Theorie zu Praxis. Sâmkhya ist die Theorie und Yoga die Praxis.

Anders als Vedânta ist Sâmkhya nicht ein Erlösungsweg für sich. Obwohl Sâmkhya - wie Vedânta - Befreiung durch Wissen allein vertritt, hat sich die Sâmkhyalehre nicht zum unabhängigen Befreiungsweg entwickelt, sondern sie ist Allgemeingut indischen Denkens geworden. Fast jedes System und jede Schule ist von Sâmkhya beeinflusst, Vedânta auch. Dies zeigt sich darin, dass die typischen Analysen von Erfahrung, weltlicher Existenz und Erkenntnis, die wir überall im indischen Denken antreffen, von Sâmkhya her stammen. Die Analyse z.B. der drei Körper, die in Vedânta vorkommen - d.h. des grobstofflichen, des feinstofflichen und des Kausalkörpers - sind auf Sâmkhya-Analysen zurückzuführen. Auch die Idee, dass die Welt der Kombination von fünf Elementen besteht, stammt von Sâmkhya. Und schliesslich typisch Sâmkhya ist auch die Idee von den drei *guṇas* oder Eigenschaften - *sattva, rajas, tamas* - welche allem Seienden zugrundeliegen.

In der Tat ist Sâmkhya - was nichts anderes als "Aufzählen", "Zusammenzählen" bedeutet - vielleicht das älteste System.[643] Es lässt sich in den Veden zurückverfolgen als eine Form

---

Trennung selbst, die ja auch eine Verbindung zu allen Objekten ist, getrennt. Laut Vedânta gibt es die Trennung, die Differenz als Relation nicht. Denn insofern das Subjekt ist, kann es nicht abhängig sein von einem anderen, sonst hätte es sein Sein in einem Andern. Für die bekannte Auffassung, dass die Wirkung nur in der Ursache existiert, *satkaryavada* oder *satkaranavada* vgl. Shankaras *Brahmasutrabasya* II.1.14 ff. und *Chandogya Upanisadbhasya* VI.1.4.

[643]   Vgl. Larson/Bhattacharya 1987:10-11.

systematischen Denkens, welches versucht, die Wirklichkeit in elementare Bestandteile zu zerlegen und eine hierarchische Ordnung der Teile aufzustellen. Solches Denken ist ein direktes Produkt des Versuchs (der schon in den Brâhmanas zu finden ist), ein Gesamtbild der verschiedenen Bestandteile der Welt zu bekommen, damit diese alle im Opferritus als Mikrokosmos rekonstruiert werden können. Wichtig ist die analytische Erfassung des Ganzen, denn ohne dass alle Bestandteile der Welt im Mikrokosmos des Opferritus rekonstruiert werden können, ist der Ritus unwirksam, mangelhaft, und es fehlt ihm die magische Potenz, die nötig ist, um den Kosmos zu beeinflussen.

Das Projekt einer Gesamtanalyse der Wirklichkeit wurde in den Âranyakas und in den frühen Upanishaden weiter verfolgt, als die Suche nach den inneren, psychischen Entsprechungen zu den äusseren, kosmischen Phänomenen, damit der Mikrokosmos im inneren psychischen Bereich rekonstruiert und das Opfer innerlich vollzogen werden konnte. Es ging darum, den ganzen Kosmos vollständig in einem innerlichen, feinstofflichen, psychischen Mikrokosmos zu finden und die Einheit wiederherzustellen. Diese Analyse und Aufzählung der Elemente in der hierarchischen Reihenfolge der Weltentstehung ist Sâmkhya. Sâmkhya ist die vollständige Aufzählung der Bestandteile und Elemente des Universums. Dabei kam es, wie gesagt, auf die Erfassung des Ganzen oder die Vollständigkeit der Analyse an.

Schon aus dem Gesagten wird deutlich, warum Sâmkhya die theoretische Grundlage für die Techniken der psychischen Reintegration und Rekonstruktion bildet, welche aus dem spätbrâhmanischen Programm der Verinnerlichung des Opfers entstanden sind. Unter diesen spirituellen Techniken ist der klassische Yoga heute am besten bekannt. Andere psycho-religiöse Techniken der Integration sind aber im Tantrismus enthalten und weiter entwickelt worden. Und noch andere sind unter den Begriff Yoga gebracht worden, d.h. fast jede geistige oder spirituelle Technik wird in Indien als ein Yoga betrachtet. Also spricht man von Karma-Yoga, Bhakti-Yoga, Jñâna-Yoga, Hatha-Yoga, Mantra-Yoga, Râja-Yoga usw.

Yoga kommt von der Sanskrit-Wurzel *yuj-*, und heisst "zusammenbinden" oder "fest zusammenhalten", "anschirren"; vgl. lateinisch "jungere", "iugem", und deutsch "Joch". Im allgemeinen bezeichnet Yoga jede Technik und Methode der Meditation und Integration. Wenn Yoga "binden" bedeutet, dann ist damit ein Binden an das Absolute gemeint, wie immer man sich dies vorstellt, z.B. als das wahre Selbst, als das Sein schlechthin oder als eine persönliche Gottheit oder das göttliche Gesetz (*dharma*). Dieses Anbinden bringt aber ein "Losbinden" von aller Relativität mit sich , ein "Loslassen" aller weltlichen Existenz. Nach dem Modell des Agnicayana-Opfers - wo der Leib Prajâpatis durch das weltschöpferische Opfer auseinanderfällt, zerstreut wird und somit wiederhergestellt werden soll - heisst im Yoga "binden" auch *Einung* des Geistes im Sinne der Überwindung aller Zerstreutheit der psychischen Funktionen und Erlebnisse, aller unbewussten Konditionierung und Automatismen und somit die Erlangung vollkommenen Selbstbesitzes, absoluter Selbstbeherrschung und unbegrenzter Freiheit. Allerdings nimmt dieser Reintegrationsprozess, welcher die alte vedische Idee von "Binden und Lösen" als urgründliche, weltschöpferische Tätigkeit aufnimmt und weiterentwickelt, zwei verschiedene Richtungen an. Erstens geht die Bewegung von Binden und Lösen in Richtung einer Identifikation mit allem, wie der Opfernde im Agnicayana-Ritus mit dem rekonstruierten Leib Prajâpatis identifiziert wurde. Zweitens geht die Einung des Geistes in Richtung einer Isolierung oder Trennung von allem, wie dies im klassischen Yoga und Sâmkhya gelehrt wird.

Es gibt nichtsdestoweniger wichtige Unterschiede zwischen den beiden Systemen:

1) Sâmkhya ist atheistisch und Yoga ist theistisch.

2) Sâmkhya lehrt Befreiung durch Wissen allein, währenddem Yoga die Befreiung nur durch asketische und meditative Übung lehrt.

Sonst stimmen beide darin überein, dass das Problem überhaupt die Gebundenheit oder Verstrickung des Menschen in der Welt ist, und dass die Lösung dieses Problems im Rückzug aus dieser Welt besteht, d.h. in der Isolation (*kaivalya*).

Anders als Vedânta "ist" für Sâmkhya und Yoga die Welt wirklich da. Sie ist keine blosse Illusion. Es gibt also ein zweites ontologisches Prinzip neben der reinen Bewusstheit des Selbst, nämlich Materie oder Prakriti. Das heisst aber nicht, dass die leidvollen Erfahrungen weltlicher Existenz wirklich sind. Denn sie entstehen aus der von Unwissenheit kommenden falschen Identifikation von Geist und Materie. Die weltlichen Erfahrungen sind trotzdem nicht sinnlos. Sie sind da, um zur Befreiung zu führen. Erfahrungen haben an sich keinen Bestand. Sie haben eine bloss teleologische Seinsweise. Sie existieren nur um der Befreiung willen. Wenn die Befreiung

erlangt ist, verschwindet die Erfahrung, aber nicht die Welt in ihrer Substanz. Die Substanz der
Welt bleibt weiterhin in nicht manifester Form bestehen als materielle Ursache oder Urgrund. Nach
dieser Auffassung haben die vielfätigen Erfahrungen weltlicher Existenz also keinen Bestand, wohl
aber einen Zweck, eine Dienstfunktion. Erfahrungen werden gemacht, um sich selbst aufzuheben,
d.h. man erlebt allerhand Erfahrungen, damit einmal Erfahrungen nicht mehr gemacht werden
müssen.


## 8.4    Die All-Einheit im Bereich der Liebe (bhakti)

Der indische Theismus ist vor allem Bhakti. Das Wort, das von der Wurzel *bhaj* stammt (teilhaben
an, sich eins wissen mit, gehören), bezeichnet nach Gonda (1960:244):

> "... nicht einen Glauben, sondern eine liebende, treue Verehrung und Hingabe, eine inbrünstige
> persönliche Gewogenheit, eine tiefe affektionierte und mystische Ergebenheit, verbunden mit
> der Begierde, mit dem Objekt seiner Verehrung - einem persönlichen Gott, an dessen geistiges
> Wesen man glaubt - eins zu werden, oder richtiger, weil man überzeugt ist, wesentlicher Teil
> seines Wesens zu sein, die Einheit mit ihm zu verwirklichen."

Der Gott, den der Bhakta verehrt, ist Bhagavat, der Heilige, der Verehrungswürdige, der
Erhabene, der Herr, und obwohl dieser Gott viele Namen und Formen hat, bezeichnen sich
diejenigen Menschen, die das Heil in Bhakti suchen und gefunden haben, alle als Bhâgavatas,
sodass wir - trotz enormer Formenvielfalt - von einer relativ einheitlichen Bhâgavata-Religion
sprechen können.[644]

---

[644] Damit soll nicht behauptet werden, dass der indische Theismus ausschliesslich Bhâgavatareligion ist. Die
Bhâgavatas sind hauptsächlich Vishnuverehrer. Eine vollständige Diskussion des indischen Theismus müsste sich
auch mit dem Shivaismus und dem Shaktismus befassen. Ich beschränke mich hier auf den Vishnuismus als
repräsentatives Beispiel des *bhakti-mârgas*.

Es handelt sich um einen Heilsweg, der die All-Einheit entlang völlig anderer Achsen entparadoxierte als dies im Bereich des Handelns oder im Bereich des Wissens geschah. Ohne die sozialen, historischen und politischen Ursachen für die Entstehung der Bhâgavata-Religion zu verleugnen[645], lässt sich Bhakti auch auf der spezifischen Ebene religiöser Sinnbildung analysieren. Den Widersprüchen, die im verabsolutierten Handlungsbegriff des *karmas-mârgas* enthalten waren - das Handeln wirkte zugleich desintegrierend und integrierend - konnte zwar entgangen werden, indem All-Einheit in einem anderen Bereich, im Bereich des Wissens entparadoxiert wurde, aber dies führte ihrerseits zu Widersprüchen, die andere Lösungen auf den Plan riefen.

Im Weg des Wissens entstand eine Symbolik des Möglichen, worin die Einheit durch meditative Erkenntnis des undifferenzierten Bewusstseins zugänglich gemacht wurde. Demgegenüber entstand eine Symbolik des Ausgeschlossenen, worin die Vielheit in allen Formen entweder zur Illusion (Vedânta) oder zum ganz Anderen (Sâmkhya-Yoga) erklärt wurde. Dies hatte zur Folge, dass die Symbolik des Möglichen wieder paradox wurde, denn sie beinhaltete zugleich eine monistische Einheit und eine dualistisch konzipierte Isoliertheit. Die Illusionstheorie des Vedântas führte zum Verlust aller Vielheit, Individualität und Persönlichkeit, d.h. es gab wohl die Einheit, aber nicht mehr das All (*sarvam*). Der Versuch, dies durch eine dualistische Theorie (Sâmkhya) zu korrigieren durch eine Theorie also, worin das Materielle bestehen bleibt - machte die Erlösung zum Zustand der Isoliertheit. Nach Sâmkhya-Yoga führt die Selbsterkenntnis in die Isolation (*kaivalyam*), d.h. in die radikale Vereinzelung der individuellen Purushas. Für den Weg des Wissens gilt allgemein: Der Mensch muss das Heil in etwas der Welt des Handelns radikal Entgegengesetztem finden. Es gab somit das All (die Gesamtheit der Prinzipien und die Gesamtheit der Purushas), aber nicht mehr die ontologische Einheit der beiden entgegengesetzten Prinzipien. Die Entparadoxierung im Bereich des Wissens scheitert also an der Rückkehr des Paradoxons innerhalb der Symbolik des Möglichen. Das Mögliche, d.h. die positive Seite der Absolutheit, wird zugleich Einheit und Vielheit. Auf der Achse von Wissen und Unwissenheit konnte die Vielheit nicht erfolgreich ausgeschlossen und der Unwissenheit allein zugeordnet werden.

---

[645]  Vgl. Schneider 1989:159ff.

Zudem hafteten dem Weg des Wissens ähnliche Probleme an wie dem Weg des Handelns. Das Ideal der Entsagung war elitär. Nicht alle Menschen können der Welt den Rücken kehren und sich in den Wald zurückziehen, um sich der Askese und der Meditation zu widmen. Mönchtum - auch ein Ideal des Buddhismus! - bleibt nur wenigen zugänglich. Nicht alle Menschen sind fähig, die esoterischen Lehren der Upanishaden zu verstehen. Sozio-politisch eignete sich also das Mönchtum des *jñâna-mârgas* ebensowenig wie der Ritualismus des *karma-mârgas* dazu, um die Massen zu vereinigen und ihre religiösen Bedürfnisse zu befriedigen. Dies musste auch der Buddhismus in dem Moment erfahren, als der Bhakti-Hinduismus die Massen mittels eines nicht-elitären, einfachen und offenen Zugangs zum Heil wieder für sich gewann.

Entparadoxiert man die All-Einheit im Bereich der Gefühle entlang der Achse emotioneller Vereinigung und Distanz, dann entsteht eine Symbolik des Möglichen, worin die alltäglichen Gefühle eine religiöse Funktion bekommen. Alle Formen der Verehrung, Hingabe, Verschmelzung und Unterwerfung gewähren nunmehr Zugang zum Heil. Solche Gefühle sind nicht elitär. Jeder Mensch kennt die vereinigende Kraft der Liebe. Besondere Kenntnisse, sozialer Status, Macht und Reichtum sind nicht mehr als Voraussetzung für Erlösung zu betrachten. Ganz im Gegenteil, die Entparadoxierung der All-Einheit im Bereich der Gefühle artikuliert eine Symbolik des Ausgeschlossenen, worin sowohl atheistischer Ritualismus als auch ein weltabgewandtes Mönchtum verworfen werden. Wer meint, die All-Einheit lasse sich durch Ritualismus oder Entsagung erreichen, irrt sich. Der Weg zur Befreiung führt nunmehr über die Hingabe an Gott. Ritual und Askese, Handeln und Wissen werden somit nicht völlig aus der religiösen Sinnkonstitution verbannt, sondern sie werden als Formen betrachtet, in denen der Mensch einen persönlichen Gott verehren kann. Dies ist die Lehre der Bhagavadgîtâ.


## 8.4.1 Krishnabhakti in der Bhagavadgîtâ


Schon im grossen Epos, dem Mahâbhârata, wurde Krishna (auch Vâsudeva genannt) zum Bhakti-Gott erhoben. Nirgendwo ist dies so klar und traditionsmächtig zum Ausdruck gebracht worden wie in der Bhagavad-Gîtâ (ca. 3. Jahrhundert v. Chr.), dem 'Lied des Erhabenen', das eine Episode im Mahâbhârata - der epischen Erzählung über den grossen Krieg zwischen zwei verwandten Sippen der Bhâratas - bildet. Ausgangssituation ist das Zusammentreffen der zwei Armeen auf dem Schlachtfeld. Die Fronten stehen sich kampfbereit gegenüber. Doch bevor die Schlacht beginnt befiehlt Arjuna (der Held der Bhagavad-Gîtâ) seinem Wagenlenker, seinem Freund und wie sich herausstellen wird dem höchsten Gott, Krishna, ihn zwischen die Fronten zu fahren damit er sehen kann, mit wem er zu kämpfen hat. In den feindlichen Reihen sieht er seine Verwandten und Freunde. Dies bringt ihn in Konflikt mit Dharma. Denn obwohl er als Krieger verpflichtet ist, in diesem gerechten Kampf zu kämpfen, ist er ebenso nach Dharma verpflichtet, seine Verwandten und Freunde, die ihm nun gegenüber stehen, nicht zu töten. Der Konflikt hat tragischen Charakter. Arjuna, der sein ganzes Leben nach dem Gesetz, nach Dharma, ausgerichtet hat, kann weder kämpfen noch fliehen. Das Gesetz - der Weg des Handelns - bricht in sich zusammen ("Wir wissen wirklich nicht, was besser wäre, dass wir siegen oder dass sie uns besiegen" Bhagavadgîtâ II,6 nach Schreiner 1991) und Arjuna wendet sich an Krishna mit der Bitte, Krishna solle ihn lehren, was Recht und was Unrecht ist:

"Mein ganzes Wesen ist von Kläglichkeit, diesem

Fehler, überwältigt;

mein Geist ist ganz verwirrt bezüglich Dharma.

Ich frage dich, was besser wäre; du nenne es mir mit Entschiedenheit.

Ich bin dein Schüler; belehre mich,

der ich mich unterwürfig an dich wende." (II,7)


Nicht nur die internen Widersprüche des Karma-Mârgas bilden den Ausgangspunkt der Bhaktilehre, sondern ebenso die Widersprüche des Jñâna-Mârgas, des Weges des Wissens. Denn Arjuna weiss, dass es die Möglichkeit gibt, der Welt den Rücken zu kehren, sich in den Wald zurückzuziehen und sich der Askese und der Meditation zu widmen. Dies schlägt er Krishna sogar vor ("Besser ist es, vom Betteln zu leben in dieser Welt ..." II,5). Und Krishna scheint zunächst auch dieser Ansicht zu sein, denn er beginnt seine Lehre mit traditionellen vedântischen Ideen: Arjuna soll verstehen, dass sein wahres Selbst nichts mit dieser Welt der Vergänglichkeit und des Leidens zu tun hat (vgl. Kapitel II). Trotzdem lehnt Krishna das strenge Asketentum ab, denn dem

Handeln kann man nicht völlig entsagen. Die ganze Welt beruht auf Karma (III,9ff.). Auch wenn man nicht handeln will, handelt man trotzdem unablässig, solange man überhaupt lebt (III,5). Ausserdem ist Gott selber ein Handelnder, dessen Tätigkeit alle Wesen ihre Existenz verdanken (III,22ff.). Und schliesslich sind Dharma und die Pflichten der Kastenordnung Gottes Gesetz, dem sich der Mensch nicht widersetzen soll (III,35). Also entsteht die Frage für Arjuna: Was ist denn der richtige Weg, Handeln oder Wissen, Karma oder Jñâna:

"Krishna, du preist sowohl die Entsagung des Handelns,

als auch wiederum das Handeln.

Sage mir mit deutlicher Entschiedenheit,

welches von beiden besser ist." (V,1)


Gerade diese Bitte von Arjuna wird Krishna aber nicht erfüllen, sondern er wird einen neuen Weg vorschlagen, nämlich den Weg der liebevollen Hingabe an ihn, den höchsten Gott.

Durch die übrigen Kapitel der Gîtâ lehrt Krishna das Handeln mit Verzicht auf die Früchte des Handelns, was nur möglich ist, wenn man weiss (*jñâna*!), dass Gott der alleinige Täter ist. Weder Handeln noch Wissen allein genügen, sondern beide zusammen in der Haltung der Verehrung und Hingabe an Gott:

"Das Allergeheimste aber folgt jetzt;

höre mein allerletztes Wort!

…

Habe auf mich deine Denkkraft gerichtet,

sei einer, der an mir teilhat (bhakta);

als einer, der mir opfert, erweise mir Ehre;

wahrlich zu mir nur wirst du gehen;

ich sag es dir zu: du bist mir lieb.

Lasse alle Gesetze (dharma) hinter dir;

und pilgere zu mir allein als Zuflucht.

Von allem Übel werde ich dich erlösen,

sorge dich nicht!" (XVIII, 64-66)

Die Gîtâ lehrt einen persönlichen Gott, der über den zwei Prinzipien der anderen Erlösungswege, d.h. einerseits über der materiellen Welt des Handelns und andererseits über dem reinen Bewusstsein des Vedânta steht. Wenn in der Sâmkhyalehre die materielle Welt (*prakṛti*) und der Geist (*puruṣa*) als letzte Prinzipien einander unversöhnlich gegenüberstehen, gibt es in der Gîtâ noch ein höheres Prinzip:

> "Noch ein anderer ist die allerhöchste Geistperson (uttama purusa);
>
> höchstes Selbst (paramâtmâ) wird er genannt.
>
> Er ist es, der als unveränderlicher, machtvoller Herr
>
> die Dreiwelt trägt, indem er in sie eingeht.
>
> Weil ich das Wandelbare überstiegen habe,
>
> weil ich der Höchste, noch über dem Unwandelbaren bin,
>
> deshalb bin ich bei den Menschen wie auch in den Veden
>
> als die höchste Geistperson (uttama purusa) verbreitet." (XV, 16-18)

Die Welt (*prakṛti*) und die Seelen (*purusa*) stammen von Gott. Sie sind Emanationen aus dem Höchsten:

> "Von jedem Seienden, welches an der Ausfaltung teil hat,
>
> was glückvoll oder kraftvoll ist,
>
> von dem sollst du erschliessen,
>
> dass es entstanden ist aus einem Teilchen meiner Glut." (X, 41)

Gott ist alles und alles ist in Gott (VII, 12, 19; XI, 36ff.). Die Weltschöpfung ist Gotteshandlung. Und wann immer die Welt von Unordnung (*adharma*) bedroht wird, schafft sich Gott aus seiner "Schaffenskraft" (*mâyâ*) eine sichtbare Form, um Dharma zu retten. Hier wird die Avatâra-Lehre klar ausgesprochen:

> "Immer wenn ein Niedergang der Ordnung (dharma) eintritt,
>
> oh Arjuna,
>
> und Zuwachs an Ordnungslosigkeit (adharma),
>
> dann erschaffe ich mich selbst.

Um die Guten zu erretten,

und um die Übeltäter zu vernichten,

um also die Ordnung wieder aufzurichten,

entstehe ich in den verschiedenen Zeitaltern." (IV, 6-8)

Nicht nur zeigt sich somit das Absolute in der Welt von Name und Form, sondern alle haben dadurch Zugang zu ihm. Bhakti ist kein elitärer Weg. Alle sozialen Schichten sind angesprochen:

"Wer mir anhängt, der geht nicht unter.

Denn wer, oh Arjuna, sich auf mich gründet,

sei er auch von schlechter Abstammung,

die Frauen, die Vaisyas, ebenso die Sudras,

selbst diese gelangen zum letzten Ziel." (IX,32)

Zudem werden den Bhaktas keine anstrengenden, teuren, esoterischen Praktiken, Riten oder Lehren auferlegt. Alle Formen der Verehrung sind erlaubt. Was immer die Menschen tun, sie müssen sich nur in liebevoller Verehrung Gott hingeben:

"Bringt jemand mir voll Hingabe ein Blatt,

Blüte, Frucht, oder Wasser dar,

empfange ich dies als Geschenk der Hingabe

von diesem Menschen, der sein Selbst gezügelt hat.

Wenn du handelst, wenn du isst,

wenn du opferst, wenn du spendest,

wenn du dich kasteist, oh Arjuna,

dann tue es als Darreichung an mich.

Auf diese Weise wirst du von guten und schlechten Früchten,

den Fesseln des Handelns befreit;

befreit wirst du zu mir gelangen, ..." (IX,26-28)

Anders als in den anderen zwei Heilswegen ist der Bhakta nicht auf sich selbst, d.h. weder auf seine Herrschaft ritueller Technologie, noch auf seine asketische Disziplin angewiesen, um das Heil zu erlangen, denn Gott hilft seinen Verehrern durch seine Gnade:

"Wenn du deinen Geist auf mich ausrichtest,

wirst du durch meine Gnade alle Hürden überwinden." (XVIII,58)


### 8.4.2   Bhakti als Liebesmystik


Wichtig für Bhakti als Heilsweg waren weniger die abstrakten Anstrengungen und Streitereien der Theologen, als vielmehr die religiösen Gefühle der Dichter und Sänger der Bhakti. Dies waren vor allem die Âlvârs, tamilische Dichter, die das ganze Land zwischen dem 6. und 9. Jahrhundert durchzogen. Sie waren erfüllt von einem brennenden und ekstatischen Gefühl der Abhängigkeit, der Hingabe, der Sehnsucht nach Verbundenheit und Vereinigung mit Gott. Sie verehrten Vishnu in Form seiner Avatâras, entweder als Krishna oder als Râma. Ihre Gedichte und Lieder (etwa 4000) wurden später in der Divya-Prabandha gesammelt, und sie übten einen enormen Einfluss auf den indischen Theismus aus. So z.B. Nammâlvars (vgl. von Gasenapp 1958:200) fast kindlicher Lobgesang auf Gott als Mutter und Vater zugleich:

"Ein hoher Himmel ist nicht mein Begehr.

Deinen prächtigen Fusslotus setze schnell auf mein Haupt,

Wie du schirmend einst das Rüsseltier vom Leide befreitest,

O Mutter! dein Diener hat nur diesen einen Wunsch;

Diesen einen nur, dass ich stets dich fassen möge,

O meine Mutter, mein schöner Rubin mit Feuer der Schwärze gesellt!

Auf dass ich erreiche deinen schwer erreichbaren Fuss,

Gib mir deine Erkenntnis-Hand! Zögere nicht!

Der du als freudevolle Gottheit, Welt, Nichtwelt,

Als freudevolles Licht dich ausgebreitet hast, O Vater

Dass ich mit freudevollem Denken, Reden und Handeln

Freudetrunken dir Ehre zolle, komme herbei!
Als ich mich zu erkennen noch nicht fähig war,
Sagte ich 'ich' und 'mein eigen'.
Ich bin du, und was mir gehört bist du,
O mein Held, den als 'Himmel' der Himmlischen preisen."

Die mit den Âlvârs hervorgetretene Reaktion gegen abstrakte Philosophie, gefühllose Askese und einen rigiden Ritualismus, gründete zumeist auf einer besonderen Bhaktiliteratur, die der Vishnu Purâna, der Harivamsha, der Bhâgavata Purâna und Gîtâgovinda repräsentiert. Es handelt sich um die Legenden und Erzählungen von Krishna Gopâla, d.h. von der Kindheit Krishnas, von seiner Jugend als Kuhhirt und von seinen erotischen Liebesspielen mit den Gopîs - den Kuhhirtinnen - und vor allem mit seiner Favoritin, Râdhâ.

Die Kindheitsgeschichte Krishnas beginnt mit der Bitte der Götter an Vishnu, ihnen zu helfen im Kampf gegen einen Dämon, der in Form von König Kamsa die Herrschaft über Mathurâ und die ganze Welt gewonnen hat. Vishnu entschliesst sich, den Göttern zu Hilfe zu kommen, indem er sich als der achte Sohn von Devakî, der Frau des Königs Vasudeva, inkarniert. Um diesen Plan, den er durch eine Prophezeiung kennenlernt, zu verhindern, hält der Dämon Vasudeva und Devakî in Mathurâ gefangen und tötet die ersten sechs ihrer Kinder. Das siebte Kind, Balarâma, und das achte Kind, Krishna, werden gerettet, indem sie als Kinder von Yashodâ und Nanda aus dem naheliegenden Kuhhirtendorf Gokula ausgegeben werden. Schon als Kind zeigte Krishna wunderbare Kräfte. Er saugte das Leben aus einer Dämonin, die in der Nacht zu ihm gekommen war, um ihn mit ihrer giftigen Brust zu töten. Einmal wurde er in den kühlen Schatten unter einen Wagen gelegt, während seine Eltern beschäftigt waren. Als er hungrig aufwachte, stiess er den grossen, schweren Wagen mit seinen Füssen um. Es wird erzählt, wie er Kinderstreiche spielte und z.B. die Butter des Nachbarn stahl. Die Kuhhirten waren von diesen Ereignissen verunsichert und zogen weg nach Vrindâvana am Ufer des Jumnas. Dort wuchsen Krishna und sein Bruder Balarâma zusammen mit den anderen Jungen im Dorf auf. Sie streiften durch den Wald, bekleidet mit Blumen, ihre Flöten spielend und singend. Krishna setzte seine Wundertaten fort, indem er viele Dämonen besiegte. Einmal gewann ein Schlangendämon Herrschaft über den Fluss. Krishna sprang in den Fluss hinein und forderte den Dämon zum Kampf auf. Er besiegte ihn und tanzte auf dem Kopf des Dämons. Am wichtigsten für die spätere Entwicklung von Bhakti aber waren die Erzählungen von Krishna und den Gopîs.

Die Liebesspiele Krishnas mit den Kuhhirtinnen, den Gopîs, bilden das Thema vieler Erzählungen, welche alle die Intensität, Sehnsucht, Leidenschaft und Hingabe der erotischen Liebe zum Zentrum religiöser Gefühle machen. Wenn der Herbstmond klar und still den Abendhimmel beleuchtet, ruft Krishna die Gopîs mit seinem Gesang und der verführerischen Musik seiner Flöte. Gegen die Wünsche ihrer Eltern, ihrer Brüder und Ehemänner und gegen die Sitten des Dorfes kommen sie - einige scheu und zögernd, andere schamlos und eilig - in die Nacht hinaus, um mit Krishna zu tanzen und zu spielen. Als sie sich um ihn sammeln, verschwindet er plötzlich. Allein gelassen werden sie traurig und von Sehnsucht nach ihrem geliebten Krishna erfüllt. Sie imitieren seine Gesänge und suchen ihn überall. Im Wald finden sie Fussspuren Krishnas und daneben die Spuren eines Mädchens. Die Fussspuren zeigen, dass das Mädchen von Leidenschaft betrunken stolperte, bald zeigen sie, wie beide anhielten, damit Krishna Blumen für seine Geliebte sammeln konnte, wie sie sich auf den Boden legten, wie Krishna davonsprang und sie ihm nachrannte, und schliesslich, wie sich die Fussspuren in der Dunkelheit des Waldes verlieren. Die erotischen Liebesspiele Krishnas mit seiner Favoritin Râdhâ im dunklen Wald werden ausführlich beschrieben (vgl. Bhâgavata Purâna). Neidisch wegen Krishnas Favoritin und ohne Hoffnung, ihn je wieder zu sehen, kommen die Gopîs immer wieder zum Ufer des Jumnas, um Krishnas Lieder zu singen. Plötzlich erscheint er unter ihnen, tröstet sie und beginnt mit ihnen zu tanzen. Er nimmt jede bei der Hand und führt sie in den Tanz (*râsa-lîlâ*). Er blendet sie und lässt sie miteinander tanzen, währenddem jede denkt, sie tanze mit Krishna allein.

Ebenso wie Krishna aus dem Kreis der tanzenden Gopîs verschwindet, geht er von Vrindâvana weg. Er und Balarâma gehen zurück nach Mathurâ, um den Dämon Kamsa zu töten und Vasudeva und Devakî zu befreien. Hinter sich aber lässt er die Menschen, die ihn lieben und sich leidenschaftlich nach ihm sehnen. Die Menschen im Dorf haben ihn als Kind in den Armen gehalten, sie haben ihn als jugendlichen Freund gekannt, sie haben sich ihm als Liebhaber leidenschaftlich hingegeben. Da Krishna zugleich Gott ist, können alle diese Gefühle nunmehr als Formen der Gottesverehrung dienen. Elterliche Zuneigung, Freundschaft, leidenschaftliche Liebe, alle kommen zusammen, um den Gefühlsreichtum und die emotionale Vielfalt der Bhakti zu bilden. Diese Gefühle stehen in der folgenden Tradition immer wieder im Zentrum religiöser Erneuerungsbewegungen - wie z.B. der Bhaktibewegung Caitanyas im 16. Jarhundert - und prägen bis heute den Weg der Liebe im Hinduismus.

## 8.5    All-Einheit: Der Bezug des Menschen zur Natur im Hinduismus

### 8.5.1   Mythos

Als Ausgangspunkt für die Analyse eines Weltbildes, das menschliches Verhalten der Natur gegenüber "steuert", dient die jeweilige Konstellation von Gott-Welt-Mensch. Dies ist die Ebene von *Mythos*, d.h. von narrativer Wiederholung, von Lehre oder Doktrin. *Mythos* muss dabei nicht so definiert werden, dass er sich auf Göttergeschichten oder ähnliches beschränkt. Unter "mythischer Erzählung" verstehen wir viel eher die für eine Kommunikationsgemeinschaft - d.h. Kultur, Volk, Gesellschaft oder Gruppe - massgebende Konstellation oder Artikulation der Beziehungen von Gott, Welt und Mensch, die in der dreifachen Symbolik von Absolutem, Ausgeschlossenem und Möglichem codiert wird.[646]

Der Mythos der hinduistischen Konstellation von Gott, Welt und Mensch beschreibt in den drei Bereichen von Handeln, Wissen und Liebe, wie alles eins ist und wie das Eine unfassbar, das Selbst, das in allen Wesen innewohnt, ist. Also sind Gott, Welt und Mensch einander nicht als völlig andere Realitäten gegenübergestellt. Der Hinduismus hat das absolute und demnach paradoxe Symbol der All-Einheit in den Bereichen von Handeln, Wissen und Liebe *entparadoxiert*. Betrachten wir zuerst den Bereich des Handelns. Der Bereich des Handelns ist grundsätzlich

---

[646]  Für eine ausführliche Diskussion und Begründung vgl. Krieger 1993a, 1996a. J.-F. Lyotard (1986) spricht von "Metaerzählungen" als Basis einer Kommunikationsgemeinschaft.

dreifach strukturiert, d.h. zum Handeln gehören notwendig ein Täter, eine Tat und die Wirkung der Tat. Um All-Einheit im Bereich des Handelns zu verwirklichen, müssen alle diese drei zugleich eins sein. Dies ist nur möglich, wenn der Täter sich selbst durch seine Tat bewirkt. Noch mehr, das Ergebnis dieser sich selbst herstellenden Tätigkeit muss zugleich eins und viele sein, denn es geht um die Einheit von allem. Die Lösung dieses Problems bietet die brâhmanische Opferreligion mit der Idee der weltschöpferischen Opferhandlung. Prajâpati opferte sich selbst und alle Wesen entstanden aus den Teilen seines Leibes. Aber um die Einheit wieder herzustellen müssten die Wesen ebenso wie Prajâpati sich selbst, d.h. ihre Individualität opfern, und sich wieder in den göttlichen Leib integrieren. Der ewige, weltschöpferische Kreislauf von Desintegration und Reintegration mittels Opferhandlungen machte Karma - das Handeln - zum absoluten Prinzip und zur Verwirklichung der All-Einheit.

Ähnlich wie der Bereich des Handelns ist auch der Bereich des Wissens dreifach strukturiert. Wissen artikuliert sich als Zusammenhang zwischen bewusstem Subjekt, der Erkenntnis und dem erkannten Objekt. Auch in diesem Bereich wird die All-Einheit dadurch erreicht, dass Subjekt, Erkenntnis und Objekt alle als das Gleiche erfahren werden. Das Wort der Upanishaden, "Das bist du", *tat tvam asi*, und die Lehre, dass das Selbst (*âtmâ*) der Urgrund von allem (*brahman*) ist, drückt diese Einheit unverkennbar aus. In allen Objekten erkennt das Subjekt schlussendlich nur sich selbst. Die asketische Entsagung aller weltlichen Tätigkeiten und die meditative Versenkung ersetzen somit den Opferritualismus als Heilsweg.

Auch im Bereich der Gefühle gibt es den Liebenden, den Geliebten und die Liebe selbst, die sie verbindet. All-Einheit verlangt auch hier, dass alle drei das Gleiche sind. Die vollkommene Hingabe (*bhakti*) an die geliebte Person führt zu einer mystischen Verschmelzung der beiden in der absoluten Liebe. In den Worten Nammâlvârs: "Ich bin du, und was mir gehört bist du". Oder wie Krishna in der Bhagavadgîtâ (IX,29) Arjuna lehrte: "... die aber mir in Hingabe ergeben sind, die sind in mir, und ich bin auch in ihnen".

Wenn wir den Hinduismus als ein Beispiel des All-Einheits-Modells religiöser Sinngebung betrachten bedeutet dies, dass - im Rahmen eines solchen Modells - alle systematischen Weltdeutungen, Philosophien und Theologien weltanschauliche Grundlagen liefern werden, aufgrund derer das Andere - sei es die nicht-menschliche Natur oder das Göttliche - als Nicht-

Andere, als das Selbst verstanden werden kann. Dies hat, wie wir sehen werden, wichtige Folgen für die Entwicklung einer biozentrisch oder physiozentrisch orientierten Umweltethik.


### 8.5.2  *Spiritualität*

*Spiritualität* soll ebenfalls in einem spezifisch kommunikationstheoretischen Sinne verstanden werden. Im "Zentrum" religiöser Kommunikation steht die Verkündigung und die damit zusammenhängende spirituelle Erfahrung. Die spezifische Erfahrung, die eine religiöse Weltdeutung sinnvoll macht, können wir als "Bekehrung" bezeichnen. Nach Eliade sind es die Hierophanien, die das Zentrum einer religiösen Verkündigung ausmachen. Dies sind besondere Symbole oder Symbolkomplexe, um die herum sich die ganze mythologische und theologische Explikation der religiösen Sinngebung artikuliert. Die zentralen Symbole einer Religion - wie das Kreuz im Christentum - bestimmen den Inhalt der Symbolik des Absoluten, des Ausgeschlossenen und des Möglichen. Dies sind nicht abstrakte, bloss intellektuelle Inhalte, sondern sie sind nur "wahrnehmbar" und "verstehbar" in einer von ihnen besonders gestalteten spirituellen Erfahrung der Verinnerlichung, die mit Bekehrungs-, Einweihungs- und Sozialisationserfahrungen vergleichbar ist.

Die typische spirituelle Erfahrung der All-Einheit dürfte als "instasis" im Gegensatz zur "extasis" der Gottesgehorsamkeitsreligionen (Judentum, Christentum, Islam) und zur "costasis" der Religionen der Lebensgemeinschaft (Stammesreligionen) bezeichnet werden. Instasis bedeutet "in sich stehen", d.h. die mystische Erlösungserfahrung führt nicht über das Selbst hinaus (Transzendenz), sondern zurück in das Selbst hinein. Es geht nicht darum, der Sündhaftigkeit, dem Leiden, den Schranken und Begrenzungen weltlicher Existenz dadurch zu entkommen, dass der Mensch zu einem Anderen (wie immer konzipiert) hinaus- oder hinübergeht, sondern dass der Mensch wieder zu seinem wahren Selbst zurückfindet. Das Andere, ob Gott oder Natur oder andere Menschen in der Gesellschaft, sind Spiegelbilder und Zugänge zum wahren Selbst. Folglich wird der Mythos der All-Einheit - in welcher Form auch immer - durch eine Erfahrung der "Instasis" - z.B. rituelle Selbstopfer, meditative Selbsterkenntnis, vollkommene Hingabe -

bewahrheitet, sinnvoll gemacht und internalisiert. Wer diese Erfahrung nicht kennt, findet kaum Zugang zur Welt der All-Einheit.


### 8.5.3   Rituelle Darstellung

*Rituelle Darstellung* ist ein kommunikationspragmatischer Grundbegriff, der die handlungsmässige Vermittlung des primären Codes oder der religiösen Sinngebung bezeichnen soll. Religiöse Handlungen werden als Entsprechungen zu einem verkündigten "Anspruch" und als Imitation, Nachahmung und rituelle Darstellung von "mythischen" Paradigmen vollzogen. Mit der Offenbarung einer geordneten Welt, in der ein bestimmtes menschliches Verhalten, ein bestimmter Entwurf des In-der-Welt-Seins gegeben ist, existiert der Mensch *handlungsmässig in einer nachahmenden Beziehung zum Mythos.*[647] Unter "ritueller Darstellung" als kommunikationstheoretischem Grundbegriff verstehen wir die handlungsmässige Ausdifferenzierung von bestimmten Verhaltensformen *als exemplarisch* durch die Herstellung eines dramaturgischen Zeit-Spiel-Raumes mittels Strategien der Informationskontrolle.[648]

Im spezifisch kommunikationstheoretischen Sinn - nämlich als Ausdifferenzierung paradigmatischer Handlungen, als Herstellung eines dramaturgischen Handlungsraumes und als Anwendung von Techniken der Informationskontrolle - ist der Begriff "Ritual" zugegebenerweise sehr breit gefasst. Es handelt sich also *nicht* um Riten im üblichen Sinne des Wortes, als Gottesdienst, Brauchtum, Kulthandlung usw., auch nicht um eine metaphorische Übertragung wie z.B. in der psychologischen Anwendung des Wortes als Bezeichnung für gewisse Symptome von Zwangsneurosen. Der kommunikationstheoretische Begriff von ritueller Darstellung bezieht sich auf die leibliche, handlungsmässige Verwirklichung des Weltbildes, des primären Codes und bezeichnet somit weniger einen Komplex von bestimmten Handlungen als eine *Kompetenz,*

---

[647]   Vgl. Mircea Eliade 1961:11-12: "Die Mythen offenbaren die Strukturen der Wirklichkeit und die vielfältigen Seinsweisen in der Welt. Darum sind sie das vorbildliche Modell menschlichen Verhaltens."

[648]   Vgl. Krieger 1993. Zur Grundlagendiskussion über Ritual vgl. Catherine Bell 1992; Erving Goffman 1969; Richard Schechner 1990; Clifford Geertz 1987; Victor Turner 1989a, 1989b.

nämlich: Die Fähigkeit - wenn nötig - explizit auf die Ebene eines Grenzdiskurses überzugehen und handlungsmässig und performativ die zu geltenden Sprachspielregeln darzustellen und durchzusetzen. "Rituelle Kompetenz" ist die Fähigkeit ein Weltbild - wie auf einer Bühne - zu verkörpern und zu verwirklichen.

Wenn jeder Mythos nur über eine spirituelle Erfahrung bewahrheitet und internalisiert werden kann, dann wird diese Erfahrung erst konkret und in der handlungsmässigen Ausführung oder der "rituellen Darstellung" im Kult und im Alltagsleben verwirklicht. Wer die All-Einheit durch "Instasis" erfahren hat, wird dies in allen Lebensformen und Lebenssituationen zur Geltung bringen wollen und müssen. Hier geht es nicht um einen sogenannten Tatbeweis des Glaubens, nach dem man erst ein echter Hindu wäre, insofern man ein tadelloses Leben der Pflichterfüllung, der Entsagung und des Gottesdienstes aufweist. Viel eher geht es um die fast unübersehbaren Formen der *Selbstverwirklichung*, in der die All-Einheit in die Wirklichkeit übersetzt wird. So die unermessliche Bedeutung von Yoga in Indien. Denn Yoga ist nicht nur Askese und Meditation, sondern jede Form des Umgangs mit Gott, mit der Natur, mit anderen Menschen und mit sich selber, die zur Selbstverwirklichung führt. Wobei das Selbst, das hier zur Diskussion steht, natürlich nicht das individuelle Ego ist, sondern Gott, Welt und Mensch in einer unzertrennlichen Einheit. Wer sich selbst verwirklicht, verwirklicht somit auch Gott und die Natur, denn es gibt keine grundsätzlichen Unterschiede zwischen Gott, Welt und Mensch. Deswegen wird die All-Einheit zur Grundlage einer Haltung der Selbstlosigkeit und des Selbstopfers, wie dies besonders prägnant im Begriff und in der Praxis der Gewaltlosigkeit (*ahimsa*) ausgedrückt wird.

## 8.5.4  Naturbezug

Der Naturbezug des Menschen im Hinduismus artikuliert sich im Rahmen der prinzipiellen Spannung zwischen der Einheit der Natur mit Gott und Mensch und der Vielheit der Natur als Bedingung weltlicher Existenz. Auf der einen Seite ist die Natur durch und durch heilig, schützens- und verehrenswert, während auf der anderen Seite alles Weltliche zum Tod verurteilt, als Illusion abgewertet und als bloss negative Kulisse menschlicher Erlösungssehnsüchte dargestellt wird. Einerseits ist die Materie zum Leib Gottes, zum Wesen des Absoluten (*brahman* als *causa materialis*) und somit in fast allen Formen als beseelt zu betrachten. Menschen werden ja als Tiere wiedergeboren. Andererseits gilt es sich vom Verstricktsein in der materiellen Welt der Vergänglichkeit und des Leidens um jeden Preis zu befreien. Nicht in der Vervollkommnung der Natur, sondern im Ausstieg aus dem Rad der Wiedergeburt liegt das Heil. Der Natur scheint keine immanente Teleologie innezuwohnen, ausser vielleicht in Sâmkhya, wo Prakriti sich entfaltet, um die Purushas zur Befreiung zu bringen.

Nichtsdestoweniger kann man nicht übersehen, dass die Haupttendenz des All-Einheits-Modells im Grunde inklusiv statt exklusiv ist. Es sind die Desintegration, die Vereinzelung, der Kommunikations- und Verbundenheitsmangel, die in allen Formen negativ bewertet werden. Auch der weltabgewandte Mönch, der Entsager, der sich in den Wald zurückzieht, um den Weg der Askese und der Meditation zu gehen, lehnt damit die Welt und die Natur in ihrem Wesen nicht ab.

Im Gegenteil, die radikale Isolierung (*kaivalyam*) führt zur radikalen Verbundenheit mit allen Geschöpfen. Wenn das weltliche Handeln (*karma*) verurteilt wird, dann nur, weil es aus Egoismus entstanden ist. Das Ideal eines nicht-egoistischen Handelns ist als Karma-Yoga wohl bekannt und wird von Krishna in der Bhagavadgîtâ als Heilsweg verkündet. Denn Handeln mit Verzicht auf die Früchte des Handelns ist Handeln für das Wohl aller Wesen, so wie in der brâhmanischen Opferreligion das Selbstopfer der Geschöpfe der Reintegration der Welt in den Leib Prajâpatis diente. Also macht es einen grossen Unterschied nicht nur *ob* man handelt, sondern *wie* man handelt. Darauf ist die enorme Bedeutung von Dharma zugleich als Weltordnung, Ritualgesetz und Moralkodex zurückzuführen. Auch der strenge Advaita Vedânta setzt die Erfüllung aller ethischen und moralischen Gebote voraus, um den Weg der Entsagung gehen zu können, und wer Gott durch Bhakti verehrt, muss auch das Göttliche in allen Kreaturen verehren, sonst ist er ein Heuchler und Betrüger.

Wie immer sich die Menschen in den Kulturen und Religionen - die durch die Symbolik der All-Einheit sinnkonstitutiv codiert sind - tatsächlich der Natur gegenüber verhalten, liegen die Ressourcen in ihrer religiösen Welterschliessung, die Heiligkeit der Natur, das Innewohnen des Göttlichen in allen Lebewesen und die wesensmässige Verbundenheit des Menschen mit der natürlichen Umwelt zu erkennen. Es wird somit möglich, Normen umweltgerechten Handelns aus der tiefliegenden weltanschaulichen Überzeugung abzuleiten, dass die Natur und der Mensch wesensgleich sind. Biozentrische und physiozentrische Argumentationsstrategien in der Umweltethik erhalten somit die notwendigen weltanschaulichen Grundlagen. Zudem sind Welt und Mensch wesensmässig im Mysterium des Heiligen verwurzelt und nicht ohne Rücksicht auf diese Abhängigkeit und Determiniertheit vom Absoluten her zu ändern, zu manipulieren, zu verbrauchen und zu zerstören. Physiozentrische oder biozentrische Argumente in moralischen, politischen, wirtschaftlichen und rechtlichen Diskursen werden somit in einem weltanschaulichen Wertkonsens verankert, der in den anderen Kulturen - vor allem im Westen - nicht vorhanden ist. Mit jeder Entscheidung, die der Mensch gegenüber der Natur trifft, entscheidet er nach dieser Auffassung nicht über ein anderes, sondern über sich selbst. In den Symbolen und Praktiken der All-Einheits-Traditionen liegen also wichtige Ergänzungs- und Korrekturmöglichkeiten, d.h. weltanschauliche Möglichkeiten, die in einer globalen Kultur aufgenommen und integriert werden sollten. Dies ist die Aufgabe einer interreligiösen Umweltethik.

# Schlusswort

Der Titel "Kulturökologie und Umweltethik" rückt das übliche Verständnis von Umweltethik als moralische Antwort auf naturwissenschaftliche Problemanalysen in ein neues Licht. Zwischen einer vorwiegend naturwissenschaftlichen Ökologie einerseits und den mehr oder weniger differenzierten Versuchen, die öffentliche Meinung zur "praktischen" Vernunft zu bringen, andererseits, schiebt sich jetzt eine spezifisch geisteswissenschaftliche *Kulturökologie*. Ökologischer Diskurs wird somit durch ein drittes Element bereichert. Als Antwort auf die wachsende Kenntnis von Störungen in der natürlichen Umwelt, die uns die naturwissenschaftliche Ökologie liefert, gibt es etwas mehr als das "Du sollst ..." des ethischen und moralischen Diskurses. Es gibt nämlich die Möglichkeit, naturwissenschaftliche Tatsachen, z.B. dass es ein Ozonloch gibt, als *kulturelle Informationen* aufzufassen. Also als Informationen, die innerhalb eines bestimmten gesellschaftlichen Subsystems produziert und codiert werden, und die auf verschiedenen Wegen und mit verschiedener Wirkung im gesamtgesellschaftlichen Kommunikationssystem zirkulieren. Aus dieser Perspektive rückt ein neuer Gegenstandsbereich in den Blick ökologischer Forschung.

Kultur oder die Gesellschaft als Ganzes kann man als eigenständiges Ökosystem betrachten. Ein solches System besteht aus Kommunikationen. Das gesellschaftliche Kommunikationssystem bleibt nur insofern lebensfähig, als alle Subsysteme - d.h. Politik, Recht, Wirtschaft, Wissenschaft, Erziehung, Religion, Kunst usw. - aufeinander abgestimmt sind. Eine solche gegenseitige Abstimmung erfordert "ökologische Kommunikation" im Sinne Luhmanns (vgl. Luhmann 1990), d.h. im Sinne einer offenen Kommunikation zwischen den verschiedenen, funktionell ausdifferenzierten, eigencodierten Subsystemen der modernen Gesellschaft. Kulturelle Informationen, die in einem Subsystem der Gesellschaft, z.B. in der Wissenschaft, produziert werden, fliessen über spezialisierte Kanäle in bestimmte, andere Subsysteme, z.B. in die Politik oder in die Erziehung, aber auch über die Massenmedien in die Gesellschaft als Ganzes. Beim Übergang von einem Subsystem zu einem anderen wird die Information umcodiert. Was die naturwissenschaftliche Analyse z.B. über die Umweltverträglichkeit von Automobilschadstoffen an Informationen zu Tage bringt, wird im politischen oder rechtlichen Subsystem nicht einfach übernommen, sondern für das entsprechende Subsystem spezifiziert. Denn im Zentrum des Rechtssystems steht nicht die Suche nach wissenschaftlicher Wahrheit, sondern die Frage, was jeweils als Recht oder Unrecht gilt. Wissenschaftliche Fakten interessieren nur insofern, als sie für die Rechtsfindung von Bedeutung sind. Sie interessieren aber nicht an sich. Das politische System befasst sich mit Machtzuteilung. Recht ist insofern von Interesse, als es dazu dient, Machtverteilung und Machtansprüche zu legitimieren oder zu sanktionieren. Informationen, die in einem Subsystem produziert werden, haben also nicht automatisch in einem anderen Subsystem die gleiche Bedeutung. Dies macht gesamtgesellschaftliche Kommunikation problematisch. Es ist wohl kaum bestritten, dass ein Grossteil der heutigen Umweltprobleme gesamtgesellschaftliche Probleme sind. Das bedeutet, dass sehr viele Umweltprobleme kooperatives Handeln auf globaler Ebene erfordern. Damit ist die Ökokrise vor allem und zuerst einmal eine Krise des kulturellen Systems und nicht eine Krise der Natur. Das kulturelle System bildet somit einen eigenständigen Gegenstand ökologischer Forschung mit spezifischen "ökologischen Problemen".

Als Ergänzung zur naturwissenschaftlichen Ökologie befasst sich die Kulturökologie mit der Natur, wie sie *innerhalb der Kultur* codiert wird. Da die moderne Gesellschaft nicht nur aus autonomen, eigencodierten Subsystemen besteht, sondern - für das ökologische Problem ebenso wichtig - aus verschiedenen Kulturen, Religionen und Weltanschauungen, gibt es eine Vielfalt an Naturauffassungen. Für die Wirtschaft im Rahmen des global herrschenden westlichen Humanismus z.B. bedeutet Natur primär Rohstoff, für die Kunst ist sie Inspirationsquelle, für die Wissenschaft ist sie - oder Teile davon - ein Forschungsgegenstand, für das Rechtssystem eine Rechtssache usw. Eine entscheidende Frage für die Kulturökologie besteht darin, ob und wie diese verschiedenen Codierungen miteinander vereinbart werden können. Denn kooperatives Handeln basiert - wenigstens in demokratischen Gesellschaften - auf Konsens-Findung und Kompromiss-fähigkeit. Je geringer der Konsens über die allgemeinsten und grundlegendsten Auffassungen über die Natur in einer Gesellschaft ist - z.B. darüber, was Natur ist und wofür sie gebraucht wird -, desto grössere Schwierigkeiten wird diese Gesellschaft haben, schnell, differenziert und wirksam auf Umweltprobleme zu reagieren.

In Hinsicht auf die Erschliessung eines allgemeinen Wertekonsenses in einer Gesellschaft spielt Religion eine entscheidende Rolle, da es traditionell die Aufgabe der Religion war, eine für die

Gesamtgesellschaft gültige Naturdeutung (d.h. Weltanschauung) zu artikulieren. Die Funktion von Religion in der gesellschaftlichen Kommunikation besteht darin, allgemein gültige Werte, Normen und Weltdeutungen zu artikulieren und somit eine Basis für ökologische Kommunikation zu schaffen. Wenn nun in der modernen, säkularisierten Gesellschaft diese Aufgabe von einer diffusen Moral übernommen wird, und wenn in der postmodernen, multikulturellen Gesellschaft sogar die Moral pluralistisch geworden ist, heisst dies auf keinen Fall, dass es kein Bedürfnis nach einem Wertekonsens mehr gibt. Im Gegenteil, gerade die Vielfalt an umweltethischen Begründungsstrategien, aber auch die Auseindersetzungen auf internationaler Ebene weisen darauf hin, wie stark erfolgreiche Lösungsstrategien davon abhängen, ob ein gemeinsamer Wertekonsens vorhanden ist oder nicht.

Interreligiöse Umweltethik versucht, innerhalb eines kulturökologischen Forschungsrahmens ein Modell für einen wirkungsvollen Wertekonsens zu entwerfen. Dabei handelt es sich um Werte, die aus verschiedenen Kulturen stammen, und die in der heutigen Umweltdiskussion eine wichtige Rolle spielen. Die Grundwerte der Religionen, wie Autonomie und Selbstbestimmung des Menschen, die Integrität der Lebensgemeinschaft, Einheit mit der Natur, Respekt vor den Gesetzen Gottes und die harmonische Einfügung in die Naturordnung, bilden zusammen somit eine Art "ökologische Weltanschauung", da sie nicht nur konkrete Handlungsanweisungen moralisch-ethisch begründen, sondern vor allem, weil sie untereinander einen gewissen Konsens schaffen, der gesamtgesellschaftliche und transkulturelle Kommunikation ermöglicht. Wenn klar wird, dass sich Werte wie die Autonomie und Selbstbestimmung des Menschen und das Sich-Einfügen in die Ordnung der Natur nicht widersprechen, wird es möglich, die verschiedenen Auffassungen der Natur in der Weltgesellschaft miteinander in Dialog zu bringen und Kommunikation zwischen verschiedenen Ideologien und Interessengruppen zu fördern. Und weil eine ökologische Kultur diejenige Kultur ist, welche möglichst schnell, differenziert und wirksam auf Umweltprobleme reagieren kann, wird die Erleichterung von Kommunikation zwischen den verschiedenen kulturellen, weltanschaulichen und religiösen Gruppen dazu führen, die Ökokrise durch Kulturwandel besser anzugehen und - möglicherweise - erfolgreicher zu lösen.

# Literatur

**Abdu'l-Bahá** (1956) Baha'i World Faith. Baha'i Publishing Trust, Wilmette.
**Abdu'l-Bahá** (1975) Brief an Forel. Baha'i-Verlag, Hofheim-Langenhain.
**Abdu'l-Bahá** (1977) Beantwortete Fragen. Baha'i-Verlag, Hofheim-Langenhain.
**Abdu'l-Bahá** (1982) Selections From the Writings of 'Abdu'l-Bahá. Bahá'í World Centre, Haifa.
**Abdu'l-Bahá** (1984) Ansprachen in Paris. Baha'i-Verlag, Hofheim-Langenhain.
**Abdu'l-Bahá** (1987) Selections from the Writings of 'Abdu'l-Bahá. Baha'i World Centre, Haifa.
**Abdullah, M. S.** (1987) Der Islam und die Verantwortung des Menschen in der Schöpfung. In: Wie sollen wir mit der Schöpfung umgehen? Die Antwort der Weltreligionen, Khoury, Adel Th. und Hünermann, Peter (Hrsg.), Herder, Freiburg/Br./Basel/Wien.
**Al-Ahram Weekly** (11. 8. 1994) Al-Azhar blasts ICPD.
**Al-Ahram Weekly** (18. 8. 1994) Grand Mufti backs ICPD.
**Al-Ahram Weekly** (25. 8. 1994a) Islamists take ICPD to court.
**Al-Ahram Weekly** (25. 8. 1994b) Muslim Brothers denounce ICPD.
**Albanese, C. L.** (1990) Nature Religion in America. From the Algonkian Indians to the New Age. The University of Chicago Press, Chicago/London.
**Albisser, H.** (1994) Drei Gespräche zu Ökologie und Religion in der Schweiz; *Unveröffentlichtes Manuskript,* Hochschule Luzern, Luzern.
**al-Faruqi, I. R. vgl. Faruqi**
**Alpheis, H.** (1988) Kontextanalyse. Die Wirkung des sozialen Umfeldes, untersucht am Beispiel der Eingliederung von Ausländern. Deutscher Universitätsverlag, Wiesbaden.
**Amery, C.** (1972) Das Ende der Vorsehung. Die gnadenlosen Folgen des Christentums, Reinbeck b. Hamburg.
**Amida Seminare** (Sommer 1993) Kursprogramm Oktober bis Dezember 1993. Winterthur.
**Ammar, N. H.** (1994) Empfängnisverhütung im Islam: Eine auf Texten basierende Betrachtung. In: Wenig Kinder - viel Konsum? Stimmen zur Bevölkerungsfrage von Frauen aus dem Süden und aus dem Norden, Zweifel, Helen und Brauen, Martin (Hrsg.), Brot für alle/Erklärung von Bern/Fastenopfer, Bern/Luzern.
**Antes, P.** (1982) Ethik und Politik im Islam. W. Kohlhammer, Stuttgart/Berlin/Köln/Mainz.
**Apel, K.-O.** (1975) Der Denkweg von Charels S. Peirce. Suhrkamp, Frankfurt.
**Apel, K.-O.** (1976a) Transformation der Philosophie. 1 Bd. Suhrkamp, Frankfurt.
**Apel, K.-O.** (1976b) Transformation der Philosophie. 2 Bd. Suhrkamp, Frankfurt.
**Apel, K.-O.** (1979) Die Erklären-Verstehen-Kontroverse in transzendentalpragmatischer Sicht. Suhrkamp, Frankfurt.
**Apel, K.-O.** (Hrsg.) (1982) Sprachpragmatik und Philosophie. Suhrkamp, Frankfurt.
**Arapura, J. G.** (1991) Ahimsa in Basic Hindu Scriptures, with Reference to Cosmo-Ethics (Ecology). *Journal of Dharma 16*: 197-210.
**Armand, P.** (1990) Nouvel Age: En marche vers la réalité ultime. *Témoignage Chrétien. Quatrième Trimestre.*
**Atharva-Veda** (1979) Hymns of the Atharva-Veda - Together with Extracts from the Ritual Books and the Commentaries, translated by Maurice Bloomfield, (Sacred Books of the East, Vol. XLII), Delhi.
**Avalon, A. (Sir J. Woodroffe)** ($1974^7$) The Serpent Power. The Secrets of Tantric and Shaktic Yoga, New York.
**Avalon, A. (Sir J. Woodroffe)** ($1978^6$) Shakti and Shâkta, New York.
**Avalon, A. (Sir J. Woodroffe)** (1972) Tantra of the Great Liberation (Mahânirvâna Tantra), New York.
**Babb, L. A.** (1975) The Divine Hierarchy, New York.
**Bâdarâyana** (1962) The Vedânta Sutras of Bâdarâyana with the Commentary by Sankara, translated by George Thibaut, 2 Vols. (Sacred Books of the East, Vols XXXIV & XXXVIII), New York.
**Baha'i Informationen 7** (1975) Umwelt und Wertordnung. Baha'i Verlag, Hofheim-Langenhain.
**Baha'i International Community** (1985) Erklärung der internationalen Baha'i-Gemeinde, gerichtet an die Weltkommission für Umwelt und Entwicklung. Juni 1985. Deutsche Übersetzung des Nationalen Baha'i-Sekretariats. Bern.

**Baha'i International Community** (1987a) The Baha'i Statement on Nature. Baha'i International Community Office of Public Information, New York.

**Baha'i International Community** (1987b) Über die Natur. Erklärung der Baha'i International Community. Oktober 1987. In: Gesellschaft für Baha'i-Studien: Umwelt, ein rein ökologisches Problem? Tagungsband der 4. Jahreskonferenz vom 18. bis 20. November 1988 in Langenhain/BRD. Wien.

**Baha'i International Community** (1988) Natur und Umwelt aus Baha'i-Sicht. Ein Statement der Baha'i International Community. Verfasst anlässlich der Schaffung eines internationalen Verbandes von Umweltschutz und Religion im Rahmen des World Wildlife Fund for Nature (WWF). September 1988. New York. In: Gesellschaft für Baha'i-Studien: Umwelt, ein rein ökologisches Problem? Tagungsband der 4. Jahreskonferenz vom 18. bis 20. November 1988 in Langenhain/BRD. Wien.

**Baha'i International Community** (1992) Elements for inclusion in the proposed Earth Charter by the Baha'i International Community. New York.

**Bahá'u'lláh** (1966) Brief an den Sohn des Wolfes. Baha'i-Verlag, Frankfurt/Main.

**Bahá'u'lláh** (1971) Ährenlese aus den Schriften Bahá'u'lláhs. Baha'i-Verlag, Frankfurt/Main.

**Bahá'u'lláh** (1978) Das Buch der Gewissheit. Kitáb-i-Iqán. Baha'i-Verlag, Hofheim-Langenhein.

**Bahá'u'lláh** (1980) Kleine Auswahl aus seinen Schriften. Baha'i-Verlag, Hofheim-Langenhein.

**Bahá'u'lláh** (1982) Botschaften aus Akká. Baha'i-Verlag, Hofheim-Langenhain.

**Bahá'u'lláh** (1992) The Kitáb-i-Aqdas. The Most Holy Book. Bahá'í World Centre, Haifa.

**Bahá-u'lláh et al.** (1986) Women: Extracts from the Writings of Bahá-u'lláh, Abdu'l-Bahá, Shoghi Effendi and the Universal House of Justice. Bahá'í Canada Publication, Ontario.

**Bahá-u'lláh et al.** (1992) The Kitáb-i-Aqdas. The most holy book. Bahá'í World Centre, Haifa.

**Balasubramanian, R.** (1985) Die Stellung des Menschen in der Welt aus der Sicht des Hinduismus. In: Die Verantwortung des Menschen für eine bewohnbare Welt im Christentum, Hinduismus und Buddhismus, Panikkar und Strolz (Hrsg.), Freiburg.

**Bandini G. und König, D.** (1986) Der Hinduismus eine Natur-Religion? In: Züruck zur Natur-Religion?, Schleip, G. (Hrsg.), Freiburg.

**Basham, A. L.** (1977) The Wonder That Was India, New York.

**Baumann, Ch. P.** (1992) Baha'i. In: Bertelsmann Handbuch: Religionen der Welt. Grundlagen, Entwicklung und Bedeutung in der Gegenwart, Tworuschka, Monika und Udo (Hrsg.), Bertelsmann Lexikon Verlag, Gütersloh/München.

**Baumann, Ch. P. und Jäggi, Ch. J.** (1991) Muslime unter uns. Islam in der Schweiz. Rex, Luzern/Stuttgart.

**Baumhauer, O. A.** (1982) Kulturwandel. Zur Entwicklung des Paradigmas von der Kultur als Kommunikations system. Forschungsbericht. In: DVJS, Sonderheft "Kultur, Geschichte und Verstehen" 56 Jg.: 1-167.

**Baxamusa, R. M.** (1994) Geburtenkontrolle bei den Hindus. In: Wenig Kinder - viel Konsum? Stimmen zur Bevölkerungsfrage von Frauen aus dem Süden und aus dem Norden, Zweifel, Helen und Brauen, Martin (Hrsg.), Brot für alle/Erklärung von Bern/Fastenopfer, Bern/Luzern.

**Bayertz, K.** (Hrsg.) (1988) Ökologische Ethik. Schnell & Steiner, München.

**Bayertz, K.** (Hrsg.) (1991) Praktische Philosophie. Rowohlt, Reinbek bei Hamburg.

**Beaulieu** (April 1993) Mouvement Eco-Spirituel International/Internationale Ökospirituelle Bewegung. *Prospekt*, Postfach 5401, 3001 Bern..

**Bell, C.** (1992) Ritual Theory and Ritual Practice. Oxford University Press, New York.

**Benveniste, Emile** (1969) Le vocabulaire des institutions Indo-Europeennes, Paris.

**Berger, P. und Luckmann, Th.** (1969) Die gesellschaftliche Konstruktion der Wirklichkeit. Eine Theorie der Wissenssoziologie. Fischer, Frankfurt.

**Berthouzoz, R.** (1991) Religion und Glaube. In: Melich, Anna (Hrsg.): Die Werte der Schweizer. Peter Lang, Bern.

**Bhagavadgîtâ** (1973) The Bhagavad-Gîtâ, Translation with Commentary by R. C. Zaehner, London.

**Bhagavadgîtâ** (1984) Bhagavad-Gîtâ, with the Commentary of Shankarâchârya, translated by Swâmî Gambhîrânanda, Calcutta.

**Bhagavadgîtâ** (1991) Bhagavad-Gita. Wege und Weisungen, übersetzt v. Peter Schreiner, Zürich.

**Bharati, A.** (1975[3]) The Tantric Tradition, New York.

**Bieri, P.** (1993) New Age und Ökofaschismus. Feindbild Mensch. In: *Wochen Zeitung* vom 15. 10. 1993.

**Birnbacher, D.** (1991) Mensch und Natur. Grundzüge der ökologischen Ethik. In: Praktische Philosophie, Bayerth, K. (Hrsg.), Hamburg.

**Birnbacher, D.** (1980) Ökologie und Ethik. Reclam, Stuttgart.

**Bischofberger, O.** (1988) Mensch und Natur. Die Sicht der Religionen des Ostens. In: Umweltverantwortung aus religiöser Sicht. Paulus Verlag, Freiburg.

**Bischofberger, O.** (1991) Die Naturfrömmigkeit der Indianer. Idee und Wirklichkeit. *Unveröffentlichter Text,* Luzern.

**Blätter des IZ3W** (Juni/Juli 1994) Schneider, Ingrid: Frauenrechte abgetrieben.

**Brechbühl, U. und Krieger, D. und Lesch, W. und Rey, L. und Thomas, Ch.** (1995) Ökologie und Kulturwandel: Wort, Bild, Wert und Glaube als Vermittler zwischen Individuen und Gesellschaft. In: Ökologisches handeln als sozialer Prozess, Fuhrer, Urs (Hrsg.), Birkhäuser, Basel/Boston/Berlin.

**Brown, J. E.** (1953) The Sacred Pipe: Black Elk's Account of the Seven Rites of the Oglala Sioux. University of Oklahoma Press, Norman.

**Bühler, P.** (1990) Gottes Vorsehung und die Bewahrung der Schöpfung. In: Weder (1990).

**Bujo, B.** (1986) Afrikanische Theologie in ihrem gesellschaftlichen Kontext. Patmos, Düsseldorf.

**Bujo, B.** (1993) Die ethische Dimension der Gemeinschaft. Das afrikanische Modell im Nord-Süd-Dialog. Universitätsverlag, Freiburg/Schweiz.

**Callicott, J. B.** (1987) Conceptual Resources for Environmental Ethics in Asian Traditions of Thought. In: *Philosophy East and West 37.*

**Callicott, J. B.** (1989) In Defense of the Land Ethic: Essays in Environmental Philosophy. State University of New York Press, Albany.

**Capra, F.** (1987) Das neue Denken. Scherz, Bern/München/Wien.

**Chatterjee, S. und Datta, D.** (1984) An Introduction to Indian Philosophy, Calcutta.

**Clévenot, M.** (1987) L'Etat des Religions dans le Monde. Editions la Découvertes et Editions du Cerf, Paris.

**Connor, W.** (1972) "Nation-building or nation-destroying". *World Politics*: 319-355.

**Conservation of the Earth's Resources** (1990) A Compilation of extracts from the Baha'i Writings. Research Department of the Universal House of Justice. Baha'i World Center.

**Conway, F. und Siegelman, J.** (1982) Snapping. America's Epidemic of Sudden Personality Change. Delta, New York.

**D'Sa, F. X.** (1987) Gott der Dreieine und der All-Ganze, Düsseldorf.

**D'Sa, F. X.** (1992) Natur und Umwelt nach der indischen Tradition, in: *Katechetische Blätter:* 117, 249-256.

**Dahl, A. L.** (1990) Unless and Until. A Bahá'í Focus on the Environment. London: Bahá'í Publishing Trust.

**Dammann, E.** (1963) Die Religionen Afrikas. W. Kohlhammer, Stuttgart.

**Daniélou, A.** (1991) The Myths and Gods of India, Rochester, Vermont.

**Dasgupta, S. N.** (1971) Hindu Mysticism, New York.

**Dasgupta, S. N.** (1975) A History of Indian Philosophy, 5 Bde., Delhi.

**Dass, R. und Gorman, P.** (1988) How can I Help? Stories and Reflections on Service. Alfred A. Knopf, New York.

**Deen, M. Y. I.** (1990) Islamic environmental ethics, law and society. In: Ethics of Environment and Development. Global Challenge, International Response, Engel, J. Ronald und Engel, Joan Gibb (Hrsg.), Belhaven Press, London.

**Denffer, A. v.** (1984) Koran und Umwelt. München: Schriftenreihe des Islamischen Zentrums München Nr. 8.

**Der Koran vgl. Koran**

**Derrida, J.** (1983) Grammatologie. Suhrkamp, Frankfurt.

**Deutsch, E.** (1989) A Metaphysical Grounding for Natural Reverence: East-West. In: Nature in Asian Traditions of Thought, Callicott und Ames (Hrsg.) , Albany NY.

**Devall, B. und Sessions, G.** (1985) Deep Ecology: Living as if Nature Mattered. Gibbs Smith., Salt Lake City.

**Die Zeit** (29. 4. 1994a) Wernicke, Christian: Abtreibung tabu.

**Die Zeit** (29. 4. 1994b) "Ich will helfen". Interview mit Nafis Sadik.

**Die Zeit** (5. 8. 1994) Lüders, Michael: Im Namen des Propheten.

**Documentation catholique** (1. 5. 1994) Jean Paul II: Les problèmes démographiques doivent reposer sur des bases éthiques. Message à Madame Nafis Sadik.

**Documentation catholique** (15. 5. 1994) Jean Paul II: Personne n'a le droit de manipuler une institution aussi fondamentale que la famille. Lettre à tous les Chefs d'Etat.

**Documentation catholique** (3. 7. 1994) La maîtrise de la fécondité mondiale. Réflexions de la Commission française Justice et Paix.

**Documentation catholique** (16. 10. 1994) La position finale du Saint-Siège au Caire: "consensus partiel".

**Doniger, W.** (1984) Dreams, Illusion and Other Realities, Chicago.

**Doniger, W.** (Hrsg.) (1975) Hindu Myths, New York.

**Doniger, W.** (Hrsg.) (1981) The Rig Veda, New York.

**Dregger, L.** (1994) Traumschiff Enterprise. In: *Connection Nr. 1/Januar.*

**Drewermann, E.** (1986⁴) Der tödliche Fortschritt. Von der Zerstörung der Erde und des Menschen im Erbe des Christentums, Regensburg.

**Dumézil, G.** (1958) L'idéologie tripartie des Indo-Européens, Bruxelles.

**Dumont, L.** (1980) Homo Hierarchicus. The Caste System and Its Implications, Complete Revised English Edition, Chicago.

**Dyczkowski, M. S. G.** (1987) The Doctrine of Vibration. An Analysis fo the Doctines and Practices of Kashmir Shaivism, Albany, N.Y.

**Ebermann, Th.** (1988) "... sich nicht erschrecken lassen von Begriffen, das ist schon mein Traum". In: Die Grünen und die Religion, Hesse, Gunter und Wiebe, Hans-Hermann (Hrsg.), Athenäum, Frankfurt/Main.

**Eco, U.** (1972) Einführung in die Semiotik. W. Fink, München.

**Eco, U.** (1987) Semiotik. Entwurf einer Theorie der Zeichen. W. Fink, München.

**Eggenberger, O.** (1986) New-Age-Spiritualität. In: *Schweizerische Kirchenzeitung* vom 2. 1. 1986.

**Eggenberger, O.** (1988³) Wendezeit - New Age oder Apokalyptik? In: New Age - aus christlicher Sicht. New Age Apokalyptik Gnosis Astrologie Okkultismus, Eggenberger, Oswald und Keller, Carl-A. und Mischo, Johannes und Müller, Joachim und Voss, Gerhard, Paulusverlag/Theologischer Verlag, Freiburg/Zürich.

**Eggenberger, O. und Keller, C.-A. und Mischo, J. und Müller, J. und Voss, G.** (1988³) New Age - aus christlicher Sicht. New Age Apokalyptik Gnosis Astrologie Okkultismus, Paulusverlag/Theologischer Verlag, Freiburg/Zürich.

**Eisner, M.** (1988) Katholisch-konservative Weltbilder in gesellschaftlichen Krisenphasen. In: Stolz (1988).

**Eliade, M.** (1959) Cosmos and History. The Myth of the Eternal Return. Harper, New York.

**Eliade, M.** (1966) Kosmos und Geschichte. Der Mythos der ewigen Wiederkehr. Rowohlt Taschenbuch, Reinbek b. Hamburg.

**Eliade, M.** (1961) Mythen, Träume und Mysterien, Salzburg.

**Eliade, M.** (1976) Die Sehnsucht nach dem Ursprung, Frankfurt.

**Eliade, M.** (1979a) Geschichte der religiösen Ideen Bd. I, Freiburg.

**Eliade, M.** (1979b) Geschichte der religiösen Ideen Bd. II, Freiburg.

**Eliade, M.** (1982) Schamanismus und archaische Ekstasetechnik, Frankfurt.

**Eliade, M.** (1983) Geschichte der religiösen Ideen Bd. III/1, Freiburg.

**Eliade, M.** (1984) Kosmos und Geschichte. Der Mythos der ewigen Wiederkehr, Frankfurt.

**Eliade, M.** (1985) Yoga. Unsterblichkeit und Freiheit, Frankfurt.

**Eliade, M.** (1986a) Die Religionen und das Heilige. Elemente der Religionsgeschichte, Frankfurt.

**Eliade, M.** (1986b) Ewige Bilder und Sinnbilder. Über die magisch-religiöse Symbolik, Frankfurt.

**Eliade, M.** (1988a) Das Myterium der Wiedergeburt. Versuch über einige Initiationstypen, Frankfurt.

**Eliade, M.** (1988b) Mythos und Wirklichkeit, Frankfurt.

**Eliade, M.** (1990) Das Heilige und das Profane. Vom Wesen des Religiösen, Frankfurt.

**Eliade, M.** (1991) Geschichte der religösen Ideen Bd. III/2, Freiburg.

**Eliade, M.** (1992) Schmiede und Alchemisten. Mythos und Magie der Machbarkeit, Freiburg.

**Emissaries of Divine Light** (1982) About Sunrise Ranch. Emissaries of Divine Light, Loveland/Colorado.

**Engel, J. R. und Engel, J. G.** (Hrsg.) (1990) Ethics of Environment and Development. Global Challenge, International Response. Belhaven Press, London.

**EPD - Entwicklungspolitik** (22/1993a) Kabeer, Naila: Brücke zwischen Gegensätzen. Eine Vermittlungsposition zur Bevölkerungspolitik.

**EPD - Entwicklungspolitik** (22/1993b) Eine kritische Bewertung der Frauenerklärung zur Bevölkerungspolitik.

**EPD - Entwicklungspolitik** (22/1993c) Erklärung von Frauen zur Bevölkerungspolitik. In Vorbereitung der Internationalen Konferenz über Bevölkerung und Entwicklung (ICPD) 1994 in Kairo.

**EPD - Entwicklungspolitik** (9/1994a) Dederichs-Bain, Birgit: Stimmen des Südens. Auswertung einer Befragung der Deutschen Welthungerhilfe.

**EPD - Entwicklungspolitik** (9/1994b) Krause, Joachim: Kairo-Schlussdokument.

**EPD - Entwicklungspolitik** (10/1994) Kirchen vor der Herausforderung des Bevölkerungswachstums.

**EPD - Entwicklungspolitik** (16/1994a) Agnivesh, Swami: Lebensstil entscheidend. Dharma-Perspektive der Bevölkerung.

**EPD - Entwicklungspolitik** (16/1994b) Anees, Munawar Ahmad: Herausforderung des Westens. Die moslemische Perspektive der Bevölkerungspolitik.

**EPD - Entwicklungspolitik** (16/1994c) Hassan, Riffat: Familienplanung im Islam. Die Sicht einer muslimischen Frau.

**EPD - Entwicklungspolitik** (16/1994d) Honecker, Martin: Globale Verantwortung. Benötigen wir eine neue Ethik?

**EPD - Entwicklungspolitik** (16/1994e) Pöner, Ulrich: Verantwortungsbewusste Freiheit. Eine katholische Position zur Bevölkerungspolitik.

**EPD - Entwicklungspolitik** (16/1994f) Vongo, Rodwell S. Mwandila: Starker Einfluss. Traditioneller afrikanischer Glaube und Bevölkerungspolitik.

**Fakhry, M.** (1991) Ethical Theories in Islam. E.J.Brill, Leiden/New York/Kopenhagen/Köln.

**Farrell Bednarowski, M.** (1991) Literature of the New Age: A Review of representative Sources. In: *Religious Studies Review. Vol. 17/Number 3/July.*

**Faruqi, al, I. R.** (1981) Islamazing the Social Sciences. In: Social and Natural Sciences: The Islamic Perspective, al-Faruqi, I. R. und Naseef, A. O. (Hrsg.), Hodder and Stoughton, London.

**Fattah, H. A.** (1985) Die Erde: Ein Gottesgeschöpf. Meditative Gedanken zu Versen aus dem Koran. In:*Sufi, Zeitschrift für Islam und Sufitum 1/1985.*

**Ferguson, M.** (1980) The Aquarian Conspiracy: Personal Growth an Social Transformation in the 1980s. J.P.Tarcher, Los Angeles.

**Ferguson, M.** (1982) Die sanfte Verschwörung. Persönliche und Gesellschaftliche Transformation im Zeitalter des Wassermanns. Sphinx, Basel.

**Fire Lame Deer, J. und Erdoes, R.** (1981) Tahca Ushte. Medizinmann der Sioux. Fischer Taschenbuch, Frankfurt.

**Fischer, J.** (1992) Ganzheitlichkeit im Spannungsfeld zwischen Wissenschaft, Mythos und christlichem Glauben. In: "Auf der Suche nach dem ganzheitlichen Augenblick". Der Aspekt Ganzheit in den Wissenschaften, Thomas, Christian (Hrsg.), Verlag der Fachvereine an den schweizerischen Hochschulen und Techniken., Zürich.

**von Foerster, H. et al.** (1992): Einführung in den Konstruktivismus. Piper, München.

**Fox, M.** (1988) The Coming of the Cosmic Christ: The Healing of Mother Earth and the Birth of a Global Renaissance. Harper & Row, San Francisco.

**Franken, I.** (1989) Ausverkauf der Schöpfung: Hat unsere Ethik versagt? Referat an einer Podiumsveranstaltung der Baha'i-Gemeinde. Baha'i-Verlag, Hofheim-Langenhain.

**Frauwallner, E.** (1953) Geschichte der indischen Philosophie, Bd. I, Salzburg.

**Friedli, R.** (1974) Fremdheit als Heimat. Auf der Suche nach einem Kriterium für den Dialog zwischen den Religionen.Ökumenische Beihefte, Freiburg/Schweiz.

**Friedli, R.** (1986) Zwischen Himmel und Hölle. Die Reinkarnation. Ein religionswissenschaftliches Handbuch. Universitätsverlag, Freiburg/Schweiz.

**Friedli, R.** (1993) Entre le foyer et le feu de brousse. In: *Universitas Friburgensis, Juli.*

**Friedli, R.** (1994a) Afrika zwischen Tradition und Moderne. Beitrag der Bantu-Umweltethik Rwandas an die interreligiöse Verständigung. *Vortrag. September 1994,* Nürnberg.

**Friedli, R.** (1994b) Ökologische Zeit und kulturelle Zeit. Beziehungen zwischen Kosmologie und Anthropologie in der Banyarwanda-Tradition. *Unterlagen aus einem Vortrag vom 7. Mai 1994*, Luzern.

**Furtado, V. G.** (1992) Classical Sâmkhya Ethics. A Study of the Ethical Perspectives of Îshvarakrishna's Sâmkhyakârikâs, Würzburg.

**Gadamer, H.-G.** (1975⁴) Wahrheit und Methode, Tübingen.

**Geertz, C.** (1987) Dichte Beschreibung. Suhrkamp, Frankfurt.

**Geprägs, A.** (1979) Die Weltreligionen und die ökologische Krise - Alternativen zum westlichen Denken. In: Evangelische Zentralstelle für Weltanschauungsfragen. Arbeitstexte Nr. 20,XI. Stuttgart.

**Gerber, P. R.** (1988) Der Indianer - ein homo oekologicus? In: Stolz, Fritz (Hrsg.): Religiöse Wahrnehmung der Welt. Theologischer Verlag, Zürich.

**Gershon, D. und Straub, G.** (1993) Die Vision leben. In: *Connection Nr. 12/Dezember 1993*.

**Gesellschaft für Baha'i-Studien** (1989) Umwelt, ein rein ökologisches Problem? Tagungsband der 4. Jahreskonferenz vom 18. bis 20. November 1988 in Langenhain/BRD. Wien.

**Gessner, W. und Kaufmann-Hayoz, R.** (1995) Die Kluft zwischen Wollen und Können. In: Ökologisches handeln als sozialer Prozess, Fuhrer, U. (Hrsg.), Birkhäuser, Basel/Boston/Berlin.

**Gill, S. D.** (1983) Native American Traditions. Sources and Interpretations. Wadsworth Publishing Company, Belmont/California.

**Gill, S. D.** (1987) Mother Earth. An American Story. University of Chicago Press, Chicago/London.

**Glaeser und Teherani-Krönner** (Hrsg.) (1992) Humanökologie und Kulturökologie. Westdeutscher Verlag, Opladen.

**Goffman, E.** (1983) Wir alle spielen Theater. Pieper, München.

**Gold, A. G. und Gujar, B. R.** (1989) Of Gods, Trees, and Boundaries. Divine Conservation in Rajasthan. In: *Asian Folklore Studies 48*: 211-229.

**Gonda, J.** (1960) Die Religionen Indiens. I Veda und älterer Hinduismus, Die Religionen der Menschheit Bd. 11, Stuttgart.

**Gonda, J.** (1963) Die Religionen Indiens. II Der jüngere Hinduismus, Die Religionen der Menschheit Bd. 12, Stuttgart.

**Goulet, D.** (1990) Development Ethics and Ecological Wisdom. In: Ethics of Environment and Development., J. R. Engel und J. G. Engel (Hrsg.), Belhaven Press, London.

**Griffin, R. D.** (Hrsg.) (1988) The Reenchantment of Science: Postmodern Proposals. State University of New York Press, New York.

**Griffin, R. J. und Neuwirth, K. und Dunwoody, S.** (1995) Using the Theory of Reasoned Action to Examine the Impact of Health Risk Messages. In: Communication Yearbook 18, Burleson, B. R. (Hrsg.), Sage, Thousand Oaks/London/New Dehli.

**Gross, R. M.** (1994) Buddhismus und Geburtenkontrolle. In: Wenig Kinder - viel Konsum? Stimmen zur Bevölkerungsfrage von Frauen aus dem Süden und aus dem Norden, Zweifel, H. und Brauen, M. (Hrsg.), Brot für alle/Erklärung von Bern/Fastenopfer, Bern/Luzern.

**Gruber, E. und Fassberg, S.** (1986) New-Age-Wörterbuch. 200 Schlüsselbegriffe von A - Z. Mit aktuellen Literaturhinweisen. Freiburg.

**Habermas, J.** (1981) Theorie des kommunikativen Handelns. 2 Bde. Suhrkamp, Frankfurt.

**Habermas, J.** (1982) Zur Logik der Sozialwissenschaften. Suhrkamp, Frankfurt.

**Hagemann, L.** (1990) Islam und ökologische Kultur. In: Die Schöpfung in den Religionen. Akademie Völker und Kulturen St. Augustin. Vortragsreihe 1989/1990, Mensen, B. (Hrsg.), Steyler, Nettetal.

**Hallowell, A. I.** (1980) Ontologie, Verhalten und Weltbild der Ojibwa. In: Über den Rand des tiefen Canyon. Lehren indianischer Schamanen, Tedlock, D. und Tedlock, B. (Hrsg.), Eugen Diederichs Verlag, Düsseldorf/Köln.

**Hading, S.** (1990) Feministische Wissenschaftstheorie. Zum Verhältnis von Wissenschaft und sozialem Geschlecht. Argument, Hamburg.

**Hargrove, E. C.** (1986) Religion and Environmental Crisis. Athens/London.

**Hargrove, E. C.** (1989) Foundations of Environmental Ethics. Engelwood Cliffs, New Jersey.

**Harner, M.** (1982) Der Weg des Schamanen. Ein praktischer Wegweiser zu innerer Heilkraft. Ansata-Verlag, Interlaken.

**Hawken, P.** (1980) Der Zauber von Findhorn. Ein Bericht. Hugendubel, München.

**Hay, L. L.** (1984) You Can Heal your Life. Hay House, Santa Monica/CA.

**Heidegger, M.** (1977) Sein und Zeit. Klostermann, Frankfurt.

**Heiler, F.** (1961) Erscheinungsformen und Wesen der Religion. W. Kohlhammer, Stuttgart.

**Heine, P.** (1994) Bevölkerungskonferenz aus islamischer Sicht. In: *Orientierung. Nr. 23/24* vom 15./31. Dezember 1994.

**Hesemann, M.** (Juni 1988) Was will "New Age"? Ein Beitrag zu Begriffsbestimmung und Abgrenzung. In: *Magazin 2000*. Juni 1988.

**Hetmann, F.** (Hrsg.) (1982) Eulenruf und Geistertanz. Märchen, Lieder und Visionen der Sioux und Cheyenne. Fischer Taschenbuch, Frankfurt.

**Hiriyanna, M.** (1969) The Essentials of Indian Philosophy, London.

**Hiriyanna, M.** (1973) Outlines of Indian Philosophy, Bombay.

**Hirsch, G.** (1993) Wieso ist ökologisches Handeln mehr als eine Anwendung ökologischen Wissens? In *Gaia 2/1993, No. 3.*

**Hofmann, I.** (1989) Die Einheit der Wirklichkeit - Grundlage einer ökologischen Weltordnung. In: Gesellschaft für Baha'i-Studien: Umwelt, ein rein ökologisches Problem? Tagungsband der 4. Jahreskonferenz vom 18. bis 20. November 1988 in Langenhain/BRD. Wien.

**Hopkins, Th. J.** (1971) The Hindu Religious Tradition, Encino, CA.

**Houghes, D. J.** (1983) American Indian Ecology. Texas Western Press, El Paso.

**Huber, W.** (1990) Konflikt und Konsens. Studien zur Ethik der Verantwortung. München.

**Hübsch, H.** (1991) Islam und Ökologie. Verlag der Islam, Frankfurt.

**Hünermann, P.** (1987) Schöpfer - Schöpfung - Menschliche Praxis im Licht christlichen Glaubens. In: Khoury und Hünermann (1987).

**Hutton, J. H.** (1963⁴) Caste in India, Oxford.

**ICPD** (1994) Draft Prgramme of Action of the International conference on Population and Development. Prepcomm III. April 1994.

**Ibrahim, A.** (1989) Overview: From Things Change to Change Things. In: Sardar, Ziauddin (ed.): An Early Crescent. The Future of Knowledge and the Environment in Islam. Mansell Publishing Limited, London/New York.

**Idris, J. Sh.** (1987) The Islamization of Sciences: Its Philosophy and Methodology. In: *American Journal of Islamic Social Science 4/1.*

**Imboden, Th.** (Okt. 1993) Editorial. In: *Beaulieu-Rundbrief Nr. 14/Oktober 1993.*

**Irrgang, B.** (1992) Christliche Umweltethik. Ernst Reinhardt, München.

Islamization of Knowledge (1982) General Principles and Work-Plan. International Institute of Islamic Thought, Washington D.C.

**Jacob, Colonel G. A.** (1985) A Concordance to the Principal Upanishads and Bhagavadgîtâ, Delhi.

**Jäggi, Ch. J.** (1985) Das Baha'itum - seine Geschichte und seine Aussagen. Lizentiatsarbeit an der Philosophischen Fakultät I der Universität Zürich, Luzern.

**Jäggi, Ch. J.** (1986) Zur Methodologie des interreligiösen bzw. interkulturellen Gesprächs aus der Sicht der Ethnologie. In: Indische Religionen und das Christentum im Dialog, Braun, H.-J. und Krieger, D. J. (Hrsg.), Theologischer Verlag, Zürich.

**Jäggi, Ch. J.** (1987) Zum interreligiösen Dialog zwischen Christentum, Islam und Baha'itum. Haag und Herchen, Frankfurt.

**Jäggi, Ch. J.** (1988) Frieden und Begegnungsfähigkeit. Ein Beitrag zur Friedensdiskussion aus der Sicht des interkulturellen Dialogs. Haag und Herchen, Frankfurt.

**Jäggi, Ch. J.** (1992) Rassismus. Ein globales Problem. Orell Füssli, Zürich.

**Jäggi, Ch. J.** (1993a) Aktuelle Entwicklungstendenzen in den Religionen: Re-Vitalisierung, Einflussverlust, Fundamentalismus und interreligiöser Dialog. Institut für Kommunikationsforschung/inter-edition, Meggen.

**Jäggi, Ch. J.** (1993b) Der Bezug des Menschen zur Natur in Islam und Baha'itum. Arbeitspapiere zur interreligiösen Umweltethik 2. Institut für Kommunikationsforschung/inter-edition, Meggen.

**Jäggi, Ch. J.** (1993c) Nationalismus und ethnische Minderheiten. Orell Füssli, Zürich.

**Jäggi, Ch. J.** (1994a) Der Bezug des Menschen zur Natur in der New Age-Bewegung und in afrikanischen und indianischen Stammesreligionen. Arbeitspapiere zur interreligiösen Umweltethik 4. Institut für Kommunikationsforschung/inter-edition, Meggen.

**Jäggi, Ch. J.** (1994b) Fundamentalismus - ein Phänomen der Neuzeit. In: Engadiner Kollegium (Hrsg.): Zeit und Zeitlosigkeit. NZN-Buchverlag, Zürich.

**Jäggi, Ch. J.** (1995) Gewalt als Folge von Sinnverlust. Fördert der Religionsverlust Gewalt im Alltag? Institut für Kommunikationsforschung/inter-edition, Meggen.

**Jäggi, Ch. J. und Krieger, D. J.** (1990) Zur Relevanz von Konversionen in Wissenschaft und Gesellschaft: Forschungsperspektiven. *Schweizerische Zeitschrift für Soziologie. 1/1990.*

**Jäggi, Ch. J. und Krieger, D. J.** (1991) Fundamentalismus - ein Phänomen der Gegenwart. Orell Füssli, Zürich.

**Jain Declaration on Nature** (1990) The Jain Declaration on Nature, New Delhi.

**James, W.** (1950) The Principles of Psychology. New York.

**Kabeer, N.** (1993) In: *People & The Planet. Vol. 2/No. 1/1993.*

**Kämpchen, M.** (1988) Der Hinduismus angesichts der Weltprobleme. Schutz des Friedens und der Umwelt. In: Christentum, Islam und Hinduismus vor den grossen Weltproblemen, Althaus, H. (Hrsg.), Altenberge.

**Kammer der EKD für Kirchlichen Entwicklungsdienst** (1984) Weltbevölkerungswachstum als Herausforderung an die Kirchen. Gerd Mohn, Gütersloh.

**Kammer der EKD für Kirchlichen Entwicklungsdienst** (1994) Wieviele Menschen trägt die Erde? Ethische Überlegungen zum Wachstum der Weltbevölkerung. Kirchenamt der EKD. EKD-Texte 49, Hannover.

**Kane, P. V.** (1958) History of Dharmashastra, Poona.

**Kelly, P. K.** (1988) Religiöse Erfahrung und politisches Engagement. In: Die Grünen und die Religion, Hesse, G. und Wiebe, H.-H. (Hrsg.), Athenäum, Frankfurt.

**Keyserling, A.** (1972) Der Körper ist nicht das Grab der Seele, sondern das Abenteuer des Bewusstseins.

**Khoury, A. Th.** (1987) Lebenseinheit Gott - Mensch - Welt. Religionswissenschaftliche Anmerkungen. In: Wie sollen wir mit der Schöpfung umgehen? Die Antwort der Weltreligionen, Khoury, A. Th. und Hünermann, P. (Hrsg.), Herder, Freiburg/Br./Basel/Wien.

**Khoury, A. Th.** (Hrsg.) (1993) Das Ethos der Weltreligionen. Herder, Freiburg.

**Khoury, A. Th. und Hünermann, P.** (Hrsg.) (1987) Wie sollen wir mit der Schöpfung umgehen? Die Antwort der Weltreligionen. Herder, Freiburg.

**Kinsley, D.** (1988) Hindu Goddesses. Visions of the Divine Feminine in the Hindu Religious Tradition, Berkeley CA.

**Kinsley, D.** (1991) Reflections on Ecological Themes in Hinduism. In: Journal of Dharma 16: 229-245.

**Klöcker, M. und Tworuschka, U.** (?) Religion(en) und Umwelt: Hinweise zur begriffsgeschichtlichen Vielfalt und zur Relevanz nichtchristlicher Traditionen.

**Klöcker, M. und Tworuschka, U.** (1986) Ethik der Religionen - Lehre und Leben. Bd. 5 Umwelt. Kösel/Vandenhoek, München/Göttingen.

**Klostermaier, K.** (1965) Hinduismus. Köln.

**Klostermaier, K.** (1973) World Religions and the Ecological Crisis. In: *Religion. Journal of Religion and Religions 3.*

**Klostermaier, K.** (1983) The Body of God. Cosmos - Avatara - Image. Hindu Thoughts on the Nature of the Universe, the Meaning of History, and the Purpose of Art in the Context of Modern Thinking, Bedford Park.

**Klostermaier, K.** (1989) Spirituality and Nature. In: Hindu Spirituality, Vedas Through Vedanta, Krishna Sivaraman (Hrsg.), New York.

**Klostermaier, K.** (1991) Bhakti, Ahimsa, and Ecology, in: Journal of Dharma 16, 246-254.

**Der Koran** (1959) Das heilige Buch des Islam. Nach der Übertragung von Ludwig Ullmann neu bearbeitet und erläutert von L. W.-Winter. Goldmann, München.

**Der Koran** (1980) Der heilige Qur-ân. Arabisch und Deutsch. Herausgegeben unter der Leitung von Hazrat Mirza Nasir Ahmad, Imam und Oberhaupt des Ahmadiyya-Bewegung des Islam. Ahamydiyya-Bewegung des Islams in der Schweiz und der Bundesrepublik Deutschland. Vierte Auflage.

**Der Koran** (1987) Der Koran. Übersetzung von Adel Theodor Khoury, unter Mitwirkung von Muhammad Salim Abdullah, mit einem Geleitwort von Inamullah Khan, Generalsekretär des Islamischen Weltkongresses. Gütersloher Verlagshaus Gerd Mohn, Gütersloh.

**Koslowski, P.** (Hrsg.) (1985) Die religiöse Dimension der Gesellschaft. Tübingen.

**Kramrisch, S.** (1981) The Presence of Shiva, Princeton, N.J.

**Krickeberg, W. und Trimborn, H. und Müller, W. und Zerries, O.** (1961) Die Religionen des alten Amerika. W. Kohlhammer, Stuttgart.

**Krieger, D. J.** (1985) The New Universalism: Theology of Religions as Foundation for Religious Social Ethics in the Global Situation. In: Liberation and Ethics: Essays in Honor of Gibson Winter, Amjad-Ali, C. und Pitcher, A. (Hrsg.), Center for the Scientific Study of Religion, Chicago.

**Krieger, D. J.** (1986a) Das Interreligiöse Gespräch: Methodologische Grundlagen der Theologie der Religionen. Theologischer Verlag Zürich, Zürich.

**Krieger, D. J.** (1986b) Einführung & Zur Heilslehre in Hinduismus und Christentum. In: Indische Religionen und das Christentum im Dialog, Braun, H.-J. und Krieger, D. J. (Hrsg.), Theologischer Verlag Zürich, Zürich.

**Krieger, D. J.** (1987) Utopie und Religion. In: Utopien - Die Möglichkeit des Unmöglichen. Zürcher Hochschulforum Band 9. Verlag der Fachvereine, Zürich.

**Krieger, D. J.** (1989) Salvation in the World: A Hindu-Christian Dialogue on Hope and Liberation. In: Dialogue and Syncretism: An Interdisciplinary Approach, Fernout, R. und Gort, J. D. und Vroom, H. M. und Vessels, A. (Hrsg.), Eerdmans, Grand Rapids, Michigan.

**Krieger, D. J.** (1990a) Bekehrung und Dialog. Zur Sprachpragmatik interreligiöser Begegnungen. In: *Neue Zeitschrift für Missionswissenschaft. 46-1990/4.*

**Krieger, D. J.** (1990b) Conversion: On the Possibility of Global Thinking in an Age of Particularism. In: *Journal of the American Academy of Religion. 58-1990 (2).*

**Krieger, D. J.** (1990c) Das Andere des Denkens und das andere Denken - Heideggers Dekonstruktion und die Theologie. In: Martin Heidegger und der christliche Glaube, Braun, H.-J. (Hrsg.), Theologischer Verlag, Zürich.

**Krieger, D. J.** (1991a) The New Universalism - Methodological Foundations for a Global Theology. Orbis Books, New York.

**Krieger, D. J.** (1991b) Fundamentalismus - prämodern oder postmodern? Fundamentale Überlegungen zur religiösen Erneuerung. In: Fundamentalismus. Ein Phänomen der Gegenwart, Jäggi, Ch. J. und Krieger, D. J., Orell Füssli, Zürich.

**Krieger, D. J.** (1992) Wissende Unwissenheit - Begehrende Fülle. Zum Ort des Augenblicks zwischen Indien und dem Westen. In: Zeit und Mystik. Der Augenblick im Denken Europas und Asiens, Girndt, H. (Hrsg.), Akademia Verlag, Sankt Augustin.

**Krieger, D. J.** (1993a) Methodologie. Arbeitspapiere zur interreligiösen Umweltethik 1. Institut für Kommunika tionsforschung / inter-edition, Meggen.

**Krieger, D. J.** (1993b) Methodological Foundations for Interreligious Dialogue. In: The Cross-Cultural Understanding of Raimundo Panikkar. Essays in Honor of Raimundo Panikkar, Prabhu, J. (Hrsg.), Orbis Books, New York.

**Krieger, D. J.** (1994a) Communication Theory and Interreligious Dialogue. In: *Journal of Ecumenical Studies.*

**Krieger, D. J.** (1994b) All-Einheit. Der Bezug des Menschen zur Natur im Hinduismus. Arbeitspapiere zur interreligiösen Umweltethik 3. Institut für Kommunikationsforschung/inter-edition, Meggen.

**Krieger, D. J.** (1995) Mensch und Natur in den Religionen. In: *HEKS. Nachrichtenblatt des Hilfswerks der Evangelischen Kirchen der Schweiz. Januar/Februar 1995.*

**Krieger, D. J.** (1996a) Einführung in die allgemeine Systemtheorie. Fink/UTB, München.

**Krieger, D. J.** (1996b) Was das ökologische Auge sieht. In: Naturbilder, Lesch, W. (Hrsg.), Birkhäuser, Bern/Basel.

**Kristeva, J.** (1980) Pouvoirs de l'horreur. Essai sur l'abjection. Seuil, Paris.

**Krohn, W. und Küppers, G.** (Hrsgs.) (1992) Emergenz: Die Entstehung von Ordnung, Organisation und Bedeutung. Suhrkamp, Frankfurt.

**Kshemarâja** (1990) The Doctrine of Recognition. A Translation of Pratyabhijñâhrdayam with an Introduction and Notes by Jaideva Singh, Albany, N.Y.

**Kuhn, Th. S.** (1978) Die Entstehung des Neuen. Studien zur Struktur der Wissenschaftsgeschichte. Suhrkamp Taschenbuch Wissenschaft, Frankfurt.

**Kuhn, Th. S.** (1981) Die Struktur wissenschaftlicher Revolutionen. Suhrkamp Taschenbuch Wissenschaft, Frankfurt.

**Küng, H.** (1990a) Auf dem Weg zu einem Weltethos der Weltreligionen. Grundlagenfragen heutiger Ethik als Herausforderung für Europa. In: E Kulturelle Identität und transkulturelle Ethik. Internationale Tagung. Loccum. 26. - 29. 10. 1990, Evangelische Akademie Loccum / Sozialwissenschaftliches Forschungszentrum der Universität Erlangen-Nürnberg (Hrsg.).

**Küng, H.** (1990b) Projekt Weltethos. Piper, München/Zürich.

**Küenzlen, G.** (1988) New Age und Grüne Bewegung. In: Hesse, Gunter / Wiebe, Hans-Hermann (Hrsg.): Die Grünen und die Religion. Athenäum, Frankfurt.

**Larson, G. J.** (1989) Conceptual Resources in South Asia for Environmental Ethics. In: Nature in Asian Traditions of Thought, Callicott und Ames (Hsg.), Albany, NY.

**Larson, G. J. und Bhattacharya, R. S.** (Hrsg.) (1987) Sâmkhya: A Dualist Tradition in Indian Philosophy, Encyclopedia of Indian Philosophies, Vol. 4, Princeton, N.J.

**Lesch, W.** (Hrsg.) (1996) Naturbilder. Birkhäuser, Basel.

**Lévi, S.** (1898) La doctine du sacrifice dans les brâhmanas, Paris.

**Lohse, E.** (1990) Neuer Himmel und neue Erde - Hoffnung für die Welt. In: Weder (1990).

**Lott, J.** (1988) Schöpfungstheologie, "weibliche" Spiritualität, Naturmystik: Religiöse Strömungen bei den Grünen. In: Die Grünen und die Religion, Hesse, G. und Wiebe, H.-H. (Hrsg.), Athenäum, Frankfurt.

**Lovelock, J.E.** (1979) Gaia: A New Look at Life on Earth. Oxford University Press, Oxford.

**Lovelock, J.E.** (1991) Das Gaia-Prinzip. Die Biographie unseres Planeten. Artemis & Winkler, Zürich/München.

**Lovelock, J.E.** (1992) Gaia. Die Erde ist ein Lebewesen. Scherz, Bern/München/Wien.

**Luhmann, N.** (1977) Funktion der Religion. Suhrkamp, Frankfurt.

**Luhmann, N.** (1984) Soziale Systeme. Grundriss einer allgemeinen Theorie. Suhrkamp, Frankfurt.

**Luhmann, N.** (1986) Ökologische Kommunikation. Westdeutscher Verlag, Opladen.

**Luhmann, N.** (1988) Erkenntnis als Konstruktion. Benteli, Bern.

**Lyotard, J.-F.** (1986) Das postmoderne Wissen. Edition Passagen, Wien.

**Mânavadharmashastra** (1969) The Laws of Manu, translated by Georg Bühler, (Sacred Books of the East, Vol XXV), New York.

**Mandelbaum, D. G.** (1970) Society in India, Bd. 1 Continuity and Change, Berekeley.

**Maren-Grisebach, M.** (1982) Philosophie der Grünen. Günter Olzog erlag, München/Wien.

**Maturana, H.** (1985) Erkennen: Die Organisation und Verkörperung von Wirklichkeit. Vieweg, Braun schweig/Wiesbaden.

**Maturana, H. und Varela, F. J.** (1987) Der Baum der Erkenntnis. Scherz Verlag, Bern.

**Mauer, R.** (1983) Warum in Europa? Geschichtsphilosophische Überlegungen zur Entstehung der modernen Technik. In: Der Mensch und die Wissenschaften vom Menschen. Die Beiträge des XII. Deutschen Kongresses für Philosophie in Insbruck vom 29. Sept. bis 3. Okt. 1981, Bd. 1, Frey, G. und Zelger, J. (Hrsg.), Insbruck.

**Mbiti, J. S.** (1974) Afrikanische Religion und Weltanschauung. de Gruyter, Berlin/New York.

**McGaa, E. (Eagle Man)** (1990) Mother Earth Spirituality. Native American Paths to Healing Ourselves and our World. Harper, New York.

**McKenzie, P. R.** (1992) Die Religion der Yoruba. In: Bertelsmann Handbuch: Religionen der Welt. Grundlagen, Entwicklung und Bedeutung in der Gegenwart, Tworuschka, M. und U. (Hrsg.), Bertelsmann, Gütersloh/München.

**Meienberg, N.** (3. 9. 1992) Auf dem Zauberberg, auf dem die Hornberger wohnen. In: *Die Weltwoche.*

**Meillet, A.** (1964) Intoduction a l'étude comparative des langues indo-européennes, Alabama.

**Meisig, K.** (1987) Die Einheit der Schöpfung. Mensch und Umwelt im Hinduismus. In: Wie sollen wir mit der Schöpfung umgehen? Khoury und Hünermann (Hrsg.), Freiburg.

**Melton, J. G. und Clark, J. und Kelly, A.** (1990) The New Age Encyclopedia. Gale Research.

**Mensen, B.** (Hrsg.) (1990) Die Schöpfung in den Religionen. St. Augustin.

**Merchant, C.** (1980) The Death of Nature: Women, Ecology and the Scientific Revolution. Harper & Row, New York.

**Merchant, C.** (1987) Der Tod der Natur. Ökologie, Frauen und neuzeitliche Naturwissenschaft. Beck, München.

**Mookerjee, A. und Khanna, M.** (1990) Die Welt des Tantra. München.

**Mukerji, B.** (1985) Advaitische Erfahrung und kosmische Verantwortung. In: Die Verantwortung des Menschen für eine bewohnbare Welt im Christentum, Hinduismus und Buddhismus, Panikkar und Strolz (Hrsg.), Freiburg.

**Müller, K. E.** (Hrsg.) (1983) Menschenbilder früherer Gesellschaften. Campus, Frankfurt/New York.

**Müller, W.** (1961) Die Religionen der Indianervölker Nordamerikas. In: Die Religionen des alten Amerika, **Krickeberg, W. und Trimborn, H. und Müller, W. und Zerries, O.** (Hrsg.), W. Kohlhammer, Stuttgart.

**Muller-Ortega, P. E.** (1989) The Triadic Heart of Shiva. Kaula Tantricism of Abhinavagupta in the Non-Dual Shaivism of Kashmir. Albany, N.Y.

**Münk, H. J.** (1987) Umweltkrise - Folge und Erbe des Christentums? In: Jahrbuch für christliche Sozialwissenschaften 28.

**Münk, H. J.** (1989) Sozialethik im Spannungsfeld zwischen individueller Verantwortung und strukturellen Massnahmen: Aktuelle Problembereiche. In: Jahrbuch für christliche Sozialwissenschaften 30.

**Mutter Erde e.V.** (1994) Prospekt.

**Mylius, K.** (1983) Geschichte der Literatur im alten Indien, Leipzig.

**Nasr, S. H.** (1976) Man and Nature. The Spiritual Crisis of Modern Man. Mandala edition, London.

**Nasr, S. H.** (1989) Islam an the Problem of Modern Science. In: An Early Crescent. The Future of Knowledge and the Environment in Islam, Sardar, Z. (Hrsg.), Mansell Publishing Limited, London/New York.

**Nasr, S. H.** (1990) Islam and the Environmental Crisis. In: *The Islamic Quarterly. 34:4/1990.*

**National Hijra Council** (1986) Knowledge for What? Proceedings of the "Seminar on Islamization of Knowledge" at the Islamic University in Islamabad. Islamabad.

**Nelson, L. E.** (1991) Reverence for Nature or the Irrelevance of Nature? Advaita Vedanta and Ecological Concern. In: *Journal of Dharma 16*: 282-301.

**Neue Zürcher Zeitung** (25. 4. 1994) Die Vorbereitungen zur Bevölkerungskonferenz. Fortgesetzte Kontroverse um Verhütung und Abtreibung.

**Neue Zürcher Zeitung** (14. 9. 1994) Abschluss der Uno-Konferenz in Kairo.

**Nickels, Ch.** (1988) Der Glaube ist ein Spiegel des Lebens. In: Die Grünen und die Religion, Hesse, G. und Wiebe, H.-H. (Hrsg.), Athenäum, Frankfurt.

**Olivelle, P.** (Hrsg.) (1992) Samnyâsa Upanishads, New York/London.

**Omari, C. K.** (1990) Traditional African land ethics. In: Ethics of Environment and Development. Global Challenge, International Response, Engel, J. R. und Engel, J. G. (Hrsg.), Belhaven Press, London.

**One Country** (Oct.-Dec. 1994) In Cairo, women take center stage in setting global population policy.

**Organ, T. W.** (1970) The Hindu Quest for the Perfection of Man, Athens, Ohio.

**Ott, H.** (1985) Christliche Schöpfungsverantwortung in einer vergänglichen Welt. In: Panikkar und Strolz (1985).

**Padoux, A.** (1990) Vâc. The Concept of the Word in Selected Hindu Tantras, Albany, N.Y.

**Palmer, M.** (1990) The encounter of religion and conservation. In: Engel, J. Ronald / Engel, Joan Gibb (Hrsg.): Ethics of Environment and Development. Global Challenge, International Response. London: Belhaven Press.

**Panikkar, R.** (1975) Verstehen als Überzeugtsein. In: Neue Anthropologie Bd. 7, Philosophische Anthropologie II, Gadamer, H.-G. (Hrsg.). dtv, Stuttgart.

**Panikkar, R.** (1977) The Vedic Experience: Mantramañjarî. Edited and translated with Introductions and Notes, Berkeley.

**Panikkar, R.** (1979) Myth, Faith and Hermeneutics, New York.

**Panikkar, R. und Strolz, W.** (Hrsg.) (1985) Die Verantwortung des Menschen für eine bewohnbare Welt im Christentum, Hinduismus und Bhuddismus. Herder, Freiburg.

**Pannenberg, W.** (1973) Wissenschaftstheorie und Theologie. Suhrkamp, Frankfurt.

**Patañjali** (1979) Die Wurzeln des Yoga, Translation v. Bettina Bäumer, Kommentar v. P.Y. Deshpande, Bern/München.

**Peter, H.-B.** (1994) Bevölkerungswachstum kontra nachhaltige Entwicklung? Sozialethische Erwägungen aus protestantischer Sicht. ISE Texte 12/1994, Bern.

**Pezzoli-Olgiati, D.** (28. 1. 1995) Mutter Erde: Zur Ambivalenz eines Bildes im Alten Testament. Texte zu einem Vortrag. Zürich.

**Pieper, A.** (1991) Einführung in die Ethik. Francke, Tübingen.

**Potter, K. H.** (Hrsg.) (1977) The Tradition of Nyâya-Vaishesika up to Gangesha, Encyclopedia of Indian Philosohies, Vol 1, Princeton, N.J.

**Potter, K. H.** (1981) Advaita Vedânta up to Shankara and His Pupils, Encyclopedia of Indian Philosophies, Vol. 3, Princeton, N.J.

**Power Bratton, S.** (1994) Geburtenkontrolle aus der Sicht protestantischer Ethik. In: Wenig Kinder - viel Konsum? Stimmen zur Bevölkerungsfrage von Frauen aus dem Süden und aus dem Norden, Zweifel, H. und Brauen, M. (Hrsg.), Brot für alle/Erklärung von Bern/Fastenopfer, Bern/Luzern.

**Priesmeier, B. O.** (1989) Ausverkauf der Schöpfung: Hat unsere Ethik versagt? Referat an einer Podiumsveranstaltung der Baha'i-Gemeinde. Baha'i-Verlag, Hofheim-Langenhain.

**Prime, R.** (1992) Hinduism and Ecology, London.

**Publik-Forum** (13. 5. 1994) Pfeifer, Petra: Wer der Menschheit die Zukunft raubt.

**Pulsfort, E.** (1993) Das Ethos des Hinduismus. In: Das Ethos der Weltreligionen, Khoury (Hrsg.), Freiburg.

**Quistorp, E.-M.** (1988) Unterwegs mit Marias Lobgesang. In: Die Grünen und die Religion, Hesse, G. und Wiebe, H.-H. (Hrsg.), Athenäum, Frankfurt.

**Ruether, R. R.** (1994) Gaia & Gott. Eine ökofeministische Theologie der Heilung der Erde. Exodus, Luzern.

**Radhakrishnan, S. und Moore, Ch. A.** (Hrsg.) (1967) A Sourcebook in Indian Philosophy, Princeton, N.J.

**Raju, P. T.** (1985) Structural Depths of Indian Thought, Albany, N.Y.

**Randles, W.G.L.** (1968) L'ancien royaume du Congo des origines à la fin du XIXe siècle. Paris.

**Rappaport, R. A.** (1968) Pigs for the Ancestors. New Haven/London: Yale University Press.

**Ray, B. C.** (1976) African Religions. Symbol, Ritual. Prentice-Hall, Englewodd Cliffs/New Jersey.

**Razwi, M.** (1986/87) Islam und Umweltkrise. In: *Umwelt & Gesundheit Nr. 5/6, 1986/87.*

**Reat, N. R.** (1990) Origins of Indian Psychology, Berkeley CA.

**Renou, L.** (1968) Religions of Ancient India, New York.

**Rich, A.** (1984) Wirtschaftsethik: Grundlagen in theologischer Perspektive. Gütersloh/Göttingen.

**Rorty, R.** (1964) The Linguistic Turn. University of Chicago Press, Chicago.

**Rudolph, K.** (1992) Zur Geschichte und zum Stand der Religion/Umwelt-Forschung aus religionswissenschaftlicher Sicht. Einleitung zum Internationalen Symposium zur Religion/Umwelt-Forschung vom 6. - 8. Mai 1998 an der Universität Eichstädt. In: Geschichte und Probleme der Religionswissenschaft, Rudolph, K. (Hrsg.), Brill, Leiden/Köln.

**Ruh, H.** (1992) Argument Ethik. Orientierung für die Praxis in Ökologie, Medizin, Wirtschaft, Politik. TVZ, Zürich.

**Russell, P.** (1987) Die erwachende Erde. Unser nächster Evolutionssprung. München.

**Saladin, P.** (1992) Ganzheit des Rechts, dargestellt am Beispiel des Umweltrechts. In: "Auf der Suche nach dem ganzheitlichen Augenblick". Der Aspekt Ganzheit in den Wissenschaften, Thomas, Ch. (Hrsg.), Verlag der Fachvereine an den schweizerischen Hochschulen und Techniken, Zürich.

**Satprakashananda, Swami** (1974) Methods of Knowledge - Perceptual, Non-perceptual, and Transcendental: According to Advaita Vedânta, Calcutta.

**Sara-Lafosse, V.** (1994) Die Sichtweise einer Katholikin zur Geburtenkontrolle. In: Wenig Kinder - viel Konsum? Stimmen zur Bevölkerungsfrage von Frauen aus dem Süden und aus dem Norden, Zweifel, Helen / Brauen, Martin (Hrsg.):. Brot für alle/Erklärung von Bern/Fastenopfer, Bern/Luzern.

**Sardar, Z.** (1989a) Introduction. In:An Early Crescent. The Future of Knowledge and the Environment in Islam, Sardar, Z. (Hrsg.), Mansell Publishing Limited, London/New York.

**Sardar, Z.** (1989b) Islamization of Knowledge. A State-of-the-Art Report. In: An Early Crescent. The Future of Knowledge and the Environment in Islam, Sardar, Z. (Hrsg.), Mansell Publishing Limited, London/New York.

**Saussure, F. de** (1967) Grundfragen der allgemeinen Sprachwissenschaft. de Gruyter, Berlin.

**Schierholz, H.** (1988) Politische Sozialisation, christlicher Glaube und Grüne Politik: Autobiographische Skizzen. In: Die Grünen und die Religion, Hesse, G. und Wiebe, H.-H. (Hrsg.), Athenäum, Frankfurt/Main.

**Schiwy, G.** (1990) Der Geist des neuen Zeitalters. New Age-Spiritualität und Christentum. Econ-Taschenbuch, Düsseldorf.

**Schlesier, K. H.** (1985) Die Wölfe des Himmels. Welterfahrung der Cheyenne. Diederichs, Köln.

**Schmid, G.** (1988) Metta - Verändert Meditation das Verhältnis des Menschen zur Welt. In: Stolz 1988.

**Schmidt, K. O.** (1971) Der kosmische Weg der Menschheit im Wassermann-Zeitalter. Drei Eichen-Verlag, München/Engelberg(Schweiz).

**Schmidt, K. O.** (1975) Weihestunden der Seele. Drei-Eichen-Verlag, Engelberg(Schweiz)/München.

**Schmidt, K. O.** (1976) Stern unter Sternen. Eine Wanderung durch die Wunder des Weltalls. Ergebnisse geistiger Allschau. G.E. Schroeder-Verlag, Kleinjörl b. Flensburg

**Schmidt, K. O.** (ohne Angabe des Erscheinungsjahrs) Das All in uns - Von den inneren Sternen. Das kosmische Weistum der Goden. Die Goden.Goden-Schriftenreihe, Bad Schussenried.

**Schmidt, S. J.** (1994) Kognitive Autonomie und soziale Orientierung. Konstruktivistische Bemerkungen zum Zusammenhang von Kognition, Kommunikation, Medien und Kultur. Suhrkamp, Frankfurt.

**Schmidt, S. J.** (1987) Der Diskurs des Radikalen Konstruktivismus. Suhrkamp, Frankfurt.

**Schmithausen, L.** (1985) Buddhismus und Natur. In: Panikkar und Strolz 1985.

**Schneider, U.** (1989) Einführung in den Hinduismus, Darmstadt.

**Schreiner, P.** (1979) Gewaltlosigkeit und Tötungsverbot im Hinduismus. In: Angst und Gewalt, Stietencron, H. von (Hrsg.), Düsseldorf.

**Schwarzer Hirsch** (1982a) Die heilige Pfeife. Das indianische Weisheitsbuch der sieben geheimen Riten. Lamuv, Bornheim.

**Schwarzer Hirsch** (1982b) Ich rufe mein Volk. Leben, Visionen und Vermächtnis des letzten grossen Sehers der Oglalla-Sioux. Lamuv, Bornheim.

**Schwendter, R.** (1988) Grüne und Religion. In: Die Grünen und die Religion, Hesse, G. und Wiebe, H.-H. (Hrsg.), Athenäum, Frankfurt.

**Seattle** (1983[4]) Wir sind ein Teil der Erde. Walter-Verlag, Olten.

**Seeland, K.** (1986) Sanskritisierung und ökologische Krise im Himalaya. Naturräumliche Auswirkungen von Animismus und Hinduismus. In: Der Untergang von Religionen, Zinser, H. (Hrsg.), Berlin.

**Selbstverpflichtung von Beaulieu** (April 1991) In: Beaulieu - Ökospirituelle Bewegung. Internationale Vereinigung. Statuten Selbstverpflichtung, Bern.

**von Senger, H.** (1992) Ganzheit im chinesischen Denken - Legende und Realität. In: "Auf der Suche nach dem ganzheitlichen Augenblick". Der Aspekt Ganzheit in den Wissenschaften, Thomas, Ch. (Hrsg.), Verlag der Fachvereine an den schweizerischen Hochschulen und Techniken, Zürich.

**SGGH-Neuigkeiten** (April 1986) Kurse Tagungen Vorträge. Bern: Schweizerische Gesellschaft für Ganzheitliche Heilkunde.

**Shankarâchârya** (1947) Âtmobodha: Self-Knowledge, Translation and Commentary by Swâmi Nihkilânanda, Madras.

**Shankarâchârya** (1977[3]) Brahma-Sûtra Bhâsya, Translation by Swami Gambhirananda, Calcutta.

**Shankarâchârya** (1978) Dakshinamurti Stotra and Dakshinamurti Upanishad with Sri Sureswaracharya's Manasollasa and Pranava Vartika, Translation and Commentary by A. M. Sastry, Madras.

**Shankarâchârya** (1990) Die Erkenntnis der Wahrheit, (enthält: Tattvabodha und Vevekachudamani), Düsseldorf.

**Shatapatha-Brâhmana** (1978) The Shatapath-Brâhmana Accordung to the Text of the Mâdhyandina School, translated by Julius Eggeling, 5 Vols. (Sacred Books of the East, Vols., XII, XXV, XLI, XLIII, XLIV), Delhi.

**Sheldrake, R.** (1981) Das schöpferische Universum. Die Theorie des morphogenetischen Feldes. Meyster, München.

**Shoghi Effendi** (1967) Der verheissene Tag ist gekommen. Baha'i-Verlag, Frankfurt.

**Shoghi Effendi** (1973) A Synopsis and Codification of the Kitáb-i-Aqdas, the Most Holy Book of Bahá'u'lláh. Bahá'í World Centre, Haifa.

**Shrimad-Bhagavatam of Vyasa** (1970) The Srimad-Bhavatam of Vyasa translated into English by J. M. Sanyal, 2 Vols., New Delhi.

**Silburn, L.** (1988) Kundalini. Energy of the Depths, Albany, N.Y.

**Smith, V. A.** (1967[3]) The Oxford History of India, ed. by Percival Spear, Oxford.

**Spaemann, R.** (1985) Funktionale Religionsbegründung und Religion. In: Peter Koslowski (Hrsg.), Die religiöse Dimension der Gesellschaft. Tübingen.

**Spangler, D.** (1978) New Age - Geburt eines Neuen Zeitalters. Die Findhorn-Community. Fischer Taschenbuch, Frankfurt.

**Spangler, D.** (1984) Emergence: The Rebirth of the Sacred. Dell Publishing Co, New York.

**Starhawk (Simos Miriam)** (1987) Truth or Dare: Encounters with Power, Authority, and Mystery. Harper & Row, San Francisco.

**Steck, O. H.** (1990) Bewahrung der Schöpfung - alttestamentliche Sinnperspektiven für eine Theologie der Natur. In: Weder 1990.

**Stenger, H.** (1990) Kontext und Sinn. Ein typologischer Versuch zu den Sinnstrukturen des New Age. In: *Soziale Welt. 3/1990.*

**Stenger, H.** (1993) Die soziale Konstruktion okkulter Wirklichkeit. Eine Soziologie des "New Age". Leske und Budrich, Opladen.

**Sterling, S. R.** (1990) Towards an Ecological World View. In: Ethics of Environment and Development, Engel und Engel (Hrsg.), Belhaven Press, London.

**Stietencron, H. von** (1993) Toleranz gegenüber der Natur? Ein Blick auf die Sichtweisen der Hindus. In: *Dialog der Religionen. 3/2:* 114-128.

**Stolz, F.** (1988a) Religiöse Wahrnehmung der Welt. Zur Einführung. In: Religiöse Wahrnehmung der Welt, Stolz, F. (Hrsg.), Theologischer Verlag, Zürich.

**Stolz, F.** (1988b) Typen religiöser Unterscheidung von Natur und Kultur. In: Religiöse Wahrnehmung der Welt, Stolz, F. (Hrsg.), Theologischer Verlag, Zürich.

**Stolz, F.** (1990) Entsprechung und Widerspruch zwischen Mensch, Gott und Welt im Monotheismus. In: Weder 1990.

**Stückelberger, Ch.** (1988) Versöhnung mit der Natur - Aufgabe und Möglichkeiten der Kirchen. In: Bischofberger 1988.

**Sun Bear** (1992) Die Erde liegt in unserer Hand. In: *Wege - Magazin zur Integration von Natur und Mensch. August/September 1992/4.*

**Sun Bear & Wabun** (1982) Das Medizinrad. Eine Astrologie der Erde. Trikontdianus Buchverlag, München.

**Swimme, B.** (1984) The Universe is a Green Dragon: A Cosmic Creation Story. Bear & Co, Santa Fe.

**Tähtinen, U.** (1991) Values, Non-violence, and Ecology. Two Approaches. In: *Journal of Dharma 16:* 211-217.

**Tantra Galerie** (Nov./Dez. 93) Veranstaltungsprogramm Januar bis August 1994. Interlaken.

**Tedlock, D. und Tedlock, B.** (Hrsg.) (1980) Über den Rand des tiefen Canyon. Lehren indianischer Schamanen. Eugen Diederichs Verlag, Düsseldorf/Köln.

**The Assisi Declarations** (1986) Declarations on Religion & Nature made at Assisi - Italy.

**The Muslim Declaration on Nature** (1986) By: His Excellency Dr Abdullah Omar Nasseef, Secretary General, Muslim World League. In: The Assisi Declarations. Declarations on Religion & Nature made at Assisi - Italy. London, September 1986.

**Thiel, J. F.** (1983) Kongo. In: Menschenbilder früher Gesellschaften. Ethnologische Studien zum Verhältnis von Mensch und Natur, Müller, K. E. (Hrsg.), Campus Verlag, Frankfurt/New York.

**Tödt, H.E.** (1979) Zweiter Versuch zu einer ethischen Theorie der sittlichen Urteilsfindung. Ref. Jahrestagung der Societas Ethica in Liebfrauenberg. Liebfrauenberg: Societas Ethica: Protestantische Jahrestagung.

**Toolan, D.** (1987) Facing West from Californias Shores: A Jesuit's Journey into New Age Consciousness. Crossroad, New York.

**Trevelyan, G.** (1980) Eine Vision des Wassermann-Zeitalters. Synthesis/GTP-Verlag, Freiburg/Br.

**Trevelyan, G.** (1983) Unternehmen Erlösung. Hoffnung für die Menschheit. GTP Verlag, Freiburg/Br.

**Tull, H. W.** (1989) The Vedic Origins of Karma. Cosmos as Man in Ancient Indian Myth and Ritual, Albany N.Y.

**Turner, V.** (1989a) Das Ritual. Struktur und Anti-Struktur. Campus, Frankfurt.

**Turner, V.** (1989b) Vom Ritual zum Theater. Campus, Frankfurt.

**Tworuschka, M.** (1986) Islam. In: Ethik der Religionen. Lehre und Leben. Band 5: Umwelt, Klöcker, M. und Tworuschka, U. (Hrsg.), Kösel/Vandenhoeck & Ruprecht, München/Göttingen.

**Tworuschka, M. und Tworuschka, U.** (Hrsg.) (1992) Bertelsmann Handbuch: Religionen der Welt. Grundlagen, Entwicklung und Bedeutung in der Gegenwart. Bertelsmann, Gütersloh/München.

**Tworuschka, U.** (1992) Ethnische Religionen. In: Bertelsmann Handbuch: Religionen der Welt. Grundlagen, Entwicklung und Bedeutung in der Gegenwart, Tworuschka, M. und Tworuschka, U. (Hrsg.), Bertelsmann, Gütersloh/München.

**Underhill, R. M.** (1965) Red Man's Religion. The University of Chicago Press, Chicago.

**Upanishaden** (1931²) The Thirteen Principal Upanishads, Translation by Robert E. Hume, Oxford.

**Upanishaden** (1966) Upanishaden. Ausgewählte Stücke, Übersetzung v. Paul Thieme, Stuttgart.

**Upanishaden** (1977) Upanishaden. Die Geheimlehre der Inder, Übersetzung v. A. Hillebrandt, Düsseldorf.

**Upanishaden** (1978) The Principal Upanishads, Translation and Commentary by S. Radhakrishnan, London/New York.

**Upanishaden** (1986) Befreiung zum Sein. Auswahl aus den Upanishaden, Übersetzung v. Bettina Bäumer, Zürich.

**van Buitenen, J. A. B.** (1974) Râmânuja on the Bhagaviadgîtâ, Delhi.

**van der Leeuw, G.** (1970) Phänomenologie der Religion. J.C.B. Mohr, Tübingen.

**van Dijk, A.** (1986) Hinduismus. In: Umwelt (Ethik der Religionen. Lehre und Leben, Band 5), München, 106-122.

**Venkatakrishna, B. V.** (1993) Indian Mystic Approach to the Earth. In: *Journal of Dharma 18*: 35-41.

**Venkatesananda** (1984) The Concise Yoa Vâsistha, Albany, N.Y.

**Vetter, D.** (1987) Wie sollen wir mit der Schöpfung umgehen - nach der Tradition des Judentums? In: Khoury und Hünermann 1987.

**von Glasenapp, H.** (1958) Indische Geisteswelt. Glaube und Weisheit der Hindus, Baden-Baden.

**von Glasersfeld, E.** (1987) Wissen, Sprache und Wirklichkeit. Vieweg, Braunschweig.

**Waters, F.** (1977) Book of the Hopi. The first revelation of the Hopi's historical and religious world-view of life. Ballantine Books, New York/Toronto.

**WCRP** (1994a) Abdul Rauf, M., Population and Development. An Islamic Point of View. In: WCRP: Religion, Population and Development: Multireligious Contributions, WCRP, Genf:.

**WCRP** (1994b) Greenberg, B., Toward the Integration of Population, Development and Environment from a Jewish Perspective. In: WCRP: Religion, Population and Development: Multireligious Contributions, WCRP, Genf.

**WCRP** (1994c) Harakas, S. S., Orthodox Christian Perspectives on Issues of Population and Development. In: WCRP: Religion, Population and Development: Multireligious Contributions. WCRP, Genf.

**WCRP** (1994d) Heimbach, D. R. und Land, R. D. und Mitchell, C. B., Population, Morality and the Ideology of Control. A Statement of the Southern Baptist Convention Christian Life Commission for the Multi-Religious Consultation on Issues of Population and Development. In: WCRP: Religion, Population and Development: Multireligious Contributions, WCRP, Genf.

**WCRP** (1994e) Honecker, M., Global Responsibility. In: WCRP: Religion, Population and Development: Multireligious Contributions, WCRP, Genf.

**WCRP** (1994f) Mettanando, Bhikkhu, Population and Development. A Theravada Perspective. In: WCRP: Religion, Population and Development: Multireligious Contributions, WCRP, Genf.

**WCRP** (1994g) Mohan, A., A Hindu Perspective on Issues of Population and Development in the Indian Subcontinent. In: WCRP: Religion, Population and Development: Multireligious Contributions, WCRP, Genf.

**WCRP** (1994h) Pokorny, B., Population, Sustainable Development and Spiritual Values: a Bahá'í View. In: WCRP: Religion, Population and Development: Multireligious Contributions, WCRP, Genf.

**WCRP** (1994i) Premasiri, P. D., Buddhist Perspectives on Issues Relating to Population and Development. In: WCRP: Religion, Population and Development: Multireligious Contributions, WCRP, Genf.

**WCRP** (1994k) Strynkowski, J. J., The Primacy of Marriage. In: WCRP: Religion, Population and Development: Multireligious Contributions. WCRP, Genf.

**WCRP** (1994l) The World Conference on Religion and Peace (WCRP) Multireligious Consultation on Issues of Population and Development. Consultation Statement. 2 September 1994. In: WCRP: Religion, Population and Development: Multireligious Contributions. WCRP, Genf.

**Weder, H.** (Hrsg.) (1990) Gerechtigkeit, Friede, Bewahrung der Schöpfung. TVZ, Zürich.

**White, L. Jr.** (1967) The Historical Roots of Our Ecological Crisis, in: *Science 155, Nr. 3767*: 1203-1207.

**White, R. A.** (1989) Spiritual Foundations for an Ecologically Sustainable Society. Association for Bahá'í Studies, Ottawa.

# Ökologie und Interdisziplinarität – eine Beziehung mit Zukunft?

*Wissenschaftsforschung zur Verbesserung der
fachübergreifenden Zusammenarbeit*

Die komplexe Beziehung Mensch-Natur kann nur sinnvoll bearbeitet werden, wenn es der
Wissenschaft gelingt, die Grenzen der Fächer und ihre eigenen Grenzen zu überschreiten: Der
*Inter- bzw. Transdisziplinarität* kommt in der Umweltforschung herausragende Bedeutung zu, und
die akademische Lehre ist gefordert, die Voraussetzungen dafür zu vermitteln. Eine breit
verstandene, interdisziplinäre Wissenschaftsforschung, zu der vor allem Wissenschaftsphilosophie,
-soziologie und -geschichte Beiträge liefern, soll diese Aufgabe erfüllen.

Das Buch gibt Einblick in verschiedene Zugänge einer solchen integrativen „Wissenschafts-
Wissenschaft" und zeigt, welchen Stellenwert und Nutzen Wissenschaftsforschung für die
Umweltforschung und -lehre haben kann. Es bietet Gelegenheit, sonst nur getrennt vorliegende
empirische und analytische Ansätze exemplarisch kennenzulernen.

Das Werk richtet sich an Wissenschaftler/innen und Verantwortliche der Bereiche Umwelt, Bildung
und Forschung in Politik und Verwaltung, die sich damit beschäftigen, wie die Wissenschaft
Umweltprobleme und andere gesellschaftliche Probleme angemessen angehen kann.

*Aus dem Inhalt:*
**1. Einführung** Ökologie und Interdisziplinarität – eine Beziehung mit Zukunft?
Wissenschaftsforschung zur Verbesserung der fachübergreifenden Zusammenarbeit
**2. Ökologie und Interdisziplinarität** Ökologie – eine Naturwissenschaft? Argumente
für eine interdisziplinäre Ausrichtung der Ökologie • Über das Verhältnis zwischen
Natur- und Geisteswissenschaften – Wissenschaftstheoretische Überlegungen im
Hinblick auf die Fähigkeit zur Interdisziplinarität • Wie Interdisziplinarität als
Wissenschaft notwendig wird
**3. Forschung und Interdisziplinarität** Überlegungen und Bemerkungen hinsichtlich
einer Methodologie interdisziplinärer Wissenschaftspraxis • Interdisziplinarität im Netz
der Disziplinen • Kriterien und Indikatoren interdisziplinären Arbeitens • Zur
Methodologie qualitativer Wissenschaftsforschung
**4. Lehre und Interdisziplinarität** Voraussetzungen zu interdisziplinärem Arbeiten und
Grundlagen ihrer Vermittlung • Interdisziplinarität und Ganzheitlichkeit in der
universitären Umweltbildung – Überlegungen und Perspektiven am Beispiel des
Lehrerstudiums • Allgemeine Wissenschaftspropädeutik in einem interdisziplinär-
ökologischen Studiengang – Dilemma oder Chance?
**5. Gesellschaft und Wissenschaft** Ökologie als ethische Herausforderung der
Wissenschaften • Interdisziplinarität über die Grenzen der Wissenschaft hinaus

Ph. Balsiger, *Interdisziplinäres
Institut für Wissenschaftstheorie
und Wissenschaftsgeschichte an
der Universität Erlangen-
Nürnberg* / R. Defila, A. Di Giulio,
*Interfakultäre Koordinationsstelle
für Allgemeine Ökologie an der
Universität Bern* (Hrsg.)
1996. 216 Seiten. Broschur
ISBN 3-7643-5317-1
Reihe: Themenhefte - SPP
Umwelt

**Birkhäuser Verlag • Basel • Boston • Berlin**

*Schwerpunktprogramm Umwelt*

# Mut zum ökologischen Umbau

*Innovationsstrategien für Unternehmen, Politik und Akteurnetze*

von J. Minsch, A. Eberle, U. Schneidewind,
*Institut für Wirtschaft und Ökologie, Universität St. Gallen / B. Meier, Geographisches Institut der Universität Bern*
1996. 296 Seiten. Gebunden.
ISBN 3-7643-5320-1

Eine nachhaltige Wirtschaftsweise steht in den Industrieländern noch aus – trotz zahlreicher Umweltinnovationen in Politik und Wirtschaft. Die Autoren dieses Synthesebuches aus dem SPP Umwelt des Schweizerischen Nationalfonds gehen den Ursachen nach, zeigen wo die ökologische Innovationsoffensive in Unternehmen, in regionalen Akteurnetzen und in der Umweltpolitik heute steht und wie sie sich weiterentwickeln muß. Ihre Ergebnisse stützen sie auf ein interdisziplinäres Forschungsprojekt, in dem Volkswirte, Betriebswirte und Wirtschaftsgeographen am Beispiel der Schweiz Umweltinnovationen untersucht haben. Das Buch verbindet reichhaltige empirische Daten mit einer umfassenden konzeptionellen Analyse und zeigt: ökologischer Wandel kommt weder alleine von unten noch von oben. Er braucht vielmehr das geschickte Zusammenspiel von unternehmerischer Initiative, umweltpolitischer Rahmensetzung und geeignetem Netzwerkmangement.

## Mut zum Umbau ist erforderlich.

**Die wirtschaftliche Entwicklung geht in Richtung Nachhaltige Entwicklung. Umweltpolitische Lähmung prägt das Bild, die ökologische Situation verschlechtert sich und die Umsetzung der Beschlüsse von Rio werden verzögert.**

**Birkhäuser Verlag • Basel • Boston • Berlin**